华东交通大学教材（专著）基金资助项目
中国高铁出版工程

高速铁路导论

主　编　◎　刘林芽　钟自锋
主　审　◎　徐玉萍

西南交通大学出版社
·成都·

图书在版编目（CIP）数据

高速铁路导论 / 刘林芽，钟自锋主编. —成都：西南交通大学出版社，2020.8（2023.6 重印）
ISBN 978-7-5643-7569-0

Ⅰ.①高… Ⅱ.①刘…②钟… Ⅲ.①高速铁路 – 概论 Ⅳ.①U238

中国版本图书馆 CIP 数据核字（2020）第 157981 号

Gaosu Tielu Daolun
高速铁路导论

主　编／刘林芽　钟自锋	责任编辑／周　杨
	助理编辑／宋浩田
	封面设计／曹天擎

西南交通大学出版社出版发行
（四川省成都市金牛区二环路北一段 111 号西南交通大学创新大厦 21 楼　610031）
发行部电话：028-87600564　028-87600533
网址：http://www.xnjdcbs.com
印刷：成都勤德印务有限公司

成品尺寸　　185 mm×260 mm
印张　21.75　　字数　545 千
版次　2020 年 8 月第 1 版　　印次　2023 年 6 月第 2 次

书号　ISBN 978-7-5643-7569-0
定价　49.00 元

课件咨询电话：028-81435775
图书如有印装质量问题　本社负责退换
版权所有　盗版必究　举报电话：028-87600562

前　言

随着我国国民经济持续快速发展和人民生活水平的稳步提高，人们出行次数也在不断增加，从而对出行品质提出了更高的要求，而安全、快捷、舒适的高速列车也越来越受青睐，发展高速铁路也成了国家政策的优先选择。自2004年历史上第一个《中长期铁路网规划》讨论并原则通过以来，我国高速铁路得到了迅猛发展，而根据2016年新制定的《中长期铁路网规划》确定的目标，规划到2020年高速铁路3万千米，覆盖80%以上的大城市；到2025年铁路网高速铁路3.8万千米左右，网络覆盖进一步扩大，路网结构更加优化，骨干作用更加显著，更好地发挥铁路对经济社会发展的保障作用；到2030年基本实现内外互联互通、区际多路畅通、省会高铁连通、地市快速通达、县域基本覆盖，以八纵八横为重点，加速构建客运网的主要骨架，形成快速、便捷、大能力的铁路客运通道，逐步实现客货分线运输，标志着高速铁路进入新的发展快车道。

伴随着高速铁路的蓬勃发展和新技术的更新换代，对高速铁路相关专业人才的培养提出了更高要求，为适应高速铁路的快速发展对高层次人才的需求并满足高速铁路相关专业高等教育的需要，按照铁路相关专业特色人才培养的要求，作者在充分借鉴和参考吸收国内外已有研究成果和本人教学实践的基础上，结合适应教学改革的要求，组织编写了本书，书中全面介绍了高速铁路基础设施、通信信号、牵引供电、动车组、运输组织等方面的基本概念、基础理论和最新技术成果，主要内容包括：绪论、高速铁路线路与基础设施、高速铁路供电系统、高速铁路动车组、高速铁路信号与通信系统、高速铁路运输组织、高速铁路客运服务与磁悬浮铁路等八章。

全书由刘林芽、钟自锋主编，徐玉萍主审，徐玉萍、罗世民、徐国权、周艳丽等参编，第二章由刘林芽负责编写，第一章和第三章由钟自锋负责编写，第四章由罗世民负责编写，第五章由周艳丽负责编写，第六章由徐玉萍负责编写，第七章和第八章由徐国权负责编写。

本书可作为高等院校铁道运输、铁道工程、机车车辆、电气牵引、信号通信等相关专业的本科、专科教材，亦可作为铁路相关专业职工的培训教材以及相关专业研究生的参考用书。书中参阅了大量的国内外著作、教材、学术论文和有关文献，在此谨向这些文献的作者表示诚挚的谢意。本书的出版得到了华东交通大学出版基金的资助，在此深表谢意。

由于本书涵盖内容较多，而我国高速铁路建设成就和理论与技术仍在不断发展更新，加上作者水平有限，在全书内容编写和文献取舍方面未免存在诸多不足和疏漏之处，敬请国内外同行和专家及各位读者批评指正。

编 者

2020 年 4 月 28 日

目 录

第一章 绪 论 ... 1
第一节 世界高速铁路发展概述 ... 1
第二节 国外高速铁路发展概况 ... 7
第三节 中国高速铁路发展概况 ... 15
第四节 高速铁路构成与技术经济特征 ... 27
复习思考题 ... 33

第二章 高速铁路线路 ... 34
第一节 概 述 ... 34
第二节 高速铁路线路的平面和纵断面 ... 39
第三节 高速铁路路基 ... 57
第四节 高速铁路轨道 ... 69
第五节 高速铁路桥梁 ... 80
第六节 高速铁路隧道 ... 86
第七节 高速铁路线路维修 ... 91
复习思考题 ... 94

第三章 高速铁路供电系统 ... 95
第一节 概 述 ... 95
第二节 高速铁路牵引变电系统 ... 101
第三节 高速铁路接触网系统 ... 116
第四节 高速铁路供电设备的检测与维护 ... 150
复习思考题 ... 156

第四章 高速铁路动车组 ... 158
第一节 概 述 ... 158
第二节 高速列车结构与关键技术 ... 169
第三节 动车组维修制度及修程修制 ... 199
复习思考题 ... 210

第五章 高速铁路信号与通信系统 ········ 211
第一节 概　述 ········ 211
第二节 高速铁路信号系统 ········ 214
第三节 高速铁路通信系统 ········ 245
复习思考题 ········ 252

第六章 高速铁路运输组织 ········ 253
第一节 概　述 ········ 253
第二节 高速铁路运输组织模式 ········ 260
第三节 高速铁路旅客列车开行方案 ········ 263
第四节 高速铁路运行图和通过能力 ········ 270
第五节 高速铁路综合维修天窗和动车组运用管理 ········ 278
第六节 高速铁路车站工作组织 ········ 290
第七节 高速铁路调度指挥系统 ········ 299
复习思考题 ········ 306

第七章 高速铁路客运服务 ········ 308
第一节 概　述 ········ 308
第二节 高速铁路站车服务 ········ 313
第三节 高速铁路客运服务系统 ········ 320
复习思考题 ········ 326

第八章 高速铁路新发展 ········ 327
第一节 概　述 ········ 327
第二节 磁悬浮铁路 ········ 332
复习思考题 ········ 341

参考文献 ········ 342

第一章 绪 论

第一节 世界高速铁路发展概述

交通运输是人员与物资借助运输工具在运输网络上产生移动的经济活动的总称,是生产生活顺利进行的必要条件,是生产过程在流通领域的继续,并参与社会物质财富的创造。一部人类交通发展史,在某种意义上也可以说是一部以提高运输速度为主要目标的技术开发史。速度往往在很大程度上决定了某种运输方式或某种运输工具的兴衰消长,它既集中反映了社会的生产技术水平,又直接促进了社会经济的发展和科学技术的进步。

铁路运输作为一种以固定轨道作为运输媒介的交通运输方式,与其他交通运输方式相比较,具有运能大、速度快,安全性高、全天候运营、节能环保等特点。作为国民经济发展的基础条件,铁路运输速度又是其发展的重要标志。高速铁路代表了当代世界铁路发展的大趋势,是20世纪交通运输发展的重大技术成就,是人类智慧的结晶和共同财富,它集中反映了一个国家铁路牵引动力、线路结构、车辆技术、制造工艺、列车运行控制、运输组织和经营管理水平等方面的发展和进步,也集中体现了一个国家科技和工业化发展的水平以及铁路运输组织管理的水平。高速铁路在经济发达、人口密集的地区时其经济效益和社会效益突出,所以建设快捷、绿色、节能、安全、方便的高速铁路已经成为世界性的共识。

一、铁路发展历程

(一)萌芽期(1825—1900年)

1825年9月27日,在盛况空前的通车典礼上,由机车、煤水车、32辆货车和1辆客车组成的载重量约90 t的"旅行"号列车,在设计者英国人斯蒂芬森亲自驾驶下,上午9点从斯托克顿伊库拉因车站出发,下午3点47分到达达林顿,共运行了31.8 km。这是世界上第一条蒸汽机车牵引的铁路,它的出现使陆上交通运输迈入了以蒸汽机为动力的新纪元,也是近代铁路运输业的开端。

因火车的速度大大高于轮船和马车,且具有运量大、可靠性高、经济便利、全天候运营等优点,使铁路在19世纪后半叶和20世纪初在世界各国得到迅速发展,很快成为世界各国交通运输的骨干,并形成了世界铁路的"第一个发展期",对当时社会经济的发展与繁荣起到了很大的推动作用。

（二）蓬勃发展期（1900—1945年）

这一时期由于欧美各国在海外殖民与拓荒所需，铁路迅速地发展成为陆上运输的骨干，加上其独占性，使得铁路从业者成为运输业界的领导者，坐享超额利润的甜美果实，也正因为如此，大批投资人纷纷开始在各地修建铁路。以美国为例，1916年全美国铁路营业里程达到历史上的最高峰，全长共408 745 km，铁路从业者也有1 085家之多。到了1941年，全世界的铁路总长度已达约126万千米，其中美洲占了47%，欧洲占了33%。

（三）衰退期（1946—1964年）

第二次世界大战后，汽车和航空业得到迅速发展，而铁路方面的服务水准每况愈下，再加上铁路通达性不及公路高，因而逐渐遭到各国政府漠视，许多限制铁路从业者的营运法案相继制定，以避免铁路从业者获取不当利润，在这些不利因素影响下，铁路运输营运量开始大幅度衰退。以美国为例，到了1955年，铁路运营长度约剩下35万千米，1965年，铁路又减少了4万千米，铁路运营公司减少为552家，铁路客运量仅占1940年的20%。

（四）复苏期（1964年—）

从20世纪50年代开始，世界进入了交通运输工具现代化、多样化时期，高速公路和汽车的快速发展以及航空运输的兴起，均使铁路在速度上处于劣势，受到长短途运输的两面夹击，铁路在西方发达国家首先陷入"夕阳产业"的被动局面，一度处于停顿状态，这迫使人们不得不提高对铁路行车速度重要性的认识。提高列车速度是铁路赖以生存和适应社会经济发展的唯一出路，尤其是自20世纪70年代以来，由于受到能源危机、环境污染和交通事故等问题的困扰，使得人们又重新开始审视铁路的价值。铁路所固有的运力大、速度快、能耗低、污染轻、安全可靠、通达国内外、全天候不间断工作等其他运输方式所无法替代的优势再度引起人们重视。依靠高新技术，大宗货物运输重载化、中长距旅客运输高速化，尤其是日本东海道新干线的成功运营，使铁路从复苏走上了振兴，树立起崭新的现代化形象，焕发出生机和活力。

二、高速铁路发展历程

铁路作为陆上运输的主力军，在长达一个多世纪的时间里在运输行业居于垄断地位。但自20世纪以来，汽车、航空和管道运输的迅速发展使铁路不断受到新浪潮的冲击。为提高列车运行速度，使铁路适应社会发展的需要，从20世纪初至50年代，德国、法国、日本等国都开展了大量有关高速列车的理论研究和试验工作。1903年10月27日，德国人用电动车首创了试验速度达210 km/h的历史纪录；1955年3月28日，法国人用两台电力机车牵引三辆客车，使试验速度达到了331 km/h，但直到20世纪60年代，高速铁路技术才进入实际运用阶段。

（一）第一次浪潮（20世纪60年代至20世纪80年代）——日本新干线创高铁纪元，法国TGV扭转世界铁路颓势

日本从20世纪50年代末开始，为迎接在东京召开的第18届奥运会，加快了研究和建设高速铁路的步伐。1964年，日本建成了世界上第一条高速铁路——东海道新干线

（Shinkansen），并在 10 月 1 日东京奥运会开幕前正式投入运营，该线路从东京起始，途经名古屋、京都等地终至（新）大阪，全长 515.4 km，运营速度高达 210 km/h，这是全世界第一条投入商业营运的高速铁路线路，打破了当时铁路运营速度的世界纪录，使东京至大阪的旅行速度比原有铁路提高了一倍，它的建成标志着世界高速铁路新纪元的到来。

日本新干线的成功，给欧洲国家以巨大冲击。各国纷纷开始修建高速铁路，除北美外，世界上经济和技术最发达的日本、法国、意大利和德国共同推动了高速铁路的第一次建设高潮，高速铁路建设总里程数达 3 198 km。

第一次建设高潮，高速铁路呈现出如下特征。

（1）由于采用了新技术，铁路竞争力增强，铁路旅客运输在市场中所占的份额出现回升，经济效益开始好转。

（2）解决了运输能力紧张的问题。

（3）推动了沿线地区经济的均衡发展，促进了相关产业的建设。

（4）节省能源，降低了对环境的污染。

（二）第二次浪潮（20 世纪 80 年代末至 90 年代中后期）欧洲接力

日本东海道新干线和法国 TGV 东南线的运营，在技术、商业、财政、经济效益以及政治上都获得了极大的成功。东海道新干线已成为日本铁路客运的主要收入来源，TGV 东南线也在运营 10 年内完全收回了投资，日本和法国高速铁路建设所取得的成就影响了很多国家，加上 20 世纪 80 年代世界性的能源危机、环境污染等问题愈演愈烈，各国政府又重新想到了铁路的优点。与此同时，随着有关高速铁路的一系列新技术、新工艺、新设备的研究取得新突破和发展，以及各国铁路运输管理体制改革的深入，世界各国对高速铁路的关注和研究酝酿了第二次建设高潮，主要于 20 世纪 90 年代在欧洲形成，所波及的国家包括法国（1983）、德国（1988）、意大利（1988）、西班牙（1992）、比利时（1997）、英国（2003）、荷兰（2009）等。他们开始大规模修建国内或跨国高速铁路，逐步形成了欧洲高速铁路网。

这一时期高速铁路表现出如下新的特征。

1. 已建成高速铁路的国家进入高速铁路网规划建设阶段

在这期间，日本、法国、德国及意大利对发展和完善高速铁路网也进行了周密和详尽的规划，对原有高速铁路网进行了大规模扩建。日本于 1971 年通过了新干线建设法，并对全国高速铁路网做出了规划，日本高速铁路网的建设开始向全国普及；法国 1992 年公布了全国高速铁路网发展规划，计划 20 年内新建高速铁路总里程 4 700 km；德国于 1991 年 4 月批准了联邦铁路公司改建、新建铁路计划，包括了 13 个项目，其中新建高速铁路 4 项；1986 年意大利政府批准了交通运输发展规划纲要，修建横连东西、纵贯南北、长达 1 230 km 的 "T" 形高速铁路网。

2. 跨越国境的高速铁路建设成为趋势

1994 年英吉利海峡隧道把法国与英国连接在一起，开创了第一条高速铁路国际连接线，1997 年，从巴黎开出的 "欧洲之星" 又将法国、比利时、荷兰和德国连接在一起，欧洲国家大规模修建本国或跨国界高速铁路，逐步形成了欧洲高速铁路网络。这次高速铁路的建设高潮，不仅仅是铁路提高内部企业效益的需要，更多的是国家能源、环境、交通政策的需要。

1991年，欧洲议会批准了泛欧高速铁路网的规划蓝图，提出在各国边境地区实施15个关键项目，这将有助于各个国家独立高速线之间的联网。

3．高速铁路技术创新实现新突破

高速铁路建设在日本等国所取得的成就促进了各国对高速铁路的关注和研究，1991年瑞典开通了X2000摆式列车，1992年西班牙引进法、德两国的技术建成了471 km的马德里至塞维利亚高速铁路。为赶超日本，法国和德国先后着手进行高速铁路试验，欧洲国家高速铁路技术的进展反过来又"刺激"了日本，使之加强了对技术研究和新型车辆的开发，山阳新干线和东海道新干线的运行速度分别提高至现在的275 km/h和300 km/h。

（三）第三次浪潮（20世纪90年代至今）——亚洲兴起，高铁建设走向全世界

这次建设高潮涉及亚洲、北美、大洋洲及整个欧洲，形成了世界交通运输业的一场革命性的转型升级。中国、俄罗斯、韩国、澳大利亚、英国、荷兰等国家和地区开始研究和建设高速铁路，为了配合欧洲高速铁路网的建设，欧洲东部和中部的捷克、匈牙利、波兰、奥地利、希腊及罗马尼亚等国家正在进行干线铁路改造、全面提速工作，亚洲（韩国、中国）、北美洲（美国）、澳大利亚也都掀起了建设高速铁路的新热潮。对高速铁路开展前期研究和初步实践的国家还有土耳其、美国、加拿大和印度等，列车运行速度已达到并超过了300 km/h，21世纪将成为高速铁路大发展的世纪。

1998年10月在德国柏林召开的第三次世界高速铁路大会，将当前高速铁路的发展定为世界高速铁路发展的第三次高潮，参与第三次高速铁路建设的各个国家与前两次高速铁路建设不同，其特征主要表现为：

（1）高速铁路的修建得到了各国政府的大力支持，一般都有了全国性的整体修建规划，并按照规划逐步实施。

（2）虽建设高速铁路所需资金较大，但修建高速铁路的企业在经济效益和社会效益方面达成了更广泛层面的共识，特别是修建高速铁路在节约能源、减少土地使用面积、减少环境污染、交通安全等方面的社会效益显著，以及拥有能够促进沿线地区经济发展、加快产业结构的调整等优势。

（3）高速铁的路促进地区之间的交往和平衡发展，欧洲国家已经将建设高速铁路列为一项政治任务，各国呼吁在高速铁路建设中携手打破国土边界的束缚。

（4）高速铁路从国家公益投资转向多种融资方式筹集建设资金，高速铁路建设出现了多种形式融资的局面。

（5）高速铁路的技术创新正在向相关领域辐射和发展。

从洲际层面看，亚洲、欧洲垄断了现有高铁市场，目前，全球已投入运营和在建高铁总里程达5万多千米，其中亚洲已投入运营和在建高速铁路总里程为41 253 km，欧洲已投入运营和在建高速铁路总里程为10 946 km，其余已投入运营或在建高速铁路项目集中在美国、摩洛哥等北美洲和非洲地区。

从国家层面看，中国、日本、西班牙、法国、德国、意大利、韩国已投入运营高速铁路里程数排名为全球的前七位，其中中国已建成投入运营里程数高达3.2万公里，可见中国高铁建设后来居上且成为新建高速铁路的"主战场"。

（四）展望未来

尽管全球高速铁路已稳步发展超过 50 年，但未来全球对高速铁路的需求依旧有增无减，高速铁路里程数仍将稳步增长。根据世界铁路联盟发布的《High Speed Lines In the World》报告，未来世界各国高速铁路远期规划里程将达 5.08 万千米，亚洲和欧洲将是未来高速铁路的主要增量市场，俄罗斯高速铁路未来规划里程达 2 978 km，超过欧洲老牌高速铁路大国的法国（1 786 km）和西班牙（1 327 km），排名欧洲国家首位；印度高速铁路未来规划里程达 4 630 km，超过泰国（2 877 km）和越南（1 600 km）等东南亚国家，仅次于中国远期规划的 1.8 万千米；此外非洲和北美洲高铁未来规划里程也分别达 2 870 km 和 2 619 km，其中南非高速铁路未来规划里程达 2 390 km，在除亚洲和欧洲之外的世界各国中排名首位，尽管非洲和北美洲相对亚洲、欧洲市场规模较小，但仍不容忽视。由此可见，以中国、俄罗斯、印度、南非等"金砖国家"为代表的新兴经济体未来在全球高铁市场中的发展空间较大，地位举足轻重。

三、高速铁路的内涵

高速铁路是一个具有国际性和时代性的概念，高速列车的运行速度是一项重要的技术指标，也是铁路现代化水平的重要体现。

（一）铁路等级划分

国际铁路联盟（UIC）以速度为标准将铁路划分为以下几个等级：
常速铁路：速度为 100～120 km/h；
中速铁路：速度为 120～160 km/h；
准高速铁路：速度为 160～200 km/h；
高速铁路：速度为 200～400 km/h；
超高速铁路：速度为 400km/h 以上。

（二）高速铁路定义界定

一条铁路线是否能被称为高速铁路，有其产生、发展、形成的过程，不同国家和地区在不同阶段对高速铁路定义界定不一样，主要界定方式有以下几种。

1. 欧盟（European Union）

欧盟在 1996 年宣布对"高速铁路"提出新的定义，给出"高速铁路"和"高速铁道机车车辆"两方面的标准，此标准现在适用于欧盟成员国。

（1）高速铁路。

新建高速铁路的容许速度达到 250 km/h 或以上，经升级改造的高速铁路，其容许速度达到 200 km/h。

（2）高速铁道机车车辆。

在新建高速铁路上，运行速度最少达到 250 km/h，并在可能的情况下达到 300 km/h；在既有线或经升级改造的高速铁路上，运行速度达到 200 km/h。

2．国际铁路联盟（UIC）

（1）高速铁路。

新建高速铁路的设计速度达到 250 km/h 以上，经升级改造（直线化、轨距标准化）的高速铁路，其设计速度达到 200 km/h，甚至达到 220 km/h。

（2）高速铁道机车车辆。

商业营运速度最少达到 250 km/h 的高速动车组列车。

商业营运速度较低（200 km/h），但服务质量较高的列车，例如摆式列车。

商业营运速度达到 200 km/h 的传统机车车辆模式（铁路机车牵引铁路车辆）。

3．日本

作为世界上最早开始发展高速铁路的国家，日本高速铁路即为"新干线"。根据 1964 年日本运输省制定的《新干线铁路结构规则》和 1970 年 5 月日本政府在第 71 号法律《全国新干线铁路整备法》中规定："新干线"高速铁路的定义为："轨距为 1 435 mm，在线路的主要区间列车能以 200 km/h 以上速度运行的干线铁路称为高速铁路。"这是世界上第一个以国家法律条文的形式给高速铁路下的定义。

4．美国

美国联邦铁路管理局对"高速铁路"的官方定义为最高营运速度高于 145 km/h（90 mph）的铁路，但从社会大众的角度来看，"高速铁路"一词在美国通常会被用来指营运速度高于 160 km/h 的铁路服务，这是因为在当地除了阿西乐快线（最高速度 240 km/h）以外并没有其他营运速度高于 128 km/h 的铁路客运服务。

5．中国

中国 2014 年 1 月 1 日起实施的《铁路安全管理条例》规定，高速铁路（高铁）是指设计开行时速 250 km 以上（含预留），并且初期运营时速 200 km 以上的客运列车专线铁路。根据以上定义，中国的"高铁"以及部分"动车"和"城际列车"都属于高铁，也就是以"G""D"和"C"字母开头的车次。

中国国家铁路集团有限公司（简称国铁集团）对"高速铁路"的定义分为以下两部分。

① 既有线（直线化、轨距标准化）改造速度达到 200 km/h 和新建速度达到 200~250 km/h 的线路，在这部分线路上运营速度不超过 250 km/h 的列车称为"动车组"；② 新建的速度达到 300~350 km/h 的线路，这部分线路上运营的速度达到 300 km/h 及以上的列车称为"高速动车组"，高速铁路除了要求列车在营运达到一定速度标准外，车辆、路轨、操作都需要配合提升。

目前通用定义：最高（日常/商业）营运速度或者设计速度在 200 km/h 或以上，同时对于新建高速铁路和经升级改造后的高速铁路有不同的要求为：

新建高速铁路的设计速度或营运速度达到 250 km/h 以上；经升级改造（直线化、轨距标准化）的高速铁路，其设计速度或营运速度达到 200 km/h。

随着科学技术发展和客观条件的变化，有关高速铁路的定义将会不断更新。

第二节 国外高速铁路发展概况

一、日本高速铁路

1959年4月5日,日本国铁东京至大阪的东海道新干线破土动工,经过5年建设,于1964年3月全线完成铺轨,10月1日世界上第一条高速铁路——日本东海道新干线正式投入运营。这条专门用于客运的电气化、标准轨距双线铁路,代表了当时世界第一流的高速铁路技术水平,标志着世界高速铁路由试验阶段跨入了商业运营阶段,其建成通车标志着世界高速铁路新纪元的到来。

东海道新干线克服了传统铁路在行车速度上的限制,通车运营后,因票价较飞机便宜,运输成本只有飞机的1/5,从航空运输业中吸引了大量客流,甚至导致东京与大阪之间飞机航班不得不缩减,它成为世界上铁路在与航空竞争中取得胜利的一个范例。东海道新干线正式投入运营仅7年,到1971年就将10亿美元建设成本连本带利还清,其内部收益率达12%以上,获得了巨大的社会和经济效益,可以算是世界上运营最成功的一条高速铁路。新干线修建之后对于日本经济所起的拉动作用也是掀起世界高速铁路建设狂潮的原因之一,新干线成为支持日本经济起飞的重要基础设施,被誉为"经济起飞的脊梁骨"。日本运营中的高速铁路线路如图1-2-1所示。

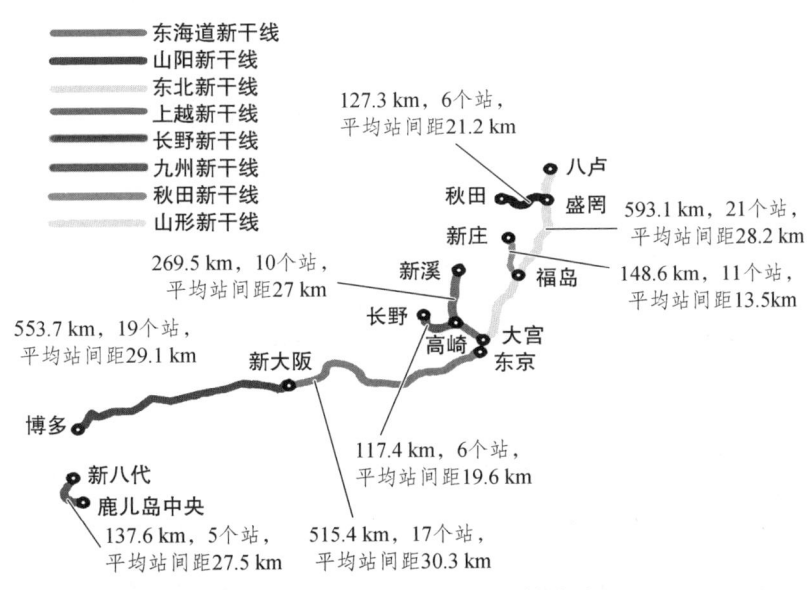

图 1-2-1 日本运营中的高铁线路

随着东海道新干线的运营成功并取得巨大经济效益,1971年日本国会审议并通过了《全国铁道新干线铁路网建设法》,掀起了高速铁路建设的浪潮,1972年后日本运输省又规划了并修建完成的新干线有:

1975年山阳新干线通车,全长553.7 km,时速270 km,2011年3月采用最新型高速列车"隼"号,运行速度300 km/h,2012年达到320 km/h。

1982年上越新干线通车,全长269.5 km,时速240 km。

1985 年东北新干线通车，全长 496.5 km，时速 240 km，东北新干线盛冈—青森延长线的八户到青森段，长 82 km，于 1998 年开工，在 2013 年完工；

1992 年山形、秋田小型新干线，全 275.9 km，时速 260 km。

1997 年长野新干线通车，全长 117.4 km，时速 260 km。

东北新干线盛冈—青森延长线的八户到青森段，长 82 km，于 1998 年开工，在 2013 年完工。

北陆新干线的长野—富山段，长 170 km，2015 年完工，北陆新干线中剩下的三段：上越—丝鱼川（41 km）；鱼津—富山—石动（69 km）；金津—敦贺—大阪（254 km）；

九州新干线，伯方岛—鹿儿岛，长 257 km，1 期工程从新八代—鹿儿岛，长 127 km，2003 年完工，伯方岛—八代段长 130 km，于 1998 年开工，于 2013 年完工，九州新干线的长崎—福冈（119 km），福冈—船小屋（42 km）。

北海道新干线由青森到札幌，长 360 km。

总之，从日本—东海道新干线建成算起，日本高速铁路已经走过了 50 多年的历史，其发展可归结为以下三个阶段。

第一阶段（1964—1975 年），在人口稠密的地区修建高速铁路，主要是缓解运输紧张的压力，如东海道新干线和山阳新干线等。

第二阶段（1983—1985 年），以开发沿线地区经济为目的，在人口较少的地区修建东北和上越新干线。高速铁路功能从简单的缓解运输紧张发展到拉动国民经济增长的阶段，并初步形成新干线网。

第三阶段（1990 年至今），高速铁路建设以满足舒适、快捷、安全、节能、环保和低噪声要求为目的，在均衡开发国土和可持续发展方面发挥积极作用。在这个阶段，不仅要提高既有线和新干线的速度，还要通过建设隧道和大桥，用铁路网把四岛连接起来，形成由既有线和新干线组成的高速铁路网。

新干线是日本的高速铁路客运专线系统，其技术成熟、运行稳定、安全性高，运行 50 多年来，新干线技术不断进步，还没有发生人为致死的事故，号称全球最安全的高速铁路之一。虽然新干线的速度优势不久之后就被法国的 TGV 取代，但日本新干线拥有目前最为成熟的高速铁路商业运营经验。

图 1-2-2　东海道新干线开通典礼图

图 1-2-3　法国 AGV-V150 高速动车组

日本开发新干线的首要目标是增强客运能力，其次才是提高速度，目前，日本已投入运营的新干线高速铁路里程为 3 041 km，在建新干线高速铁路里程为 402 km，规划建设新干线高速铁路里程为 179 km，已经构成了日本国内铁路网的主干部分。

二、法国高速铁路

法国高速铁路系统 TGV，它由阿尔斯通（Alstom）及国营公司 SNCF 负责开发，营运由 SNCF 负责。TGV 列车往来于巴黎邻近及包括比利时、德国、瑞士在内的邻国城市。荷兰、韩国、西班牙、英国及美国等国的铁路公司从法国购入阿尔斯通负责生产的 TGV 列车或技术。

法国铁路具有高速行车的传统，基础较好，是世界上从事提高列车速度研究较早的国家，法国国铁（SNCF）于 1950 年开展高速铁路技术研究，20 世纪 60 年代以来，法国公路和航空运输迅速发展，铁路运输地位岌岌可危，铁路人士认为铁路速度不高是限制其竞争力的关键，在日本建成东海道新干线之后，法国国营铁路公司于 1967 年从更高起点开始研究开发高速铁路并确定了适合本国国情的速度目标值，其目标是要研制一种高性能、高速度并面向大众的新型列车，建造一条高质量的铁路新线，向旅客提供一种安全、舒适、快速的出行方式，解决铁路干线运输能力日益饱和的运输困境并获得显著的经济效益。

1971 年，法国政府批准修建巴黎至里昂的 TGV 东南线，该线全长 417 km（其中新建高速铁路线 389 km），于 1976 年 10 月正式开工，1976 年和 1978 年，东南线分别从南段和北段开始施工，并分别于 1981 年 9 月和 1983 年 9 月竣工，1983 年 9 月全线建成通车，修建过程中秉承高速铁路新线客运专用、高速铁路新线与既有铁路网兼容和多车次少中转的运营系统三条具体原则。TGV 高速列车最高运行速度 270 km/h，巴黎至里昂间旅行时间由原来 3 h 50 min 短到 2 h，客运量迅速增长。TGV 东南线自 1981 年投入商业运营以来，运量大幅度增长，到 1991 年底，东南线经营的财政收入偿还了包括高速列车购置费用在内的全部债务。

TGV 东南线的成功运营，证明了高速铁路是一种具有竞争力的现代交通工具，也促进了铁路网络的扩张，多条新线路在法国南部、西部和东北部相继开建，随后几年，法国接着修建了 TGV 大西洋线、TGV 北方线和 TGV 地中海线等高速线，1989—1990 年建成巴黎至勒芒、巴黎至图尔的大西洋线，全长 291 km，列车最高速度达到 300 km/h，而且很快就实现了盈利，在铁路运输，特别是铁路客运方面非常不景气的欧洲，这是非常难能可贵的。

1993 年，法国第三条高速铁路 TGV 北方线开通运营，北线也称作北欧线，由巴黎经里尔，穿过英吉利海峡隧道通往伦敦并与欧洲北部比利时的布鲁塞尔、德国的科隆、荷兰的阿姆斯特丹相连，全长 346 km，是一条重要的国际通道，列车最高速度达到 350 km/h。

1994 年，里昂—瓦朗斯 TGV 东南延长线通车，线路长度 117 km，列车最高时速达到 330～350 km/h；

2001 年，瓦朗斯—马赛全长 259 km 的 TGV 地中海通车，列车最高时速达到 330 km/h；

2005 年从图尔到波尔多的 TGV 阿基坦线通车，全长 361 km，远期将与西班牙高速铁路接轨。

2006 年，欧洲东部线巴黎—斯特拉堡线建成通车，全长 450 km，设计最高速度 350 km/h，并于 2007 年 4 月 3 日进行超高速列车（AGV）最新型"V150"列车的行驶试验，时速达到 574.8 km，如图 1-2-3 所示。

此外还有 TGV 莱茵河—罗讷河线，长度 425 km，目的是把 TGV 东欧线与 TGV 巴黎东南线连接起来，并且通向瑞士/法国边境，把里昂与斯特拉斯堡连接起来。从里昂通向意大利都灵的高速线，长度为 250 km，从蒙彼利埃到巴塞罗那的高速线，长度为 340 km。

法国拥有欧洲最大的高速铁路运输网之一，目前，法国已建成的 TGV 高速铁路里程为 4 537 km，如图 1-2-4 所示。

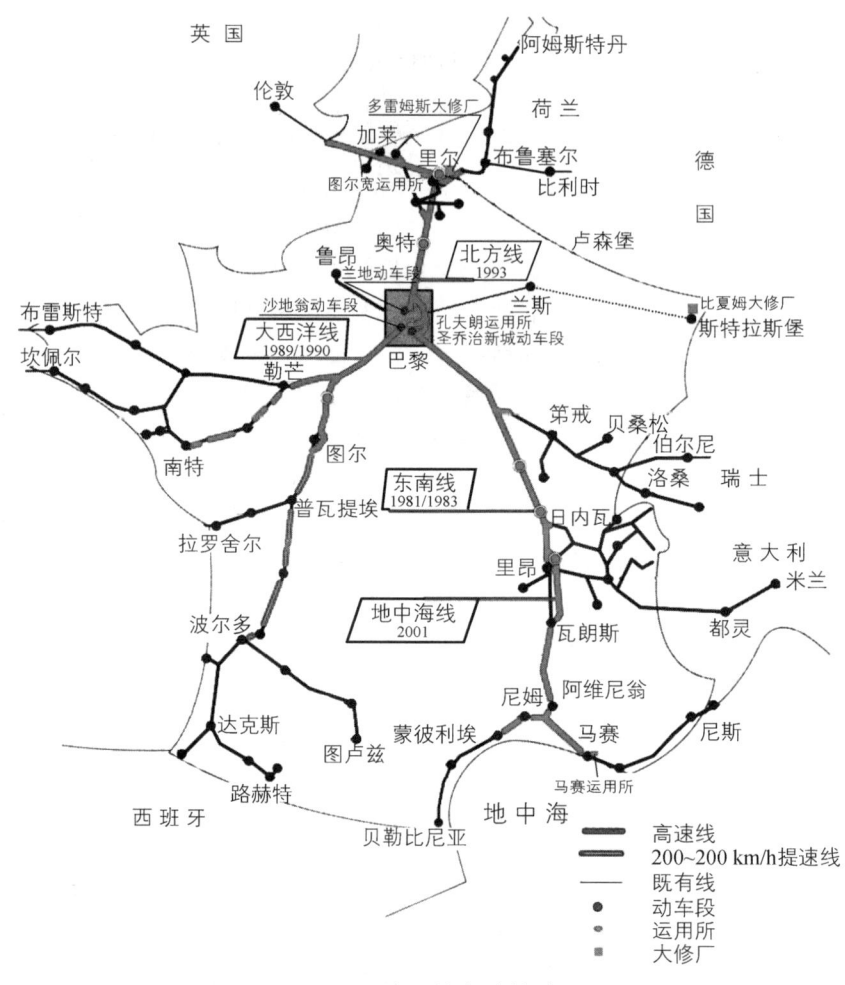

图 1-2-4　法国的高速铁路网

随着 TGV 的成功运营，法国的邻国例如比利时、意大利、西班牙和德国也纷纷效仿，分别建立起了各自的高速铁路系统。TGV 通过法国铁路网络与瑞士相连，通过西北高速列车铁路网络与比利时、德国和荷兰相连，通过欧洲之星铁路网络与英国相连。

法国铁路在历史上对高速行车一直是情有独钟，并且在这方面占有相当明显的优势。据统计，1890 年到 1990 年的一百年间，世界铁路共创造了 17 次铁路行车速度最高纪录，其中有 9 次是由法国铁路创造和保持的。1955 年，法国利用普通的电力机车牵引一节客车和一节试验车创造了当时速度达 331 km/h 的世界纪录，直到 20 世纪 70 年代才由其 TGV-01 试验型电动车组以 380 km/h 的速度打破，法国铁路于 1990 年 5 月用 TGV 大西洋电动车组创造了 515.3 km/h 的世界纪录，冲破了被称为极限的 375 km/h 的极限速度。2007 年 4 月 3 日，第四代 TGV-v150 又创造了 574.8 km/h 的新世界纪录之界定一直保持至今，无人能望其项背。

法国 TGV 大西洋高速列车的 300 km/h 运营速度也长期保持了世界最高运营速度的记录，在国际市场上，法国 TGV 系列列车也是最成功的，西班牙、韩国等国都引进了 TGV 技术。

三、德国高速铁路

德国是一个铁路历史悠久的国家，其第一条铁路于 1835 年在纽伦堡—菲尔特间开通，德国的高速铁路技术储备不亚于法国，德国高速列车（ICE）被称为德国铁路公司的旗舰高速列车，通达德国的全国各地。

德国铁路工业比较发达、技术先进，1971 年，德国也开工建设了其第一条高速铁路新线汉诺威—维尔茨堡高速线（327 km），之后又开始修建第二条高速新线曼海姆—斯图加特高速线（99 km），这两条高速新线于 1991 年同时通车运营。1998 年，264 km 长的柏林—汉诺威和 180 km 长的科隆—莱因/美因（法兰克福）高速线建成通车。与日本和法国的高速铁路不同，德国高速铁路是按客货车混跑的原则设计的，除了近 900 km 设计速度 280~300 km/h 的高速新线外，德国还有约 700 km 的最高允许速度达到 200 km/h 的经过改造的既有线。因此，德国的高速铁路包括新线和速度达到 200 km/h 的既有线，ICE 高速列车不但在高速新线上行驶，也在经改造的和未经改造的既有线上行驶（速度达到或未达到 200 km/h），这些行驶 ICE 高速列车的线路都可以被称作 ICE 线路，目前已建成总长约 3 200 km 的高速运输走廊。

表 1-2-1 德国建设和运营的高速铁路

线　　路	长度/km	开始运营时间/年	最高速度/(km/h)	开行列车型号
汉诺威—维尔茨堡	327	1991	280	ICE1，ICE2
曼海姆—斯图加特	99	1991	280	ICE1
柏林—汉诺威	264	1998	280	ICE1，ICE2
科隆—莱因/美因（法兰克福）	180	2002	300	ICE3

目前，德国新建和改建的高速铁路线总长 6 226 km，如图 1-2-5 所示。

1．六条国内高速铁路

（1）1991 年曼海姆—斯图加特线，在巴登—符腾堡州境内，全长 99 km。

（2）1992 年建成的汉诺威—维尔茨堡线，在下萨克森州首府汉诺威直达巴伐利亚州的重镇维尔茨堡，全长 327 公里。

（3）1998 年又开通了汉诺威—柏林的高速线。

（4）2002 年科隆—法兰克福线开通。

（5）2006 年纽伦堡—因戈尔斯塔特线开通。

（6）2007 年又开通了汉堡至柏林线。

2．六条国际高速铁路

（1）通向荷兰的阿姆斯特丹。

（2）通向丹麦的哥本哈根。
（3）通向瑞士的苏黎世。
（4）通往比利时的布鲁塞尔。

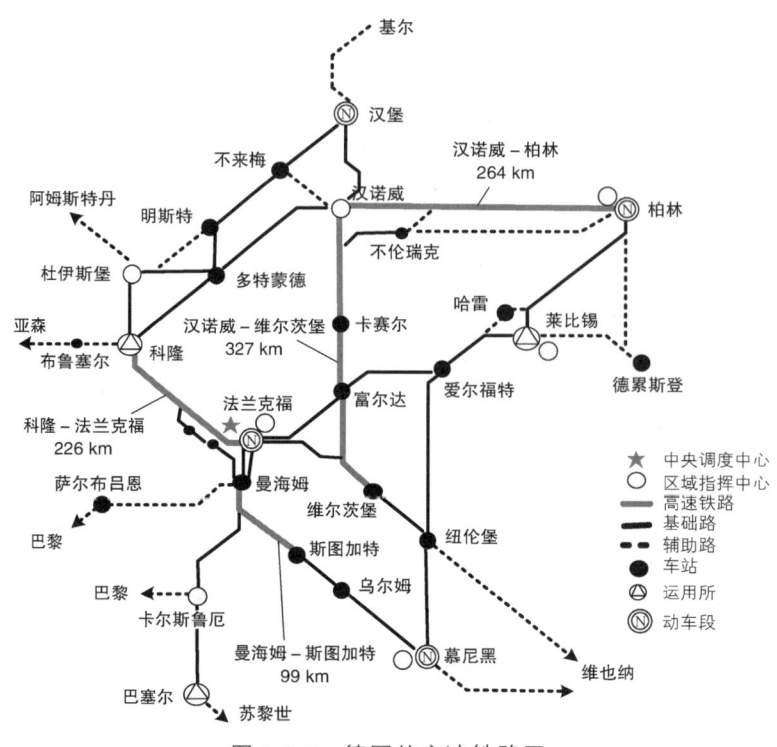

图 1-2-5　德国的高速铁路网

（5）通向奥地利的萨尔茨堡及维也纳。
（6）2007 年刚开通的法—巴线，由法兰克福直达法国首都巴黎。

四、意大利高速铁路

意大利是欧洲最早建设高速铁路的国家之一，早在 20 世纪 60 年代，开始就修建高速铁路的研究。20 世纪中期，意大利经济迅速发展，南北和东西铁路干线运能饱和，1970 年正式开工建设罗马—佛罗伦萨（Direttissima）高速铁路，1992 年全线通车，全长 254 km，是目前唯一在运营的第一代高速铁路，罗马—佛罗伦萨高速铁路的技术标准不高，允许最高速度只有 250 km/h，因此，要将其最高速度提高到 300 km/h，以实现与第二代高速铁路相匹配。

1986 年，意大利铁路制定了高速铁路发展规划，要把从米兰到那不勒斯的南北大干线和从都灵到威尼斯的东西大干线建设成高速铁路，再加上米兰到热那亚的高速铁路，共建成总长超过 1 200 km 的高速铁路网。工程分两阶段进行：第一阶段是都灵—米兰—那不勒斯线，总长约 962 km；第二阶段工程是从热那亚—米兰—威尼斯沿既有双线铁路新建东西向双线高速干线。若把已经建成的罗马—佛罗伦萨高速铁路称为第一代高速铁路，那么这些高速铁路可以称为第二代高速铁路。除个别区段外，这些建设中和计划要建设的高速铁路的设计允许最高速度都是 300 km/h，目前意大利高铁总里程数为 1 192 km。

五、西班牙高速铁路

西班牙的铁路工业技术水平在西欧国家中并不算出众。1984年，国际展览局决定让1992年世界博览会在西班牙塞维利亚举行，西班牙当即计划要建设首都马德里到塞维利亚的高速铁路，该铁路于1987年正式动工，1991年年底建成，1992年4月随塞维利亚世博会开幕而通车，这条高速铁路长度为417 km，采用标准轨距（西班牙既有铁路都是宽轨铁路），按高中速列车混跑、客货车混运的原则设计，主要开行AVE高速列车（速度300 km/h）、TALGO200摆式列车（速度160/200 km/h）以及少量140 km/h的货物列车。

为了最大限度地提高服务质量以吸引客流。自1994年9月11日起，西班牙国家铁路公司（RENFE）决定实行延误补偿的承诺——只要是因公司原因造成AVE高速列车延误超过5 min的，将票价的全部金额返还给乘客，这一措施是为保证AVE列车的正点率而制定的，1997年起（正式运营仅5年），马德里——塞维利亚高速铁路开始盈利，比计划整整提前1年，获得了很好的社会和经济效益，为此，西班牙国营铁路获得了1998年欧洲质量管理基金优秀奖。

1994年，西班牙又决定修建第二条由马德里—巴塞罗那的高速铁路，并于1995年正式动工，接着又修建了巴塞罗那—巴伦西亚—阿利坎特的高速铁路。

2000年，西班牙政府制订了2002—2007年国家交通运输基础设施规划，政府提出了关于铁路建设的指导性意见，即建设高速铁路网，对现有路网进行改造并完成地区铁路网建设。根据这一指导性意见，西班牙国家铁路公司RENFE、路网公司（GIF）会同西班牙公共事务及运输部制订了西班牙国家铁路建设投资规划，为将来与整个欧洲路网连接的方便，在建和计划修建的高速线都采用统一的标准轨距（1 435 mm），形成全国"Y"型高速铁路网，目前的高铁里程数为5 705 km。

六、欧洲高速铁路网

除上述几个欧洲国家外，其他一些欧洲国家也修建了高速铁路。英国是世界铁路的发源地，但在高速铁路建设上却滞后于欧洲其他国家，英国633 km的东海岸干线中303 km长的伦敦—约克段，运行的IC225列车最高速度可达到200 km/h。改造的长850 km的西海岸干线（伦敦—格拉斯哥），行驶最高速度为225 km/h的摆式列车。英国的第一条高速新线是于2003年9月16日开通运营的，连接英伦海峡的CTRL隧道线路，最高速度为300 km/h，英国目前已建成的高速铁路里程数为2 257 km。

瑞典高速铁路主要是改造既有线，开行自主开发的X2000摆式列车，这种摆式列车的最高速度可以达到210 km/h。开行X2000摆式列车的既有线线路总长达到2 700多千米，其中最高速度达到200 km/h的有斯德哥尔摩—马尔默和斯德哥尔摩—哥德堡两条线路，总长为1 080 km。除此之外，土耳其目前的高铁里程数为594 km，在建的高铁里程数为1 153 km，比利时和荷兰等国也正在建设高速铁路，与法国、英国、德国的高速铁路联成PBKA高速铁路网，开行Thalys国际高速列车，其中比利时的布鲁塞尔—法国边境的高速铁路线（全长88 km）已于1997年12月开通，列日—科隆（德）的高速铁路也于2002年12月开通运营。

七、其他国家和地区的高速铁路

（一）韩国

为解决首尔—釜山通道交通难问题，1990年，韩国政府决定修建首尔—釜山高速铁路以实现运输通道扩能，为建设412 km的首尔—釜山高速铁路，韩国专门成立了高速铁路建设管理局（KHRC），全权负责该高速铁路的建设，土木工程和轨道建设主要由韩国的建筑集团承担。2004年3月31日，韩国第一条首尔—釜山（至大邱）高速铁路建成通车，标志着韩国正式跨入高速铁路时代，成为继日本、法国、德国、西班牙后第五个有能力建设300 km/h高速铁路的国家，高速列车从首尔到釜山只需要1 h 56 min。此外，韩国还规划修建了两条高速铁路：一条是由大田经光州到木浦的湖南高速铁路；另一条是首尔到江陵的东西高速铁路，目前韩国高铁里程数为1 475 km。

（二）美国

美国虽然经济和科学技术都非常发达，但是其铁路技术尤其是高速列车技术比较落后，线路里程数达730 km的华盛顿—纽约—波士顿东北走廊是既有线经过改造后的高速铁路，所需要的高速列车也是由法国阿尔斯通和加拿大庞巴迪公司组成的集团所提供，列车命名为Acela Express，由2节动车和6节拖车组成，总功率9 200 kW。动车轴重22 t，最高运行速度240 km/h。其中，动车由阿尔斯通公司设计并负责提供交流同步牵引传动装置及电气电子设备等，由庞巴迪公司在美国的工厂组装。采用摆式车体技术的全部客车也由庞巴迪公司在美国的工厂负责生产。

除华盛顿—纽约—波士顿东北走廊外，美国铁路客运公司还与各地政府合作，面向5个地区市场制定了高速铁路规划。

① 东北高速铁路系统：包括华盛顿—波士顿东北高速铁路走廊、费城—哈里斯堡的吉斯通走廊、纽约—奥尔巴尼/布法罗的帝国走廊、波士顿—缅因州以及波士顿-蒙特利尔的新英格兰高速走廊。

② 东南及墨西哥湾高速走廊：从华盛顿到里士满、夏洛特、亚特兰大、新奥尔良以及从华盛顿到杰克逊维尔、坦帕和迈阿密。

③ 中西部地区铁路启动项目：包括总长度4 800 km、涉及9个州的"枢纽-辐射式系统"，把芝加哥与中西部主要城市连接起来。

④ 加利福尼亚高速系统。

⑤ 喀斯喀特高速走廊。

美国目前高铁里程数为2 151 km。

八、规划修建高速铁路的国家

（一）俄罗斯

20世纪80年代末，苏联曾经制定"不污染生态环境的高速运输科技发展纲要"，研究以彼得格勒—莫斯科为中心，在南北、东西主要运输通道上修建中央—南方，莫斯科—西方高速客运专线的规划设想。俄罗斯也提出了要修建高速铁路,但规模有所缩小,首先重点考虑修建莫斯科—圣彼得堡高速客运专线。1991年成立俄罗斯高速铁路股份公司,负责高速铁路的筹建、经营以及高速列车的研制、生产等。

莫斯科—圣彼得堡高速客运专线全长654 km,沿线覆盖人口约3 000万。线路设计速度350 km/h,最大坡度9‰,最小曲线半径7 000 m,列车最高行车速度250~300 km/h。在规划、设计莫斯科—圣彼得堡高速客运专线的同时,俄罗斯还研制了新一代的神鹰号高速电动车组,这种高速列车编组12辆,采用3 kV、DC和25 kV、AC两种供电制式,牵引功率10 800 kW,设计速度250 km/h。

按照长远规划,俄罗斯还将选择一些主要路线建设高速铁路,如莫斯科—圣彼得堡—赫尔辛基,莫斯科—斯摩棱斯克—明斯克—布列斯特,乃至华沙、柏林、巴黎等地,与欧洲高速铁路网联网。

(二)印度

印度铁路也有建设高速铁路的长远规划,按照这个规划将分别从新德里、孟买、加尔各答和马德拉斯修建到各地的高速铁路,并选定首先对新德里—阿格拉、新德里—堪普尔、新德里—昌迪加尔、孟买—艾哈迈达巴德等路线进行可行性研究。

高速铁路已成为世界铁路发展的重要趋势,自20世纪60年代世界上第一条高速铁路开通运营以来,已有近10个国家的各种类型的高速铁路投入运营,多数国家的高速铁路都取得了良好的社会和经济效益,在铁路运输业尤其是铁路客运业很不景气之际,为铁路注入了新的活力。

第三节 中国高速铁路发展概况

一、中国高速铁路发展的必要性

我国内陆面积宽广,人口众多,幅员辽阔,国土东西跨度5 400 km,南北相距5 200 km,经济发展与联系的跨度大,这就决定了中长距离客货运量需求巨大,需要有一种强而有力的运输方式将整个国家和国民的经济联系起来。铁路作为一种经济、快捷又重要的基础设施,是我国国民经济大动脉和大众化交通运输方式,其在大流量长距离的客货运输中有着绝对优势,也在大流量、高密度的城际中短途旅客运输中具有强大竞争力,在我国交通运输体系中居于主导地位。相比公路和航空,高速铁路在速度、安全、运能、能源、环境保护、土地占用、工程造价等方面所具有的明显的技术经济比较优势,决定了高速铁路在未来交通运输市场中的地位和作用。开发高速铁路技术是我国铁路发展的一项重大决策,是21世纪中国交通运输发展的战略举措,对经济社会发展具有重大影响和深远意义。

(一)发展高速铁路是提高铁路运输能力的需要

随着国民经济和区域经济的平稳快速发展,必然带动全社会人员、物资的加速流动,对客货运输质量的要求日益提高。长期以来,我国铁路发展滞后,运输能力不能满足国民经济发展要求,特别在春运、暑运、"十一"等客流集中的特殊时期,客货运输能力更是极度紧张,而高速铁路速度快，运输能力大，符合我国大力发展大众运输的国情，因此，加快高速铁路建设，将全国大部分重要经济区和中心城市连接起来，在京沪、京广、京哈、陇海（徐州—兰州）以及沪昆等我国客货运输最繁忙、增长潜力巨大的交通走廊内实现客货分线运输，从而大幅提高铁路网整体能力具有重要的现实意义。

（二）发展高速铁路是满足居民出行和经济社会发展的需要

近年来，我国居民出行已经开始从单纯的探亲访友向旅游等消费性需求方向转变，从过去仅仅满足"走的了"向"走得快""走得好"的高质量运输的方向转变。今后，随着人民物质文化生活水平的不断提高，人们对出行的运输服务质量需求将会越来越高，方便快捷、环境舒适、安全可靠、服务良好以及各种个性化服务的出行消费需求都将涌现，仅靠传统的铁路运输工具难以满足这些需求，而高速铁路拉近了地区之间、城际之间和城乡之间的距离，提高了人们的出行效率和舒适度，因此，加快高速铁路的建设是我国顺应时代发展要求的必然选择。

目前我国 50 万以上人口的城市数量达 245 个，中长距离客流较大，其中 80% 需由铁路承担，加快建设高速铁路，提高铁路运输服务能力和水平，对促进经济社会快速发展，满足日益增长的旅客运输需求具有重要作用。

同时，高速铁路作为一种基础设施，对经济社会发展的促进作用具有放大效应，随着高速铁路不断发展，不仅对沿线地区，而且对全社会的经济社会发展都将产生积极作用，高速铁路建设不仅能够直接或间接增加就业机会，增加地方财政和居民收入，而且建成后会对经济社会产生包括节约运输时间、降低运输成本、提高交通安全等对经济的直接效果和产业布局变化、城市化进程加快、交通经济带形成等间接效果。

此外，高速铁路是一个国家经济实力、现代文明和技术进步的体现，能增强人民的荣誉感、现代感和民族自信心，而高速铁路带来的"同城化"效应也改变着人们的生活方式，提高了人们的生活质量，带来了人们文化、习俗、观念等方面的变化。

（三）发展高速铁路是促进区域经济协调发展的需要

目前我国东部人口众多、经济发达却资源匮乏，而西部人口稀少、经济落后却资源丰富，要改变这一局面，必须大力发展交通运输，落后地区一旦被铁路覆盖或辐射，则会使该地区更大范围地融入国民经济发展的整体中去，提升其经济发展水平，加快经济发展进程。另外，铁路对促进资源的优化配置提供了最有效载体，有利于市场广度和深度的开拓，使人们能够低成本地参与市场竞争。高速铁路将为东西部间提供大能力、快速度、低成本的交通运输方式，既能成为东部地区向西部地区辐射的媒介，也有利于东中西部间的人员流动，从而进一步提高经济资源配置的效率，逐步形成东西部优势互补和各具特色的区域发展新格局。因此，发展高速铁路有利于改善地区经济不均衡和优化资源合理配置。

（四）发展高速铁路是我国城市化发展战略的需要

改革开放以来，我国快速发展城镇化水平不断提高，预计将于 2020 年达到 60%，2050 年达到 72.9%。随着城镇化水平提高以及城市群发展，未来人口和经济发展向中心城市集聚，城市规模将不断扩大，中心城市之间与城市群内部客运需求将强劲增长，这对交通基础设施承载能力提出了更高要求，同时，方便、快捷的运输条件反过来又将促使城市发展和城市规模的扩大。加快发展高速铁路，形成客运专线、城际高铁等有机结合的快速铁路网络，满足大流量、高密度、快速便捷的客运需求，为拓展区域发展空间、促进产业合理布局和城市群健康发展提供基础保障，也为广大居民提供了大众化、全天候、便捷舒适的交通服务。

（五）发展高速铁路是提高我国铁路装备水平及工业制造整体水平的需要

高速铁路是一个涉及多学科、多门类、多产业综合性先进技术的集大成者，它集中了大功率的牵引动力、高性能的轻型车辆、高平顺的线路、高标准的列车运行自动控制系统、高效率的运输组织方式等方面的最新技术和管理理念。建设高速铁路不仅需要大量的资金，也涉及引进、吸收、消化发达国家高速铁路最新工艺、技术和成功经验，更涉及电子、信息、控制、机械、能源、化工、环保、原材料、土木建筑等多学科、多产业的研发与制造工艺水平的发展。抓住建设高速铁路这一发展机遇，不仅可以有力推动我国铁路技术装备现代化进程，提升我国铁路运输组织水平和服务质量，彻底改变我国铁路技术落后的被动局面，还可大大推动我国机械制造、信息技术、化工技术、电子电气、工程建设、环境保护等多项高新技术及产业的进步和发展，缩小与发达国家在这些方面的差距，为我国国民经济的全面腾飞和社会文明进步创造更好的条件。

（六）发展高速铁路是构建综合交通运输体系的需要

发展高速铁路，可以大幅提高铁路客货运输能力，从总体上提高我国综合运输服务的能力，对于改善长期以来我国综合交通运输体系中的铁路能力不足现状，促进民航、公路运输等其他运输方式回归自身优势领域，优化综合运输体系结构，提升运输整体服务效率和水平，降低全社会流通成本具有积极意义。

我国高速铁路发展和运营实践表明，高速铁路在我国有很大发展空间和潜力，我国应充分利用后发优势，实现我国高速铁路跨越式发展。所以，在未来的十几年中，我们不仅要大力发展高速铁路，而且在技术和管理上还要赶超一些发达国家的水平，实现中国铁路现代化。由此可见，中国需要高速铁路，中国的经济发展需要高速铁路，我国发展高速铁路的前景将会是一片光明。

二、中国高速铁路发展的历程

我国修建高速铁路的建议早在 20 世纪 80 年代中期就被提出，十多年来，国家有关部门组织了数以百计的专家学者从各个方面对高速铁路项目进行了详细考察、分析和论证，经过多次和反复的论争，各方面意见已经大致趋同：高速铁路技术可行、经济合理、社会效益良好、国力能够承受，因此"应该建，而且应该及早建"。从 1990 年 12 月铁道部完成"京沪高速铁路线路方案构想报告"至 2008 年 1 月国务院常务会议同意开工建设京沪高铁，国家科委、国家计委、国家经贸委和铁道部课题组共同对京沪高铁建设的经济性、可行性进行了长期的论证。

1994 年 12 月 22 日，广深线改建，中国在广深铁路首次开行时速达 160 km 的国产快速旅客列车，该线路成了我国第一条时速为 160 km 的准高速铁路，标志着我国铁路进入高速化时代，广深铁路被誉为中国高速铁路成长、成熟的"试验田"。

1998年3月，全国人大在"十五"计划纲要草案中提出建设高速铁路，1999年8月16日我国开工建设从秦皇岛到沈阳的第一条客运专线，并于2003年建成并投入运营，是中国向高速铁路进军的一次新的冲刺，为探索出适合中国国情的高速铁路技术标准、施工方法、运营管理及维护等积累了经验。

2004年1月，国务院常务会议讨论并原则通过历史上第一个《中长期铁路网规划》，大气魄绘就了超过1.2万千米"四纵四横"快速客运专线网。2005年7月5日开工建设的京津城际铁路，吹响了中国大踏步跨入世界高速铁路殿堂的号角，2008年8月1日，京津城际高铁开通运营，这是中国第一条具有完全自主知识产权、世界一流水平的高速铁路，也是世界上第一条运营时速达到350 km的高铁，北京、天津两大直辖市之间的运行时间由原来的2 h左右缩短至30 min左右，中国高速铁路技术从此跨入了世界的先进行列。

2009年12月26日，世界上一次建成里程最长、工程类型最复杂，运行时速350 km的京港高铁武广段开通运营，创造了时速350 km隧道内会车、两列重联条件下双弓受流等一系列世界新纪录，昭示着我国能够建设工程类型齐全、大规模、长距离的世界一流的高速铁路，标志着中国率先在1 000 km以上高铁建设上取得重大突破。

2010年2月6日，世界首条修建在湿陷性黄土地区，连接中国中部和西部，时速350 km的郑西高速铁路开通运营，标志着我国能够在国外未曾预见到的特殊复杂地质条件下建设世界一流高速铁路。

2010年7月1日，沪宁城际高速铁路开通运营，这是在深厚软土地区建设速度最快、运行速度最高的高速铁路，在上海、南京之间形成了一条便利快捷的铁路客运通道，有力推动了长三角地区同城化、经济一体化进程。

2010年11月15日，全长1 318 km、设计时速350 km，初期运营时速300 km的京沪高铁全线贯通，同年12月3日，国产"和谐号"CRH380A新一代高速动车组在京沪高铁枣庄至蚌埠段跑出了486.1 km的时速，这是世界高铁最高实验运营纪录。2011年6月30日，京沪高速铁路通车运营，这是世界上标准最高、规模最大、一次建成里程最长的高速铁路。

2012年12月1日，世界上第一条地处高寒地区的高铁线路——哈大高铁正式通车运营，全长921 km的高铁将东北三省的主要城市连为一线，从哈尔滨到大连冬季只需5 h 40 min。哈大高铁将以冬季时速200 km的"中国速度"行驶在高寒地区，成为一道亮丽的风景线。

2012年12月26日，京广高速铁路全线贯通运营，全长2 298 km，成为世界上干线最长的高速铁路。

2013年以来，随着宁杭、杭甬、盘营、向莆、沪昆等高速铁路的相继开通，"四纵"干线基本成型。

2016年7月15日上午8时30分，代表着中国标准动车组试验任务的最高、最新成果——一列中国标准动车组列车从郑州东站出发，开始全新"试跑"。这是由我国自行设计研制、全面拥有自主知识产权的中国标准动车组，11时19分两辆动车组以420 km的时速在郑徐高铁河南省商丘市民权县境内交会，新的动车交会速度世界纪录就此诞生。

2019年12月30日，京张铁路开通，它采用中国自主研发的北斗卫星导航系统是全球首条设计时速为350 km智能化高速铁路，也是世界上第一条最高设计时速350 km的高寒、大风沙高速铁路。

多年来,铁路系统立足中国国情和路情,着眼于快速扩充铁路运输能力、提升铁路技术装备水平,中国铁路在现代化建设方面取得了重大进展,高速线路、机车车辆、高原铁路、既有线提速、重载运输等技术迈入世界先进行列,运输效率世界第一,为经济社会发展做出了重要贡献,这其中,最大的亮点就是高速铁路的发展成就。中国铁路坚持原始创新、集成创新和引进消化吸收再创新,推动我国高速铁路发展取得了举世瞩目的成就,实现了由追赶者到引领者的历史性跨越。

三、我国高速铁路建设的战略规划

(一)我国高速铁路的发展目标

目前,环渤海地区、长江三角洲地区、珠江三角洲地区已经成为主导中国经济发展、参与国际竞争的三大城市群,大城市群在国家和区域经济发展中具有非常重要的地位,是一个国家或地区经济发展的中心,具有强大的吸引力和凝聚力。今后,中国经济将越来越多地向各个大城市群集聚,城市群将成为具有巨大影响力的经济区域。因此,我国高速铁路网应以上述三大都市圈的北京、上海、广州中心城市,再加上武汉为中心布局,这样有利于扩大上述中心城市的辐射和影响范围。我国目前规划的高速铁路网发展目标是:到21世纪中叶,建成以北京、上海、武汉、广州为中心、连接绝大部分目前人口在100万以上的城市和省会城市的高速铁路网。进一步拓展四大中心城市的"朝发夕至"和"一日到达圈",实现1 000 km以内朝发夕归,3 000 km以内夕发朝至,5 000 km以内一日到达,高速铁路相连的中心城市间均可实现夕发朝至,运输能力和运输质量全面适应我国2050年基本实现现代化经济和社会文明发展的需要。

(二)我国高速铁路的发展模式

从我国现有铁路网和城市布局情况看,高速铁路发展模式可以分为以下三种。

1. 繁忙干线客货分线,建设大能力客运通道

既有繁忙干线目前双向密度在2 000万人·千米/千米以上、双向运输密度8 000万换算吨·千米/千米以上、能力不能满足运输需要的可建第二双线(或高速铁路),实现客货分线运输。新建第二双线,主要承担中长途、城际间旅客运输,同时承担少量的快速货物运输(一般具有高附加值),既有线主要承担货运,同时承担少量的短途客运。

2. 中心城市间建设客运专线,实现旅客运输高速化

在中心城市间新建铁路,沿线经济发达,人口稠密,客运发展潜力巨大,但仍有少量货运,部分地区可采取货运由其他线路承担,这样可一次新建高速铁路,必须承担货运的,近期可采用客货混跑快速线路过渡,平面预留改造为高速铁路的条件,待条件成熟后,再改造为高速铁路,同时,新建一条货运线。

3. 繁忙单线客货分线,全面提升旅客运输质量

仅次于主要客运量通道的既有单线铁路,由于建成时间早,技术标准低,难以适应新时期旅客运输质量的要求,而且线路所经地区地形复杂,改造既有线难度很大,且客运发展潜

力巨大,另外一次新建高速铁路,既有线主要用于货物运输和沿线短途客运,形成"三线模式"的客货分线运输。

(三) 我国高速铁路的布局原则

我国高速铁路网的布局原则如下:

(1) 高速铁路的布局应以连接中心城市、全面适应21世纪中叶人们对出行的运输要求为目标,中心城市间形成高速、大能力的客运通道;

(2) 高速铁路的布局应以经济效益为中心,重点考虑目前能力不足的客货繁忙通道,通过新建高速铁路实现客货分线运输,大幅度提高客货运输能力和旅客运输质量;

(3) 高速铁路应尽量成网布局,这样有利于充分利用高速铁路资源;

(4) 高速铁路的布局应兼顾西部地区,缩短东中西部的时空距离。我国经济发展具有不平衡,由于广大西部地区人口密度低却经济发展相对落后,从需求来看,双线铁路基本能够满足要求,考虑未来西部地区的发展潜力和提高运输质量的需要,效率兼顾公平,高速铁路应连接西部的中心城市,这样有利于缩短西部与东中部中心城市的时空距离,发挥中心城市的辐射带动作用;

(5) 高速铁路的布局应远近结合,长大通道一次规划,分期实施,由于各线所处的地理位置不一,速度目标不一定采用统一标准。

(四) 我国高速铁路的布局规划

我国地域辽阔,全国共分为31个省、区、直辖市,目前已通铁路的有30个,30个省会/直辖市(不含海口)之间的铁路平均运输距离约为1 914 km,按照铁路既有网络(包含部分在建新线),4个中心城市至30个主要城市的铁路运输径路如下。

北京至全国32个中心城市的通路大致可以分为三条:一是沿京广南下可以至华中、华南、西南和西北地区中心城市,包括石家庄、郑州、武汉、长沙、广州、南宁、西安、兰州、拉萨、成都、重庆、贵州、昆明和太原;二是沿京沪线南下至天津、济南、青岛、合肥、南京、上海;三是沿京山(京秦)、沈山至东北的沈阳、长春、哈尔滨和大连,铁路运输距离在137~4 064 km,其中最远为昆明和拉萨。

上海至全国32个中心城市的通路大致可分为南北两路:向北经京沪线至西北、华北和东北地区中心城市,向东经沪杭、浙赣线至华中、华南和西南地区中心城市,铁路运输距离在201~4 373 km,其中最远也为昆明和拉萨。

广州至全国32个中心城市的通路经京广线北上后,大致可分为三路,即向西经湘黔、贵昆等至西南地区中心城市;向东经浙赣至华东地区、东北地区中心城市;往北经京广线至华北、华中地区中心城市。运输距离在147~3 588 km,其中最远为哈尔滨。

武汉至全国32个中心城市的通路经京广线北上至华北和东北、南下至华东和华南、向西至西南和西北的中心城市。运输距离在362~2 519 km,最远也为哈尔滨。

从上可看出,京沪、京广、京哈、陇海、沪杭、浙赣等线路除服务于沿线城市间运输外,还是连接我国南北东西的最繁忙干线,是我国铁路的脊梁,运输负荷已成为世界之最,且客运密度已达到国外修建高速铁路的标准(一般为2 000万人以上),迫切需要修建高速铁路,以实现客货分线运输,满足全面建成小康社会对铁路客货运输的数量和质量需求。

综上所述，为了实现中国高速铁路网以北京、上海、广州、武汉为中心，连接上述27个结点的目标，需要形成"四纵四横"8个高速、大能力的客运主通道（也称客运专线）。

四、中国高速铁路中长期发展规划

20世纪中叶以来，世界铁路以高速客运为突破口开始了新一轮的复兴，高速铁路的问世，使一度被人们称为"夕阳产业"的铁路重新焕发了青春，出现了新的生机，客运高速化是世界铁路发展的趋势，在许多国家，越来越多的旅客把乘坐舒适便捷的高速列车作为出行方式的首选。2003年，中国政府从落实科学发展观、实现国民经济又好又快发展的战略全局出发，做出了加快发展铁路的重要决策，中国铁路进入加快推进现代化的历史阶段。

（一）2004版《中长期铁路网规划》

中国高速铁路发展规划，是由2004年1月中国国务院常务会议讨论并原则通过的历史上第一个《中长期铁路网规划》（以下简称《规划》）确定的。《规划》提出，到2020年，全国铁路营业里程达到10万千米，主要繁忙干线实现客货分线，建设高速铁路1.2万千米的"四纵四横"的客运专线网，规划确定客运专线的速度为200 km及以上。

（二）2008版《中长期铁路网规划》

2008年，中国政府根据我国综合交通体系建设的需要，对《中长期铁路网规划》进行了调整，确定到2020年，我国铁路营业里程将达到12万千米以上，其中，新建高速铁路将达到1.6万千米以上；加上其他新建铁路和既有线提速线路，我国铁路快速客运网将达到5万千米以上，连接所有省会城市和50万以上人口的城市，覆盖全国90%以上人口，"人便其行、货畅其流"的目标将成为现实。根据《中长期铁路网规划》，中国高速铁路发展以"四纵四横"为重点，构建快速客运网的主要骨架，形成快速、便捷、大能力的铁路客运通道，逐步实现客货分线运输。

1．2008《调整方案》与2004年方案的主要区别

（1）《调整方案》将客运专线建设目标由1.2万千米调整为1.6万千米，即在维持原"四纵四横"客运专线基础骨架不变的情况下，增加了4 000 km客运专线。

（2）《调整方案》将城际客运系统由环渤海、长江三角洲、珠江三角洲地区扩展到长株潭、成渝以及中原城市群、武汉城市圈、关中城镇群、海峡西岸城镇群等地区。

（3）《调整方案》将规划建设新线由1.6万千米调整为4.1万千米。

（4）《调整方案》将增建二线建设规模由1.3万千米调整为1.9万千米，既有线电气化建设规模由1.6万千米调整为2.5万千米。

2．中国高速铁路网构成

按目前中长期铁路规划，中国高速铁路网至少包括了5种类型的线路："四纵四横"客运专线、城际客运系统、经提速改造后的既有线、完善路网布局和西部开发性新线以及海峡西岸铁路。在2008年的规划调整中，铁道部不再规定客运专线一定要达到很高的速度目标值，而是根据实际建设决定。

（1）"四纵四横"客运专线。

"四纵四横"客运专线是指省会城市及大中城市间的长途高速铁路，中长期铁路规划中，到2020年中国四纵四横客运专线网络全长将达到16 000 km。仅行驶旅客列车的客运专线时速可以达到300 km或以上，而旅客列车和货物列车混行的客运专线的时速则为200～250 km。客货列车混行的客运专线主要建于原先没有铁路的地区，远期若建设了平行的货运铁路，则此类客运专线的时速会被提升至300 km。

① "四纵"。

a. 北京—上海客运专线，全长1 318 km，贯通环渤海和长三角东部沿海经济发达地区，贯通京津至长江三角洲东部沿海经济发达地区，既有京沪线是我国东部地区的客货繁忙通道，该通道连接北京、天津、南京、上海四个超大城市。

b. 北京—武汉—广州—深圳（香港）客运专线，全长2 350 km，连接华北、华中和华南地区，既有京广线是纵贯我国中部地带的客货繁忙通道，该通道连接北京、武汉、广州三个超大城市，往南可连接深圳、香港和澳门。

c. 北京—沈阳—哈尔滨（大连）客运专线，全长1 612 km，连接东北和关内地区，为北京至东北地区最主要的客运通道，该通道由京山、沈山和哈大线组成，包括北京、天津、沈阳、长春、哈尔滨、大连六个超大城市。

d. 上海—杭州—宁波—福州—深圳客运专线，全长1 650 km，连接长三角、东南沿海、珠三角地区，该通道起自上海，沿东南沿海至华南中心城市广州，包括杭州、宁波、台州、温州、福州、厦门、深圳等中心城市。

② "四横"。

a. 青岛—石家庄—太原客运专线，全长906 km，连接华北和华东地区，该通道位于我国北部地区，连接东中西三大经济带，包括青岛、济南、石家庄、太原等中心城市。

b. 徐州—郑州—兰州客运专线，全长1 346 km，连接西北和华东地区，为东中部地区通往西北地区的主要客运通道，既有陇海线为我国连接东中西三大经济带的客货繁忙通道，该通道连接徐州、郑州、洛阳、西安、兰州等特大城市。

c. 上海—南京—武汉—重庆—成都客运专线，全长1 922 km，连接西南和华东地区，横贯我国东、中、西三大经济带，是联系沿海与内陆，沟通东部、中部、西部的水运大动脉，包括上海、南京、合肥、武汉、重庆、成都等超大城市。

d. 上海—杭州—南昌—长沙—昆明客运专线，全长2 264 km，连接华中、华东和西南地区的一条主要客运通道，该通道包括上海、杭州、南昌、长沙、贵阳、昆明等中心城市。

（2）城际客运系统（城际铁路）。

城际客运系统是指建设于各都市圈内部，尤其是人口稠密地区（以环渤海地区、长三角地区、珠三角地区以及辽中南、山东半岛、中原地区、江汉平原、湘东地区、关中地区、成渝地区、海峡西岸等经济发达和人口稠密地区为重点，建设城际高速铁路，覆盖区域内主要城镇）的短途高速铁路，线路长度一般在500 km以下，一部分线路的时速可以达到200～250 km，例如青烟威荣城际铁路，另外一部分线路的时速可以达到300 km以上，例如京津城际铁路。

（3）经提速改造后的既有线。

一部分人口稠密，经济较发达地区的城市带干线铁路，经提速改造后成为既有线。主要是指通过加强技术改造和枢纽建设，对现有铁路干线进行复线建设和电气化改造后的高速铁路（如长江三角洲的沪宁铁路），截至2007年，已有超过6 000 km的既有线经提速改造后成为时速超过200 km的高速铁路，时速超过250 km的既有线总长846 km，此类铁路均为客货混行铁路，在2008年通过的《中长期铁路网规划》调整方案中，将增建二线19 000 km，既有线电气化改造25 000 km。

（4）完善路网布局和西部开发性新线。

这些线路是以扩大中国西部铁路网为主，以适应西部地区的经济发展，规划建设的约41 000 km的铁路，主要规划在四川、重庆、广西、甘肃、陕西、新疆等西部省市，这些线路主要为客货混行铁路，也有部分是客运专线。由于中国西部地区经济相对落后，而且西南地区的四川、重庆、贵州、西藏等省（自治区、直辖市）因其地理条件复杂导致修筑难度较大，因此建设进度较慢。

（5）海峡西岸铁路。

主要是建设位于台湾海峡西岸的福建省的高速铁路。

3．2016版《中长期铁路网规划》

2016年，我国发布了新制定的《中长期铁路网规划》，本次规划期限为2016—2025年，远期展望到2030年，规划目标如下。

（1）到2020年一批重大标志性项目建成投产，铁路网规模达到15万千米，其中高速铁路3万千米，覆盖80%以上的大城市，为完成"十三五"规划任务、实现全面建成小康社会目标提供有力的支撑；

（2）到2025年铁路网规模达到17.5万千米左右，其中高速铁路3.8万千米左右，网络覆盖进一步扩大，路网结构更加优化，骨干作用更加显著，更好地发挥了铁路对经济社会发展的保障作用。

（3）到2030年基本实现内外互联互通、区际多路畅通、省会高铁连通、地市快速通达、县域基本覆盖。

（4）以八纵八横为重点，加速构建客运网的主要骨架，形成快速、便捷、大能力的铁路客运通道，逐步实现客货分线运输。

① 八横通道。

a. 绥满通道：绥芬河—牡丹江—哈尔滨—齐齐哈尔—海拉尔—满洲里客运专线，连接黑龙江及蒙东地区。

b. 京兰通道：北京—呼和浩特—银川—兰州客运专线。连接华北、西北地区，贯通京津冀、呼包鄂、宁夏沿黄、兰西等城市群。

c. 青银通道：青岛—济南—石家庄—太原—银川客运专线（其中绥德至银川段利用太中银铁路），连接华东、华北、西北地区，贯通山东半岛、京津冀、太原、宁夏沿黄等城市群。

d. 陆桥通道：连云港—徐州—郑州—西安—兰州—西宁—乌鲁木齐客运专线，连接华东、华中、西北地区，贯通东陇海、中原、关中平原、兰西、天山北坡等城市群。

e. 沿江通道：上海—南京—合肥—武汉—重庆—成都客运专线，包括南京—安庆—九江—武汉—宜昌—重庆、万州—达州—遂宁—成都客运专线（其中成都至遂宁段利用达成铁路），连接华东、华中、西南地区，贯通长三角、长江中游、成渝等城市群。

f. 沪昆通道：上海—杭州—南昌—长沙—贵阳—昆明客运专线，连接华东、华中、西南地区，贯通长三角、长江中游、黔中、滇中等城市群。

g. 厦渝通道：厦门—龙岩—赣州—长沙—常德—张家界—黔江—重庆客运专线（厦门至赣州段利用龙厦铁路、赣龙铁路，常德至黔江段利用黔张常铁路），连接海峡西岸、中南、西南地区，贯通海峡西岸、长江中游、成渝等城市群。

h. 广昆通道：广州—南宁—昆明客运专线，连接华南、西南地区，贯通珠三角、北部湾、滇中等城市群。

② 八纵通道。

a. 沿海通道：大连（丹东）—秦皇岛—天津—东营—潍坊—青岛（烟台）—连云港—盐城—南通—上海—宁波—福州—厦门—深圳—湛江—北海（防城港）客运专线（青岛至盐城段利用青连、连盐铁路，南通至上海段利用沪通铁路），连接东部沿海地区，贯通京津冀、辽中南、山东半岛、东陇海、长三角、海峡西岸、珠三角、北部湾等城市群。

b. 京沪通道：北京—天津—济南—南京—上海（杭州）客运专线，包括南京—杭州、蚌埠—合肥—杭州客运专线，同时通过北京—天津—东营—潍坊—临沂—淮安—扬州—南通—上海客运专线，连接华北、华东地区，贯通京津冀、长三角等城市群。

c. 京港（台）通道：北京—衡水—菏泽—商丘—阜阳—合肥（黄冈）—九江—南昌—赣州—深圳—香港（九龙）客运专线；另一支线为合肥—福州—台北客运专线，包括南昌—福州（莆田）铁路。连接华北、华中、华东、华南地区，贯通京津冀、长江中游、海峡西岸、珠三角等城市群。

d. 京哈—京港澳通道：哈尔滨—长春—沈阳—北京—石家庄—郑州—武汉—长沙—广州—深圳—香港客运专线，包括广州—珠海—澳门客运专线，连接东北、华北、华中、华南、港澳地区，贯通哈长、辽中南、京津冀、中原、长江中游、珠三角等城市群。

e. 呼南通道：呼和浩特—大同—太原—晋中—长治—晋城—郑州—襄阳—常德—益阳—邵阳—永州—桂林—南宁客运专线，连接华北、中原、华中、华南地区，贯通呼包鄂榆、山西中部、中原、长江中游、北部湾等城市群。

f. 京昆通道：北京—石家庄—太原—西安—成都（重庆）—昆明客运专线，包括北京—张家口—大同—太原高速铁路，连接华北、西北、西南地区，贯通京津冀、太原、关中平原、成渝、滇中等城市群。

g. 包（银）海通道：包头—延安—西安—重庆—贵阳—南宁—湛江—海口（三亚）客运专线，包括银川—西安以及海南环岛客运专线，连接西北、西南、华南地区，贯通呼包鄂、宁夏沿黄、关中平原、成渝、黔中、北部湾等城市群。

h. 兰（西）广通道：兰州（西宁）—成都（重庆）—贵阳—广州客运专线，连接西北、西南、华南地区，贯通兰西、成渝、黔中、珠三角等城市群。

目前，中国是世界上高速铁路发展最快、系统技术最全、集成能力最强、运营里程最长、运营速度最高、在建规模最大的国家。我国铁路网规划图如图1-3-1所示。

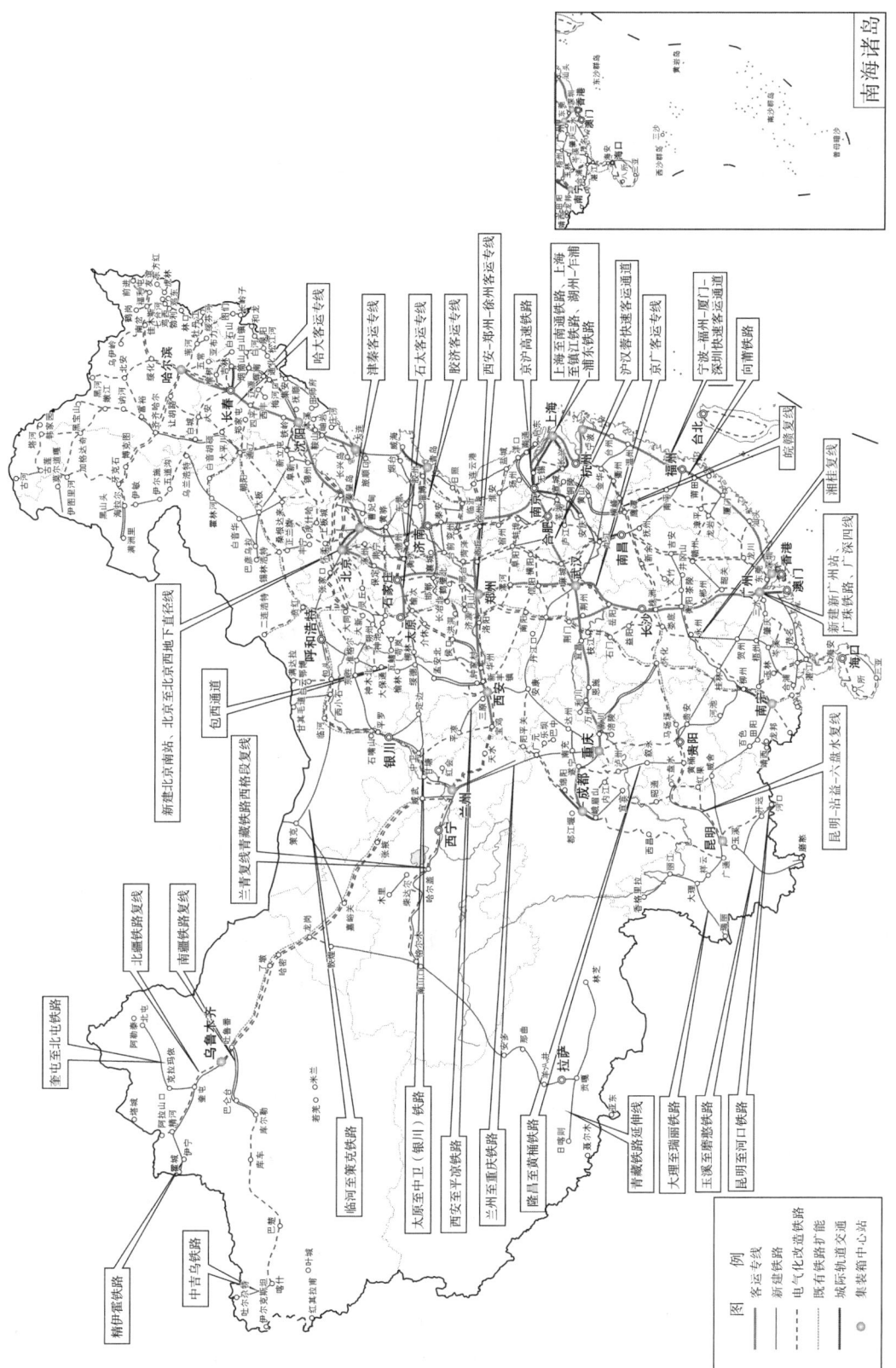

图 1-3-1 我国铁路网规划图（审图号：GS（2020）5635号）

五、中国高速铁路发展的意义

（一）提高了铁路运输能力，提升了铁路发展水平

（1）繁忙干线建设客运专线，实现客货分运，能够大幅度提高铁路运输能力，满足全面建成小康社会的运力需要。

初步预测到 2020 年，铁路旅客、货物运输需求分别达 40 亿人次、40 亿吨，年均增长速度分别为 7% 和 4%。建设客运专线，不仅可以转移既有线上大部分客车，而且还可以满足增量运输的需求，特别是能够腾出既有线能力用于发展货物重载运输，迅速形成高速度、大能力、安全畅通的运输通道，适应日益增长的运输需要。

（2）繁忙干线建设客运专线将使铁路速度和服务实现质的飞跃，提升了中国铁路的发展水平。

客运可实现大流量、高速度、高频密的要求，大大缩短了旅行时间，特别是在运输高峰时期，通过高频密发车，可以为旅客提供更便捷的服务；货运可实现"大宗物资直达化，高值货物快速化"，降低成本，满足货主多层次、多样化的服务需求。在创造良好社会经济效益的同时，运输效率和投资效益将进一步提高，铁路自主创新能力得到增强，有利于实现铁路可持续发展。

高铁作为一种新型的铁路运输产品，是对我国综合交通运输一个很重要的丰富和补充，与公路、民航形成一种良性竞争，可提升铁路的发展水平。

（二）高铁建设改变了经济版图，带动了产业结构的调整与优化升级

高速铁路发展推动了城乡结构调整，促进了区域经济结构优化，提升了沿线中心城市经济集聚功能和对周边城镇和农村地区的辐射功能，带动了农村地区的发展，有利于加快我国城市化整体进程。京沪高铁、武广高铁、沪宁沪杭高铁、京津城际高铁等便构筑了区域内城市间的高速循环系统，以快速连通的方式改变了中国"经济版图"。

历史证明，发展和提升交通运输水平是推动地方经济发展、实现工业化和城镇化的重要保证。高速铁路大大缩短了各城市间的时间、空间与经济距离，带动了经济圈内各城市产业的分工调整、转移与优化升级，尤其是促进了旅游业和商贸业等第三产业的发展，很多现代化大型客站成了当地新兴的经济发展中心。

（三）高速铁路发展促进了生态文明建设与和谐社会建设

高速铁路发展推动了资源节约型社会的建设，促进了环境友好型社会建设，高速铁路具有显著的节能优势，高速铁路"以电代油"，减少了环境污染，同时高速铁路建设用地也最少。

高速铁路促进了沿线经济社会发展，增加了就业，为人们提供了更高效率、更加舒适和安全的运输服务，使人们对生活半径、生活方式的选择变得更加多样化。必将为中国转变经济发展方式，建设社会主义和谐社会做出更大贡献。

（四）中国高铁"走出去"助推中华民族伟大复兴，"高铁外交"开启了中国外交的"3.0"时代

中华民族伟大复兴是近代百年以来无数仁人志士的奋斗目标，也是今天中国人民的伟大梦想。高速铁路"走出去"，为中国的未来发展提供了全新广阔的地缘空间，高铁就是升级版的现代丝绸之路。高铁将把中国的商品、产业、装备、文化和思想传播出去，中国高铁将与中国航天、中国海洋深潜等战略级高等技术一道，助推中华民族伟大复兴！

中国和平崛起，需要务实外交、互利外交、实力外交，中国高铁"走出去"战略实际上开启了中国外交发展的新时代。中国高铁"走出去"有助于"中国制造"向"中国创造"的历史性转变，中国高铁的生产和出口已具备相当实力，高铁的核心技术优势非常明显，技术输出正是建立高铁国际优势的开始，中国高铁"走出去"对中国高科技产业输出起到引领作用，必将带动一大批高科技产业腾飞，意义重大，影响深远。今天，"高铁外交"作为国家新名片，是技术集成、产业配套、重大装备、国际融资、国际贸易、国际关系协调等的综合能力的表现，标志中国外交开始走上与世界第二大经济体国际地位相匹配的发展道路，开启了中国外交的"3.0时代"。

中国高速铁路的建设和发展，将给国内外铁路建设者带来巨大的商机，同时也将促进世界和区域经济的提速和发展，为世界经济的腾飞做出巨大的贡献。

第四节　高速铁路构成与技术经济特征

高速铁路的诞生是继航天业之后，世界上最庞大、最复杂的现代综合性系统工程，高速铁路技术除了具备一般铁路的基本特征外，还体现在其是广泛吸收应用当今机械、化工、材料、工艺、电子、信息、控制、空气动力学、环境保护等领域高新技术的一项多学科、多专业的综合技术。高速铁路运输系统是铁路大面积吸纳现代高科技成果进行技术创新的产物，它推动铁路科学技术和装备登上一个崭新的台阶，增强了铁路的竞争力。

高速铁路系统包括动车组、线路桥隧、通信信号、牵引供电、运输组织及安全保障等系统，只有将这些系统有机地融合在一起，技术上相互匹配，组织上相互协调，才能实现铁路集中统一指挥下的"大联动机"。而高速铁路正是广泛运用现代高新技术与先进组织与管理理念发展起来的产物。

一、高速铁路构成

高速铁路系统由工务工程、牵引供电系统、通信信号控制系统、动车组、运营调度系统及旅客服务系统等六个子系统构成，具有很强的系统性，各子系统之间既自成体系，又相互关联、相互影响，它们在高速铁路的运营中发挥着各自的重要作用。高速铁路系统构成如图1-4-1所示。

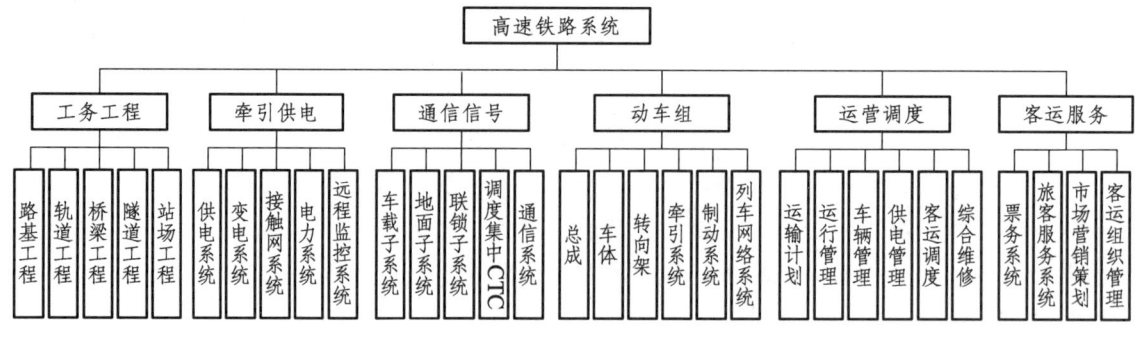

图 1-4-1 高速铁路系统构成

（一）工务工程系统

工务工程是一个庞大的系统，涉及路基、桥涵、隧道和轨道等专业工程，是实现高速运行的基础，与普通铁路相比，高速铁路采用了很多新技术、新工艺，其设计和施工控制标准高。

为满足高速线路运营要求，工务工程系统既要为高速运行的动车组提供高平顺与高稳定的轨面条件，也要保证线路各组成部分的牢固性和耐久性，高速铁路要求线路空间曲线平滑、半径大，平纵断面变化尽可能平缓；路基和轨道结构具有高稳定性、高精度、小残余变形和少维修的优点，同时，要求建立严格的线路状态检测和保障轨道持久高平顺的科学管理系统。

（二）动车组系统

动车组是运送旅客的动力设备，是高速铁路的核心技术装备和实现载体，是当代高新技术的集大成者，是一国科学技术和制造产业创新能力、综合国力以及国家现代化程度的集中体现和重要标志之一。高速动车组是指由动车和拖车或全部由若干动车以特定方式长期固定连挂在一起以实现特定功能的组合式车组，它自带动力、固定编组、两端均可操作驾驶，是一种牵引动力装置和载客装置固定为一体的特殊车底，具有机车和客车车底的双重性质，与传统轨道列车相比，高速动车组具有轻量化的车体、高性能的转向架和复合技术的制动系统，还具有复杂的牵引传动和控制、计算机网络控制及车载运行控制系统。

（三）通信与信号系统

高速铁路的信号与控制系统，是高速列车安全、高密度运行的基本保证，世界各国在发展高速铁路的过程中都非常重视行车安全及其相关支持系统的研发。高速铁路的信号与控制系统是集微机控制与数据传输于一体的综合控制与管理系统，是当代铁路适应高速运营、控制与管理而采用的最新综合性高技术，通称为先进列车控制系统（Advanced Train Control Systems）。高速铁路的信号与控制设备，是以电子器件或微电子器件为主的集中管理、分散控制为主的集散式控制方式，分为行车指挥自动化与列车运行自动化两大部分。

高速铁路通信系统的主要功能如下。

（1）能够完成指挥列车运行的各种调度命令信息及时、准确的传输，是列车高速、安全运行的重要保证。

（2）为旅客提供各种服务的通信。

（3）为设备维修及运营管理提供通信条件，能够满足维修人员沿线作业需求。

（四）牵引供电系统

牵引供电系统的主要功能是为高速铁路列车运行提供稳定、高质量的电流。与常速列车电力牵引相比较，高速列车电力牵引具有牵引功率更大、所受阻力更大、弓网关系更复杂、受电弓移动速度快、电流易发生波动性等特点。牵引供电系统由牵引供变电系统、接触网系统、SCADA系统、电力系统、检测系统等构成。

（五）运营调度指挥系统

高速铁路运营调度系统是集计算机、通信、网络等现代化信息技术为一体的现代化综合系统，运营调度系统的主要功能是协助铁路管理部门对运力资源进行动态调配优化，完成列车的计划、运行、设备维修等一系列任务，对列车运行进行管理、对基础设施维修计划进行审批和管理等，是完成高速铁路运输组织特别是日常运营的根本保证，也为完成运输生产提供有力保障。

调度指挥是围绕运输计划对资源进行动态调配的工作，反映了运输组织的具体执行过程，是铁路系统运转的中枢，调度模式的选取与运输组织特点、工作量大小和技术装备的水平都有着密切的关系。

运营调度指挥系统包括计划调度子系统、运行管理调度子系统、动车组调度子系统、综合维修调度子系统、供电调度子系统、旅客服务调度子系统。

（六）旅客服务系统

旅客服务系统的主要功能是处理与旅客服务相关的事件，主要包括发售车票、信息采集、信息发布、日常投诉、紧急救助、旅客疏散、旅客赔付等工作，另外还有统计分析功能，为管理层的决策提供依据。旅客服务系统由订/售票系统、决策支持系统、自动检票系统、旅客信息服务系统等构成。

旅客服务系统是直接面向旅客的系统，一流的运营管理要求客运服务必须达到较高的水平，这除了良好的管理制度和高素质运营服务人员外，还涉及票务管理、旅客服务、市场营销策划、客运组织等技术。

二、高速铁路的主要经济技术特征

高速铁路作为现代化的交通运输方式，相比其他交通运输方式，具有极为明显的优越性，与高速公路的汽车运输和中长途的航空运输相比较，在下列技术经济指标中具有一定的优势。

（一）高速度

速度是高速铁路技术水平最主要的标志，高速铁路是迄今为止陆上运行距离最长、运行速度最快的交通运输方式,也是其主要技术经济优势所在。目前高速列车运营速度最高可达时速350 km,堪称陆地飞行器,速度超过小汽车近两倍多,达到喷气客机的1/3和短途飞机的1/2,因而使其在运距100～1 000 km范围内均能显示其节约总旅行时间的效果(总旅行时间包括途中旅行、到离车站及机场、托运和领取行李、上下车和飞机的全过程,以及小汽车驶入和驶出高速公路的总时间消费),而在1 500～2 000 km的运距范围内也能发挥其利用夜间乘车时间睡眠的有利条件。

目前日本、法国、德国和西班牙等国家和地区的高速列车普遍运营时速都超过了250 km,我国客运专线列车运行时速大部分超过300 km,其中"复兴号"运营时速达到350 km。

(二)高安全性

高速铁路必须保证行车的高度安全,否则,一旦发生事故都将是毁灭性的,而且安全始终是人们出行选择交通运输方式的首要考虑因素,从事交通运输产业的现代企业都把提高安全性能作为发展的重中之重,以提高其在运输市场中的竞争地位。

高速列车在全封闭环境中运行,采用了先进的列车运行控制系统,能保证前后两列车保持必要的安全距离,防止列车追尾及正面冲撞事故的发生。几乎与行车有关的固定设施与移动设备,都有信息化程度很高的诊断与监测设备,并有科学的养护维修制度。对一些有可能危及行车安全的自然灾害,设有预报预警装置,所有这些都保证了高速列车运行的安全性。

高速铁路已有五十多年运营的实践,据法国国营铁路资料统计,以10亿人·km计,航空伤亡人数为0.26,高速铁路0.18,公路16,高速铁路事故率及人员伤亡率都远远低于其他现代交通运输方式。因此,高速铁路可称得上是当今世界上最安全的现代高速交通运输方式。

自高铁正式运营以来,总共才发生了4次典型安全事故,德国1998年6月3日发生脱轨事故(死亡101人);日本2004年10月23日在新潟(xie)地震中首次发生运行中的新干线列车脱轨的严重事故(无人员死亡);2011年7月23日在甬温线浙江省温州市境内,由北京南站开往福州站的D301次列车与杭州站开往福州南站的D3115次列车发生动车组列车追尾事故,法国2015年11月14日,一辆TGV(法国高铁)试验车在通过东北部与德国接壤的重镇斯特拉斯堡时(Strasbourg)发生脱轨,该事故造成5人死亡,7人受伤。

(三)高舒适度性

随着人们物质生活水平的不断提高,舒适性已成为人们出行交通运输方式选择的重要条件之一。高速铁路线路平顺、稳定、曲线半径大,列车运行平稳,震动和摆动幅度都很小,车内内饰豪华,工作、生活设施先进,装备齐全,减震、隔音效果很好,旅客乘坐高铁出行几乎无任何不适之感,旅客在途中舒适的乘车环境及占有的活动空间大等都是飞机和汽车无法比拟的。

(四)运能大

高速铁路继承了铁路作为大众运输工具运能大的基本特征,高速铁路旅客列车的最小行车间隔可达3 min,列车密度可达20列/h,如采用动力分散方式及双层客车,其列车定员可达1 200～1 600人/列,理论上每小时的输送能力可以达到$2 \times 24\,000$～$2 \times 32\,000$人。而四车道的高速公路每小时的输送能力约为$2 \times 4\,800$人,2条跑道的机场每小时的吞吐能力约为$2 \times 6\,000$人,可见高速铁路的运输能力是高速公路和民用航空等现代交通运输方式无法比拟的。

京沪高速铁路,列车追踪间隔时间按 3 min 设计,长编组高速列车定员为 1 200 人/列,每年可完成 2×6 500 万人的输送任务,且还有进一步扩大其运输能力的空间,京沪高速铁路远期运量将达 2×5 500 万人/年以上,这是其他现代交通运输方式难以胜任的。

(五)高正点率

正点率是高速铁路系统设备可靠性和运输组织水平的综合反映,是运输服务质量的核心,也是高速铁路深受旅客欢迎的原因之一。只有列车始发、运行和终到正点,旅客才能有效安排自己的时间,世界各国都十分重视高速列车正点率问题,并以此作为与其他交通运输方式竞争的重要手段,西班牙规定高速列车晚点超过 5 min 要退还旅客的全额车票费,自投入运营以来,列车正点率高达 99.6% 以上,很少发生赔付事件(退款只占总收入的 0.2%);日本规定到发超过 1 min 就算晚点,晚点超过 2 h 就要退还旅客的加快费,日本东海道新干线列车平均误点时间只有 0.3 min。在列车正点率方面对旅客有所承诺,不但在市场竞争中赢得了旅客,同时也强化了自身的管理工作。

(六)能耗低

交通运输是能源消耗的大户,能耗标准是评价交通运输方式优劣的重要技术指标。研究表明:若以普通铁路每人千米消耗的能源为 1 单位,则高速铁路为 1.3,公共汽车为 1.5,小汽车为 8.8,飞机为 9.8,高速铁路大约是小汽车和飞机的 1/5。

高速铁路的单位能耗最低且使用二次能源—电能,而汽车、飞机使用的是不可再生的一次能源—石油。随着水电和核电的发展,高速铁路在能源消耗方面的优势还将更加突出,尤其是在当今石油能源紧张的情况下,选择发展高速铁路具有更广阔的前景。

(七)污染轻

环境保护是当今关系人类生存的全球性紧迫问题,交通运输与生态环境问题密切相关,当前,交通运输对环境的污染主要是废气和噪声。从环境保护的角度看,公路和航空这两种运输方式使用的是汽油柴油等燃料,不仅会产生各种废气和有害固体颗粒,而且释放后加剧了全球温室效应。据统计,在旅客运输中,各种交通运输工具的一氧化碳等有害物质的换算排放量,公路每人·km 为 0.902 kg,铁路为 0.109 kg,客机为每小时 635 kg(另还有二氧化碳 46.8 kg,三氧化硫 15 kg),这些有害物质在大气中一般要停留 2 年以上,是当今造成大面积酸雨,使植被生态遭到破坏和建筑物遭受侵蚀的主要原因。由于高速铁路实现了电气化,基本消除了粉尘、油烟和其他废气污染,对于环境基本上是零污染。

高速铁路对环境的负面影响主要是振动、噪声和电磁波,其影响范围在沿线一定宽度地带之内。为此高速铁路采取了一系列减振、降噪措施,如采用超区间长的无缝钢轨和通过维修养护保持轨面良好的平顺性,桥面和轨道结构设置减振垫层等车和路相协调的措施,以减少车、桥、路的振动和振动所产生的噪声,对于车体高速运动与空气摩擦产生的空气运力噪声,除了设置各类型隔声屏障、路边种植树木、线路设计在路堑内等措施外,还能像法国大西洋干线进入巴黎市区段一样采用人工隧道。

(八)占地少

交通运输尤其是陆上交通运输,由于要修建道路和停车场,需要占用大量的土地,而且大部分是耕地。双线高速铁路路基面宽 9.6~14 m，而 4 车道的高速公路路基面宽达 26 m，双线铁路连同两侧排水沟用地在内，每千米用地约 70 亩，而采用高架等工程，占用土地将更少，4 车道的高速公路每千米用地要 105 亩，一条双向四车道高速公路占地面积是双线高速铁路的 1.3~1.6 倍，此外，高速公路除路幅宽、填土地段多，还有众多占地很大的互通立交等设施，用地量大，而高速铁路桥梁比例大、车站数量少，规模小，占地少，与高速公路相比，修建高速铁路可以节约大约 1/3~1/2 的土地资源。据统计，每 1 000 km 的线路，高速铁路将比高速公路少用地 20 000 亩以上，如果按单位运输量的当量用地而论，高速铁路节省用地的意义更大。

目前，我国高速铁路多采取高架形式，故可以大大减少对耕地的占用和环境的负面影响，而且高速铁路也不像航空运输一样需要大型机场，一个大型飞机场，包括跑道、滑行道、停机坪、候机大楼及其设施，面积大，又多为市郊良田。法国 TGV500 km 的高速铁路仅占用相当于一个大型机场的用地。

（九）工程投资低

工程投资在一定程度上是制约某种交通运输方式能否得到迅速发展的重要因素。高速铁路的工程造价虽然大大高于普通铁路，但并不比高速公路高，据法国资料，法国高速铁路基础设施造价和四车道的高速公路相比节约了 17%，TGV 高速列车平均每座席的造价仅相当于短途飞机每座席造价的 1/10，这些都说明，高速铁路工程投资在高速交通中是比较低的。

（十）效益好

高速铁路使铁路所固有的技术经济优势得以充分发挥，尽管建设投资高于普通铁路，但建成后能吸引和诱发大量的客流，在能源利用、环境保护、国土开发与利用、安全、准时、舒适等方面优于航空和高速公路，尤其是社会成本远低于其他现代交通运输方式。国外高速铁路，尤其是日本的东海道和山阳新干线社会经济效益都非常好，据统计，日本东海道新干线总投资为 3 800 亿日元，由于投入运营后客流迅速增长，正式投入运营的第 7 年便全部收回投资，1985 年以后，每年纯利润达 2 000 亿日元；德国 ICE 城市间高速列车每年纯利润达 10.7 亿马克、法国 TGV 东南线全线通车后的第二年（1984 年）就有盈利，内部收益率达到了 15%，10 年就全部收回了投资，TGV 大西洋线内部收益率达到了 12%。各国都十分看重高速铁路带来的效益，所以许多国家和地区，其中也不乏发展中的国家，都有进一步发展高速铁路的计划。

根据国家科委和中国科技促进发展研究中心的研究，高速铁路可以把经济区域在 800~1 000 km 范围内孤立的、分散的经济区连接形成一条经济带或经济走廊，使这一带的经济社会活动联系变得更加紧密，发展速度更快，由此而产生的社会经济效益是十分重大、难以估价的。据研究，京沪高速铁路建成后，每年对国民经济贡献的净效益平均在 160 亿元以上，每年节省的社会成本平均在 200 亿元以上。

高速铁路除有很好的经济效益外，还有显著的社会效益，此外，高速铁路还可拉动沿线的经济增长，提供众多的就业机会并带动地方财政收入的增长。

（十一）高质量服务

高质量服务主要是指服务设施和运营组织工作的高质量，减少换乘是提高服务质量的重要方面，国外高速铁路为减少换乘给旅客带来的不便，法国采取了高速列车下高速线的运输组织模式，日本将线路改成标准轨或增设第三轨。京沪高速铁路衔接 20 余条干、支线，40%

以上客流系跨线客流,为减少旅客换乘,主要采取将速度在 160 km/h 及其以上的跨线列车上、下高速线运行的方式。

高质量服务必须要有完善的客运服务系统作保证。客运服务系统是指直接面向旅客,为其在旅行过程中提供方便、周到的服务而设置的设施及系统。它可以分为三类:一是车站旅客服务系统;二是车上旅客服务系统;三是车站广场城市配套系统。这三个系统包括:站房站台服务系统、客票发售和预订系统、旅客向导系统、旅客查询系统、列车到发通告系统、自动检票系统、自动广播系统、餐饮服务系统、车上客运服务系统以及城市交通配套系统等。在运营管理工作中要充分利用各种服务设施,使旅客随时随地都能购到满意的车次的车票,并组织旅客有序乘降。在车上适时供应餐茶及提供各种途中服务。

(十二)受气候影响小和全天候运行

高速铁路的安全保障系统不但保证了高速列车运行安全,也使铁路运输全天候的优势得到了更充分的发挥,除可能危及行车安全的自然灾害外,几乎不受大气和气候条件的影响,且 24 h 内都可安全正常地运行。近年来,交通运输业发展的经验还表明,当发生大雾、大雪、暴雨等恶劣天气时,相对于其他交通运输工具,铁路是最可靠的交通运输方式,因为铁路运输具有全天候的技术特征。

高速铁路的出现是世界交通运输史上革命性的突破,它打破了传统的时空概念,高速铁路以高速度、高效益、安全环保和高质量服务等技术优势而得到了全世界的公认,已成为世界各国发展交通运输的首选方式,21 世纪将是高速铁路大发展的世纪。

复习思考题

1. 简述世界高速铁路发展历程。
2. 简述欧盟、日本、中国对高速铁路定义的异同。
3. 简述日本高速铁路的主要特点。
4. 简述日本、法国、德国高速铁路的建设成就。
5. 简述中国发展高速铁路的必要性。
6. 简述中国高速铁路的建设成就。
7. 简述高速铁路的构成。
8. 简述高速铁路的主要经济技术特征。
9. 我国高速铁路布局的原则是什么?
10. 简述第一二次《铁路中长期规划》的主要区别。
11. 简述我国八纵八横的线路规划。

第二章 高速铁路线路

第一节 概 述

线路是指除供电、接触网、通信信号以外的所有基础设施,包括路基、轨道、桥隧以及建筑材料等,是保证列车按最高速度安全、平稳和不间断运行的前提和基础。为了满足安全运营的要求,高速铁路线路既要为高速度运行的高速列车提供高平顺性与高稳定性的轨面条件,又要保证线路各组成部分具有一定的稳定性与耐久性,使运输部门能够高质量地完成客货运输任务。

在高速运行条件下,高速铁路线路不仅要承受作用在其上运行的高速列车及其载重等的垂向力,还要承受高速列车在钢轨上做蛇形运动时轮缘作用在钢轨内侧的横向力,以及车轮和钢轨间的制动力、摩擦力等纵向力。此外,随着高速列车的横向加速度增大,列车各种振动的衰减距离延长,各种振动叠加的可能性也提高,使旅客乘坐的舒适度下降。所以,在高速铁路的线路平、纵断面设计中应重视线路的平顺性,对线路平面技术标准和纵断面技术标准,以及高速行车对线路结构、轨道、道岔的特定要求等也要相应提高,保证列车运行的高速度、高安全性、高平稳性和旅客乘坐的高舒适性。

一、高速铁路线路的特征

列车在高速铁路线路上保持高速度、高密度运行,这对线路提出了更高的要求,与普速铁路线路相比,高速铁路线路作为处于更为复杂工作条件下的整体工程结构,具有以下特征。

(一)高平顺性

高平顺性的核心是保持轨道结构良好的几何状态,是设计、建设高速铁路的控制性条件,也是高速铁路有别于中、低速铁路的最主要特点之一。高速铁路要求高平顺性的轨道,而高平顺性的轨道是依托在高平顺性的线路空间曲线、路基、桥梁等基础之上的,因此,必须从线形、路基、道床、钢轨、桥梁等方面入手采取保证措施,才能实现高平顺性要求。

轮轨相互作用的理论研究表明,轨道不平顺所引起的轮轨动力响应及其对行车安全性、平稳性和乘车舒适性的影响,均随行车速度的提高而显著增大。速度提高导致振动和轮轨作用力增加,对旅客、轮、轨及路面环境都会产生影响,各种微小的短波不平顺,都是恶化轨道几何状态的根源,可能引发轮、轨、轴断裂,也是产生噪音的根源之一。

高速铁路的理论研究和实践还表明,在平顺的轨道上,列车处于平稳运行状态,列车速度低于临界速度时,即使速度很高,轮轨动力附加荷载也很小;反之,若线路平顺性不良,即使轨道、路基和桥梁结构在强度方面完全满足要求,列车运行也未接近临界速度,线路引起的列车振动和轮轨动作用力仍会大幅度增加,表 2-1-1 表明了不同列车速度对轨道不平顺动态响应的影响。

表 2-1-1　不同列车速度对轨道不平顺动态响应

轨道不平顺	动态响应及管理		ISO2631 国际振动环境控制标准
	普速	300 km/h	
连续高低不平顺波长 40 m、幅值 10 mm	不予管理	产生频率 2 Hz、振幅有效值 0.045 g 的持续横向振动加速度	"工作能力减退限度":可连续工作 3 h,否则司机工作能力下降,判断、应急能力减退

(二) 高稳定性

(1) 稳定、沉降小且沉降均匀的平顺路基是高平顺性轨道的基础。稳定性好的路基,主要是通过控制路基工后沉降、不均匀沉降及路基顶面的初始不平顺来保证。因为路基的工后沉降大或沉降不均匀,就要求经常维修线路,而经常处于维修的线路,其稳定性、平顺性肯定差,这就影响了高速行车,同时,路基的不均匀、沉降过大,或其顶面初始不平顺大,恶化路况将导致道床厚度不一致,道床的残余变形积累不均匀。因此,法国铁路就规定路基铺轨后,5 年内最大允许沉降量 5 cm。

(2) 高稳定性特征反映在桥梁上,表现为对桥梁结构要求有足够大的刚度。

① 高速列车对桥梁的动力作用远大于普速列车。桥梁出现较大挠度会直接影响桥上轨道的平顺性,造成结构物承受很大的冲击力,旅客舒适度受到严重影响,轨道状态不能保持稳定,甚至影响列车的运行安全。

② 限制桥梁预应力徐变上拱和不均匀温差引起的结构变形。这些都会对高速铁路桥梁的结构刚度和整体性能提出很高的要求,对桥梁挠度、梁端转角、扭转变形、横向变形、结构自振频率和车辆竖向加速度等方面作出严格的限定。尽管高速铁路桥梁活载小于普通铁路,但实际应用的高速铁路桥梁,在梁高、梁重上,均超过普速铁路桥梁。

③ 无缝线路钢轨在桥上受力状态与在路基上不同。桥梁结构产生预应力徐变上拱、温差结构变形、桥梁挠曲等,使桥梁在纵向产生一定的位移,引起桥上钢轨产生附加应力。过大附加应力会造成桥上无缝线路失稳,影响行车安全。因此,墩台基础要有足够的纵向刚度,以尽量减小钢轨附加应力和梁轨间的相对位移。各国在修建高速铁路时,除了对墩台纵向刚度有严格要求外,还对如何避免结构物出现较大的纵向位移进行了深入研究,提出了多种控制方法和解决措施。

(三) 高精度、小残变、少维修

高速铁路在进行轨道铺设时,严格控制轨道铺设精度是实现轨道初始高平顺的保证。轨道铺设的初始不平顺是运营后不平顺发生、发展、恶化的根源,初始状态好的轨道,维修周期长,可长期保持轨道的良好水平,而初期状态不好的轨道,不仅维修周期短,即使增加维

修次数,也难改变"先天不良"的痼疾,为此一般通过采用如下方法提高精度、减少残变和维修:

(1)提高线路的测量精度。

日、法等国在建设高速铁路时,线路放线测量要求每 10 m 设一基桩,基桩的定位允许误差在 x、y、z 方向各为 1 mm。

(2)严格控制钢轨的的平直性和焊接接头的平顺性。

我国目前生产的 60 kg/m 钢轨,其断面形状和尺寸与 UIC60 轨相似,但轨面平直度、尺寸公差、轨面缺陷以及焊接接头尺寸公差与 UIC 标准及国外高速铁路钢轨标准的差距很大,因此,我国目前生产的 60 kg/m 钢轨不能用于京沪高速铁路。

(3)在完成铺轨后、开通运营前,打磨钢轨,去掉钢轨在轧制和施工过程中造成的轨面微小不平顺,提高焊接接头的平顺性,这已被国外证明是一项技术经济效益显著的成功经验,既保证了高速铁路在开通运营之日列车即按设计速度运行和降低轮轨噪声,又延长了钢轨和道砟的使用寿命,大大减少了维修工作量,延长了维修周期。

严格控制轨道铺设精度,仅是实现高平顺性轨道的第一步,由于铁路轨道是由多种部件组成的,特别是有砟轨道,轨排位于碎石道砟散粒休之上,在高速列车荷载作用下,这些部件会发生变形,当变形量值或其变形发展速度超过一定限值时,将失去轨道的高平顺性。因此,对高速铁路轨道各部件的设计,不仅要保证强度,更重要是保证小的残余变形,既保证了高平顺性,又满足了少维修的要求。

(四)宽大、独行的线路空间

列车沿地面高速运行时,将带动列车周围的空气随之运动,形成一种特定的非定常流场,称为"列车绕流",俗称"列车风"。这种列车风形成的列车气动力将威胁沿线工作人员和站台旅客的安全,对沿线建筑物也有破坏作用,列车风卷起的杂物还可能危及行车安全,而相邻线路两列车相向高速运行交会时,产生的空气压力冲击波易震碎车窗玻璃,使旅客耳朵感到不适,甚至影响列车运行的平稳性。列车风对安全运行的影响主要体现在以下几方面。

1. 对线路两侧的影响

列车高速运行时,列车风对线路两侧会产生一定压力,高速铁路线路两侧应修筑隔音墙以免因列车风的冲击对沿线人员及建筑物造成一定的危害。

2. 对高架桥维修通路的影响

高速列车通过高架桥时会产生较大的列车风和列车风压,它将从生理上和心理上影响维修人员的人身安全,故规定高架桥轨道中心线间的距离为 3.3~3.6 m,不满足此数者,须增设避车台。

3. 列车风对列车会车的影响

两个列车在双线上会车时,它们的头部产生的空气压力波(列车风)相互作用在对方的侧面,可能会产生危险,会车压力波大小与速度、列车头型系数、列车长度、线路环境、列车观测点位置等有关。高速复线的线路间距,按最高速度的不同,应在 4.2 m 以上,可使列车或旅客免受列车风的危害。

4．隧道内列车风的影响

高速列车在隧道内的空气动力学效应要比在露天环境中强烈的多，合理地布置隧道中的通风井，可以使隧道内的空气压力变化减少50%。

因此，高速铁路要求有一个宽大的行车空间，它可以通过增大两线间的距离和加宽站台上旅客的安全退避距离来解决。一般在有高速列车通过的车站站台上，除加宽临近站台的安全退避距离外，还在安全线上设置手扶安全护栏，留出可供旅客上下车的"活门"等。

此外，由于高速列车动能和惯性力都很大，一旦与其他物体发生碰撞，其后果是不堪设想的，故高速线路要求一个独行的空间，即采用全封闭形式，沿线路两侧设全长护栏。同时，在高速铁路与道路或既有铁路相交时，一律采用立体交叉，这样可避免列车在平交道口与汽车等物体相撞事故的发生，还可以避免出现列车运行时频繁加减速的情况。

（五）高标准的环境保护

高速铁路作为重要的现代化交通运输工具，必须强调对现代化文明的重视，各种设施应与周围环境协调，重视环境保护，如桥梁造型设计，要注重结构外观和色彩，法国高速铁路桥梁在造型设计过程中甚至邀请了建筑师和环保师参与其中或请他们担任审查工作。

防止噪声污染是环境保护的一项重要内容，当列车速度超过 250 km/h 后，气动噪声的声功率强度与列车速度的 6~8 次方成正比增长，因此，建设高速铁路时，应重视降低噪声的措施。法国规定，高速铁路通过地区，若原来噪声低于 65 dB，则需保持原噪声水平，若原来噪声大于 65 dB，则需控制在 70 dB 以内，而沿线通过居民区，甚至通过公园附近，均设有隔音墙、明洞或隔音土堆。

此外，还应重视减少列车振动以及防止电磁干扰等措施。

（六）开通运营之日，列车即以设计速度运行

目前世界上所建成的高速铁路，除日本东海道新干线外，其后修建的所有高速铁路，均在通车之日起，列车即按设计最高速度运营。假如由于线路初始状态达不到设计标准而限速运行，列车虽以低速通过这些不合格地段，线路将产生"记忆"性病害或不平顺，其后果将是花数倍的物力去整修才可能达到高速运行的目标，这正是高速铁路与普速铁路在工程验交时的重要差别。

东海道新干线因是第一条高速铁路，没有修建经验，开通运营的第一年列车运营速度因路基问题未能达到设计速度目标值，经过一年多的整修后，最高运营速度才达到 210 km/h，法国高速铁路建成后，经过 5~6 个月的调试、验交，列车才以最高速度运行。

（七）运营中，实行科学的轨道管理及严密的防灾安全监控

高平顺的轨道在列车荷载不断作用下会发生变形和位移，当轨道及其各部件的变形、位移量值或其变形、位移发展的速度超过一定限值时，将失去轨道的高平顺性，从而恶化轮轨间的相互作用，影响列车运行的舒适性、安全性。因此，对运营中的高速线路要实行严格的轨道状态检测和科学的轨道管理制度，及时掌握铁路运营过程中轨道不平顺的量值及发展速度，并予以校正，使其恢复到小残变或初始高平顺状态，以保证高速列车运行的安全、平稳、舒适。

安全对于任何交通工具都是第一位的技术条件，对于高速铁路来说更为重要。因此，高速铁

路除了要保证设备本身安全要求外，对于一些超出设备本身安全限度范围的灾害，如自然灾害的暴雨、强风、地震等，突发性灾害的坍方落石、异物侵入限界等，以及设备的运用状态、故障等要实时监测，并根据这些监测信息，对列车的运行进行严格的管理，如限速、停车等。

综上所述，高速线路的外表结构形式与普速铁路差别不大，但是组成高速线路的每一个分部所采用的技术及其条件，以及各分部的接合，却大大有别于普速线路。自开通运营之日起就能适应高速列车不间断、高密度运行的线路，其每一个组成部分都是依托于高新技术的应用与开发上的。

二、高速铁路线路的总体技术要求

高速列车运行首先要线路满足高稳定性、高安全性和高舒适性的要求。但是，随着列车运行速度的提高，影响高速列车稳定性、安全性和舒适性的因素也会相应增多，虽然受高速列车性能及运营方式的因素影响更大，但线路参数也是重要影响因素，这对线路的建设标准提出了更高的要求，包括线路平纵面标准以及高速行车对线路结构、轨道、道岔的特定要求等。因此，我们对高速铁路线路提出了以下总体技术要求。

（1）路基变形是影响列车运行速度的重要因素之一，控制沉降和纵向刚度的变化是高速铁路路基设计、施工的关键问题。高速铁路要求严格控制路基工后沉降、不均匀沉降和路基的初始不平顺，将路基作为一个土工结构物来进行设计与施工。高速铁路对线路的基底处理、基床结构以及基床表层等方面都有很高的要求，在填筑材料、压实标准、变形控制、检测要求等方面较现行铁路有很大不同。

（2）轨道结构的可靠性、稳定性和高平顺性是高速铁路安全可靠、平稳舒适、经济耐久运行的关键。主要设计特点是采用一次铺设跨区间无缝线路，推广采用少维修的无砟轨道，转线地段采用大号码高速道岔。由于高速线路比一般线路的修建与养护标准高，且要保持更严格的容许误差，因此，必须采取提高钢轨重量、采用焊接长钢轨、使用新型弹性扣件和高质量的衬垫以及新型道岔等必要措施。

（3）高速铁路的高速度、高密度连续运营等特点对高速铁路桥梁结构的刚度和整体性提出了严格要求。由于速度大幅度提高，高速列车对桥梁结构动力作用大大超过普通铁路桥梁，桥梁出现较大挠度，会直接影响桥上轨道的平顺性，使结构物承受很大冲击力，旅客舒适度受到严重影响，轨道状态不能保持稳定，甚至影响列车的运行安全。此外，为保证轨道的平顺性还必须限制桥梁的预应力徐变上拱和不均匀温差引起的结构变形。因此，桥梁结构设计强调结构的耐久性和良好的动力特性，严格控制桥梁结构的纵横向刚度、基频和铺轨后的残余（工后）沉降，满足高速列车安全运行和旅客乘坐舒适度的要求。

（4）高速铁路对隧道技术的要求主要体现在空气动力学特性方面。高速列车通过隧道时会产生一系列的空气动力学效应，如压力波动、洞内行车阻力增大等，这些对隧道横断面的确定产生重要影响，隧道设计考虑空气动力学效应，隧道有效断面积拟采用 100 m² 的标准，必要时洞口可设缓冲结构。

（5）高速列车的运行，还带来一个突出的也是比较复杂的问题，那就是振动和噪音以及由此而产生的污染与危害，减轻和控制由此而产生的公害，将关系到高速铁路的发展前景，因此，高速铁路按环保型绿色通道设计，采取设置声屏障等综合治理措施。

此外，为了适应高速运行和繁重运输任务的要求，必须加强线路的检测、监视和维修养护工作，采用先进的设备，以保证线路的质量和行车安全。

第二节 高速铁路线路的平面和纵断面

高速铁路线路空间位置的设计是线路平面与纵断面的设计，其目的在于保证高速列车在高平顺性、高安全性、高稳定性的前提下，适当考虑工程投资和运营费用关系的平衡。高速铁路线路在空间的位置是用其中心线来表示，线路中心线是指距外轨半个轨距的铅垂线 AB 与两路肩边缘水平连线 CD 交点 O 的纵向连线，如图 2-2-1 所示。

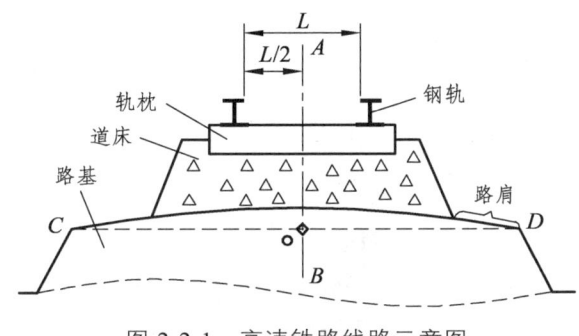

图 2-2-1　高速铁路线路示意图

一、高速铁路线路的平面及平面图

（一）高速铁路线路的平面

1．定义

高速铁路线路平面是指高速线路中心线在水平面上的投影，表明高速线路的直、曲变化状态（俯视），如图 2-2-2 所示。

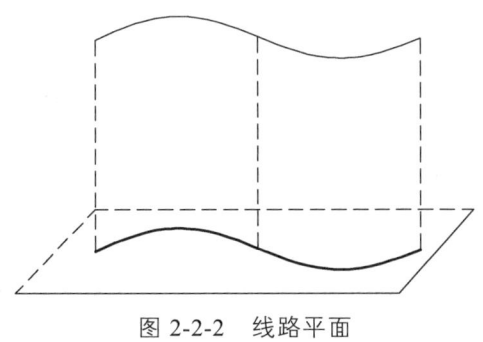

图 2-2-2　线路平面

2．组成要素

高速铁路线路平面由直线和曲线（圆曲线及缓和曲线）组成。

3．平面标准

包括曲线段超高（欠超高，过超高）与轨距加宽值、最小曲线半径、缓和曲线长度、夹直线或圆曲线最小长度、线间距等。

（二）高速铁路线路的平面图

平面图是指用一定比例尺，把高速铁路线路中心线及其两侧地形情况投影到水平面上，即高速铁路线路平面图。高速铁路线路平面图是高速铁路设计文件的重要组成部分，在各个设计阶段都要编制要求不同、用法不同的各种平面图。图中通常需要标明高速铁路线路中心线的曲直变化和里程，沿线的车站、桥隧建筑物等的数量和位置以及等高线（地面上高程相等各点的连线）表示的沿线地形和地物等情况，如图 2-2-3 所示。

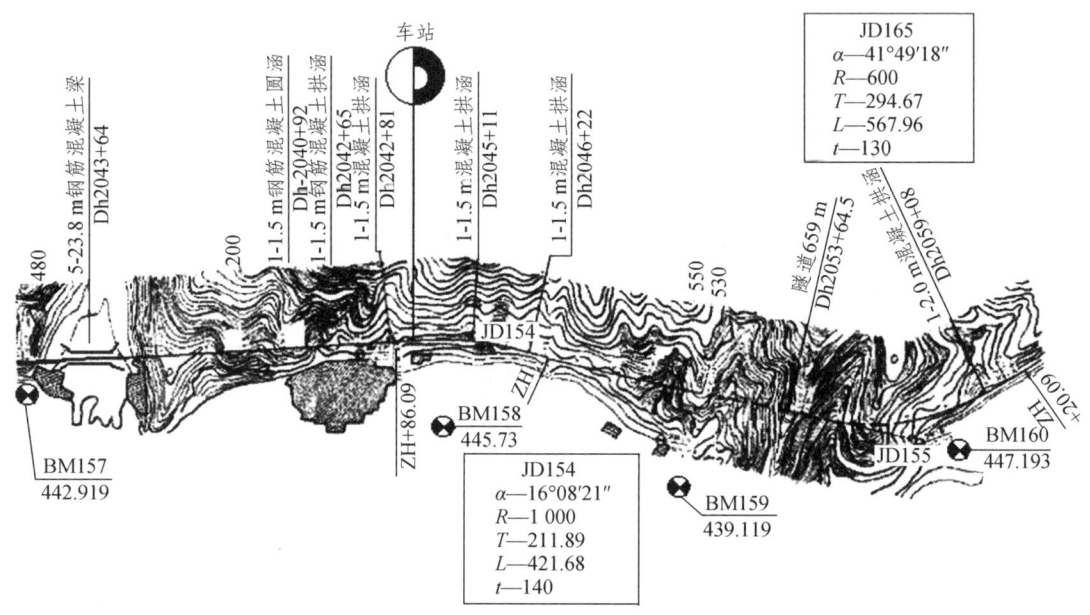

图 2-2-3　高速铁路线路平面图

（三）高速铁路线路平面的主要技术参数及要求

1．夹直线

在地形困难曲线毗连地段，两相邻曲线间的直线段，即前一曲线终点（HZ_1）与后一曲线起点（ZH_2）间的直线段，称为夹直线。两相邻曲线，转向相同的称为同向曲线，转向相反的称为反向曲线，如图 2-2-4 所示。

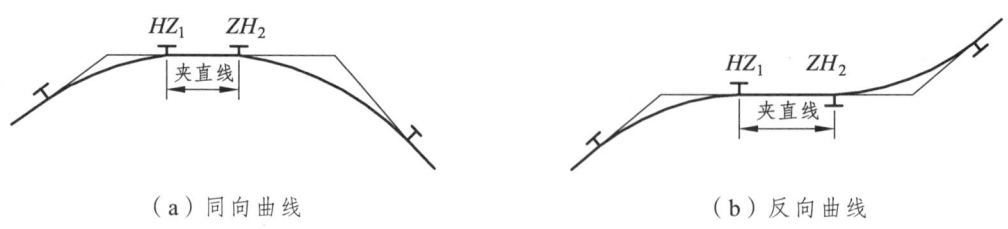

（a）同向曲线　　　　　　　　　　　　（b）反向曲线

图 2-2-4　夹直线示意图

(1) 设置夹直线的目的。

当转向架由渐变超高的缓和曲线进入直线或圆曲线时,由于惯性和动力作用会继续振动、摆动 1.5~2 个周期才能平稳运行,考虑列车的运行平稳性和旅客乘坐舒适度,防止列车在缓和曲线的出入口(夹直线或圆曲线的起终点)发生振动叠加,以使列车平稳地通过该地段,需要限制缓和曲线间的夹直线与圆曲线的最小长度,夹直线长度越短,摇晃震动越剧烈,夹直线太短,也不易保持夹直线的方向,会增加养护的难度。

(2) 最小夹直线长度。

列车在缓和曲线进出口产生的列车振动不产生叠加。实验表明:列车在缓和曲线进出口所产生的激挠振动通常在一个半至两个周期内基本衰减完,车辆振动周期约为 1.0 s,则夹直线或圆曲线最小长度为:

$$L \geqslant (1.5 \sim 2.0) T \frac{V_{max}}{3.6} + L_q \quad (式 2\text{-}1)$$

式中:L——夹直线、圆曲线最小长度(m);

V_{max}——列车路段设计速度(km/h);

L_q——客车全轴距;

T——车辆振动周期(s)。

考虑到车体并非刚体,可取 $L_q = 0$,则式(2-11)可简化为

$$L = \tau \times V_{max} \quad (式 2\text{-}2)$$

τ 为具有时间量纲的系数,可根据路段速度的高低和工程条件的难易程度确定。我国的取值为:在客货共线铁路中,当 $V_{max} = 160$ km/h,140 km/h 时,一般取 0.8,困难取 0.5;当 $V_{max} \leqslant 120$ km/h 时,一般取 0.6,困难取 0.4;客货专线铁路,一般取 0.8,困难取 0.6。

L 的计算结果应取为 10 m 的整数倍。不同路段速度时的夹直线最小长度如表 2-2-1 所示。

表 2-2-1 圆曲线或夹直线最小长度

设计速度/(km/h)		350	300	250
工程条件	一般	280(210)	240(180)	200(150)
	困难	210(170)	180(150)	150(120)

计算机模拟计算结果表明,夹直线长度为 $0.8V_{max}$ 时,在夹直线起终点对高速车辆产生的激扰振动不会叠加,对行车平稳和旅客乘坐舒适性没有明显的影响,所以,京沪高速铁路夹直线及圆曲线最小长度一般按 $0.8V_{max}$ 计算确定;困难条件下按 $0.6V_{max}$ 计算确定,按远期速度目标值 350 km/h 计。我国客运专线确定一般条件下为 $0.8V_{max}$,困难条件下为 $0.6V_{max}$。其中 V_{max} 为设计速度数值。

2. 圆曲线

(1) 圆曲线的表达与曲线要素。

高速铁路线路在转向处所设的曲线为圆曲线,如图 2-5 所示。其基本组成要素有:曲线

半径 R，曲线转角 α，曲线长 L，切线长 T 和外矢距 E。曲线长 L、切线长 T 和外矢距 E 由下列公式计算得到。

$$T = R \times \tan\frac{\alpha}{2} \qquad\qquad (\text{式 2-3})$$

$$L = \frac{\pi \times \alpha \times R}{180} \qquad\qquad (\text{式 2-4})$$

$$E = R \times \left(\sec\frac{\alpha}{2} - 1\right) \qquad\qquad (\text{式 2-5})$$

设置有缓和曲线后的曲线，如图 2-2-5 所示。曲线要素为：半径 R，曲线转角 α，曲线长 L，切线长度 T、外矢距 E 和缓和曲线长度 l_0。

$$T = (R+p) \times \tan\frac{\alpha}{2} + m \qquad\qquad (\text{式 2-6})$$

$$L = \frac{\pi \times \alpha \times R}{180} + l_0 \qquad\qquad (\text{式 2-7})$$

$$E = (R+p) \times \sec\frac{\alpha}{2} - R \qquad\qquad (\text{式 2-8})$$

在设计有缓和曲线时，涉及几个参数：β_0——缓和曲线角；m——曲线切垂距；p——曲线内移距。

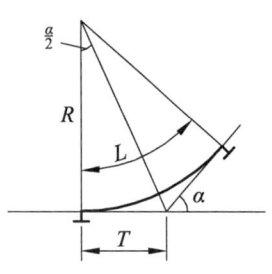 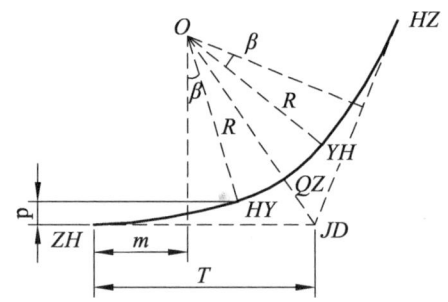

（a）未设缓和曲线　　　　　　　　　　（b）设有缓和曲线的曲线地段

图 2-2-5　铁路曲线

（2）曲线半径。

高速铁路对线路曲线提出了更高的技术要求，正线的线路平、纵断面设计应重视线路的平顺性，有利于组成线形变化平缓的空间曲线，提高旅客乘坐舒适度。正线设计标准的选用必须满足铺设无砟轨道和一次铺设跨区间无缝线路的相关技术要求。

① 最小曲线半径。

最小圆曲线半径是限制列车最高速度的主要因素之一，且对工程费和运营费都有很大影响，需要限制曲线的半径。最小圆曲线半径与高速铁路的运行最高速度和运输模式相关，要满足旅客乘坐舒适、行车安全及经济合理等条件。

a. 在纯高速列车运行的线路上，最小圆曲线半径取决于最高速度 V_{max}、实设超高（h）与欠超高（h_a）之和的允许值（$h+h_q$）等因素。

$$R_{min} = \frac{11.8 V_{max}^2}{h_{max} + h_q}$$（式 2-9）

式中：V_{max} ——高速铁路设计速度目标值。

纯高速线上不同设计速度不同区段所计算出来的最小圆曲线半径的计算值和采用值如表 2-2-2 所示

为了满足京沪高速铁路 350 km/h 设计速度要求，采用上述实设超高与欠超高之和允许值 $[h+h_q]$ 时，按上式计算得出其最小曲线半径在一般区段与困难区段的值分别为 6 570 m 及 5 560 m。

表 2-2-2　纯高速线最小圆曲线半径

最高速度/(km/h)	一般		困难	
	计算值/m	采用值/m	计算值/m	采用值/m
200	2 145	2 200	1 815	2 000
250	3 352	3 500	2 837	3 000
300	4 827	5 000	4 084	4 200
350	6 570	6 600	5 560	5 600

b. 高、中速旅客列车共线运行的线路上，最小圆曲线半径主要取决于高速列车最高速度 V_{max}、中速列车运行速度 $v_{中}$、欠超高（h_a）、过超高（h_q）之和允许值（h_a+h_q）等因素。

$$R_{min} = \frac{11.8 V_{max}^2}{h_q + h_g}$$（式 2-10）

高、中速旅客列车共线运行的线路不同速度匹配在不同区段所计算出来的最小圆曲线半径的计算值和采用值如表 2-2-3 所示。

表 2-2-3　高、中速共线线路最小圆曲线半径

速度匹配/[(km/h)/(km/h)]	一般		困难	
	计算值/m	采用值/m	计算值/m	采用值/m
200/120	2 746	2 800	2 156	2 200
250/140	4 602	4 600	3 616	3 700
300/160	6 908	7 000	5 428	5 500

纵观世界一些国家和地区的高速铁路，目前比较一致的意见是新建高速铁路的最大超高应不超过 180 mm，欠超高允许值不超过 60 mm，既确保旅客乘坐的舒适度，又留有一定的发展余地。

② 最大曲线半径。

最大曲线半径标准关系到线路的铺设、养护、维修能否达到要求的精度，当曲线半径大到一定程度后，正矢值将很小，测设和检测精度均难以保证极小的正矢值的准确性，可能反而成为轨道不平顺的因素。因此，对圆曲线的最大半径加以限制，如表 2-2-4 所示。

表 2-2-4　圆曲线最大半径限制值

设计行车速度/(km/h)	350/250	300/200	250/200	250/160
有砟轨道	推荐 8 000~10 000；一般最小 7 000；个别最小 6 000	推荐 6 000~8 000；一般最小 5 000；个别最小 4 000	推荐 4 500~7 000；一般最小 3 500；个别最小 3 000	推荐 4 500~7 000；一般最小 4 000；个别最小 3 500
无砟轨道	推荐 8 000~10 000；一般最小 7 000；个别最小 5 500	推荐 6 000~8 000；一般最小 5 000；个别最小 4 000	推荐 4 500~7 000；一般最小 3 200；个别最小 2 800	推荐 4 500~7 000；一般最小 4 000；个别最小 3 500
最大半径/m	12 000	12 000	12 000	12 000

根据国外高速铁路的测设经验，如日本、法国，在曲线地段沿线每隔 10 m 设置一基桩作为线路的基准，法国高速线路基桩的点位误差控制在 1 mm。综合考虑线路测设精度和轨道检测精度，并参考国外实验线上最大曲线半径情况，对于我国京沪高速铁路最大曲线半径一般不宜大于 12 000 m，个别不大于 14 000 m。

③ 曲线半径的合理选择。

曲线半径是确定线路容许速度、曲线超高、缓和曲线长度、曲线正矢和曲线地段建筑限界加宽等诸多要素的重要参数，应根据标准化原理进行统一、简化、协调，形成系列。曲线半径的选用，首先应考虑满足规定的行车速度和舒适度要求，并结合地形地貌、工程地质、重大桥渡、跨越条件和车站设置等因素。选用适应的曲线半径，尽量减少工程，减少各种设施及房屋建筑物的拆迁或改移，求取速度与工程经济的合理结合。

高速铁路由于曲线半径直接决定行车速度，应根据线路不同地段的行车速度适当选定相应的曲线半径；对于大型车站两端减、加速地段或必须限速的站外引线上，因行车速度较低，为减小工程量，可选用与实际行车速度相适应的较小曲线半径；对于地形、地质条件困难，工程艰巨地段，也可适当选用较小曲线半径并宜集中设置，以免列车频繁限速，恶化运营条件。就速度、舒适度和运行条件而言，平面设计应优先采用表 2-2-5 的曲线半径。

表 2-2-5　不同等级速度对应曲线半径

速度/(km/h)	350 km/h	250 km/h	200 km/h
曲线半径/m	7 000~12 000	3 500~12 000	2 200~12 000

正线线路的平面圆曲线半径应因地制宜，合理选用。优先选用常用曲线半径，慎用最小和最大曲线半径，必要时可采用最大与最小曲线半径间 100 m 整倍数的曲线半径，各类平面圆曲线半径如表 2-2-6 所示。

表 2-2-6 高速铁路线路平面圆曲线半径表

本线列车设计速度/跨线列车设计速度/[(km/h)/(km/h)]	常用曲线半径/m	最小曲线半径/m	最大曲线半径/m
350/200	8 000~10 000	7 000（5 500）	12 000（14 000）
300/200	5 500~8 000	4 500（4 000）	12 000（14 000）
250/160	4 000~6 000	3 200（2 800）	12 000（14 000）
200/160	2 800~5 000	2 000（1 800）	12 000（14 000）

注：括号内数值为特殊困难条件下，经技术经济比选后方可采用的个别最小、最大曲线半径。

我国高速铁路曲线半径的选用如表 2-2-7 所示。

表 2-2-7 高速铁路线路曲线半径选用标准表

200 km/h 区段		正常条件	2 200 m
		特殊困难条件	2 000 m
250 km/h 区段		正常条件	4 000 m
		特殊困难条件	3 500 m
300 km/h 区段	有砟轨道	正常条件	5 000 m
		特殊困难条件	4 500 m
	无砟轨道	正常条件	5 000 m
		特殊困难条件	4 000 m
350 km/h 区段	有砟轨道	正常条件	7 000 m
		特殊困难条件	6 000 m
	无砟轨道	正常条件	7 000 m
		特殊困难条件	5 500 m

（3）曲线段的特点。

① 外轨超高。

高速列车在曲线轨道上运行时，由于离心力的作用，会将高速列车推向外股钢轨，使外股钢轨内侧承受了较大的轮缘压力，导致旅客乘坐不适并发生移位。为了平衡离心力，使内外两股钢轨受力均匀，保证旅客舒适感，提高线路稳定性和安全性，将外轨抬高一定程度，使高速列车内倾，外轨比内轨高出的部分被称为超高。外轨超高值 h 指曲线外轨顶面与内轨顶面水平高度之差。

由图 2-2-6 可知：

$$F\cos\gamma = G\sin\gamma \quad \text{因为} \quad F = m\frac{v^2}{R} = \frac{G}{g}\frac{v^2}{R}$$

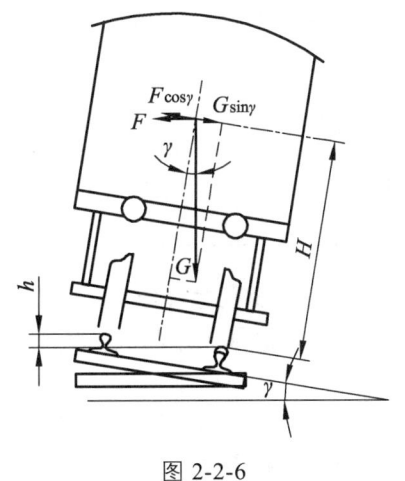

图 2-2-6

$$\Rightarrow \frac{G}{g}\frac{v^2}{R}\cos\gamma = G\sin\gamma$$

$$\Downarrow$$

$$\tan\gamma = \frac{v^2}{gR}$$

在 $\gamma < 5°$ 时，$\sin\gamma \approx \tan\gamma$

$$\Rightarrow h = \frac{S_1 v^2}{gR}$$

S_1 取 1 500 mm，v 由 km/h→m/s，则

$$h = 11.8\frac{v^2}{R} \tag{式 2-11}$$

式中：h——超高，mm；

v——平均行驶速度，km/h；

R——曲线半径，m。

可见，对于任一半径的曲线，随着速度的提高，可以通过增大外轨超高来平衡因速度提高而增大的离心加速度，其外轨超高值的大小与列车运行速度的平方成正比。

a. 实设超高最大允许值。

$$h_{\max} \leqslant \frac{S_1^2}{6H} \tag{式 2-12}$$

式中：H——车体重心至轨顶面高，mm；

S_1——两轨头中心线距离，mm。

实设超高最大允许值主要取决于高速列车在曲线上运行时的安全、稳定和旅客乘坐舒适度要求。综合国内外的研究和实践，我国目前在制定相应规范和规则时，客货共线铁路的实设超高最大允许值取 150 mm，单线铁路上下行行车速度相差悬殊，实设超高不应超过 125 mm；高速客运专线实设超高最大允许值取 170~180 mm。

b. 欠超高允许值 $[h_q]$。

高速铁路的欠超高允许值 $[h_q]$ 主要取决于旅客乘坐舒适度要求，同时考虑到过大的欠超高可能带来较大的线路养护维修工作量，所以在选择欠超高允许值时，应考虑留有一定的余地。我国高速铁路的欠超高允许值如表 2-2-8 所示。

表 2-2-8 高速铁路的欠超高允许值　　　　　　　　　　　　单位：mm

舒适度条件	良好	一般	较差
欠超高允许值	40	80	110

c. 过超高允许值 $[h_a]$。

允许的最大过超高值主要由运行安全、乘坐舒适度和经济合理性三个条件确定。受车辆运行安全、乘坐舒适度要求的过超高值的确定，与欠超高确定原理基本相同。

对于本线与跨线旅客列车共线的客运专线上，考虑到跨线旅客列车的车辆走行性能比货物列车要好得多，因而过超高引起的对内轨磨耗和对线路破坏作用要小一些，故其过超高允

许值可以适度放宽。同时还考虑高低速列车共线运行的客运专线铁路是以高速为主,重点应保证高速列车的旅客乘坐舒适度,因此我国目前在制定相关标准时,将超高允许值与欠超高允许值取为一致。

② 轨距加宽。

位于曲线地段的线路,由于车、线之间几何关系的变化,导致基本建筑限界及线间距离和直线地段相比有所变化,为防止轮对被轨道楔住或挤翻钢轨,对于小半径曲线的轨距要适当加宽,以使高速列车能顺利通过曲线,并使钢轨与车轮间的横向力最小,减少轮轨间的磨耗,如图 2-2-7 和图 2-2-8 所示。

当两端直线地段为最小线间距时曲线地段的线间距加宽值时:

a. 外侧曲线的实设超高 h_w 等于或者小于内侧曲线实设超高 h_N 时,曲线线距加宽值为:

$$W = W_1 + W_2 = \frac{40\,500}{R} + \frac{44\,000}{R} = \frac{84\,500}{R} \quad (\text{mm}) \quad (\text{式 2-13})$$

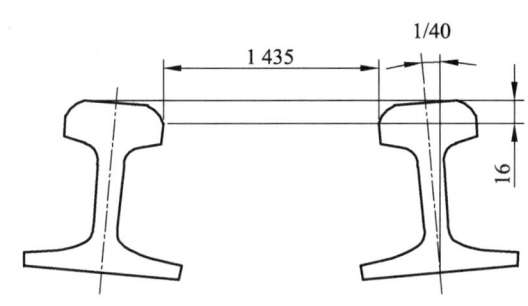

图 2-2-7 曲线处轨距示意图　　图 2-2-8 曲线处轨距加宽示意图

b. 外侧曲线的实设超高 h_w 大于内侧曲线实设超高 h_N 时,曲线线距加宽值为:

$$W = W_1 + W_2 + W_3 = \frac{40\,500}{R} + \frac{44\,000}{R} + \frac{H}{1\,500}(h_w - h_N)$$

$$= \frac{84\,500}{R} + \frac{3\,850}{1\,500}(h_w - h_N) \quad (\text{mm}) \quad (\text{式 2-14})$$

按上两式计算并取整为 5 mm 的整倍数。

当两端直线地段的线间距大于最小线间距的线间距加宽值时:

$$W' = (D_{\min} \times 10^3 + W) - D \times 10^3 \quad (\text{mm}) \quad (\text{式 2-15})$$

式中:W'——曲线地段线间距加宽值(当小于或等于零时,可不加宽),mm;

$D_{\min}$——直线地段最小线间距,m;

D——曲线两端直线地段的线间距,m;

W——直线地段为最小线间距时曲线地段的线间距加宽值,mm。

曲线上建筑限界的加宽范围,包括全部圆曲线、缓和曲线和部分直线,按图 2-2-9 所示阶梯加宽方法，内侧曲线地段限界加宽范围为全部圆曲线、缓和曲线及部分直线。

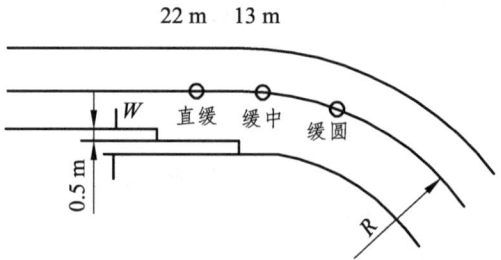

图 2-2-9　建筑接近限界曲线加宽图

3．缓和曲线

曲率半径和外轨超高均逐渐变化的曲线，称为缓和曲线。为保证列车安全、平稳、舒适地由直线过渡到圆曲线，在直线与圆曲线间设置一定长度的缓和曲线，如图 2-2-10 所示。

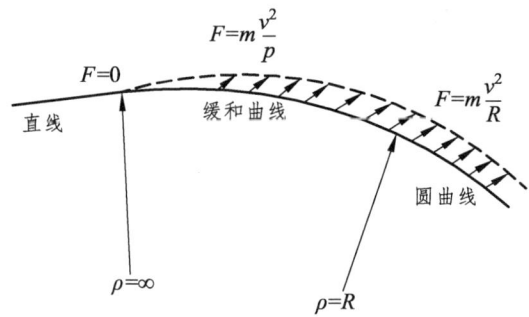

图 2-2-10　缓和曲线示意图

缓和曲线作用是在此区段范围内完成曲率半径由直线上的无限大逐渐变化到圆曲线的曲率半径，曲线外股钢轨高度从直线上左右股钢轨水平一致逐渐变化到圆曲线时达到外轨超高值。在高速行车条件下，旅客对乘坐的舒适度比较敏感，因而对缓和曲线的设置要求也更为严格，对于高速铁路的缓和曲线研究的重点是缓和曲线线型和缓和曲线的长度，缓和曲线宜采用三次抛物线线形，线型力求简单，以便于铺设和养护。

（1）缓和曲线的设置要求。

缓和曲线应有足够的长度，在这个长度内，需完成曲线的外超高顺坡过程，同时，应该满足以下两点运营要求。

① 车轮的轮缘不致爬上内轨。

设缓和曲线的最大容许坡度为 i_0，则外轨超高的坡度限制为：

$$i_0 \leqslant \frac{K_{\min}}{D_{\max}} \qquad （式 2\text{-}16）$$

要使 $i \leqslant i_0$，缓和曲线长度应满足

$$l_{01} \leqslant \frac{h}{1\,000 i_0} \qquad （式 2\text{-}17）$$

式中：$K_{\min}$——高速列车最小轮缘高，mm；

$D_{\max}$——高速列车最大固定轴距，mm。

当以轮缘最小高度 28 mm 及最大固定轴距 6.5 m 代入，得到：$i_0 = 4.3‰$。在实际取值中，i_0 一般不大于 2‰，以保证车轮轮缘无爬上内轨危险，此时计算出缓和曲线长 l_0。

② 超高时变率不致使旅客不适。

旅客列车通过缓和曲线，外轮在外轨上逐渐升高，其升高速度即超高时变率，不应大于保证旅客舒适的容许值 f（单位：mm/s），即

$$\frac{h}{t} = \frac{h}{l_{02}/(V_{\max}/3.6)} = \frac{h \times V_{\max}}{3.6 l_{02}} \leqslant f$$

故得

$$l_{02} \geqslant \frac{h \times V_{\max}}{3.6 f} \quad (\text{m}) \tag{式 2-18}$$

式中：l_{02}——保证超高时变率不超限时的缓和曲线长度，m；

$V_{\max}$——旅客列车最高行车速度，km/h；

f——保证旅客舒适的超高时变率容许值率，mm/s。

我国在制定相关标准时，超高时变率容许值为：客货共线铁路，一般条件下 28 mm/s，困难条件下 32 mm/s；客货专线铁路，良好条件下 25 mm/s，一般条件下 28 mm/s，困难条件下 31 mm/s。

③ 欠超高时变率不致使旅客不适。

旅客列车通过缓和曲线，欠超高逐渐增加，其增加速度即欠超高时变率，不应大于保证旅客舒适的容许值 b（单位：mm/s），即

$$\frac{h_q}{t} = \frac{h_q}{l_{03}/(V_{\max}/3.6)} = \frac{h_q \times V_{\max}}{3.6 l_{03}} \leqslant b$$

得

$$l_{03} \geqslant \frac{h_q \times V_{\max}}{3.6 b} \quad (\text{m}) \tag{式 2-19}$$

式中：l_{03}——保证欠超高时变率不超限时的缓和曲线长度，m；

h_q——旅客列车以最高速度通过圆曲线时的欠超高，mm；

b——保证旅客舒适的欠超高时变率容许值率，mm/s。

我国在制定相关标准时，超高时变率容许值为：客货共线铁路，一般条件下为 40 mm/s，困难条件下为 45 mm/s；客货专线铁路，良好条件下为 23 mm/s，困难条件下为 38 mm/s。

（2）最小缓和曲线的长度计算。

缓和曲线长度是高速铁路线路平面设计的重要参数之一，随着列车运行速度的提高，要求缓和曲线应有足够的长度，使缓和曲线上的曲率和超高的变化不致太快，满足旅客乘车舒适的要求和确保行车的安全，但过长的缓和曲线长度会影响平面选线和纵断面设计的灵活性，会引起工程投资的增大。

$$l_0 = \max\{l_{01}, l_{02}, l_{03}\} = \max\left\{\frac{h}{i_0}, \frac{h \times V_{\max}}{3.6 f}, \frac{h_q \times V_{\max}}{3.6 b}\right\} \tag{式 2-20}$$

先按相关工程条件取 f 和 b 的值，再按上式计算并检算，按照缓和曲线长度进整为 10 m，

不足 20 m 者取 20 m 等要求，结合我国铁路建设工程实际，得各种路段设计速度下常用曲线半径的最小缓和曲线，如表 2-2-9 所示。

表 2-2-9　缓和曲线长度

设计行车速度/(km/h) 曲线半径/m	350			300			250		
	(1)	(2)	(3)	(1)	(2)	(3)	(1)	(2)	(3)
12 000	370	330	300	220	200	180	140	130	120
11 000	410	370	330	240	210	190	160	140	130
10 000	470	420	380	270	240	220	170	150	140
9 000	530	470	430	300	270	250	190	170	150
8 000	590	530	470	340	300	270	210	190	170
7 000	670 680*	590 610*	540 550*	390	350	310	240	220	190
6 000	670 680*	590 610*	540 550*	450	410	370	280	250	230
5 500	670 680*	590 610*	540 550*	490	440	390	310	280	250
5 000	—	—	—	540	480	430	340	300	270
4 500				570 585*	510 520*	460 470*	380	340	310
4 000	—	—	—	570 585*	510 520*	460 470*	420	380	340
3 500	—	—	—				480	430	380
3 200	—	—	—	—	—	—	480	430	380
3 000							480 490*	430 440*	380 400*
2 800	—	—	—				480 490*	430 440*	380 400*

注：1. 表中（1）栏为舒适度优秀条件值；（2）栏为舒适度良好条件值；（3）栏为舒适度一般条件值。
　　2. *号表示为曲线设计超高 175 mm 时的取值。

（4）线间距。

线间距是指相邻两股道（区间正线地段实际为上、下行线）线路中心线之间的最短距离。由于高速列车运行时会产生列车风，相邻线路高速列车相向运行所产生的空气压力冲击波易振碎车窗玻璃，使旅客感到不适，甚至影响列车运行的稳定性，故高速线路的线间距较普通铁路有所增大，其大小取决于机车车辆幅宽、轨距、高速列车相遇产生的风压以及考虑将来铺设渡线道岔等条件。

高速铁路线间距标准主要受到列车交会运行时的气动力作用控制,如图 2-2-11 所示。一方面,要满足列车承受交会压力波的允许值 ΔP_{max};另一方面,要分析研究各种客运列车交会运行时,作用在列车上的会车压力波最大值 ΔP_{max} 及其时变率 $\Delta P_{max}/\Delta t$,以及与交会列车相邻侧壁净间壁 Y(或线间距 D)的规律。

列车线间距计算公式如下:

$$D = Y + \frac{B_1 + B_2}{2}$$ (式 2-21)

式中:D——正线间距,m;
Y——交会列车相邻侧壁间的净距,m;
B_1、B_2——两列交会车的宽度,m。

图 2-2-11 区间及站内正线线间距示意图

对我国高速线路,区间及站内正线线间距不应小于表 2-2-10 的值,曲线段可不加宽。正线与联络线、动车组走行线并行地段的线间距,应根据相邻一侧线路的行车速度及其技术要求和相邻线的路基高程关系,考虑站后设备、路基排水设备、声屏障、桥涵等建筑物以及保障技术作业人员安全的作业通道等有关技术条件综合研究确定,最小不应小于 5.0 m。正线与既有铁路或客货共线铁路并行地段线间距不应小于 5.3 m。当两线不等高或线间设置其他设备时,最小线间距应根据相关技术要求计算确定。隧道双洞地段两线间距应根据地质条件、隧道结构及防灾与救援要求,综合分析研究确定。

表 2-2-10 正线间距 D 值表

设计最高速度/(km/h)	350	300	250	200
最小线间距/m	5.0	4.8	4.6	4.4

京沪高速铁路上不仅运行有时速 350 km/h 的高速列车,而且还有相当数量的跨线中速列车,这些中速列车的门窗性能较差,短期内改造难度较大,因此,根据国内的研究成果,结合国外高速铁路 D、Y 与 V_{max} 的关系,京沪高速铁路线间距定为 5.0 m,相应车辆宽度为 3.1 m。

(5)建筑限界。

建筑限界分为铁路建筑限界、隧道建筑限界和桥梁建筑限界,世界各国的高速铁路建筑限界，由于所采用的机车车辆性能、结构尺寸、最高速度以及运输模式各不相同，加之国情也不一样，所采用的研究方法和基本尺寸亦有所不同。建筑限界是高速铁路的基本技术标准之一，与设备设施的设计密切相关。通过分析，电气化铁路建筑限界的高度主要与接触网悬挂方式、结构高度、导线高度、带电体对地绝缘以及隧道、桥梁的断面尺寸和施工误差等因素有关；建筑限界的宽度主要与机车车辆限界的宽度、机车车辆运行中横向振动偏移量、轨道状态及一定的安全裕量等因素有关。

结合我国高速铁路的特点，根据各种条件的计算结果，并考虑留有一定的安全裕量，我国高速铁路建筑限界的基本尺寸取最大高度 7.25 m，最大宽度 4.6 m，即可满足高速行车安全要求，但限界宽度的增大并不会增加工程量，考虑到与既有铁路建筑限界最大宽度 4.88 m 的一致性，我国京沪高速铁路建筑接近限界基本尺寸及轮廓如图 2-2-12 所示。

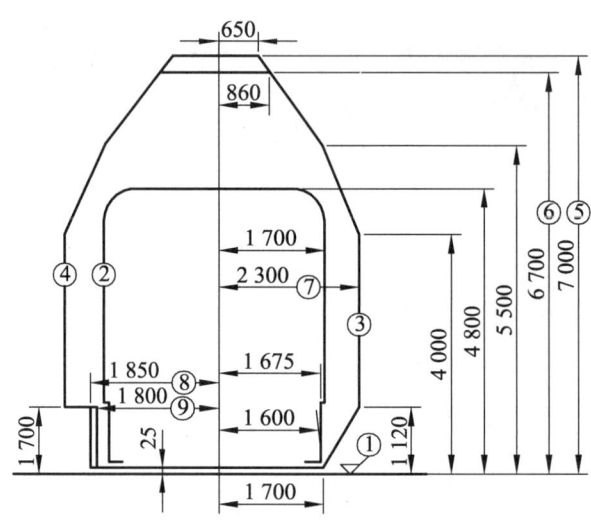

①—轨面高程；②—客运专线铁路机车车辆限界；③—区间及站内正线（无站台）建筑限界；④—有站台时车站建筑限界；⑤—轨面以上最大高度；⑥—接触网立柱跨中利用承力索驰度时的规面以上高度；⑦—股道中心至建筑限界的最大宽度；⑧—站内正线股道中心至站台边缘的宽度；⑨—站内侧线股道中心至站台边缘的宽度。

图 2-2-12 京沪高速铁路建筑接近限界基本尺寸及轮廓图

我国现行的普速电气化铁路建筑限界、电气化隧道建筑限界和桥梁建筑限界三者是略有不同的，主要差别为：隧道下部轮廓线根据隧道边墙形状而定，桥梁下部轮廓线根据下承式板梁角撑尺寸确定，且两者的限界上部均有用于安装照明、通信、信号等设备的空间，因此比铁路建筑限界宽。由于我国京沪高速铁路的隧道净空面积为 100 m^2，在建筑限界之外，有足够的空间布置照明、信号等设备，各种跨度桥梁均不采用下承式板梁，因此，建筑限界轮廓不再受桥梁结构形状的限制，所以，我国高速铁路的建筑接近限界同样适用于隧道和桥梁，即三种限界合一。

（6）安全退避距离。

由于空气的粘性作用，列车在地面高速运行时将带动列车周围空气随之运动，形成一种特殊的非定常流动，通常称为列车风。列车风以空气流动和压力变化的形式表现出列车对周围环境及道旁人员安全的影响，列车风的作用随着离开列车侧面距离的增加而减少，为保障站台上旅客和轨侧作业人员的安全，必须保证人体与列车侧壁之间有一定距离，这一距离即为人体安全退避距离。

虽然高速铁路线路是全封闭的，运行期间人员不能进入线路范围，但世界各国依然考虑了行人安全问题，并做过不少试验。列车安全退避距离主要有两方面的研究内容：一是列车风作用下人体受力情况及列车风速度及压力分布；二是制定判别人体安全性的标准。

二、高速铁路线路的纵断面及纵断面图

（一）高速铁路线路的纵断面

1．定义

高速铁路线路中心线展直后在铅垂面上的投影，称作高速铁路线路的纵断面（侧视），表明高速线路的坡度变化，如图 2-2-13 所示。

2．线路纵断面组成要素

为了适应地面的起伏，高速线路上除了平道外，还修成不同的坡道，因此平道与坡道就成了高速线路纵断面的组成要素。

3．高速铁路线路纵断面标准

包括坡道的坡度大小、竖曲线半径、最小坡段长度等。

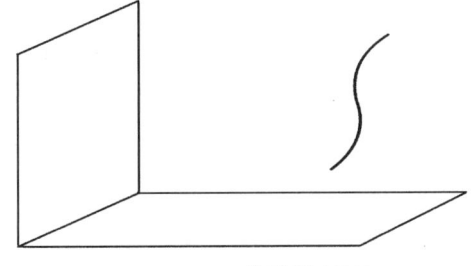

图 2-2-13　线路纵断面

（二）高速铁路线路的纵断面图

用一定的比例尺，把高速铁路线路中心线（展直后）投影到垂直面上，并标明平面、纵断面的各项有关资料的图纸，叫做高速铁路线路纵断面图。主要包括：连续里程、线路平面、百米标和加标、地面标高、设计坡度、路肩设计标高、工程地质特征等。

（三）高速铁路线路纵断面的主要技术参数及要求

1．线路的坡度

坡道的陡与缓常用坡度来表示。坡度是指坡道线路中心线与水平夹角的正切值，高速铁路坡道坡度的大小通常用千分率来表示，如图 2-2-14 所示。

$$i = \frac{h}{L} = tg\alpha \quad （‰） \quad （式 2-22）$$

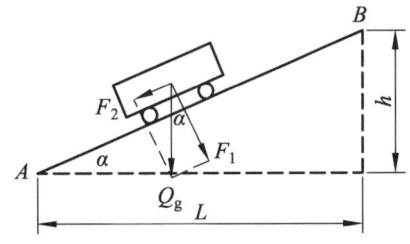

图 2-2-14　坡道坡度及坡道

式中　i——坡度值；

α——坡道段线路中心线与水平线夹角。

在一定的自然条件下，区间正线的最大坡度应根据地形条件、动车组功率、运输组织模式、设计线的输送能力、牵引质量、工程数量和运营质量等，经过牵引计算验算并经技术经济比选分析后确定。客货共线的高速铁路线路，其最大坡度是由高速货物列车运行要求所决

定的，高速列车采用大功率、轻型动车组，牵引和制动性能优良，能适应大坡度运行。

我国京沪高速铁路位于华北、黄淮和长江三角洲三大平原，除局部经由低山丘陵区外，全线地形平坦，高程控制问题不太突出，无需采用大坡度，但因所经地区经济发达，城市居民点密布，铁路、公路、河流纵横交错，高架线路、立交工程、跨越河流等对高程都有一定的要求，通航河流尚需满足航运净空标准，纵断面设计需频繁起伏，采用坡度的大小也随条件不同而异。采用8‰、10‰、12‰、15‰等不同坡度进行纵断面设计后，从高程的控制性条件和工程投资差别分析，采用最大坡度12‰较为合理。根据高速客运专线特点，结合具体条件并经牵引计算检算，对于一定的纵断面和初速条件，个别困难情况下尚可采用大于12‰，但不宜大于20‰的坡度。

我国《高速铁路设计规范（试行）》规定正线的最大坡度，不宜大于20‰，困难条件下，经技术经济比较，不应大于30‰，且在10 km范围内的平均坡度不宜大于15‰，特殊困难条件下6 km范围内的平均坡度亦不应大于20‰。动车组走行线的最大坡度不应大于35‰。相邻坡段间应采用圆曲线型竖曲线连接。竖向离心力和竖向离心加速度对列车运行的安全性和旅客舒适性有影响，因而，竖曲线半径决定于列车运行的安全性和旅客乘坐的舒适性要求。我国高速铁路区间最大坡度的选用标准如表2-2-11所示。

表2-2-11　我国高速铁路区间最大坡度选用标准

	200~250 km/h 的线路	区间正线	不大于20‰
		动车组走行线	不大于30‰
	300~350 km/h 的线路	区间正线	不大于20‰
		特殊困难条件下	不大于30‰
		动车组走行线	不大于35‰

2．变坡点

平道与坡道、坡道与坡道的交点，称为变坡点。列车经过变坡点时，由于坡度突然变化，车钩内产生附加应力；坡度变化越大，附加应力越大，越容易造成断钩事故。为了保证高速列车的运行平稳和安全，我国铁路规定，相邻坡段的连接宜设计为较小的坡度差，并以竖曲线连接。

3．竖曲线

在线路纵断面的变坡点处，为了保证行车的安全平顺，设置的与坡段直线相切的竖向曲线被称为竖曲线，竖曲线如图2-2-15所示。

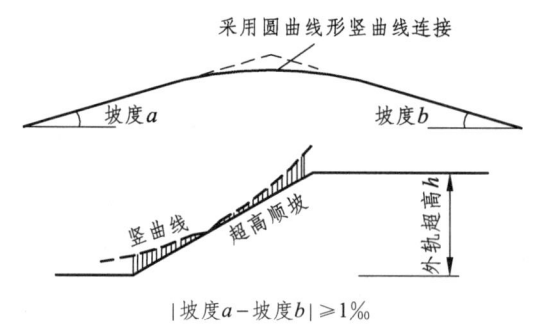

图2-2-15　竖曲线示意图

高速铁路竖曲线设置条件：

$$|坡度\ a‰ - b‰| \geq \Delta i‰ \quad （式2-23）$$

为保证列车在变坡点的运行安全和乘客的舒适性要求，参照国外有关规范，相邻坡段的坡度差大于1‰时，应采用圆曲线形竖曲线连接（当线路设计速度为160 km/h时，按现行铁路设计规范，相邻段的坡度差大于3‰时的标准设竖曲线）。

竖曲线半径的大小可从竖向离心力和竖向离心加速度两个因素来考虑。当列车在凸形竖曲线上运行时，就会产生向上的离心力，使轮载减轻；当列车在凹形竖曲线上运行时，就会产生向下的离心力，使轮载增大，所以竖向离心力对列车运行的安全性和旅客的乘坐舒适性产生了影响。竖曲线半径决定于高速列车运行的安全性和旅客乘坐的安全性与舒适性要求。

竖向离心加速度和离心力的计算式如下：

竖向离心加速度：

$$\alpha_{sh} = \frac{V_{\max}^2}{3.6^2 R_{sh}} \quad （式2-24）$$

竖向离心力：

$$F_{sh} = \frac{mV_{\max}^2}{3.6^2 R_{sh}} \quad （式2-25）$$

式中：$V_{\max}$——最高速度，km/h；
　　　R_{sh}——竖曲线半径，m；
　　　m——车辆质量，kg。

竖曲线半径，取决于高速列车在竖曲线运行时所产生的竖向离心加速度，受此限制的竖曲线半径为：

$$R_{sh} \geq \frac{v_{\max}^2}{(3.6)^2 \alpha_{sh}} \quad 式（2-26）$$

式中：R_{sh}——竖曲线半径，m；
　　　$v_{\max}$——线路确定的最大行车速度，km/h；
　　　α_{sh}——离心加速度，m/s²。

通过对国外高速铁路线路竖向离心加速度允许值的分析，认为乘客舒适度允许的竖向离心加速度取值为 0.4 m/s² 是较为合适的（困难为 0.5 m/s²），则竖曲线半径为：$R_{sh} \geq 0.2v_{\max}^2$，据此可导出根据舒适度要求的高速铁路线路最小竖曲线半径：设计目标速度 250 km/h 时为 12 060 m；设计目标速度 300 km/h 时为 17 370 m；设计目标速度 350 km/h 时为 23 640 m。

从以上讨论可知，竖曲线半径显然应按照旅客舒适性的要求选择。表 2-2-12 为我国《京沪高速铁路设计暂行规定》中关于最小竖曲线半径采用标准的规定，是根据按上述理论计算后取整所得，设计时应根据所处区段远期设计最高速度选用相应的竖曲线半径值。同时，由于当竖曲线半径增大到一定程度，养护维修很难达到其设置要求，因此，根据国内外养护维修经验，最大竖曲线半径一般不大于 40 000 m。

表 2-2-12　最小竖曲线半径采用标准表

设计行车速度/(km/h)	v≥300	250≤v<300	v<250	v<160
竖曲线半径	25 000	20 000	15 000	10 000

正线相邻坡段的坡度差大于或等于 1‰ 时，应采用圆曲线型竖曲线连接，最小竖曲线半径应根据所处区段远期设计速度按表 2-2-13 选用，最大竖曲线半径不应大于 30 000 m。

表 2-2-13　最小竖曲线半径

设计行车速度/(km/h)	350	300	250
R_{sh}/m	25 000	25 000	20 000

4．最小坡段长度

一个坡段两端变坡点间的水平距离称为坡段长度。从列车运行的平稳性要求出发，纵断面坡段长度宜设计为较长的坡段；但从节省工程投资的角度分析，较短的坡段能够较好地适应地形，减少工程数量，降低工程投资。因此，最小坡段长度的确定，既要满足列车运行的平稳性要求，又要尽可能地节约工程投资，使两者取得最佳的统一。

高速铁路最小坡段长度除应满足两竖曲线不重叠外，同时还应考虑两竖曲线间有一定的夹坡段长度，以保证列车在前一个竖曲线终点产生的振动在夹坡段长度范围内完成衰减，不至于与下一个竖曲线起点产生的振动叠加。对于两竖曲线间夹坡段长度的要求，我国京沪高速铁路的最小夹坡段长度取 $0.4V_{max}$，如图 2-2-16 所示。

200～250 km/h 的线路	一般条件	不小于 800 m
	困难条件	不小于 600 m
300 km/h 的线路	一般条件	不小于 1 200 m
	困难条件	不小于 900 m
350 km/h 的线路	一般条件	不小于 2 000 m
	困难条件	不小于 900 m

图 2-2-16　最小坡段长度示意图

正线宜设计为较长的坡段，困难条件下最小坡段长度不宜小于一般最小坡段长度，特殊困难条件下亦不应小于个别最小坡段长度。需要特别指出的是，为保证旅客良好的乘坐舒适性，特别是司机的视觉良好，纵断面不宜连续采用起伏的最小坡段长度。

根据上述要求，对京沪高速铁路的最小坡段长度按最不利情况考虑，即按"N"形断面，两相邻变坡点的坡度差均为 Δi（取 24‰）考虑，则最小坡段长度应为：

$$l_p = 2 \times \frac{\Delta i}{2} \times R_{sh} + 0.4V_{max} \tag{式 2-27}$$

式中：Δi ——两相邻变坡点的坡度差；
R_{sh} ——竖曲线半径（m）；
V_{max} ——高速铁路设计速度（km/h）；

V_{max} 取 350 km/h、竖曲线半径采用 30 000 m 时，京沪高速铁路的最小坡段长度理论计算值如表 2-2-14 所示。

表 2-2-14　相邻坡段变坡点代数差之和对应最小坡段

相邻变坡点的坡度代数差之和/‰	最小坡段长度/m
24	500
36	680
40	740
48	860

从表 2-2-14 可以看出，当相邻两变坡点的坡度代数差之和为 48‰ 时，需要最小坡段长度为 900 m，在特别困难的情况下，竖曲线半径采用 25 000 m，并且不考虑斜坡长度要求时，则最小坡度长度为 600 m。

5．最大坡段长度

高速铁路的最大坡段长度与坡度有关，坡度正常值应随坡段长度而变化，不同国家对最长坡段长度进行了限制。我国最大坡段长度的确定主要借鉴法国、德国、日本等国家高速铁路最大坡段长度的采用情况，当采用最大坡度 12‰ 时，对最大坡段长度暂不限制；当采用大于 12‰ 的坡度时，例如坡度为 18‰ 时最大坡段长度为 2.5 km，坡度 20‰ 的最大坡段长度为 1 km。

第三节　高速铁路路基

路基是轨道或路面的基础，也叫线路下部结构，它承受着轨道及高速动车组车辆的静荷载和动荷载，并将荷载向地基深处传递扩散。路基主要由路基本体、路基防护与加固建筑物和路基的附属建筑物三部分组成，如图 2-3-1 和图 2-3-2 所示。

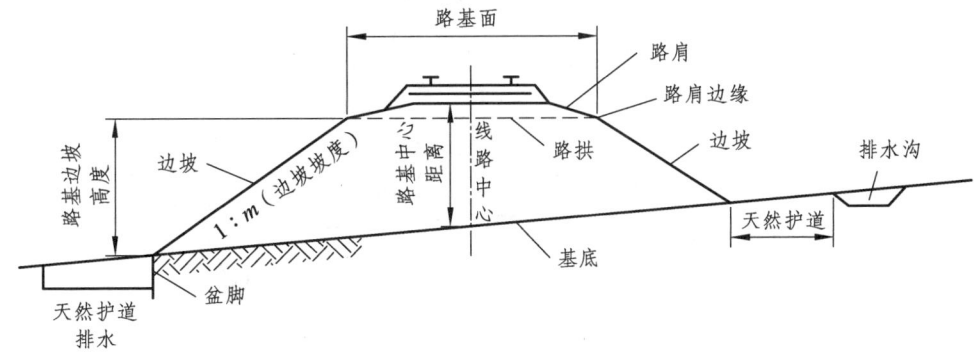

（a）路堤

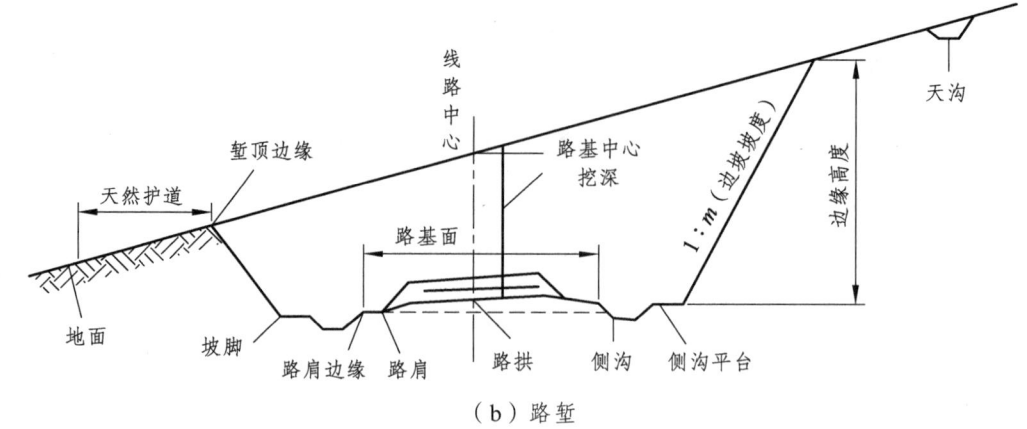

(b) 路堑

图 2-3-1 普通铁路路基结构

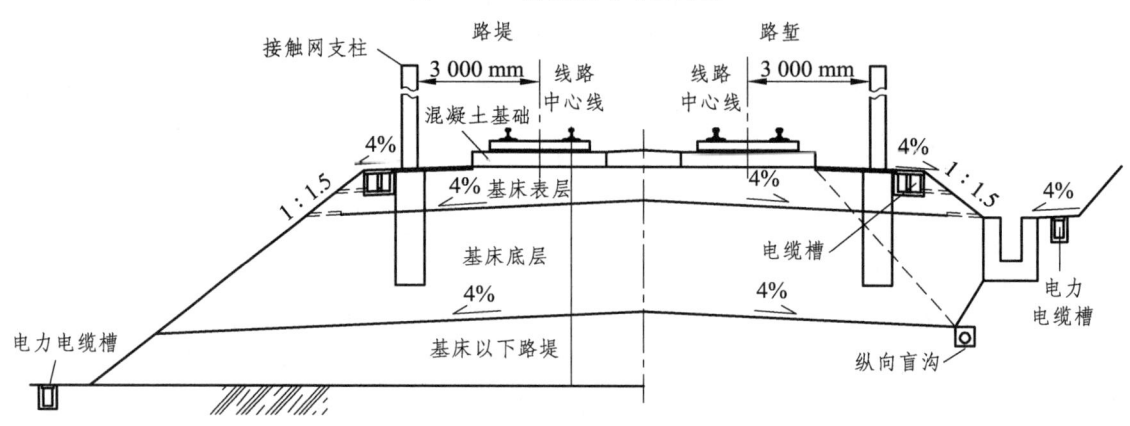

图 2-3-2 高速铁路路基断面图

一、高速铁路路基的结构

(一) 路基本体

在各种路基形式中,为了能按线路设计要求铺设轨道而构筑的部分,称为路基本体。在路基横断面中,路基本体由路基顶面、路肩、基床、边坡等几部分构成,如图 2-3-3 所示。

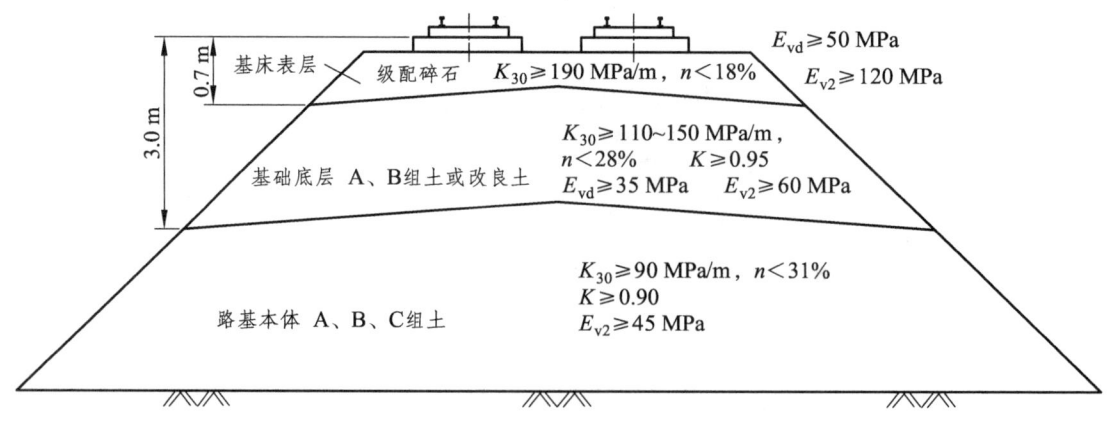

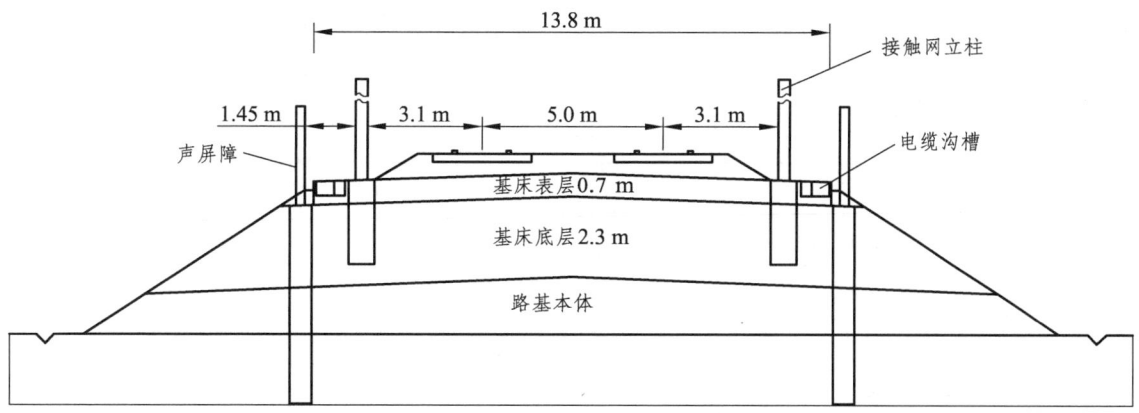

图 2-3-3 高速铁路路基示意图

1．路基顶面

是路基的顶部表面，是铺设轨道、并满足运营条件的工作面。无砟轨道支承层（或底座）底部范围内路基面可水平设置，支承层（或底座）外侧路基面两侧设置不小于 4% 的横向排水坡。有砟轨道路基面形状应为三角形，由路基面中心向两侧设置不小于 4% 的横向排水坡，曲线加宽时，路基面仍应保持三角形。根据路基顶面的形状，分为有路拱、无路拱两种形式。

路基顶面宽度是指从路基一侧的路肩边缘到另一侧路肩边缘之间的距离（见表 2-3-1、表 2-3-2），路基宽度主要考虑以下几个因素。

（1）路基稳定的需要。

特别是浸水后路堤边坡的稳定性。

（2）满足养护维修的需要。

在线路维修时，搁置或通行小型养路机械及维修作业，都需要有一定的宽度；

（3）确保人员安全避让距离的需要。

表 2-3-1 路基面标准宽度

轨道类型	设计最高速度/(km/h)	双线间距/m	路基面宽度 单线/m	路基面宽度 双线/m
无砟轨道	250	4.6	8.6	13.2
	300	4.8		13.4
	350	5.0		13.6
有砟轨道	250	4.6	8.8	13.4
	300	4.8		13.6
	350	5.0		13.8

表 2-3-2 直线地段路基面宽度　　　　　　　　　单位：m

单线		双线	
路堤	路堑	路堤	路堑
8.8	8.8	13.8	13.8

正线曲线地段路基面加宽值应在曲线外侧按表 2-3-3 规定的数值加宽。曲线加宽值应在缓和曲线内渐变。

表 2-3-3　曲线地段路基面加宽值　　　　　　　　　　单位：m

曲线半径	路基外侧加宽值
11 000 ≤ R < 14 000	0.3
7 000 ≤ R < 11 000	0.4
7 000 ≤ R < 5 500	0.5
R < 5 500	0.4

路基面在无砟轨道正线曲线地段一般不加宽，当轨道结构和接触网支柱等设施的设置有特殊要求时，根据具体情况分析确定；有砟轨道正线曲线地段加宽值应在曲线外侧按表 2-3-4 的规定加宽，曲线加宽值应在缓和曲线内渐变。

表 2-3-4　有砟轨道曲线地段路基面加宽值

设计最高速度/(km/h)	曲线半径/m	路基外侧加宽值/m
250	R ≥ 10 000	0.2
	10 000 > R ≥ 7 000	0.3
	7 000 > R ≥ 5 000	0.4
	5 000 > R ≥ 4 000	0.5
	R < 4 000	0.6
300	R ≥ 14 000	0.2
	14 000 > R ≥ 9 000	0.3
	9 000 > R ≥ 7 000	0.4
	7 000 > R ≥ 5 000	0.5
	R < 5 000	0.6
350	R > 12 000	0.3
	12 000 ≥ R > 9 000	0.4
	9 000 ≥ R > 6 000	0.5
	R < 6 000	0.6

2．路肩

是指路基顶面无道砟覆盖的部分，其作用主要用于防止道砟散落于路基坡面，保持道床的完整；供铁路员工行走、避车、存放线路上部材料、机具，便于进行养路作业；路肩上设置必要的线路标志和信号标志；使路基核心部分在受压力时避免向外发生挤动、变形，加强路基的稳定性。有砟轨道路基两侧的路肩宽度，双线不应小于 1.4 m，单线不应小于 1.5 m。

3．边坡

路肩边缘以外两侧的斜坡称为路基边坡，它起到增强路基稳定性的作用。

4．基床

是路基上部受动应力影响较大的部分，一般情况，高速铁路路基基床是由基床表层和底层组成的两层结构，基床表层（级配碎石）厚0.7（0.4）m，基床底层（A、B组填料或改良土）厚2.3 m。

（1）基床表层。

基床表层是路基上部直接承受列车荷载的部分，又被称为路基承载层或持力层，它是路基中最重要的部分。具有增加线路强度和刚度，控制线路变形，扩散作用到基床底层顶面上的动应力，防止道砟与基床土相互渗压，防水、防冻等作用，还有一定的稳定性和耐久性。

高速铁路路基基床表层一般均由两层结构组成，在使用级配砂砾石的国家，一般都把基床表层分成上下两部分，上层大多较薄，大多为0.2~0.3 m，要求填料变形模量大，有时还对颗粒的耐磨性提出要求，因此在选用砂石料时应采用石英质母岩，同时为了提高该层的刚度，颗粒的最大粒径可适当提高，粗颗粒含量增加。下层的作用偏重于保护，颗粒粒径应与基床底层填料匹配，最大粒径在基床底层内应小于60 mm，在基床以下路堤内应小于75 mm，使基床底层填料不能进入基床表层，同时要求渗透系数小，至少要小于10~4 m/s。如果不得已，只能采用经改良的黏性土作为基床底层填料时，需考虑在基床表层的底面铺设土工合成材料，如果基床底层部分采用粗颗粒渗水性填料，不仅基床表层厚度可以减小，而且可以考虑只采用一层。

对于无砟轨道路基，基床表层由两部分组成，即30 cm的混凝土支撑层和40 cm的级配碎石层（250 km/h）；对于有砟轨道路基，基床表层采用级配砂砾石或级配碎石材料。我国高速铁路路基基床表层填料采用级配砂砾石和级配碎石。

（2）基床底层。

基床底层应采用A、B组填料或改良土，A、B组填料粒径级应符合压实性能要求，寒冷地区冻结影响范围填料应符合防冻胀要求，压实标准应符合规定。

我国的京沪高速铁路路基基床由表层和底层组成，表层厚度为0.7 m，基床底层采用A、B组粗粒土或改良土填料，厚度为2.3 m，基床下部应优先采用A、B组填料或改良土，在不采取改良或其他加强措施情况下，不得采用C组中的细粒土、粉砂和软块石土，其中，基床表层由5~10 cm的厚的沥青混凝土和65~60 cm厚的级配碎石和级配砂砾石组成。

（二）路基防护和加固建筑物

路基防护和加固建筑物属于路基的附属建筑物，是为确保路基本体稳固性而采用的必要的、经济合理的附属工程措施。路基防护设备用以防止或削弱风霜雨雪、气温变化及流水冲刷等各种自然因素对路基体所造成的直接或间接有害影响。路基加固防护工程应在现行规范的基础上适当提高技术标准，常用的防护设备是坡面防护和冲刷防护。

坡面防护是为防止路基边坡和坡脚受坡面雨水的冲刷，防止日晒雨淋引起土的干湿循环，防止气温变化引起土的冻融变化等因素影响边坡的稳固。常用的坡面防护措施有：种草、铺草皮、植树、抹面、灌浆、砌石护坡以及设置挡土墙等，通过这些方法来保持路基稳定。对于风沙地区和严寒地区，则要用各种栅栏和防护林来阻止大雪或风沙掩埋铁路，如图 2-3-4 所示。

图 2-3-4　路基边坡的砌石防护

冲刷防护是为防止河水对边坡、坡脚或坡脚处地基不断的冲刷和淘刷，冲刷防护的防护位置和所采用的类型则常视水流运动规律及防护要求而定。特殊条件下的路基的防护类型更多，例如：在多年冻土地区，为防止冻融线路产生剧烈变化，应采用各种保温措施；在泥石流地区，为防止泥石流对路基本体产生威胁，常设置多种拦蓄与疏导工程；在风沙地区，为防止路基体砂蚀和被掩埋，常采用各种防砂、固砂设施等。

路基加固设备是用以加固路基本体或地基以提高路基稳定性的一种有效工程设施，加固工程通过修建加固结构物或其他设施，使路基获得稳定性。在路基工程中，有护堤、挡土墙、支垛、抗滑桩及其他地基加固措施等，挡土墙属支挡建筑物，如图 2-3-5 所示，常用于高路堤、深路堑、陡坡和地质不良地段，用以支撑和加固边坡、土体，防止滑坡、崩坍、河流冲刷等病害。

图 2-3-5　挡土墙

（三）路基附属建筑物

路基排水设备属于路基的附属建筑物，路基的排水设备分地面排水设备和地下排水设备两种。

（1）地面排水设备用以拦截地面径流，汇集路基范围内的雨水并使其畅通地流向天然排水沟谷，以防止地面水对路基的浸湿、冲刷而影响其良好状态。纵向排水沟位于路堤的两侧，用于纵向排水，以避免水浸路基；路堑中路基面两侧的排水沟叫侧沟，它的主要作用是为了排除路基面和路堑边坡上的地面水，避免水浸路基面，保持路基面的干燥和线路轨道的稳定；天沟（截水沟）用于排除山坡迎水方向流向路堑的地面水。

（2）地下排水设备用以拦截、疏导地下水和降低地下水位，以改善地基土和路基边坡的工作条件,防止或避免地下水对地基和路基体的有害影响。除了地面水以外,地下水也是破坏路基良好状态的一个重要原因(特别是在路堑地段)。为了拦截地下水,降低地下水位来保持路基的干燥,通常采用深水沟、深水槽、排水坑道、排水平孔、渗沟、渗管等地下排水设备来排泄地下水。

二、高速铁路路基的特点

要达到高速铁路轨道高平顺性,路基应提供强度高、刚度大且纵向变化均匀、长久稳定、顶面平顺的轨道基础,确保列车能高速、安全和平稳运行。相比普速铁路,高速铁路路基具有以下特点。

(一)路基主体工程按土工结构物进行设计

路基主体工程是按土工结构物来进行设计的,设计使用年限为100年,路基排水设施结构设计使用年限为30年,路基边坡防护结构设计使用年限为60年。路基工程能够加强地质调绘和勘探、试验工作,查明基底、路堑边坡、支挡结构基础等的岩土结构及其物理力学性质,查明不良地质情况、填料性质和分布等,在取得可靠地质资料的基础上开展设计。其地基处理、路堤填筑、边坡支挡防护以及排水设计等必须具有足够的强度、稳定性和耐久性,使之能抵抗各种自然因素作用的影响,确保列车高速、安全和平稳运行。

(二)高速铁路路基采用强化的层状结构

高速铁路路基结构,已经突破了传统的轨道-道床-土路基这种结构形式,路基结构设计采用了多层结构系统,其标准也较普通铁路有了显著的提高。设计、施工及验收暂行规定对路基变形、基床结构、填料、地基条件及处理等均有明确规定和严格的要求。

在我国的客运专线上,基床为路基上部列车动应力作用较显著的部分,由表层与底层组成,其总厚度为3.0 m。对于高度小于基床厚度的路堤,基床包括路堤和地基的一部分;对于路堑则为开挖路基面以下基床厚度的范围。对于无砟轨道路基,基床表层由两部分组成,即30 cm的混凝土支撑层和40 cm的级配碎石层。对于有砟轨道路基,基床表层采用级配砂砾石或级配碎石材料。基床表层厚度方面:我国基床表层厚度是根据应力和变形确定的,主要考虑列车的轴重和速度的影响;但没有细致考虑冻胀影响,遇到气候寒冷、土性和水文地质条件不利的情况时,可能会出现超过允许的冻胀变形。

(三)路基填筑标准高且具有强化的基床结构

高速铁路路基填筑标准高且具有强化的基床结构,将路基作为一个土工结构物来进行设计与施工,对填筑材料、压实标准、变形控制、检测要求等较现行铁路来说有很大提高。作为基床表层的材料填料应具有较高的强度和较好的力学性能及良好的水稳性和压实性能,充分压实后在长期动力作用下保持稳定,能够防止道砟压入基床及基床土进入道床,防止地表水侵入导致基床软化及产生翻浆冒泥、冻胀等基床病害。基床表层应填筑级配碎石,材料主要由开山块石、天然卵石或砂砾石经破碎筛选而成,并规定了严格的级配曲线,在表层的顶面设置一层5~10 cm厚的沥青混凝土防水层,表层总厚度不变;为便于衡量基床表层的动力学特征,级配碎石压实检测标准中增加动态变形模量 Evd。无砟轨道还需增加 Ev2,其控制标准为 Ev2≥120 MPa,且 Ev2/Ev1≤2.3。对底层和下部路堤可用的填料种类做了严格规定;压实标准上按填料不同规定不同的地基系数 K_{30} 和压实系数 K 或孔隙率 n,并采用双指标控制。

在勘测与设计阶段,就应重视填料问题,对拟采用的填料物理力学指标进行分析,对可能在施工中造成问题的填料进行必要的野外填筑试验,取得实际经验,以确保在施工中填料使用的准确性。

(四)路基修筑要严格控制工后沉降

高速铁路路基变形控制包括工后沉降量、沉降速率和线路纵向刚度比的控制。路基工后沉降量指基础设施铺轨开始时的沉降量与最终形成的沉降量之差,是铺轨工程完成以后,基础设施产生的沉降量。路堤建成后发生的变形、沉降主要由路堤(主要是基床)在列车荷载作用下发生的变形,路堤本体在自重作用下的压密沉降,支承路基的地基压密沉降三部分组成。路基工后沉降值应控制在允许范围内,地基处理措施应根据地形和地质条件、路堤高度、填料及工期等进行计算分析确定。路基施工需进行系统的沉降观测,铺轨前要求根据沉降观测资料进行分析评估,确定路基工后沉降符合要求后方可进行轨道铺设。沉降速率指路基工后沉降的快慢,短时间内的过大沉降,造成维修困难而危及行车安全。

在我国,高速铁路对路基工后沉降量和沉降速率有严格的要求,规定"路基工后沉降量一般地段不应大于 5 cm,沉降速率应小于 2 cm/年。桥台台尾过渡段路基工后沉降量不应大于 3 cm"。无砟轨道路基工后沉降应满足扣件调整能力和线路竖曲线圆顺的要求。工后沉降不宜超过 15 mm;沉降比较均匀并且调整轨面高程后的竖曲线半径满足相关要求时,允许的工后沉降为 30 mm。路基与桥梁、隧道或横向结构物交界处的差异沉降不应大于 5 mm,不均匀沉降造成的折角不应大于 1/1 000,路基工后沉降应符合表 2-3-5 规定。

表 2-3-5　路基工后沉降控制标准

设计速度/(km/h)	一般地段工后沉降/cm	桥台台尾过渡段工后沉降/cm	沉降速率/(cm/年)
250	10	5	3
300、350	5	3	2

(五)要严格控制路基的不均匀沉降

在高速情况下,路基在重复荷载作用下所产生的累计沉降和不均匀下沉所造成的轨道不平顺将严重影响列车运行时的速度和乘坐舒适度,并增加线路养护工作量。采用各种不同路基结构形式的首要目的是给高速线路提供一个强度高、刚度大、稳定性强、耐久性好且线路纵向刚度比较均匀或变化缓慢的轨下基础。由散体材料组成的路基是整个线路结构中最薄弱、最不稳定的环节,是轨道变形的主要来源,它们在多次重复荷载作用下所产生的累积永久下沉(残余变形)将造成轨道的不平顺,同时,它们的刚度对轨道面的弹性变形也起着关键性的作用。因而,对列车的高速走行条件有重要的影响。高速铁路路基除了应具备一般铁路路基的基本性能外,还需满足高速铁路轨道对基础提出的性能要求,满足静态平顺性和列车运行状态下的动态平顺。

（六）在轨下基础刚度变化处设置了过渡段

轨道基础纵向刚度出现突变的路基与桥台、路基与横向结构物（立交框构、箱涵等）、有砟轨道与无砟轨道等连接处及路堤与路堑、土质或软质岩或强风化硬质岩石路堑与隧道分界处等这些地方设置过渡段，以控制轨道刚度的逐渐变化，并最大限度地减少路堤与桥梁的沉降不均匀而引起的轨面变形，以保证列车高速、安全、舒适地运行，如图 2-3-6 所示。

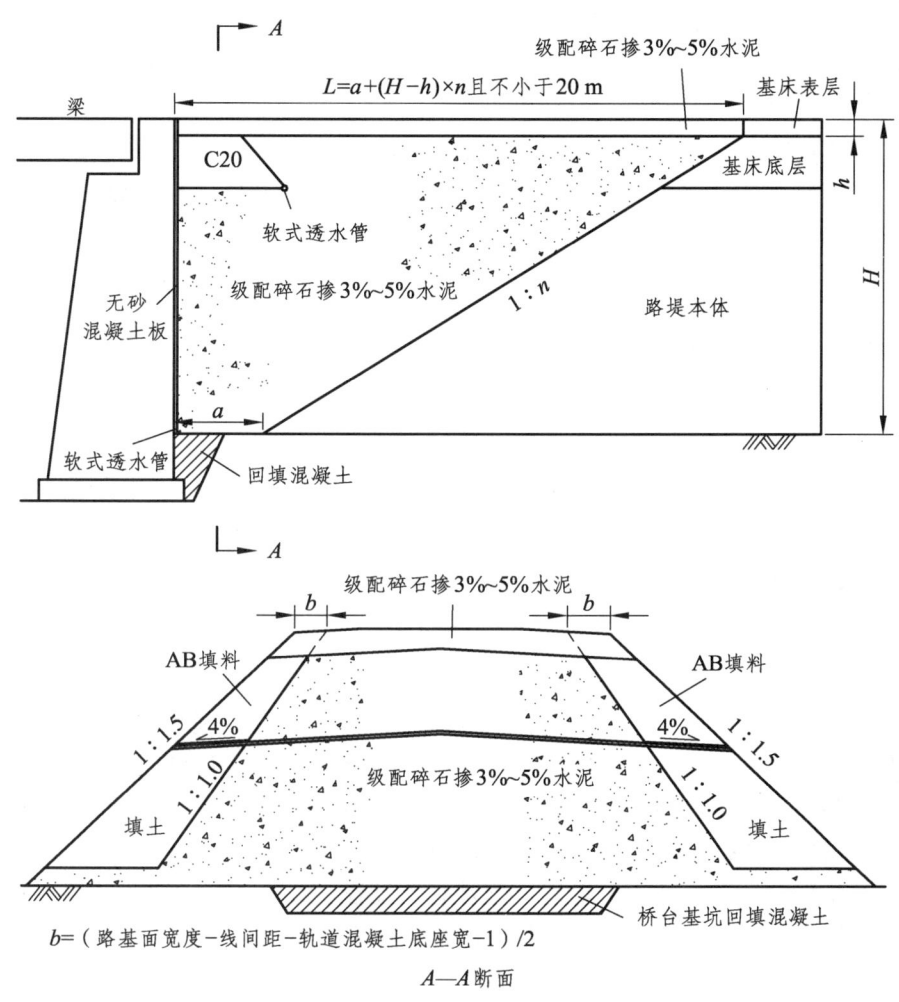

图 2-3-6　过渡段路基结构

（七）路基排水、防洪、抗震和支挡防护设计

在列车和线路这一整体系统中，高速铁路的路基及其下部结构的要求更高，为了保证高速列车的安全运行，路基支挡、加固、防护工程应符合高速铁路路基对于安全稳定的要求。

路基边坡宜采用绿色植物防护，路基的防水和排水、防洪、抗震、支挡防护等设计标准均比一般铁路标准高，这些方面对于路基安全稳定来说是至关重要的。应加强接口设计，合理设置电缆槽、电缆过轨、接触网支柱基础、声屏障基础及综合接地等相关工程，避免相关工程影响路基防排水系统、路基强度及稳定。

跨越排洪河道的特大桥和大中桥的桥头路基，水库和滨河地段，行洪、滞洪区的浸水路堤，其路肩高程应按现行设计规范结合国家防洪标准进行设计；路基加固防护工程应在现行规范的基础上适当提高技术标准；路基排水工程应全面系统地规划，具有足够的防、排水能力，并及时实施。为抵御自然因素及人为因素对路基的破坏或不良影响，应提高路基抗洪、抗震等自然灾害的能力。

三、高速铁路路基的质量检测

（一）高速铁路路基质量检测方法

为了保证路基填料达到设计压实标准，需要有效地检测施工过程中填料的压实质量。路基检测的方法主要有压实度检测试验（环刀法、灌砂法、灌水法、核子湿度密度仪）、现场CBR值试验、回弹模量、承载力检测试验等。

1．环刀法检测密实度

环刀法是测量现场密度的传统方法，用环刀法测得的密度是环刀内土样所在深度范围内的平均密度，只适用于黏性土和粉土。

2．灌砂法检测密实度

灌砂法属于对压实土面的破坏性量测方法，是利用均匀颗粒的砂去置换试洞的体积，该方法适用于现场测定最大粒径小于 20 mm 的土的密度，也是当前最通用的方法，很多工程都把灌砂法列为现场测定密度的主要方法。缺点是：需要携带较多量的砂，而且称量次数较多，因此，它的测试速度较慢。

3．核子仪法检测密实度

所谓核子密度湿度仪法，是利用元素的放射性来测定各种材料的密度和湿度，仪器内部带有两个辐射源，即用于测定密度的同位素 Cs-l37γ源和用于测定湿度的 Am-241/Be 中子源。此外，仪器内部还有两种射线的接受装置（即接受器）以及为检测射线和显示测值所需要的微处理机电子部件。核子仪法适用于现场测定填料为细粒土、砂类土的压实密度。

通过路基质量检测，一方面可以评价路基施工过程中或竣工后路基的质量，检验路基是否达到了设计要求，验证路基是否具有足够的强度能够承受列车动荷载的作用，同时，又具备保证列车安全、舒适运行的合理刚度；另一方面，可以了解施工过程的质量情况，控制施工进度，促进施工单位对施工工艺的改进，加强施工质量管理，保质保量地完成施工任务。

（二）高速铁路路基压实质量衡量指标试验、适用条件及要求

路基压实质量应同时满足密度指标和刚度指标的规定。密度指标是指压实系数 K 和孔隙率 n 两项指标，刚度指标是指地基系数 K_{30}、变形模量（Ev_2/Ev_1）、动态变形模量 Ev_d 三项指标。

1．压实系数试验

压实系数（夯实系数）指工地试样的干密度与由击实实验得到的试样的最大干密度的比值 K，是利用机械的方法来改变土的结构，以达到提高土基强度和稳定性的目的。路基

的压实质量以施工压实度 K（%）表示，压实系数愈接近 1，表明压实质量要求越高。影响土基压实度的内在因素主要是含水量和土的性质，外在因素有压实功能，压实工具以及方法等。

压实系数应经现场试验确定。当无试验条件时，应要求施工压实机具、每层铺土厚度及每层压实遍数，均应符合表 2-3-6 的规定数值。

表 2-3-6　压实填土每层铺土厚度和压实遍数

压实机具	每层铺土厚度/mm	每层压实遍数
平辗	200~300	6~8
举足辗	200~350	8~16
蛙式打夯机	200~250	3~4
人工打夯	不大于 200	3~4

注：（1）本表适用于填土厚度在 2 m 以内的填土；
（2）本表适用于选用粉土、粘性土等作土料、对灰土、砂土累填料应按现行国家标准《建筑地基基础设计规范》的有关规定执行。

2．地基系数 K_{30} 试验

地基系数 K_{30} 是衡量土体表面在平面压力作用下产生的可压缩性大小的刚性指标。K_{30} 平板载荷试验是采用直径为 30 cm 的刚性承载板进行静压平板荷载试验测定下沉量为 1.25 mm 的地基系数试验方法，并以此来检查填土或垫层的压实质量，属单循环荷载试验，取第一次加载测得的应力-位移（σ-s）曲线上 s 为 1.25 mm 所对的荷载 σs，按 $K_{30} = \sigma_s /1.25$ 计算得出。国外还有用直径为 60 cm 和 75 cm 的荷载板试验确定的地基系数 K_{60} 和 K_{75}。

K_{30} 平板荷载仪由刚性承压板、千斤顶、百分表或位移传感器、基准支架和反力装置等组成。K_{30} 平板荷载试验适用于粒径不大于荷载板 1/4 的各类土和土石混合填料，测试有效深度范围为 400~500 mm，反力装置的承载力应大于最大试验荷载 10 kN。

3．二次变形模量 E_{v_2} 试验

变形模量 E_{v_2} 可用于路基填土压实检测，在荷载板试验应用过程中，常用的加载方式有单循环静载和二次循环静载。单循环静载是按每级 40 kPa 加载，当每级加载完成后，每隔 1 min 读取百分表 1 次，直至两次读数符合沉降稳定的要求，才能转到下一级荷载，直至试验最大荷载为止。二次循环静载也是按每级 40 kPa 加载的，分级加载到最后一级荷载的沉降稳定后，开始卸载，卸载梯度按最大荷载的 0.5 或 0.25 倍逐级进行，全部荷载卸除后记录其残余变形，之后又开始另一加载循环。采用 $d = 30$ cm 的荷载板试验计算变形模量时，荷载一直加到沉降值达 5 mm 或荷载板正应力达到 0.5 MPa 为止。

平板荷载 E_{v_2} 试验的目的在于测出应力-位移曲线，并对地面的变形量与承载力的关系进行分析计算，通过应力-位移曲线得出变形模量 E_{v_2}。在试验过程中，通过一圆形承载板和加载装置对地面进行反复依次的加载和卸载，将测得的承载板下的标准应力 σ_0 跟与之相应的逐个位移 s 以应力-位移曲线的形式显示在图表上。

平板荷载 E_{v_2} 试验适用于粗粒土，混合颗粒土及塑性硬质细颗粒土的检测。检测时，承载板下面不能有大于承载板直径 1/4 的颗粒，快干性的等粒径的砂子、地面表层硬化或软化、

试验前地面表层受破坏的地方不符合检测条件,被测土体的密度必须尽可能保持不变,细粒土(粉砂、黏土)只有在压实的条件下方可进行检测。

4. 动态变形模量 Ev_d 试验

无论是基床系数 K_{30} 还是二次变形模量 E_{v_2},都是通过施加静荷载测得的,尚不能完全反映列车在动荷载作用下对路基的真实作用情况。随着高速铁路的出现,在高速列车动荷载作用下,路基表现为动态行为(产生动态变形)。为保证列车的安全与正常运行,必须对路基的动变形加以控制,同时,要全面反映路基的质量和状态。

动态变形模量 Ev_d 是指土体在一定大小的竖向冲击力 F_s 和冲击时间 t_s 作业下抵抗变形能力的参数。它由平板压力公式得出

$$Ev_d = 1.5 \times r \times \sigma / s \qquad (式 2-28)$$

式中:Ev_d——动态变形模量,MPa;
r——圆形刚性荷载板的半径,mm;
σ——荷载板下的最大冲击动应力,它是通过在刚性基础上,由最大冲击力 $F_s = 18$ ms 时标定得到的,即 $\sigma = 0.1$ MPa;
s——实测荷载板下沉幅值,即荷载板的沉降值,mm;
1.5——荷载板形状影响系数。

实测结果采用公式 $Ev_d = 22.5/s$ 计算。沉陷测试范围:$(0.1 \sim 2.0)$ mm ± 0.05 mm,Ev_d 测试范围:10 MPa $< Ev_d <$ 225 MPa。

动态变形模量 Ev_d 是反映路基动态特性的指标,是路基中某点的动应力与动应变之比,它描述了一定状态下该点抵抗动荷载产生动变形的能力,其大小与填土种类、含水量、密实度、强度、应力状态等参数有密切的关系,任一参数的变化都将影响到动模量数值的大小。

目前,动态变形模量 Ev_d 在铁路中主要应用于新建铁路、既有线提速改造工程中,依据《铁路工程土工试验规程》(TB10102-2004),将"Ev_d 动态平板荷载试验"作为"K_{30} 平板荷载试验"的快速试验方法,根据该规程条文说明中的 Ev_d 与 K_{30} 的换算关系,由 Ev_d 快速推算出 K_{30} 值(见表 2-3-7)。

表 2-3-7 Ev_d 与 K_{30} 的相关性参考表

土的种类	相关系数	相关关系
细粒土	0.926	$K_{30} = 3.45Ev_d + 0.1$
粗粒土	0.913	$K_{30} = 3.33Ev_d + 6.1$
碎石土	0.915	$K_{30} = 3.10Ev_d + 14.3$
缓配碎石	0.915	$K_{30} = 3.49Ev_d + 14.1$

注:摘自《铁路工程土工试验规程》(TB10102-2004)。

5. 静力触探试验

将圆锥形探头按一定速率均匀压入土中,量测其灌入阻力、锥头阻力、侧壁摩擦阻力的过程被称为静力触探试验。静力触探是工程地质勘查中的一项原位测试方法,可用于:划分

图层，判定图层类别，查明软、硬夹层及图层在水平和垂直方向的均匀性；评价地基土的工程特性（容许承载力、压缩性质、不排水剪切强度、水平向固结系数、饱和沙土液化势、沙土模式度等）；静力触探适用于软土、粘性土、粉土、砂类土及含少量碎石的土层。

设备的组成：触探主机、探头的负荷传感器（参照 JJG391-85《负荷传感器试行检定规程》检定）、孔隙压力传感器（应参照 JJG860-94《压力传感器检定规程》进行检定）。探头传感器一般应每隔 3 个月校准一次。静力触探确定地基基本承载力和极限承载力时，应综合考虑场地土的工程性质和建筑物特点。

第四节 高速铁路轨道

轨道是高速铁路线路的重要组成部分，主要是用来引导高速列车行驶方向，直接承受由车轮传来的纵向力、横向力和垂向力，并将之传递、扩散到路基或桥隧建筑物上的整体工程结构，轨道由钢轨、轨枕、联结零件、道床和道岔等部分组成，又称作高速铁路线路的线上部分。在高速列车运行的动作用力作用下，其各组成部分必须具有足够的强度、刚度和稳定性，以保证高速列车按照规定的最高速度在线路上安全、平稳和不间断地运行。

一、高速铁路对轨道结构的要求

（一）高稳定性

轨道稳定性是指轨道在高速运行条件下保持高平顺性和均衡弹性、维持部件有效性与完善性的能力，主要体现在轨道结构的重型化，轨道部件的高精度化，轨道刚度的合理化与均匀化。

对于高速铁路的轨道结构，必须保证最高程度的稳定，高速铁路轨道在不稳定重复荷载的作用下，其承载能力不一定能满足高速行车的要求，此时轨道各部件的静力强度已不是对轨道整体结构承载能力起控制作用的因素。高速列车在线路上运行时，其高频冲击和振动会使轨道自身保持稳定的能力降低，而高速列车的蛇行和横向振动又会使作用在轨道上的横向荷载加大，增加了轨道横向失稳（胀轨、跑道）的可能性，轨道在高速列车荷载反复作用下，轨道各部件会出现疲劳折损、轨道整体结构残余变形积累超限等严重后果，这对轨道结构的设备和材质提出了更高的要求，采用跨区间无缝线路是提高轨道结构连续性、均匀性、稳定性的重大举措。

（二）高平顺性

高平顺性是高速铁路对轨道的最根本性要求，也是建设高速铁路的控制条件，因为轨道不平顺是引起列车振动、轮轨动作用力增大的主要原因。高平顺性的核心是保持轨道结构良好的几何状态，即轨道部件的高精度和高可靠性、轨道铺设与养护维修的高质量。研究表明，由于高速铁路的列车速度高，轨面不平顺（焊接接头不平顺、各种原因引起的轨面凸凹不平顺等）将使列车簧下质量产生共振，造成列车与轨道的振动及行车噪声的产生，影响列车的平稳性和舒适性。

要达到高速铁路轨道高平顺性，必须满足以下条件。

（1）路基设计和施工必须满足路基的工后沉降小、不均匀沉降小，在动力作用下变形小、稳定性高等要求，高稳定性的路基是确保轨道高平顺性的前提条件。

（2）桥梁的动挠度等变形必须满足高平顺的要求。

（3）道床必须选用硬质、耐磨的道砟，并在铺枕前整平压实，近十年来在国外的重载、高速铁路中均已得到采用。

（4）严格控制轨道的初始不平顺，必须保证制造精度高，铺设精度高。

无砟轨道对路基残余变形（工后沉降及沉降差）控制要求严格，参考德国和日本经验，控制标准符合表2-4-1的相关数据。

表2-4-1 路基残余变形控制标准

工后沉降	不均匀沉降	差异沉降	折角
≤30 mm	≤20 mm/20 m	≤5 mm	≤1/1 000

（三）良好的轨道弹性

高速铁路轨道结构能否具有良好弹性是十分重要的。轨道具有良好的弹性，不仅可使轨道具有较强的抗振动与抗冲击能力，而且有利于减少噪声干扰，因此，轨道结构具有良好弹性是各国高速铁路追求的目标。轨道结构弹性良好包括两方面的含义：一是为高速行车引起的振动起到"吸振"作用的足够弹性；二是沿轨道纵向弹性的均匀性。有砟轨道的弹性主要由散粒道砟道床和轨下垫层提供，无砟轨道的弹性主要由混凝土基床与轨道板之间的乳化沥青水泥砂浆和轨下垫层提供。

（四）高可靠性、长寿命

高可靠性主要是指轨道结构保持平顺性，维持线路正常运营的能力。高速列车荷载的特点主要在于高频冲击和振动，这种高频荷载容易造成扣件松动、轨下胶垫磨耗、混凝土轨枕承轨槽破损，特别是有砟轨道中道砟破碎、粉化，道床沉降和变形。

长寿命，指的是轨道结构有较长的维修和大修周期，由于高速铁路的行车密度大，速度高，行车间隔中人员不能上道，维修要求的天窗时间长，次数多，因此其维修工作量必须少，维修周期必须长，才能保证不中断行车，维持列车正常运行。高速铁路的轨道结构分为有砟轨道和无砟轨道，虽然结构的不同带来养护维修方式的不同，但从运营需要看，却有一些共同的要求，高速列车运行时，不允许出现任何超过技术标准的偏差，一旦出现，则必须在第一时间迅速处理。因此，在研究和配置轨道结构及部件的同时，要考虑养护维修的方便。

二、高速铁路轨道结构

高速铁路轨道是高速列车运行的基础，其结构应当满足该线路每年通过的最大运量和最高行车速度的要求，高速铁路轨道主要由钢轨、轨枕、道岔、扣件和轨下基础组成。

（一）钢轨

钢轨是轨道结构的主要部件之一。作为直接与车轮接触的钢轨，支承并引导高速列车的行驶方向，直接承受来自高速列车的重力、车轮给予钢轨的纵向力和横向力并传递给轨枕道床及扩散至路基或桥隧建筑物上，同时为车轮的滚动提供阻力最小表面。另外在电气化铁路和自动闭塞区段，钢轨还作为轨道电路的一部分使用。为了减轻钢轨重量并使之具有最佳抗弯性能，钢轨的断面采用"工"字形，由轨头、轨腰和轨底组成，如图 2-4-1 所示。

高速铁路钢轨的高质量体现在钢质纯净度、钢轨的内在和表面质量、外部几何尺寸精确度（允许尺寸偏差）、外观平直度上，外部尺寸精度包括允许尺寸偏差和平直度要求，钢轨尺寸的精确和外形的平直是轨道平顺的基本保证之一。表 2-4-2 规定了京沪标准钢轨主要部位尺寸的允许偏差（mm）。

图 2-4-1　钢轨断面图

表 2-4-2　京沪标准钢轨主要部位尺寸允许偏差（mm）

项　目	技术条件
钢轨高度	±0.5
轨头宽度	±0.5
踏面轮廓	+0.6 −0.3
轨腰厚度	+1.0 −0.5
轨底宽度	±1.0
鱼尾板支撑表面	±0.35
鱼尾板安装高度	±0.6
轨底边缘厚度	+0.75 −0.5
断面不对称	凹陷≤0.3
轨距底边缘 20 mm 处厚度	头≤0.5　底≤1.0
端面垂直度	≤20

高速铁路钢轨折损的主要形式是由于钢轨的内部夹杂、缺陷所引起的疲劳折损。通过提高钢轨材质的纯净度，严格限制 P、S、Al、H、O 等有害元素化学成分的含量、对残留元素的含量作出了规定等方法提高了力学性能、焊接性能等使用性能及减少钢轨疲劳折损、提高钢轨使用可靠性，延长其使用寿命。

（二）轨枕

轨枕是钢轨的支座，在轨道结构中主要作用是承担来自钢轨的压力，并将作用力传至道床，同时有效地保持钢轨的位置、方向及轨距等轨道形位。目前，世界高速铁路有砟轨道广泛采用钢筋混凝土轨枕，我国既有铁路干线大部分铺设了钢筋混凝土枕，高速铁路则要求全部采用钢筋混凝土枕。

混凝土枕的优点和缺点如下。

1．优点

（1）混凝土枕纵、横向阻力大，能提供足够的稳定性，满足高速铁路稳定性的要求。

（2）混凝土轨枕材源较多，能够保证尺寸一致，使轨道的弹性均匀，可以满足高速度、大运量的要求。

（3）混凝土枕不受气候、腐蚀、虫蛀以及火灾的影响，坚固耐用。

（4）使用寿命长，稳定性高，养护工作量小，损伤率和报废率低。在无缝线路上，钢筋混凝土轨枕比木枕的稳定性平均提高了15%~20%，因此，尤其适用于高速客运线。如日本的新干线、俄罗斯的高速干线都铺设有钢筋混凝土枕。

2．缺点

钢筋混凝土枕重量大。比如，英国的钢筋混凝土轨枕每根重达285 kg，美国的重达280 kg，德国的虽然较轻，也有230 kg，因此适应性不强。

我国铁路使用的整体式混凝土枕，基本上分为Ⅰ、Ⅱ、Ⅲ型。Ⅰ型和Ⅱ型混凝土枕长度都是2 500 mm，不能满足技术要求，在高速线路上表现为承载能力明显不足。因此，我国客运专线线路上采用长度为2 600 mm的Ⅲ型混凝土枕。

《高速铁路设计规范（试行）》中规定，"正线有砟轨道应采用2.6 m长混凝土轨枕，每千米铺设1 667根，固采用跨区间无缝线路，轨枕间距按60 cm等间距均匀布置，可有效地降低高频冲击力，道岔区段应铺设混凝土岔枕。"

（三）扣件

扣件是连接钢轨和轨枕并使之形成轨排的部件，是关系到无砟轨道成败的一项重大关键技术，在保证轨道稳定性、可靠性方面起着重要作用。扣件除了限位功能以外，更重要的是提供了防止轨道爬行所需的阻力，如图2-4-2和2-4-3所示。

图 2-4-2　英国潘德罗扣件

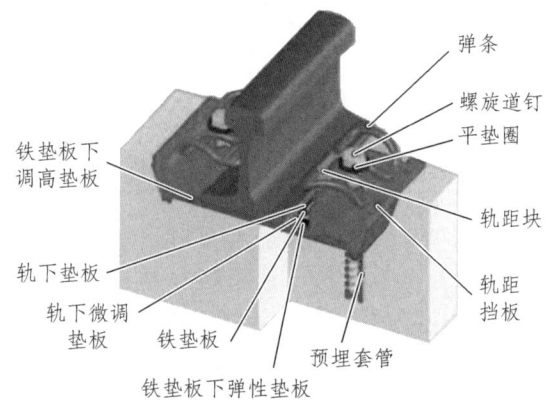

图 2-4-3　ω型弹条扣件

高速铁路列车运行速度高、行车密度大，对轨道平顺性有极高的要求。因此对钢轨扣件有比一般线路更高的技术要求，高速铁路对扣件的要求如下。

（1）扣件的弹性件要具有足够的扣压力来确保线路纵、横向稳定和轨距稳定的能力。

（2）扣件有良好的降噪、减振性能，即要求扣件采用弹性更好的缓冲垫板。

（3）为保证高速铁路行车的绝对安全，要求扣件有良好的绝缘性能以提高轨道电路工作的可靠性，延长轨道电路长度以减低轨道电路的投资，两股钢轨间应有足够的阻抗，以保证轨道电路的正常工作。

（4）质量要求外形尺寸的精确度，内部质量的纯净度，内部缺陷采用着色探伤、超声波探伤检查，表面缺陷则采用磁粉检查。

（5）扣件的维修次数少，各部件有足够的刚硬性、柔韧性、抗弯性和耐久性，扣件扣压保持力好，以降低日常维修工作量。

高速铁路的扣件除要求具有足够的扣压力以确保线路的纵、横向稳定之外，还要求弹性好，以保证良好的减振、降噪性能；扣压力保持能力好，以降低日常维修的工作量；绝缘性能好，以提高轨道电路工作的可靠性，延长轨道电路长度，降低轨道电路投资。

（四）道床

道床通常指的是轨枕下面，路基面上铺设的道砟垫层。为了提高线路阻力，保持轨道稳定，对于不同线路条件有不同的道床断面尺寸，在自动闭塞区段，为了避免传失轨道电流，道床顶面应比轨枕顶面低 20～30 mm；同时由于我国多数情况是用钢轨传输信号电流构成轨道电路，道床的状态对轨道电路影响很大，所以对道床材料有一定要求。高速铁路线路的道床要有足够的厚度，以减少路基面所受的压力和振动，保证路基顶面不发生永久性变形。

1. 有砟轨道

有砟轨道是指轨下基础为石质散粒道床的轨道，通常也称为碎石道床轨道，是轨道结构的主要形式之一，也是一种传统的铁路轨道结构，如图 2-4-4 所示。

图 2-4-4　碎石道床示意图

（1）作用。

① 支承轨枕，把从轨枕上传来的压力均匀地传给路基。

② 固定轨枕的位置，阻止轨枕纵向和横向移动钢轨，保持轨道的稳定。

③ 提供轨道弹性，减缓、吸收轮轨的冲击、振动。

④ 提供良好的排水性能，减少路基病害。

⑤ 便于轨道养护维修作业。

（2）优点。

具有质地坚硬、耐压、耐磨、弹性良好、排水性能好、吸水度小、吸噪特性好、价格低廉、更换与维修方便等优点。

（3）缺点。

由于有砟轨道不均匀下沉产生的 120 Hz 以下频率的激振严重，导致轨道破损和变形加剧，从而使线路平面几何形状不易保持，使用寿命短；有砟轨道维修工作量显著增加，维修周期明显缩短。

2．无砟轨道

采用混凝土、沥青混合料等整体基础取代传统有砟轨道中的轨枕散粒体碎石道床的轨道结构统称为无砟轨道，如图 2-4-5 所示。

图 2-4-5　无砟轨道示意图

（1）优点。

① 轨道具有良好的结构连续性、平顺性、恒定性、耐久性和稳定性，自重轻且质量均衡，变形量小，轨道几何形位能持久保持，从而减小对列车运营的干扰，有利于高速行车，结构高度低，可减小隧道开挖断面等。

② 变形积累慢，工务养护、维修设施减少，养护维修工作量小。

③ 避免优质道砟的使用及环境破坏，免除高速条件下有砟轨道的道砟飞溅，减少客运专线特级道砟的需求。

④ 在刚性整体混凝土底座上，通过安装厂制的橡胶垫板、橡胶靴套或现场浇注的 CA 砂浆垫层等弹性元件提供的轨道弹性，比在土路基上的碎石道床提供的轨道弹性更加均匀，这有利于提高高速列车的运行平稳性和乘车舒适性。

⑤ 使用寿命长——设计使用寿命 60 年；轨道高度低，桥梁二期恒载小，隧道净空低，对线路平纵面的要求标准可适当降低。

（2）缺点。

① 轨道造价高：有砟轨道造价为 180 万/km，无砟轨道双块式造价为 350 万/km，CRTS Ⅰ型板式造价为 450 万/km，CRTS Ⅱ型造价为 550 万/ km。

② 建设期工程总投资大于有砟轨道，对基础要求高因而显著提高修建成本，在无砟轨道的施工工艺比较成熟、施工机械比较完善的国家，其工程费用通常比有砟轨道的工程费用高 15%～25%，在无砟轨道的施工技术及施工机具正处于发展和逐步完善的国家，其工程投资之比约为 2∶1。有砟轨道可允许 15 cm 工后沉降，无砟轨道允许 3 cm，由此引起的以桥代路及路基加固的投资巨大。

③ 振动噪声大：减振降噪型无砟轨道目前尚不成功，减振无砟轨道在选型方面存在较大困难。

④ 无砟轨道的基础为刚性基础，其轨道整体弹性差，一旦下部基础残余变形超出扣件调整范围或导致轨道结构裂损，修复和整治都非常困难。

（3）分类。

按其结构可分为枕式无砟轨道和板式无砟轨道。枕式无砟轨道可分为单枕块式和整体枕式；板式无砟轨道可分为预制板式和现浇板式。枕式无砟轨道在德国采用得较多，板式无砟轨道在日本采用得较多，如图 2-4-6 所示。

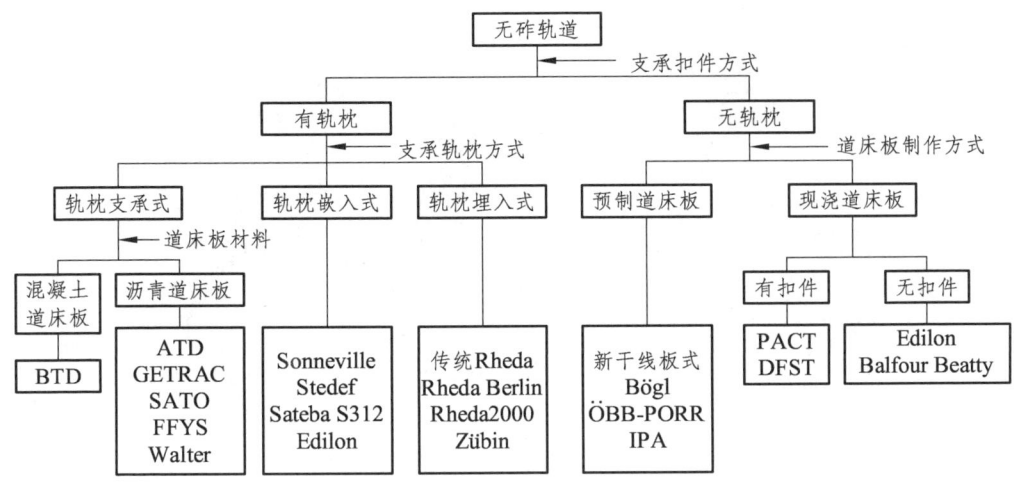

图 2-4-6　无砟轨道分类

① 板式无砟轨道。板式轨道分为普通平板型、框架型和减振型三种，由钢轨、弹性分开式扣件、充填式垫板、轨道板、板下橡胶垫层（仅减振型板式轨道采用）、CA 砂浆调整层、凸形挡台及混凝土底座等组成。如图 2-4-7 和图 2-4-8 所示。

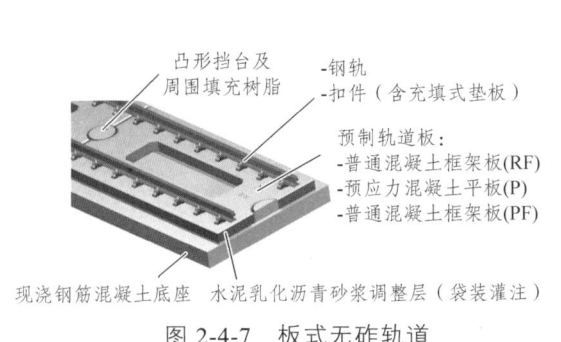

图 2-4-7　板式无砟轨道　　　　图 2-4-8　遂渝线实体板式无砟轨道

a. CRTS 型板式无砟轨道。

CRTS Ⅰ 型板式无砟轨道：预制轨道板通过水泥沥青砂浆调整层，铺设在现场浇注的钢筋混凝土底座上，由凸形挡台限位，适应 ZPW-2000 轨道电路的单元轨道板无砟轨道结构型式。

CRTS Ⅱ 型板式无砟轨道：预制轨道板通过水泥沥青砂浆调整层，铺设在现场摊铺的混凝土支承层或现场浇筑的具有滑动层的钢筋混凝土底座（桥梁）上，适应 ZPW-2000 轨道电路的连续轨道板无砟轨道结构型式，京津城际应用的是 CRTS Ⅱ 型板式无砟轨道。

CRTS Ⅲ 型板式无砟轨道：预制轨道板通过水泥沥青砂浆调整层，铺设在现场摊铺的混凝土支承层或现场浇注的钢筋混凝土底座（桥梁）上，并对每块板限位，适应 ZPW-2000 轨道电路的连续轨道板无砟轨道结构型式。

b. 纵连板式无砟轨道。

纵连板式轨道是解决大跨梁上铺设无砟轨道温度伸缩及梁轨相互作用力大、梁端转角超限、梁缝处扣件支点反力超限等问题的有效措施。由钢轨、扣件、纵连板、高弹模砂浆垫层、支承层组成，轨道板板端采用 6 个连接钢筋全部纵向连接，如图 2-4-9 所示。

图 2-4-9 遂渝线纵连板式无砟轨道

c. 单元板式无砟轨道。

由钢轨、扣件、道床板、支承层、CA 砂浆、底座等组成，如图 2-4-10 所示。武汉综合试验段在瓦屋特大桥上采用了减振型单元板式无砟轨道结构，其轨道结构在 CA 砂浆与轨道板间设了一层弹性垫层。狗河特大桥（直线、长 741 m）和双河特大桥（曲线、长 740 m）试铺板式轨道。

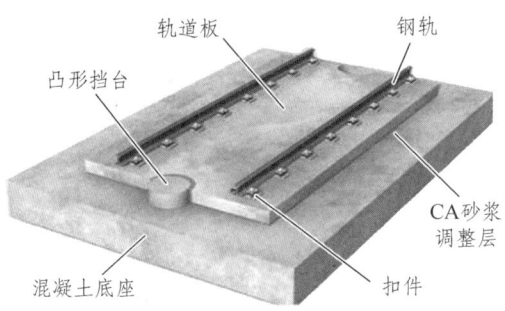

图 2-4-10 预应力钢筋混凝土单元板式轨道

② 枕式无砟轨道。

a. 长枕埋入式无砟轨道。

长枕埋入式无砟轨道由整体式混凝土枕和现场浇注的混凝土道床组成，包括钢轨、扣件、穿孔混凝土枕、混凝土道床和混凝土底座。长枕埋入式无砟轨道采用预应力长轨枕，浇入钢筋混凝土道床板中，为了保证轨枕与道床的连接，在轨枕上设 5 个预留孔，道床板上层纵向钢筋穿过预留孔，增强了轨道的整体性。

图 2-4-11 鱼嘴 2 隧道内长枕埋入式轨道

图 2-4-12 秦岭隧道内弹性支承轨道

b. 支承块式无砟轨道（整体道床）。

支承块式无砟轨道是将钢轨、扣件连同支承块定位，现场浇筑钢筋混凝土道床。这种轨道结构简单、造价低，施工简便，进度快，不设侧沟，隧道边墙底较高，工程量减少，不在边墙附近进行爆破，边墙稳定性好。但是无法满足地下水较丰富的隧道内排水要求，道床混凝土削弱较多，容易出现纵向裂纹。

c. 弹性支承块式无砟轨道。

弹性支承块式无砟轨道分为弹性短轨枕轨道和弹性长枕轨道，弹性短轨枕轨道又称低振动轨道（LVT）。是瑞士于 1966 年发明并于隧道内试铺的，其轨下、枕下胶垫提供垂向弹性，包套提供横向弹性，轨道具有较好减振效果，枕下胶垫刚度可在 6～160 kN/mm 的范围内变化，与有砟轨道相比，减振效果可达 6-8dB；弹性长枕轨道作为一种 2.5m 长预应力枕，道床变宽，埋深减小，可有效解决弹性短枕轨道稳定性、包套积水等问题。如图 2-4-13 所示。

d. 双块式无砟轨道。

德国雷达 2000 型无砟轨道和旭普林型无砟轨道均属双块式无砟轨道。它由两根桁架形配筋组成的特殊双块式轨枕取代了原 Rheda 型中的整体轨枕，取消了原结构中的槽形板，统一了隧道、桥梁和路基上的型式，同时，轨道的建筑高度从原来的 650 mm 降低为 472 mm。如图 2-4-14 所示。

图 2-4-13　秦岭隧道内弹性支承轨道

图 2-4-14　武广高速铁路中的雷达

我国高速铁路主要采用无砟轨道，在无砟轨道工程技术的设计和施工等方面都取得了很大进步，在秦沈客运专线试铺的长枕埋入式、板式无砟轨道 2 种结构，经 3 次综合试验的检验测试，结果表明其完全达到了有关规定和标准的要求，并为无砟轨道的设计和施工积累了宝贵的经验，尤其是板式无砟轨道上使用的 CA 砂浆配方的开发与应用，接近国际先进水平，为我国高速铁路建设成规模铺设无砟轨道奠定了坚实的基础，武广和郑西高速铁路应用的是双块式无砟轨道，京津城际铁路应用的是板式无砟轨道，无砟轨道技术已在我国高速铁路中被大量采用。

（五）高速道岔

道岔指高速列车在运行过程中，常需要由一条线路转入另一条线路，或跨越其他线路，这就需要设置线路的连接与交叉设备，如图 2-4-15 所示。由尖轨和转辙器部分、连接部分、辙叉以及岔枕等部分组成，如图 2-4-16 所示。高速道岔分两类：一类是适用于直向高速行车的道岔，另一类是直向和侧向都能通过高速列车的大号码道岔。

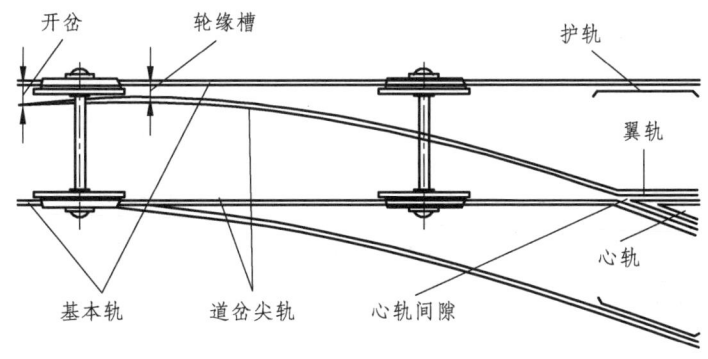

图 2-4-15　高速铁路道岔

图 2-4-16　高速铁路转辙机装置

三、高速铁路轨道检测与维护

高速铁路的安全运用，高质量的线路设备是基本保证，而线路设备质量的提高，又要求检测方法的加强和维修手段的不断进步。线路的检测是获得线路设备技术状态信息、掌握线路设备变化规律、编制维修作业计划和分析设备病害的主要依据。近年来，随着计算机和检测技术的发展，轨道检查车为线路的"状态修"提供了技术支持，其动态检测资料为线路的养护维修提供了科学的依据，检测的结果则是通过专用的网络传输到有关部门，并建立相应的管理系统来处理检测的数据，指导线路的维修工作。

高速铁路轨道检测数据按检查方式可分为动态检测和静态检查。

（一）动态检测

动态检测主要有综合检测车检查和线路检查仪检查。

综合检测车有安装在 V 型车上的 0 号检查车和安装在 II 型车上的 10 号检查车，二者检测项目略有不同，检测周期为每月 2～3 次，另外在既有线提速段通常每月还有 2～3 次挂在直达列车上的时速 160 km 的轨道检查车的检查。

线路检查仪分安装在机车（或动车）上的车载仪线路检查仪和人工添乘时携带的便携式线路检查仪两种。车载式和便携式线路检查仪，通过对车体转向架的感应来检测车体垂向加速度和横向加速度，在 0.3～10 Hz 范围内获得的波形便能反映线路状态。线路检查仪不能直接反映病害的成因，也不能检测出轨道的几何尺寸，只能针对反应不良处所，通过分析轨检车获取的数据并进行现场调查来确定整治方案。

（二）静态检查

静态检测主要由轨检仪、静调小车以及道尺和弦绳等辅助检测工具完成。静调小车主要应用于无砟轨道测量，其采用全站仪设站精细测量作业，对轨道进行空间精确定位，轨检仪和道尺、弦绳的检测主要用于轨道几何尺寸的检测。

轨道检查车是检查轨道动态不平顺的主要设备，检查包括轨道动态不平顺和车辆动态响应。检查项目主要包括左右高低、左右轨向、轨距、水平、三角坑、曲率、曲线超高、曲线半径，车体横向和垂直振动加速度、左右轴箱垂直振动加速度、轮重减载率和脱轨系数等。新型轨检车还增加了对钢轨断面、波磨、断面磨耗、轨底坡、表面擦伤、道床断面、线路环境监视等项目的检测，轨检车根据轨道动态不平顺和车辆动态响应综合评价轨道状态。

第五节 高速铁路桥梁

桥梁是高速铁路土建工程中的重要组成部分，高速铁路的高速度、高舒适性、高安全性、高密度连续运营等特点对其桥梁提出了更为严格的要求。由于速度大幅度提高，高速列车对桥梁结构的动力作用远超普通铁路桥梁，桥梁结构在列车活载通过时产生变形和振动，以及在风力、日照、制动、预应力混凝土徐变上拱和不均匀温差等因素的作用下产生各种变形，桥上线路的平顺性也随之发生变化，这些也对高速铁路桥梁结构刚度和整体性提出了更高要求。

高速铁路采用全封闭的行车模式，线路平纵面参数限制严格以及要求轨道高平顺性，导致桥梁在线路中所占比例明显增大，尤其是在人口稠密地区和地质不良地段，为了跨越既有交通网、节省农田、避免高路基的不均匀沉降等，亚洲各国家和地区高速铁路建设中大量采用高架线路。

一、高速铁路桥梁的主要特点

高速铁路桥梁主要有混凝土和预应力混凝土两种结构，这两种结构在其设计中被广泛采用，高速铁路桥梁有以下主要特点。

（一）结构动力效应大

桥梁在列车通过时的受力要比列车静置时大，其比值（$1+\mu$）被称为动力系数（冲击系数），产生动力效应的主要因素包括移动荷载的速度效应和轨道不平顺引起的车辆晃动。

高速铁路速度效应大于普通铁路，相应的桥梁的动力效应较大。对于常用的刚度混凝土梁、车速为 130 km/h、160 km/h、300 km/h 时，α-L 的关系如下图 2-5-1 所示。

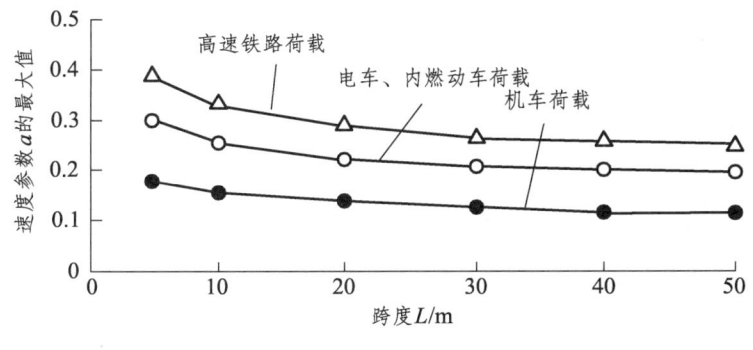

图 2-5-1　α-L 的关系图

对于跨度 40 m 以下的高速铁路简支梁桥来说，当 $\alpha > 0.33$、相当于 $n < 1.5v/L$ 时，会出现大的动力效应，甚至发生共振。为此，应当选择合理的结构自振频率 n，避免与列车通过时的激振频率接近。

列车高速通过时，桥梁竖向加速度达到 0.7 g（$f \leqslant 20$ Hz）以上会使有砟道床丧失稳定，道砟松塌，影响行车安全。

（二）以中小跨度为主

由于高速铁路对线路、桥梁、隧道等土建工程的刚度要求严格，因此高速铁路桥梁跨度不宜过大，应以中小跨度为主。京沪高速铁路线上桥梁绝大多数为中小跨度，常用桥式为等跨布置的双线整孔简支梁，跨度分为 24 m、32 m、40 m 几种，其中以跨度为 32 m 的梁居多，20 m 以下跨度的桥梁由 4～5 片 T 梁组成。秦—沈高速铁路常用的简支梁是 20 m、24 m 双线整孔箱梁及 32 m 单双线整孔箱梁，如图 2-5-2 所示。

图 2-5-2　高速铁路桥梁

（三）桥上无缝线路与桥梁共同作用

修建高速铁路要求依次铺设跨区间无缝线路，以保证轨道的平顺和稳定，桥上无缝线路可看作不能移动的线上结构，其受力状态不同于路基，在列车荷载、制动作用下和温度变化时，会使梁、轨体系产生相对位移，引起桥上钢轨产生附加应力，过大的附加应力会造成桥上无缝线路失稳，影响行车安全。因此，高速铁路桥梁必须考虑梁轨共同作用，以尽量减少钢轨附加应力和梁轨间的相对位移与变形，保证桥上无缝线路的稳定和行车安全。

（四）刚度大、整体性好

高速铁路运营特点对高速铁路桥梁结构的刚度和整体性提出了严格的要求，要保证高速列车在桥梁上高速、安全地行驶，高速铁路桥梁必须具有足够大的刚度和良好的整体性，以防止桥梁出现较大挠度和振幅。一般来说，高速铁路桥梁设计主要由刚度控制，桥梁上部结构优先采用刚度大的预应力混凝土结构，梁体保证竖向、横向和抗扭刚度足够大，可以限制因温差和混凝土徐变产生的上拱形变，保证了线路的高平顺性、高稳定和避免不良的车-桥动力响应，桥型选择应尽量避免增设无缝线路伸缩调节器。

（五）满足乘坐舒适度要求

与普通铁路不同，高速铁路要求高速运行列车过桥时有很好的乘坐舒适度，桥梁应合适的自振频率，保证列车在设计速度范围内不产生较大振动。按表 2-5-1 评定承坐舒适度。

表 2-5-1 乘坐舒适度评定标准

乘坐舒适度	垂直加速度/(m/s^2)
很好	1.0
好	1.3
可接受	2.0

（六）桥梁比例大，高架桥、长桥、大跨度的特殊孔跨结构多

高速铁路桥梁跨越交通干线、通航河流或修建于平原农田上，大量采用钢混结合梁、连续梁、斜拉桥、钢桁拱等特殊结构大跨度梁式桥，技术复杂，施工难度大。其设计参数限制严格，曲线半径大、坡度小，并需要全封闭行车，导致桥梁建筑物数量大大多于普通铁路。京沪高速铁路桥梁占 87% 以上，其中最长的高架桥达 84 km。

图 2-5-3 南京大胜关长江大桥

图 2-5-4 武汉天兴洲大桥

（七）重视改善结构耐久性，便于检查、维修

高速铁路桥梁是极其重要的交通运输设施，任何行车中断都会造成很大的经济损失和社会影响。因此，一方面桥梁结构物应尽量做到少维修或免维修，这就需要在设计时将改善结构物的耐久性作为主要设计原则，统一考虑合理的结构布局和构造细节并在施工中严格控制、保证质量。对高速铁路桥梁首次提出在预定作用和预定维修和使用条件下，主要桥梁结构及

布置要有 100 年使用年限的耐久性要求，另一方面，由于高速铁路运营繁忙、列车速度高，造成桥梁维修、养护难度大、费用高。因此，桥梁结构构造应易于日常检查与维修，强调要使结构易于检查维修以保证桥梁的安全使用等（设计、施工、维护三个阶段共同保障）。

（八）强调结构与环境的协调

高速铁路作为重要的现代交通运输设施，应强调结构与环境的协调，重视生态环境保护。这主要指桥梁造型要与周围环境相一致并注重结构外观和色彩，在居民点附近的桥梁要有降噪措施，避免桥面污水损害生态环境等。

二、高速铁路桥梁分类

（一）按桥梁的用途

1．高架桥

用以穿越既有交通路网、人口稠密地区及地质不良地段，高架桥通常墩身不高，跨度较小，但桥梁很长，往往伸展达十余千米。

2．跨谷桥

用以跨越山谷，跨度较大，墩身较高。

图 2-5-5　跨谷桥

3．跨河桥

跨越河流的一般桥梁。

图 2-5-6　跨河桥

（二）按桥梁的桥型

1. 简支梁桥

上部结构由两端简单支承在墩台上的主要承重梁组成的桥梁。简支梁是静定结构，相邻各跨单独受力，结构受力比较单纯，不受支座变位等影响，适用于各种地质情况。

2. 大跨度连续梁桥

指间距大的两跨或两跨以上连续的梁桥，属于超静定体系，连续梁在恒活载作用下，产生的支点负弯矩对跨中正弯矩有卸载的作用，使内力状态比较均匀合理。

3. 钢桁桥

指以钢桁式桥跨作为基本结构的组合结构桥，即两种以上体系重叠后，整体结构的反力性质仍与以受弯作用负载的梁的特点相同。

4. 斜拉桥

指将主梁用许多拉索直接拉在桥塔上的一种大跨度桥梁，是由承压的塔、受拉的索和承弯的梁体组合起来的一种结构体系。

5. 钢桁拱桥

中间用实腹段，两侧用拱形桁架片构成的大跨度拱桥，桁架拱片之间用桥面系与横向联结系（横向撑架、剪刀撑）连接成整体。

三、高速铁路对桥涵的要求

（一）一般规定

（1）桥涵结构应构造简洁、美观、力求标准化、便于施工和养护维修，结构应具有足够的竖向刚度、横向刚度和抗扭刚度，使结构的各种变形很小，并应具有足够的耐久性和良好的动力特性，满足轨道稳定性、平顺性要求，满足高速列车安全运行和旅客乘座舒适度要求。

（2）桥涵主体结构的设计使用年限为100年，桥涵结构所用工程材料应符合现行国家及行业标准的相关规定，桥涵混凝土结构尚应符合现行《铁路混凝土结构耐久性设计规范》（TB 10005—2010）的有关规定。

（3）桥梁上部结构型式的选择，应根据桥梁的使用功能、河流水文条件、工程地质情况、轨道类型以及施工设备等因素综合考虑。桥梁上部结构宜采用预应力混凝土结构，也可采用钢筋混凝土结构、钢结构和钢-混凝土结合结构。预应力混凝土简支梁结构，宜选用箱形截面梁，也可根据具体情况选用整体性好、结构刚度大的其他截面型式，跨度40 m及以下的简支梁应选择合适的自振频率，避免列车过桥时出现共振或过大振动。

（4）桥梁结构应设计为正交，当斜交不可避免时，桥梁轴线与支承线夹角不宜小于60°，斜交桥台的台尾边线应与线路中线垂直，否则应采取特殊的与路基过渡措施，结构符合耐久性要求并便于检查。

（5）常用跨度桥梁应标准化并简化规格、品种，长桥应尽量避免设置钢轨伸缩调节器，桥面布置应满足轨道类型、桥面设施的设置及其养护维修的要求。

（6）桥涵设置应做好和自然水系、地方排灌系统的衔接，并满足铁路路基排水的要求，当线路位于深切冲沟等特殊地形地貌、地质条件地区时要进行桥梁、涵洞方案比较以确定跨越方式，涵洞宜采用钢筋混凝土矩形框架涵。

（7）相邻桥涵之间路堤长度，要综合考虑高速列车行车的平顺性要求、路桥（涵）过渡段的施工工艺要求以及经济造价等因素合理确定。两桥台尾之间路堤长度不应小于150 m，两涵（框构）之间以及桥台尾与涵（框构）之间路堤长度不应小于30 m，对于特殊情况路堤长度不满足上述长度要求时，路基应特殊处理。

（8）无砟轨道桥涵变形及基础沉降应设立观测基准点进行系统观测与分析，其测点布置、观测频次、观测周期应符合无砟轨道铺设条件评估的有关规定。

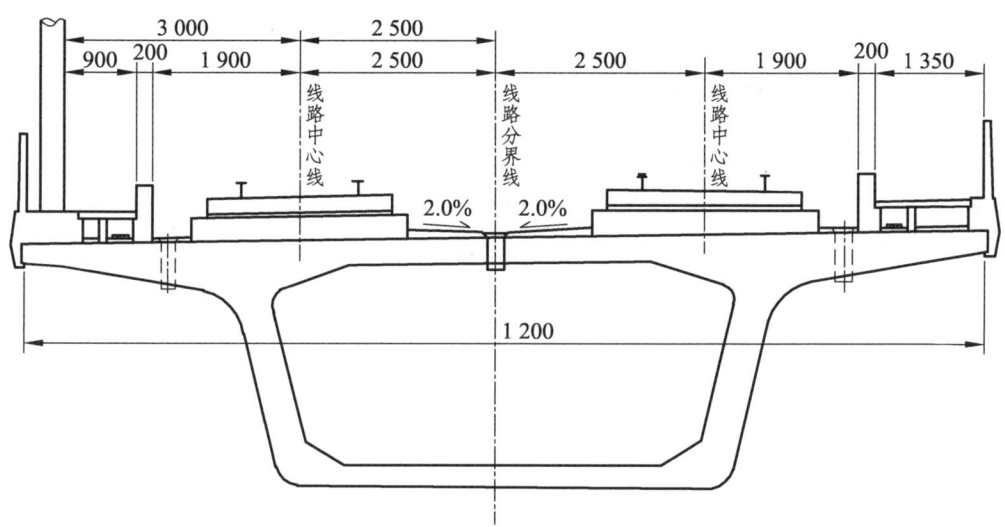

图 2-5-7　双线单箱整体式截面

（二）桥面布置规定

（1）桥上有砟轨道轨下枕底道砟厚度不应小于0.35 m。

（2）桥上应设置挡砟墙或防护墙，其高度采用与相邻轨道轨面等高，有砟轨道桥梁，直线时线路中心线至挡砟墙内侧净距不应小于2.2 m。

（3）桥上栏杆高度不应小于1.0 m。

（4）线路中心线距接触网支柱内侧边缘最小距离不应小于3.0 m，当接触网支柱设置在桥面上时，不宜设在梁跨跨中。

（三）桥梁防排水设施规定

（1）梁部或墩台的表面形状应有利于排水，对于可能受雨淋或积水的水平面做成斜面。桥梁顶面宜设置不小于2%的横向排水坡，桥梁墩台的顶面应设置不小于3%的排水坡。

（2）桥梁端部应采取有效防水构造措施，防止污水回流污染支座和梁端表面。

（3）有砟轨道、CRTS Ⅰ型双块式无砟轨道桥面应为两列排水方式，CRTS Ⅰ型板式、CRTS Ⅱ型板式无砟轨道桥面应为三列排水方式。

第六节 高速铁路隧道

高速铁路隧道是线路穿越山岭或海峡的建筑物,其结构由主体建筑物和附属建筑物组成。主体建筑物是为了保持洞口和坑道的稳定,保证高速列车安全运行而修建的,一般由洞身、隧道衬砌和洞门组成。附属建筑物是为了运营管理、维修养护、给水排水、供蓄发电、通风、照明、通信和安全等而修建的建筑物,包括:大小避车洞、边仰坡、排水天沟、防水设备及排水设备和通风系统等。

一、隧道构造

(一)洞口结构

隧道洞口设计应结合地形、地质和环境条件,综合考虑景观要求,贯彻执行"早进晚出"的设计理念。隧道洞门优先选用斜切式和帽檐式结构形式,以减少洞口边仰坡开挖。当洞口附近有建筑物或特殊环境要求时,宜设置洞口缓冲结构,隧道洞口缓冲结构设置应考虑列车类型及长度、隧道长度、隧道净空有效面积、隧道轨道类型、隧道洞口附近地形和居民情况等因素。

洞口缓冲结构的设计应符合下列规定:

(1)缓冲结构形式应从实用美观角度出发,结合洞口附近的地形环境条件确定,宜采用与隧道衬砌内轮廓形状相似的开孔式结构,也可采用其他结构形式。

(2)缓冲结构当横断面不变时,侧面或顶面应开减压孔,减压孔面积可根据实际情况确定,宜为隧道净空有效面积的 1/5 ~ 1/3。

(3)缓冲结构宜采用钢筋混凝土结构。

(4)预留设置缓冲结构条件的洞口,当有路基挡土墙时,其位置应在缓冲结构之外。

隧道洞口上方有公路跨越时,公路应设置防撞护栏及监测设备,两座隧道洞口距离小于 30 m 时,宜采用明洞形式将两座隧道连接,以提高列车安全性和旅客舒适性。

(二)衬砌结构

暗挖隧道应采用复合式衬砌,明挖隧道应采用整体式衬砌,防水型隧道二次衬砌应考虑静水压力对结构受力的影响,Ⅰ、Ⅱ级围岩隧道衬砌宜采用曲墙带底板的结构形式,Ⅲ~Ⅵ级围岩隧道衬砌应采用曲墙有仰拱的结构形式。

隧道衬砌内轮廓宜采用圆形断面,单线隧道可采用三心圆断面,边墙与仰拱应平顺连接。隧道衬砌混凝土强度等级不应低于 C30,钢筋混凝土强度等级不应低于 C35,Ⅰ、Ⅱ级围岩隧道衬砌底板厚度不应小于 30 cm,混凝土强度等级不应低于 C35,并应配置双层钢筋。仰拱填充混凝土强度等级不应低于 C20,隧道二次衬砌Ⅳ~Ⅵ级围岩地段宜采用钢筋混凝土,Ⅰ~Ⅲ级围岩地段宜采用混凝土,并可掺加一定比例的纤维,减少混凝土表面裂纹。

(三)洞内附属构筑物

隧道内设备专用洞室应根据相关专业要求设置,可不设置供维修人员使用的避车洞。隧道内应设置双侧电缆槽，电缆槽盖板应平整，铺设稳固。水沟或电缆槽结构外缘至同侧轨道中线的距离，不应小于 2.2 m，靠近道床一侧的沟（槽）身应增设构造钢筋。

隧道长度大于 500 m 时，应在洞内设置余长电缆腔，可与专用洞室结合设置，余长电缆腔应沿隧道两侧交错布置，每侧间距宜为 500 m，长度为 500～1 000 m 的隧道，可只在其中部设置一处。当隧道长度大于 2 000 m 时，可根据接触网设计要求在洞内设置下锚区段，下锚区段宜布置在地质条件较好的地段。当隧道内接触网固定结构采用预埋滑槽时，隧道衬砌结构应采取必要的加强措施，隧道衬砌结构应按照有关专业要求预埋综合接地系统相关的设施。电缆过轨通道宜采用预埋过轨管的方式。高速铁路隧道内附属构筑物设计应考虑高速列车通过隧道时所产生的压力变化和列车风对附属构筑物结构及安装件的附加受力影响，设计时应按照最不利情况组合考虑。

二、高速铁路隧道的特点

高速铁路隧道与普速铁路隧道最大的区别就是高速列车通过隧道时会产生一系列的空气动力学效应，如压力波动、出口处微气压波、洞内行车阻力增大等。当列车高速通过隧道时，原来占据隧道空间的空气将被迅速排开，空气的黏性以及隧道、列车表面的摩擦阻力使排开的空气不能像隧道外那样及时、顺畅地沿列车两侧和上部形成绕流，造成列车运行前方空气受到压缩，而尾部形成负压，产生压力波动，这种压力波动又以声速传播到隧道口，形成反射波，回传、叠加，诱发一系列对运营产生负面影响的空气动力效应。

隧道的微气压波是列车突入隧道时形成的压缩波，在隧道内传播，到达出口时向外放射脉冲状的压力波。微气压波的发生实态和大小与许多因素有关，其中主要有：列车速度、列车横断面积、列车长度、列车头部形状、隧道横断面积、隧道长度、隧道内道床的类型等，如图 2-6-1 所示。

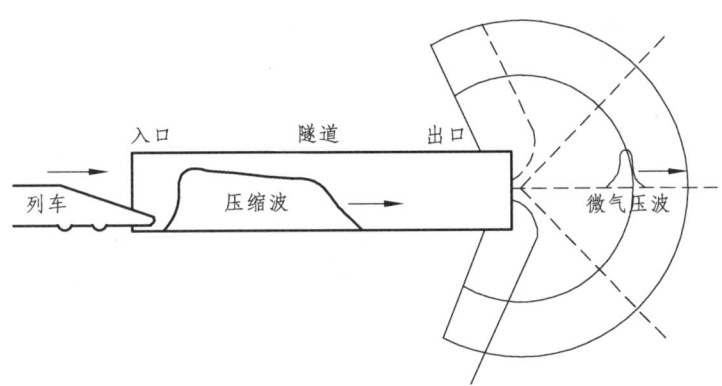

图 2-6-1 微气压波作用原理图

高速铁路隧道工程必须考虑列车进入隧道诱发的空气动力学效应对行车、旅客乘坐舒适度、车辆结构强度和环境等方面的不利影响。虽然改变列车形状、改善车辆密封性能等均可以缓解和减少隧道空气动力效应对运营的影响，但最根本的还是改变隧道结构。缓解空气动力学效应可采用放大隧道断面有效面积，减少阻塞比 β（列车横断面面积/隧道横断面有效面积）、改善洞口形状、在隧道洞口修建缓冲结构改善洞口形状、及增设辅助坑道等工程措施。

(一)加大隧道横断面积

克服空气动力学效应采取的一个有效手段是加大有效净空面积。确定隧道断面内轮廓应考虑线间距与建筑接近限界、隧道断面有效面积要求、养护维修、救援和其他使用要求所需空间等因素,在满足以上条件的基础上,从结构受力等方面对断面进行优化,并使盈余空间最小。

建筑限界一般应符合动态的标准建筑限界和扩大标准建筑限界。我国高速铁路隧道建筑限界基本尺寸如图 2-6-2 所示。线间距与列车速度和车辆型式等有关,一般情况下都应大于 4.0 m。我国京沪高速铁路线间距,在列车速度为 350 km/h 的条件下采用 5.0 m,位于曲线上的隧道原则上不考虑曲线加宽。

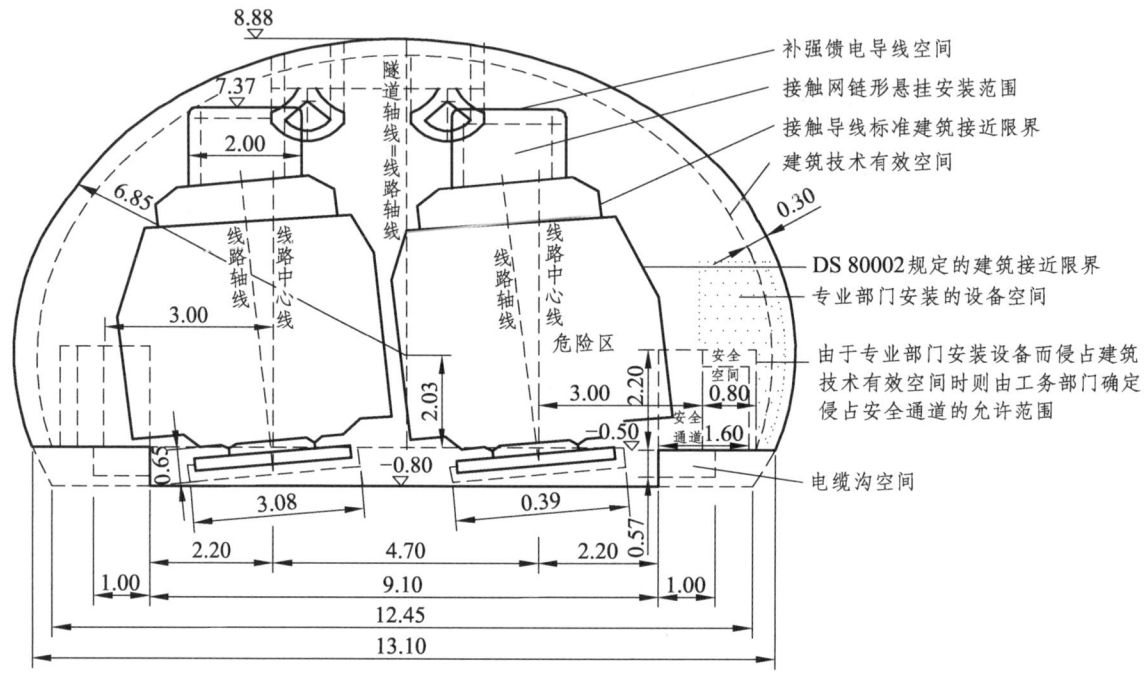

图 2-6-2 我国高速铁路隧道建筑限界基本尺寸

隧道长度小于 10 km 时,一般采用单洞双线隧道方案。
隧道长度为 10~20 km 时,采用双线隧道加贯通平导方案。
隧道长度大于 20 km 时,一般采用双洞单线隧道方案,以利防灾救援。

(二)在隧道洞口修建缓冲结构

减小微气压波影响的主要措施是设置隧道入口缓冲段,如图 2-6-3 所示。入口缓冲段的结构形式主要有:横断面积不变,具有一定长度的缓冲段;横断面积扩大,具有一定长度的及侧面开口的缓冲段等。缓冲段的结构形式主要视洞口地形、地质、周边环境、洞内设施安装条件等而定。要处理好列车速度和缓冲段长度的关系。

隧道洞口缓冲结构应符合下列规定:

(1)隧道洞口设置缓冲结构应考虑的因素:列车类型及长度、隧道长度及横断面净空面积、隧道内轨道类型、隧道洞口附近地形和洞口附近居民情况。

图 2-6-3 隧道洞口缓冲结构现场图

（2）隧道洞口缓冲结构形式应从实用美观的角度出发，结合洞口附近的地理环境确定。

（3）隧道洞口缓冲结构侧面或顶面应开减压孔，开孔面积根据实际情况确定，一般开孔面积为隧道断面有效面积的 0.2~0.3 倍。

（4）隧道洞口缓冲结构宜采用钢筋混凝土。

（5）对于预留缓冲结构条件的洞口，若有路基挡墙，其挡墙位置应在缓冲结构之外。

（三）其他降低微气压波的措施

（1）利用斜井、竖井，可在埋深小的洞口段开挖竖井来降低压缩波的坡度，在比较长的隧道中，多采用斜井或竖井，可把此作为压缩波的传播通路来降低压缩波的坡度。

（2）做带有开口的防护棚。

（3）隧道壁面的措施，洞内设施尽量隐蔽设置，使隧道表面平整光滑，减少列车运行时的阻力对设施的破坏。

（4）改善轨道结构，提高洞内列车运行的稳定性和舒适度，列车在高速运行的条件下，轨道基础的良好状态是至关重要的。为此，在多数情况下隧道衬砌都要设置仰拱。并加强对轨道基础施工质量的控制。

（5）车辆方面的措施，如：采用密闭车辆，使动车组或机车的外形具有良好的空气动力学特性的形状。为了减少隧道横断面积和列车运行时的阻力，必须改进现行机车车辆的车体横断面积和机车头部形状。

三、高速铁路隧道的施工方法

修筑隧道的方法主要有明挖法、暗挖法及沉管法。

（一）明挖法

明挖法是先从隧道上方地层向下开挖基坑至设计标高，然后在基坑内的预定位置由下而上地建造主体结构及防水措施，最后回填土并恢复表面，这种方法具有施工作业面多、速度快、工期短、易保证工程质量、工程造价低等优点，如图 2-6-4 所示。

图 2-6-4 明挖法施工图

（二）暗挖法

暗挖法是指不挖开地面，采用在地下挖洞的方式施工，如图 2-6-5 所示。这是铁路隧道施工的主要方法，通常有钻爆法（如传统矿山法、新奥法）、掘进机法、地下连续墙法、盖挖法、盾构法或半盾构法等。

图 2-6-5 暗挖法施工图

盾构法是利用盾构机进行隧道掘进的一种施工方法，如图 2-6-6 所示。盾构既是一种施工机具，也是一种强有力的临时支撑结构，盾构机一般由盾构壳体、推进系统、拼装系统、出土系统四大部分组成。隧道断面形状取决于设计要求，一般可分为圆形、半圆形、矩形、马蹄形四种，如图 2-6-7 所示。

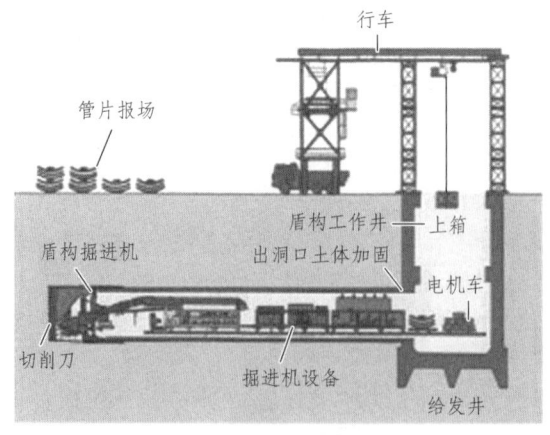

图 2-6-6 盾构法施工工序与隧道

图 2-6-7 盾构机

1．优点

拥有自动化程度高、节省人力、施工速度快、一次成洞、不受气候影响、开挖时可控制地面沉降等特点，尤其在隧道洞线较长、埋深较大的情况下，用盾构机施工更为经济合理。

2．缺点

对断面尺寸多变的区段适应能力差，新型盾构购置费昂贵，对于施工区段短的工程来说不太经济，总的费用一般比明挖法要高。

（三）预制管段沉埋法（沉管法）

沉管法亦称预制管段法或沉放法，施工的流程：在隧道位址以外的船台上或临时干坞内制作隧道管段→拖运到隧道位址指定位置→在隧道定位处预先挖好水底基槽→管段定位→向管段内灌水压载，使之下沉→将管段内的水排空后形成水下连接→覆土（石）回填。

1．优点

因将水下操作改为陆上作业，施工安全、施工场地等条件均有改善；可同时进行多管段的预制和施工，有利于缩短工期；有利于安排工程的搭接施工。

2．缺点

局限于穿越河流、湖泊等水下隧道施工作业。

这种施工方法适宜于修建穿越海底的高速铁路，如穿越英吉利海峡的高速铁路隧道和在研的海底真空管道磁悬浮线。

第七节　高速铁路线路维修

一、高速铁路线路维修工作基本任务、特点与原则

高速铁路线路维修工作的基本任务是保持线路设备状态完好，保证列车以规定速度安全、平稳、舒适和不间断地运行，并尽量延长设备的使用寿命。

高速铁路线路维修工作的主要特点是按设备的状态进行必要的适度维修，即"状态修"。

线路"状态修"是以线路设备运用状态为基础，通过监测手段来掌握线路设备的工作状态，对照状态标准分析确定线路设备是否处于正常状态，在线路设备状态临近失效控制线但尚未出现故障时，进行适当和必要的维修，做到既不失修也不过剩修，避免了养护维修中的盲目性，使设备始终处于可靠受控状态。

高速铁路线路维修应按照"预防为主、防治结合、严检慎修"的原则，根据线路状态的变化规律，合理安排养护与维修，做到精确检测、全面分析、精细修理，以有效预防和整治病害。线路维修应实行检、修分开的管理制度，实行专业化和属地化管理。应本着"资源综合、专业强化、集中管理"和"精干、高效"的原则建立高速铁路线路维修管理机构。对高铁线路设备的维修和养护工作由工务段负责，高速铁路工务安全管理应坚持"安全第一，预防为主，综合治理"的原则，建立健全并严格执行各项安全管理制度，严格作业纪律，落实安全防范措施，防患于未然，保证工务安全生产的稳定。

二、高速铁路线路维修工作的分类与检修内容

（一）周期检修

1. 定义

指根据线路及其各部件的变化规律和特点，对钢轨、道岔、扣件、无砟道床、无缝线路及轨道几何形位等按相应周期进行的全面检查和修理，以恢复线路完好技术状态。铁路局可根据线路设备状态、线路条件、运输条件和自然条件等具体情况调整维修周期，并报国铁集团进行核备。

2. 基本内容

（1）线路设备质量动态检查。

（2）轨道几何尺寸和扣件扭矩静态检查。

（3）钢轨探伤。

（4）采用打磨列车对钢轨进行预打磨、预防性打磨和修理性打磨。

（5）联结零件成段涂油、复拧。

（6）根据刚度变化情况，成段更换弹性垫板。

（7）对无砟轨道，有计划地对无砟道床进行检查及修补；对有砟轨道，根据线路、道岔、调节器状态，对线路平面、纵断面进行测设和优化，全面起道、拨道、改道、捣固、稳定，调整几何形位，清筛枕盒不洁道床和边坡，改善轨道弹性。

（8）无缝线路钢轨位移、钢轨伸缩调节器（以下简称调节器）伸缩量的周期观测和分析。

（9）对沉降量较大地段的轨道状态进行周期观测和分析。

（10）精测网检查、复测。

（二）经常保养

1. 定义

经常保养指根据动、静态检测结果及线路状态变化情况，对线路设备进行的经常性修理，以保持线路质量经常处于均衡状态。

2．基本内容

（1）对轨道质量指数（TQI，全称 Track Quality index）超标区段或轨道几何尺寸超过经常保养容许偏差管理值的处所进行整修。

（2）根据钢轨表面伤损、光带及线路动态检测情况，对钢轨进行修理。整修焊缝。

（3）整修伤损扣件、道岔及调节器等轨道部件，对有砟轨道，更换、方正和修理轨枕。

（4）无缝线路应力调整或放散。

（5）对无砟轨道，修补达到Ⅱ级及以上伤损的无砟道床。对有砟轨道，整治道床翻浆冒泥，补充道砟，整理道床。

（6）疏通排水，精测网维护。

（7）沉降地段轨道状态观测和分析。

（8）修理、补充和油刷标志。

（9）根据季节特点对线路进行重点检查。

（10）其他需要经常保养的工作。

（三）临时补修

1．定义

指对轨道几何尺寸超过临时补修容许偏差管理值或轨道设备伤损状态影响其正常使用的处所进行临时性修理，以保证行车安全和舒适。

2．主要内容

（1）整修轨道几何尺寸超过临时补修容许偏差管理值的处所。

（2）处理伤损钢轨（含焊缝）和失效胶接绝缘接头。

（3）更换伤损的道岔护轨螺栓、可动心轨咽喉和叉后间隔铁螺栓、长心轨与短心轨联结螺栓等。

（4）更换伤损失效的扣件、道岔及调节器等轨道部件。

（5）更换或整治失效无砟道床。

（6）处理线路故障。

（7）其他需要临时补修的工作。

三、工务维修天窗

（一）线路大修天窗

线路大修主要有换轨大修和不换轨大修两类。由于线路大修施工作业内容较为复杂，占用线路时间较长，对线路运营有较大影响。在施工结束后，即天窗时间结束后，为保证线路的维修质量和行车安全，还要求部分列车限速运行。

（二）线路中修天窗

线路中修天窗的主要任务是对路基进行彻底清筛，清除脏物、板结，恢复道床的弹性及保持良好排水性。主要维修作业内容包括起道、拨道、捣固、清筛道砟、夯实整形、打磨钢轨、动力稳定等十多项。它可以结合线路大修天窗施工同时进行。

（三）线路日常维修天窗

高速铁路为了保证具有良好的线路条件，提供良好的运行状态，应该进行日常的线路维修、养护以及重点病害的整治。因此，要求经常开设时间较短的天窗。

四、线路设备维修组织管理

依据国铁集团相关规定和铁路公司与铁路局签订的委托运输管理协议，铁路局负责受委托范围内高速铁路线路设备的安全、维护和管理，保持线路设备状态良好，使之符合相关技术标准。

线路车间管辖线路长度以营业里程 100 km 左右为宜，线路车间下设线路工区，工区应在车站设置，线路工区管辖线路长度以营业里程 30 km 左右为宜。站间距较小的城际铁路、山区、高原和严寒地区车间和工区管辖线路长度可适当缩短。动车段（所）应单独设置线路车间或工区。

大型养路机械运用检修段或工务机械段等受委托承担利用大型养路机械对线路的修理。工务段（含桥工段，下同）应建立考核机制，确保线路设备质量均衡、稳定。

复习思考题

1. 高速铁路线路有哪些特征？
2. 高速铁路对线路平、纵断面各有什么要求？
3. 为什么京沪高速铁路规定了最大曲线半径的标准？
4. 如何确定高速铁路缓和曲线的长度？请简要说明。
5. 高速铁路对夹直线及圆曲线最小长度有何要求？请简要说明。
6. 高速铁路对最小坡段长度和最大坡段长度有何要求？请简要说明。
7. 什么情况下高速铁路需设置竖曲线？竖曲线半径如何确定？
8. 简要分析高速铁路竖曲线与竖曲线、缓和曲线、圆曲线和道岔重叠设置的问题。
9. 高速铁路对轨道有哪些要求？
10. 高速铁路路基有什么特点？
11. 高速铁路对路基有哪些要求？
12. 高速铁路桥梁有哪些特征？
13. 高速铁路桥梁有哪些种类？
14. 高速铁路隧道有哪些特征？
15. 高速铁路隧道空气动力学效应的降低措施有哪些？
16. 简述高速铁路线路维修工作的种类。

第三章　高速铁路供电系统

第一节　概　述

一、高速电气化铁道发展概况

高速电气化铁路是指由电力牵引供电系统提供给本身不带能源的高速电动车组行走能力的铁路。

1964 年，世界上第一条高速电气化铁路——东京至大阪的新干线建成通车，该段铁路采用 60 Hz，25 kV 交流供电制，最高时速 210 km/h，拉开了高速电气化铁路建设的新篇章。

法国TGV在20世纪80年代时速突破300 km，在2007年4月3日，创造了574.8 km的时速世界纪录。

德国ICE高速铁路在1988年电力牵引的行车试验速突破每小时400 km大关，达到406.9 km/h

图 3-1-1　高速电力牵引动车组

在我国，以 2002 年 12 月 31 日建成开通的秦沈客运专线为标志，宣告正式进入了客运专线高速电气化铁路的新时代，彻底打破了国外高铁技术的垄断。截止到 2019 年年底，我国高速铁路电气化里程数达到 3.2 万千米，位居世界第一。

二、高速电气化铁道的优势

电力牵引是高速铁路运输的最佳方式，优点主要体现在以下几个方面。

（一）电力牵引大大提高了高速铁路的运能

电力牵引可满足高速、高效、大运量的高速铁路运输需要，可缩短列车走行时间，增加列车对数，大大提高线路的通过能力和输送能力。

（二）电力牵引可以节约和综合利用能源，减少环境污染

在铁路不同的动力牵引方式中，电力牵引的热效率和总功效最高，交流电力牵引的总功

效为 30%，内燃牵引为 20%，蒸汽牵引为 6%，电力牵引可充分利用水力、煤、石油、天然气、原子能及地热等二次能源，减少了环境污染。

（三）电力牵引运营费用低，生产率高

由于高速电动车组功率大、效率高，提高了列车运行速度，缩短了高速列车周转时间，减少了高速列车整备检修作业的时间，提高了劳动生产率。

（四）电力牵引易于实现自动化

随着电子、计算机技术和自动化控制理论的发展，大量的新技术、供电远动技术、故障检测与诊断技术被广泛采用，电力牵引的优越性更加显著。

当然，电力牵引也存在一些缺点：电气化铁道一次投资费用高、对沿线通信线路有电磁干扰、对三相电力系统会造成不对称影响以及负荷功率因数低等。

三、高速电气化铁道供电系统

高速电力牵引所需的电能来自发电厂，高速电气化铁道供电系统是由输电线路、变电装置、牵引供电系统、接触网系统、远程监控系统（SCADA）等组成的供用电系统。

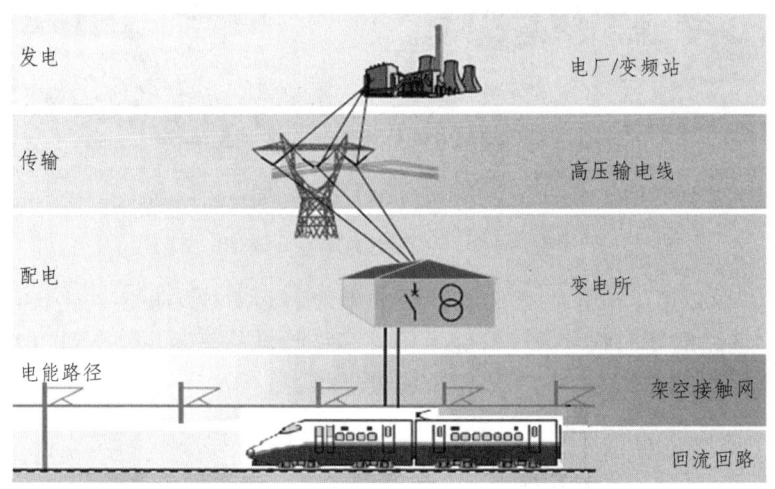

图 3-1-2　高速电气化铁路牵引供电系统示意图

（一）电力系统

从外部电源受电，向站场、区间的通信信号等行车设备及电梯、照明等生活设备供电，主要由变配电所、贯通线等构成，变配电所实现无人值守。

特大型站优先采用两路 110 kV 电压等级及以上电源供电，沿线 10 kV 贯通线路采用非磁铠装的单芯铜芯电缆。变配电所高压开关设备选用单体 GIS 开关柜，调压器、变压器采用干式免维护设备。

图 3-1-3 变配电所

（二）牵引供电系统

从国家电网受电，向线路供电，主要由变电所、开闭所、分区所等构成。

优先采用电力系统两回独立可靠的 220 kV 电源，互为热备用。正线采用 2×25 kV AT 供电方式。AT 供电变电所间距可达 60 km、直接供电方式为 25 km。

图 3-1-4 牵引供电所和变电所

（三）变电系统

将 220 kV 或 110 kV 外部电源转变为 25 kV 或 27.5 kV，向接触网供电。主要由牵引变压器、断路器等构成，变电所无人值班。2×25 kV（27 kV）、1×25 kV（27 kV）设备采用气体绝缘开关柜（GIS），牵引变电所馈线断路器上、下行互为备用。

（四）接触网系统

通过接触线向高速电动车组不间断提供电能，主要由接触悬挂装置（承力索、接触线、吊弦等）、支持装置（腕臂等）、定位装置、支柱和基础等构成。

（五）牵引供电远动监控系统（SCADA）

SCADA 系统是以计算机和现代通信技术为基础将操作命令、数据和信息编成电码，再将电码经过调制，成为适合传输的电信号，通过通道送到终端，经过调解还原成电码，再经过译码去执行或显示,从而实现了将牵引供电系统、电力配电系统、行车信号电源系统、通信电源系统的运行状态上送 SCADA 系统调度中心统一进行监测管理,是综合调度系统中的一个重要子系统。

四、牵引供电系统

高速电动车组本身不带能源,所需能源由电力牵引供电系统提供,因此,高速电气化铁道要在沿线设置一套完善的、不间断地向高速电动车组提供电能的设备,以电能为主要牵引动力,将牵引用电能从电力系统传送给高速电动车组的这套供电装置构成的系统被称为电气化铁路的牵引供电系统。

(一)牵引供电系统的组成

牵引供电系统主要由牵引变电所和接触网组成。

牵引供电回路是由牵引变电所、馈电线、接触网、高速电动车组、钢轨、回流线→牵引变电所接地网组成的闭合回路,其中流通的电流称牵引电流。通常将接触网、钢轨回路(包括大地)、馈电线和回流线统称为牵引网,其组成如图 3-1-5 所示。

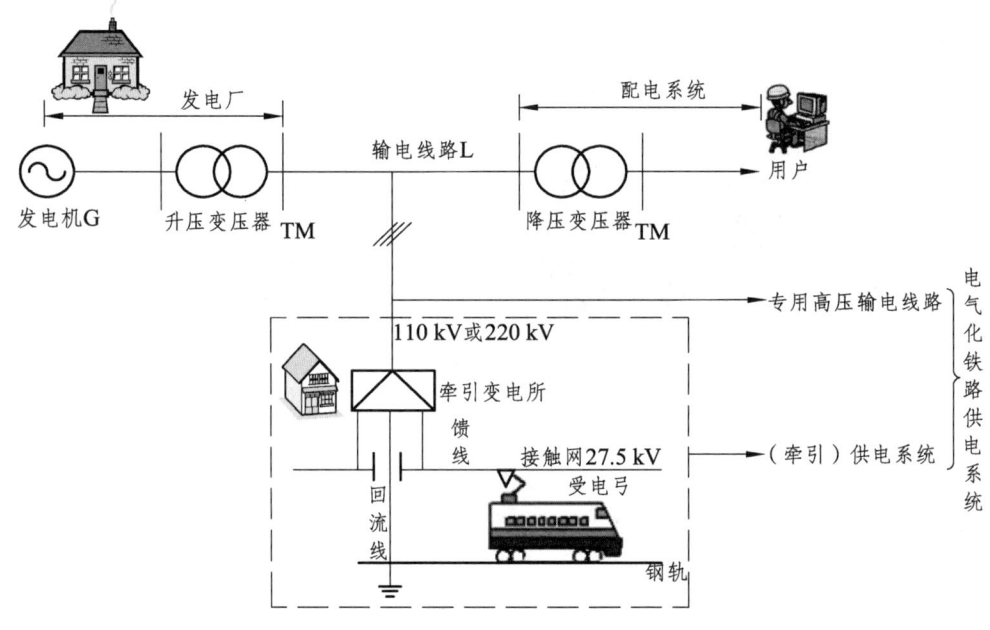

图 3-1-5 电气化铁道牵引供电系统

1. 牵引变电所

牵引变电所是牵引供电系统的核心部分,它承担着从电力系统接受电能,并按照电力牵引供电的标准要求进行电能变换,再将电能馈送到接触网上供高速电动车组取用的功能。牵引变电所在接受与馈送电能的过程中有不同的供电方式,在电能的变换过程中有不同的变电形式。

2．接触网

沿线路露天敷设，通过和受电弓的滑动接触，把电能输送给高速电动车组的供电设施。

3．馈电线

馈电线是用于连接牵引变电所和接触网的导线，把牵引变电所电能馈送到接触网，多为铜绞线。

4．钢轨

钢轨在非电牵引的情况下，对列车起支撑和导向作用。在电气化铁道中，钢轨还完成导电回流的任务，并由连接钢轨和牵引变电所的回流导线，把钢轨中的电流导回牵引变电所，此外钢轨还用作信号传输轨道电路回路的导线。

5．其他设备

负馈线（即回流线，是连接钢轨和牵引变电所的电连接线，主要为回流提供电气通路）、吸上线、BT、AT、正馈线、保护线、地线、供电线，另外还有分区亭、开闭所、AT所等。

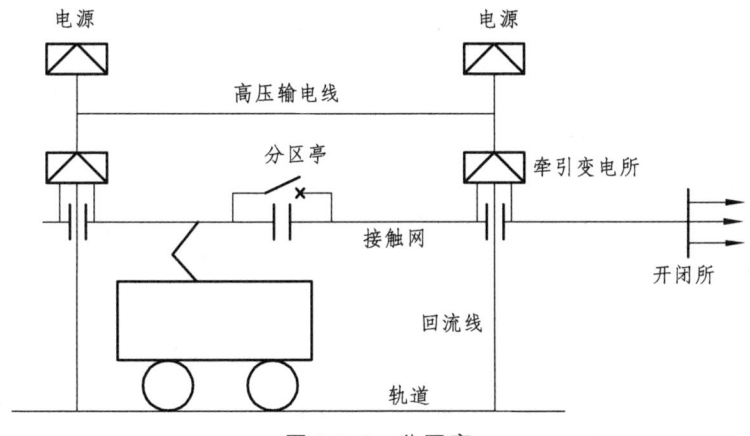

图 3-1-6　分区亭

（1）分区所（Section Post，SP）。

为了增加供电灵活性，提高运行可靠性，一般在大站或编组站两变电所之间的两供电臂连接处设立分区所，把电气化铁道牵引网分成不同供电区段，用于牵引网为双边供电，或复线区段牵引网为单边供电，装有开关设备，根据运行需要可以连接同一供电臂的上、下行牵引网并联供电，改善了牵引网供电质量，同时在牵引网发生故障时可缩小停电范围，相邻变电所全所停电时，分区所还可越区供电，特殊情况下可用于实现其左右供电臂的串联运行（此时分区所处的上下行接触网一般不再并联）。直供方式的分区所内仅设有一些断路器和开关设备等，AT方式的分区所内还设有自耦变压器，如图3-1-5所示。

（2）开闭所（Sub-feeder Switching Post，SFSP）。

电力牵引系统中的开闭所，从严格意义上讲是"高压配电"站，仅仅起配电作用，实现环网供电、双路互投等功能。

一般用于枢纽内的接触网分场、分束供电（有时也用于较长供电臂缩小故障范围），当枢纽地区的供电，分为"由里向外供"和"由外向里供"两种方式时，前者在枢纽内设置牵引变电所，后者在枢纽内不设牵引变电所。为了增加枢纽地区供电的可靠性和缩小事故的影响范围，一般设开闭所。AT 供电方式时，供电臂较长，在供电臂中部也设开闭所，开闭所应有来自不同牵引变电所的（单线区段）或同一牵引变电所的不同馈线段（复线区段）的两回进线。

开闭所应尽量设置在枢纽地区的负荷中心处，以减少馈线的长度和馈线与接触网的交叉干扰。开闭所至少应有两回进线，一回来自于相邻变电所，另一回可从接触网上 T 接，用以实现对站场各股道群的分别供电控制。进线和馈线都经过断路器，可灵活地对各分区接触网停、供电，在断路器上可实现短路故障保护，从而缩小事故停电范围。AT 牵引网往往同 ATP 合建，增强对供电臂供电的灵活性。

（3）自耦变压器（AT）所（AT Post，简称 ATP）。

AT 供电系统，除变电所、分区所和开闭所外，在牵引网上还需设置放置自耦变压器的场所，用于将自耦变压器并入接触网和正馈线之间，降低接触网中的负荷电流，延长变电所的供电距离。如采用自耦变压器供电方式时，在沿线每隔 10~15 km 设置一台自耦变压器，设置时尽量将自耦变压器设于沿铁路的各站场上，同时，尽量与分区亭、开闭所合并，以便于运行管理。自耦变压器中点与钢轨（经 N 线）的连接是必须的，否则自耦变压器起不到应有的作用。

（二）牵引供电系统的功能

牵引供电系统的主要功能是：牵引变电所将电力系统通过输电线送来的高压电能从 220 kV（或 110 kV）降到 25 kV 或 27.5 kV，经馈电线送至接触网，接触网沿铁路上空架设，高速电动车组升弓后便可通过其取得电能，牵引列车不间断地、高速地、可靠地和安全地运行。

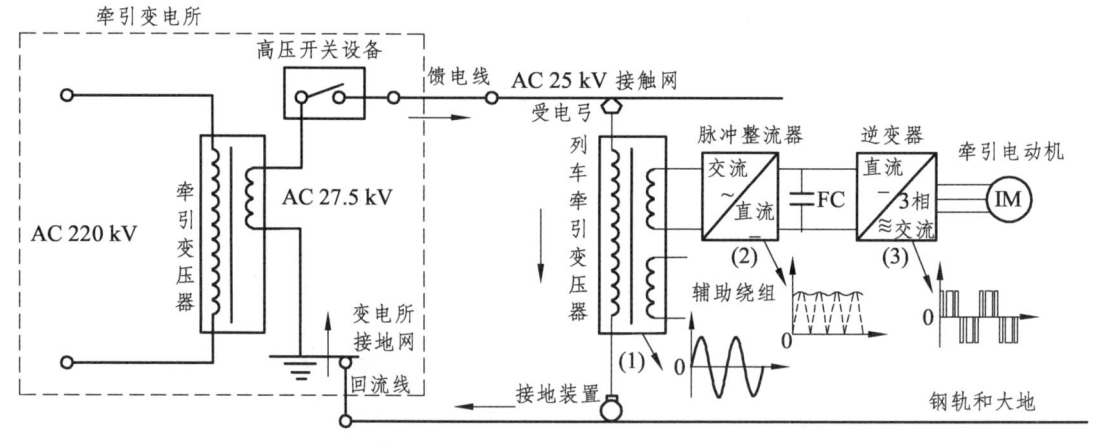

图 3-1-7　牵引供电系统的工作过程

电力牵引负荷为一级负荷，对供电可靠性要求高，牵引变电所一般设置两台变压器，引入牵引变电所的外部电源应为两路独立可靠的电源，并互为热备用，能够实现自动切换。

（三）高速电气化铁路牵引供电的供电制式

高速电气化铁路牵引供电的供电制式是指高速电气化铁道供电系统中采用的电流制式、

电压等级及供电方式等。世界各国采用的供电制式各不相同,我国的电气化铁路选择了 25 kV 单相工频（50 Hz）和 27.5 kV 两种交流供电制式,这种供电制式与工业生产所使用电流频率简称工频相同,能使牵引动力获得最佳效果,从天上到地下,一套复杂完整的大系统为电气化列车的运行提供了保证。

1．牵引供电的供电制式种类

目前世界上主要应用的有四种牵引供电的供电制式。

（1）直流制。

直流制是以直流电源经接触网供电给电力机车能源。

（2）三相交流制。

三相交流制是应用两根接触导线和一根钢轨形成三相供电系统：机车采用三相异步电动机,设备简单,维修方便,但调速困难、接触网结构复杂且不安全。

（3）低频单相交流制。

低频单相交流制采用低于工业频率的单相交流电源进行供电。

（4）工频单相交流制。

工频单相交流制是采用工业频率的单相交流电源供电的制式,供电电压 25 kV,我国 1958 年开始修建的第一条电气化铁道线（宝鸡—凤州）便应用了这种制式,并沿用至今,成为我国电气化铁道唯一的电流制形式。

2．工频单相交流制优点

（1）牵引供电系统结构简单,牵引变电所间距大、数目少,高速电动力车粘着性能和牵引性能良好,从而可以大大提高其牵引功率,为高速运行提供最根本的前提条件。

（2）可以实现高压输电,减少变电站的数量,从而降低电气化的初期投资,并可以降低约 1/3 能耗,从而减少运营支出。

（3）大大减少有色金属用量（可减少 60% 左右）。

（4）可以避免直流电腐蚀地下设施。

第二节　高速铁路牵引变电系统

高速电气化铁路牵引变电系统的任务是根据线路输送能力和行车组织方式确定牵引供电方案和牵引供电设施的布局,将来自公共电网电能的电压转变成与所使用的牵引电能相符的标称电压,并将之输送到接触网,确保铁路运输牵引供电能力的完全匹配。

一、高速铁路牵引网的供电方式

高速电气化铁路牵引网供电方式大体上可分为四种：直接供电方式、带回流线的直接供电方式（TRNF）、BT 供电方式和 AT 供电方式。

(一)直接供电方式

所谓直接供电方式,就是牵引网不采取任何措施,从牵引变电所直接向牵引网供电,它的一根馈线接在接触网上,另一根馈线接在钢轨上,回流电通过钢轨返回牵引变电所,且牵引变电所与接触网间不设置任何特殊防护措施。

1. 优点

供电方式最简单,投资最省,牵引网阻抗小,能耗也较低。

2. 缺点

由于钢轨和大地之间没有良好的绝缘,牵引回流电从钢轨泄漏到地中的分量较大,同时交流负荷在接触网周围空间也产生交变电磁场,从而对铁路沿线接近的通信设施和无线电装置产生较大的电磁干扰,一般只在通信线路少的山区采用。

不带回流线的直接供电方式在我国早期的电气化铁路中采用,机车电流完全通过钢轨和大地流回牵引变电所,牵引网本身不具备防干扰功能。在接地方面,每根支柱需单独接地(设接地极或通过火花间隙),或者通过架空地线实现集中接地(架空地线不与信号扼流圈中性点连接),如图 3-2-1 所示。

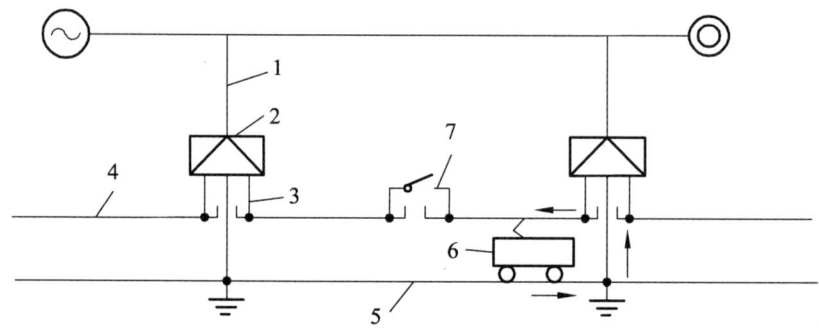

1—输电线;2—牵引变电所;3—馈电线;4—接触线;
5—钢轨;6—电力机车;7—分区所(亭)

图 3-2-1 不带回流线的直接供电方式

德国曼海姆—斯图加特、汉诺威—维尔茨堡、汉诺威—柏林、法兰克福—科隆、纽伦堡—英格尔斯塔特等高速线路均采用直接供电方式,运营速度为 250~330 km/h。

3. 改进供电方式目标

(1)降低钢轨电位。
(2)减小对弱电系统的电磁干扰。
(3)具有更强的供电能力(更小的牵引网电压损失和电能损失),更长的供电距离,较少的变电所数量和分相数量。

(二)带回流线的直接供电方式(TRNF)

为了改善钢轨中的回路电流漏入大地所造成的危险和干扰,在接触网的支柱上再架设一条与钢轨并联的架空回流线,利用回流线与钢轨间并联连接线的互感作用,使钢轨中的回路电流尽可能地经回流线流回牵引变电所中，回流线每隔一定距离与钢轨相连，钢轨电位大为降低，部分抵消接触网对邻近通信线路的干扰、牵引网阻抗比直接供电方式低，使供电臂延长30%及以上，如图3-2-2所示。

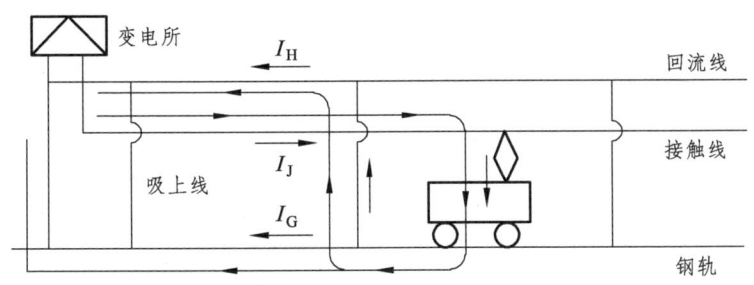

图3-2-2 带回流线的直接供电方式

电流从牵引变电所馈电线通过接触网流向高速电动车组，从电动车组下到钢轨上，回流电分为三部分：一部分直接沿钢轨流回变电所，约占40%；一部分从钢轨通过吸上线流向负馈线，通过负馈线返回变电所，约占30%；剩余电流从钢轨漏泄至大地，沿大地流向牵引变电所，在变电所附近返回钢轨或变电所地网。

1．优点

（1）接触网结构简单可靠、供电设备可靠性高、故障率低、维修工作量小。
（2）馈电回路简单，回路阻抗较小。
（3）经济性好、一次投资及运营费均较低。

这种改进型的直接供电方式的供电性能和供电质量得到了改善，在我国电气化铁路上得到了广泛的采用，是我国主要使用的供电方式。

2．带回流线的直接供电方式实现目标——相对直接供电方式

（1）钢轨电位一定程度上有所降低。
（2）电磁干扰一定程度上有所减小。

带回流线的直接供电方式，列车电流一部分通过钢轨和大地流回牵引变电所（约70%），其余通过回流线流回牵引变电所（约30%），由于流经接触网的电流和流经回流线的电流虽然大小不等，但方向相反，且安装高度比较接近，两者对铁路沿线通信设施的电磁干扰影响趋于抵消，因而具有一定的防干扰功能，在接地方面，接触网支柱通过回流线实现集中接地，回流线每隔一个闭塞分区通过吸上线与信号扼流圈中性点连接。

（三）BT供电方式

BT（Boost Transformer）供电方式又称吸流变压器供电方式，它是牵引供电系统中加装吸流变压器-回流线装置的供电方式，在我国早期电气化铁路中有采用。

这种供电方式，在接触网上每隔一段距离装一台吸流变压器，吸流变压器为1：1的单卷变压器，其原边串入接触网，间隔约1.5～4km，次边串入回流线，又称负馈线，架在接触网支柱田野侧，与接触悬挂等高，每两台吸流变压器之间有一根吸上线，将回流线与钢轨连接，其作用是将钢轨中的回流"吸上"去，经回流线返回牵引变电所，列车所处的BT间隔

内存在"半段效应",即在该 BT 段内接触网与回流线中的电流并不相等,防干扰效果并不明显,而在其余 BT 段内两者的电流大小相等,方向相反,防干扰效果非常明显。如图 3-2-3 所示。

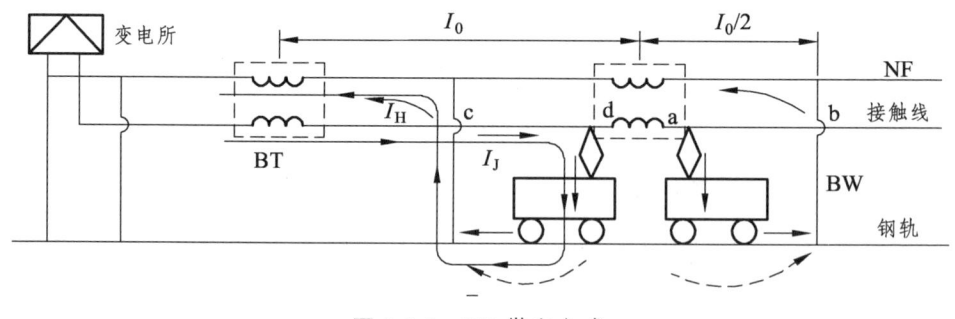

图 3-2-3　BT 供电方式

1. 缺点

（1）BT 方式牵引网结构复杂,造价较高,并不能完全消除电磁干扰,存在半段效应。

（2）牵引网阻抗变大,供电臂长度将减小,供电电压损失及电能损失均增加,在接触网回路中增加了变压器设备和电气分段,结构复杂,维护工作量大。

（3）BT 方式是串联系统,可靠性较低,电力机车过 BT 时,易产生电弧,烧损接触线和受电弓滑板,不利于高速、重载等大电流运行。

2. 应用情况

最初的主要目的是提高牵引网防干扰能力,但随着通信线路的电缆化和光缆化,防干扰矛盾越来越不突出,其生命力也已大大降低,目前在我国电气化铁道中采用 BT 供电方式的线路中,大部分 BT 变压器已经退出运行。

3. BT 供电方式实现目标

（1）长回路中钢轨电位降为 0。

（2）长回路磁场完全平衡,电磁干扰降至最低。

（3）具有更强的供电能力（更小的牵引网电压损失和电能损失）,更长的供电距离,较少的分相数量,BT 供电方式不适合高速列车的运行。

（四）AT 供电方式

AT（Auto-Transformer）供电方式又称自耦变压器供电方式,自耦变压器供电方式是每隔 10～15 km,在接触网与正馈线之间并联接入一台自耦变压器,其中性点与钢轨相连。另外,上下行各架设有一根与钢轨并联（通过扼流圈）的保护线,用于接触网或正馈线的网络保护接地。理论上讲,除了高速电动车组所在的 AT 段（该 AT 段存在"半段效应"）以外,其余 AT 段内流经接触网中和正馈线中的电流大小相等,方向相反,且电流大小仅为高速电动车组电流的一半。

采用 AT 供电方式时,牵引变电所主变压器输出电压为 55 kV,经 AT 向接触网供电,一端接接触网,另一端接正馈线,其中点抽头则与钢轨相连,因自耦变压器将牵引网的供电电压提高一倍,而供给高速电动车组的电压仍然不变,故接触网输送的仍为额定电压,自耦变压器的存在，使钢轨流回的电流，经自耦变压器绕组和正馈线流回变电所，当自耦变压器的一个绕组电流流经变压器时，其另一个绕组感应出电流供给高速电动车组。由于 AT 供电方式牵引变电所馈出电压高，所间距可增加一倍，便于牵引变电所选址和电力部门的配合，同时分相点少，并可适当提高末端网压，如图 5-2-4 所示。

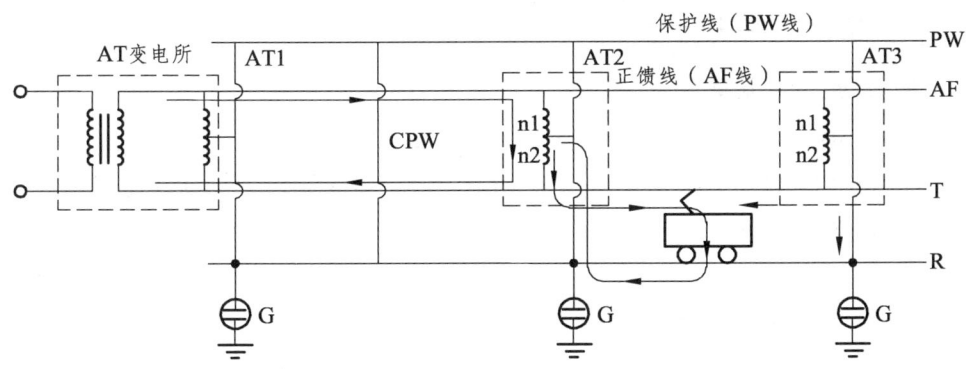

图 3-2-4　AT 供电方式

1. AT 供电方式特点

（1）采用 2×25 kV 系统，供电电压比直供方式高一倍，而牵引网单位阻抗仅为直供方式的 57% 左右，牵引网阻抗很小，电压损失降低、电能输送能力增强，对通信线路的干扰防护能力要优于带负馈线的直接供电方式，显示了良好的供电特性。

（2）牵引变电所的间距大，供电距离长，可达 40～50 km。易选址，减少了外部电源的工程数量和投资。

（3）牵引网回路是平衡回路，屏蔽系数为直供方式的 1/20 左右，防干扰效果好，可改善电磁环境，并减少防干扰费用，但是也存在半段效应。

（4）牵引变电所主接线相对较复杂，导线数量多，使其一次投资费用增大，但自耦变压器并联于接触网上，不需增设电分段，减少了电分相数量，适用于高速和重载的重负荷铁路及运输繁忙双线区段。

（5）AT 供电方式的接触网结构复杂，牵引网系统需设正馈线，较一般直供方式复杂，但在重负荷区段不必设加强导线，与直供方式相当，变电系统较直供方式减少了牵引变电所的数量，但需设 AT 所，开关设备需用双极。

2. 应用情况

日本东海道、东北、上越、山阳、北陆、盛冈—秋田、盛冈—八户等所的新干线总长 2 154 km，全部采用 AT 供电方式，运营速度为 260～300 km/h；在欧洲一些国家的高速铁路牵引变电所应用得较为广泛，法国东南线（426 km，270 km/h）为 AT 与直供混合供电方式，而大西洋线、北方线、地中海线总长 918 km，全部采用 AT 供电方式，运营速度为 300～350 km/h；韩国首尔—釜山全长 412 km，采用 AT 供电方式，运营速度为 300 km/h；马德里—塞维利亚（471 km，250 km/h）采用直接供电方式，马德里—巴塞罗那（730 km，350 km/h）采用 AT 供电方式；意大利都灵—佛罗伦萨、罗马—那不勒斯（620 km，300 km/h）采用 AT 供电方式。

我国新建的 250 km/h 及以上高速铁路普遍采用 AT 供电方式，供电臂长度一般为 30～40 km，设 2 个或 3 个 AT 段。

3．AT 供电方式实现目标

（1）长回路中钢轨电位降为 0。

（2）长回路磁场完全平衡，电磁干扰降至最低。

（3）具有最强的供电能力（更小的牵引网电压损失和电能损失），供电距离更长，减小分相数量，适合于高速列车的运行。

（五）同轴电力电缆供电

同轴电力电缆供电（简称 CC 供电方式），是一种新型的供电方式，同轴电力电缆沿铁路埋设，其内部芯线作为馈电线与接触网连接，外部导体作为回流线与钢轨相接，每隔 5~10 km 作一个分段，如图 3-2-5 所示。

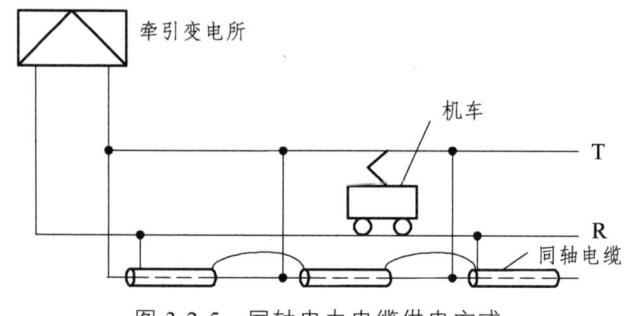

图 3-2-5　同轴电力电缆供电方式

1．优点

（1）馈线与回流线在同一电缆中，间隔很小，且同轴布置，使互感系数增大，同轴电力电缆的阻抗比接触网和钢轨的阻抗小得多，牵引电流和回流几乎全部经由同轴电力电缆流过。

（2）电缆芯线与外部导体电流相等，方向相反，二者形成的磁场相互抵消，对邻近的通信线路几乎无干扰，由于阻抗小，因而供电距离长。

2．缺点

同轴电力电缆造价高，投资大，现仅在一些特别困难区段采用。

二、高速电气化铁道牵引变电系统主要设施

高速电气化铁路牵引供电系统作为从电力系统或一次供电系统接受电能，通过变压、变相或换流（将三相交流电变成工频单相交流电）后，向高速电动车组负载提供所需电流制式的电能，并完成牵引电能传输、配电等全部功能的完整系统，牵引变电系统是整个系统的关键部分，而其中牵引变电所又是牵引供变电系统的重要环节，它完成变压、变相和向牵引网供电等功能，实现公用三相电力系统与单相电力牵引系统的变换。

（一）牵引变电所

牵引变电所是牵引变电系统的心脏，是沿铁路线建设，向高速电动车组供电的电力变电所，我国高速电气化铁路采用的是工频单相 25 kV 交流制，而电力系统作为一个三相交流系

统,需要经过变换电压等级和由三相变换成单相才能使用,同时高速电气化铁路产生的负序和高次谐波对电力系统会造成多种不良影响,也需要通过牵引变电所来解决。

1. 作用

牵引变电所的作用是从公用电力系统(Public Electric Power Systems)引入 220 kV 或 110 kV 的三相交流电,将其通过变压器转换为适合高速电动车组使用的 25 kV 或 27.5 kV 的单相交流电并向铁路上、下行两个方向的牵引网供电。除此而外,它还起着供电保护、测量、控制电气设备,提高供电质量,降低电力牵引负荷对公共电网影响等作用。为确保牵引供电万无一失,牵引供电系统都采用"双备份"模式,两套设备通过切换装置可以互为备用并随时处于"战备"状态,以备不时之需。

2. 牵引变电所的类型

牵引变电所在电能变换过程中,按照采用的变压器种类及接线的形式不同,可以将牵引变电所分为以下三种类型:

(1)三相牵引变电所。

牵引变电所内采用三相变压器,是我国电气化铁道目前采用最多的形式。其优点是变压器次边能提供三相电源,供电可靠,操作简单,对电力系统的负序电流影响小;缺点是变压器容量不能得到充分利用,设备多,维修量大。

(2)单相牵引变电所。

牵引变电所内采用单相变压器,变压器的结线可分为纯单相结线和 V 形结线两种。纯单相结线采用一台单相牵引变压器供电,变压器容量利用率为 100%,可以减小变压器的设计容量。纯单相结线牵引变电所的优点是设备简单,维修方便,造价及运营费用低;缺点是没有三相电源,且会对电力系统产生严重的不对称影响。

V 形结线是将两台单相变压器接成"V"形结线,它除具有纯单相结线的优点外,还可以提供三相电源。

(3)其他结线形式的牵引变电所。

由于电气化铁道的牵引负荷是移动的,所以要求变压器的结线方式应尽量满足电力系统中的负荷平衡,为此,国外相继出现了几种新型结线方式,比较典型的有斯科特(Scott)结线和伍德桥(Wood-Bridge)结线,它们都能把对称三相电压变成对称两相电压,把单相牵引负荷较对称地分配给三相电力系统,特别是当变电所两个供电分区上的负荷电流相等时,三相电力系统则完全对称,这就降低了三相电力系统的不对称度。

3. 牵引变电所主要设备

通常将变电所设备分为一次设备和二次设备,一次设备是用于完成电能变换、输送、分配等功能且接触高电压的电气设备,主要有用于将电压升高或降低的电力变压器,它是变电所的中心设备,如果主变压器产生故障,变电所就需投入备用变压器;用于接通和开断电路的高压开关设备,包括:断路器、隔离开关、熔断器、接触器等;用于限制故障电流和防御过电压的电抗器、避雷器等;用于传输电能的母线、电缆等载流导体。二次设备用于完成对一次设备的控制、监视、测量、计量、保护功能且不接触高电压的继电保护装置、监视仪表、操作电路等设备,主要有电压互感器、电流互感器、无功补偿装置、调压装置等,随着科技

的发展，二次设备更加集成化和智能化，形成了牵引变电所自动化系统，为牵引变电所的远动控制提供了可能。、

图 3-2-6　牵引变电所

（1）变电所的一次设备。

变电所的设备如图 3-2-7 所示，一次设备是指高压侧的设备，主要用于电能的接收、转换、电路的分合以及过电压保护，主要有：

① 变压器（见图 3-2-8）：是一种常见的电气设备，牵引变压器的作用是将电压从高压变为低压，把发电厂输送的 110 kV（220 kV）高压通过降压线圈变为适合高速电动车组运行的 27.5 kV 电压。它主要由：铁芯、线圈、油箱、套管、防爆管（压力释放器）、净油器、散热器、呼吸器、温度计等部件组成。

图 3-2-7　变电所的设备　　　　　　　图 3-2-8　变压器

变压器利用电磁感应原理，可用来把某种数值的交变电压变换为同频率的另一数值的交变电压，也可以改变交流电的数值及变换阻抗或改变相位，是从一个电路向另一个电路传递电能或传输信号，用于将电压升高或降低的电力变压器，它是变电所的中心设备，如果主变压器产生故障，变电所就需投入备用变压器，牵引变压器容量由单列车取流及馈线上的列车数决定。

我国铁路牵引变压器优先采用单相结线变压器，高压线圈跨接在高压系统的线间，牵引侧线圈一端接在接触网上，另一端与钢轨相连。采用单相结线变压器的优点为：变压器容量利用率高，一次设备简单，有利于动车组再生制动时产生电能的内部平衡消耗；接触网电分相数量较其他形式减少一半，有利于动车组的高速运行；其缺点是：牵引负荷的不对称会给电力系统造成一些不良影响，通常对相邻的牵引变电所采用换相方式接入电力系统。

② 高压电器与开关设备。

在高压系统中，用来对电路进行开合操作，切除和隔离事故区域，对电路运行情况进行

监视，保护和测量的高压开关设备，通称为高压电器，包括：断路器、隔离开关、熔断器、高压负荷开关、接触器等。

a. 隔离开关。

只起隔离作用，不能带载分合，也没有短路等保护功能。高压电网中，当断路器断开电路后，由于断路器触头位置的外部指示器缺乏直观，有些情况下它的指示与触头位置不相一致，隔离开关的断开使高压设备与电源得到明显隔离，保证检修人员的安全，起辅助开关的作用。

图 3-2-9　隔离开关（220 kV）

图 3-2-10　55 kV 断路器

b. 高压断路器。

一种重要的控制和保护电器，高压断路器按种类大体可分为多油断路器（目前已基本不采用）、少油断路器、SF6 断路器及真空断路器，断路器的大体由导电部分、灭弧部分、绝缘部分、操作机构等组成。

断路器的作用是它不仅可以切断与闭合高压电路的空载电流和负载电流，而且当系统发生故障时，它和保护装置、自动装置相配合，迅速切断故障电流，以减少停电范围，防止事故扩大，保证系统的安全运行，断路器适用高电压，通常采用真空和六氟化硫等介质，灭弧能力强。

主断路器连接于受电弓及主变压器原边绕组之间，它是高速电动车组电源的总开关和总保护，当主断路器闭合时，高速电动车组从外部获得电源。

c. 熔断器。

熔断器是最简单和最早采用的一种限流元件，和被保护的电气设备串接于电路中，在电路发生过载或短路时，利用其熔件的熔断断开电路，起到保护其他电路设备的作用。

d. 高压负荷开关。

在电路正常工作或过载时开/合电路，不能开/合故障电流，负荷开关通常起控制与过载保护的作用。

③ 用于限制限制电路中的短路和防止过电压的电抗器。

④ 用于传输电能的母线、电缆等载流导体。

（3）变电所二次设备。

二次设备是用于正确反映一次系统的工作状态，监控、调度、测量、保护一次设备的设备，包括测量仪表、监视装置、信号装置、控制装置、继电保护、自动装置和远动装置等。主要由以下装置构成。

① 控制和信号系统。

a. 牵引变电所控制系统：用于对开关进行分闸与合闸的控制以及直流电源调节、交流电源切换、变压器冷却风扇投入和退出、操作机构加热器投入和退出、变压器抽头调节等操作。变电所开关控制一般有当地控制、距离控制和远程控制三种方式。变电所的主控制室一般有交流电源屏、直流电源屏、蓄电池屏、计量屏、控制屏、保护屏、远动系统的 RTU 等二次设备。

b. 中央信号系统：操作人员对设备监视的助手，系统由预告信号和事故信号两部分组成，预告信号指设备的各种异常信号，如控制回路断线、PT 断线、变压器油温过高、液压操作机构油压过压或欠压等，信号来源于继电保护系统，事故或异常现象发生时能发出事故报警或预告事故，当发生保护装置跳闸时，保护装置同时发出信号到中央系统。

② 继电保护及自动化系统：我国铁路牵引供电系统的继电保护及监控装置均采用微机型综合自动化系统，为满足无人值守的要求，各所的防灾安全监控系统及交直流自用电系统的操作、监控、直流绝缘监控装置均纳入本系统。

继电保护是反映电力系统中电气元件发生故障或不正常运行状态并动作于断路器跳闸或发出信号或指示的自动装置。当电力系统出现过负荷、频率降低、过电压等不正常工作状态或发生短路、断路等电气故障，继电保护应迅速指示不正常状态并予以控制或迅速切除故障，使停电范围缩小。牵引网保护用于切除牵引网短路故障及超出允许范围内的过负荷电流，发生故障时，切除故障馈线。

③ 互感器。

电网中的电压很高，工作电流通常很大，互感器常用于将电路中的电压电流变小，便于检测和自动控制，同时隔离高低压电路。

图 3-2-11　55 kV 电压互感器　　　　图 3-2-12　55 kV 电流互感器/真空断路器

（4）防雷装置和接地装置。

用于电力系统中保护设备和人员安全，牵引变电所的保护接地和工作接地采用同一个环状接地网，主变压器牵引侧接地端与接地网相连，也与钢轨、回流线相连，从而形成牵引电流的回流通路，为预防雷害，安装有避雷针、避雷器等。

① 防雷装置：各牵引变电所、分区所、AT 所、开闭所设有独立的避雷针以防止直击雷对全所设备、架构及建筑物的袭击，独立避雷针与配电装置带电部分空气中距离不小于 5 m，在牵引变电所 220 kV 进线侧、主变压器低压侧、馈线负荷侧、分区所、AT 所、AT 所兼开闭所 2×27.5 kV 进线侧、馈线侧设有相应等级的氧化锌避雷器，以限制雷电波的幅值的目的。

② 接地装置：变压器的底座和外壳、户内外配电装置的金属构架和钢筋混凝土基础以及靠近带电部分的金属围栏和金属门等应进行保护接地。牵引变电所、分区所、AT 所接地网的

接地电阻应不大于 0.5 Ω，根据系统短路电流进行校核，当各所的接地电阻实测值达不到要求时，可采用引外接地、加降阻剂或利用挖方和填方将土壤换为所要求的土壤等方法以达到降低该所接地电阻值的目的。

图 3-2-13　220 kV 氧化锌避雷器

图 3-2-14　电抗器、电容器

（5）用于调整电压和无功补偿的电力电容器、静止补偿装置等。

电力牵引供电系统的功率因数较低，需进行功率补偿，电容器保护对电力电容器及补偿电路中出现的过流、短路、涌流、谐波、过压等故障进行保护。目前常用的补偿方式有：串联电容器补偿、并联电容器补偿和串并联电容器补偿。

电力电容器作为无功功率补偿装置的主要电器件而得到广泛应用，但由于电容器长期处于运载状态，经常会受到电网中各种非正常因素引起的过电流对电容器的冲击，当系统中电压、电流超越电容器的额定电流值时，将导致电容器内部介质耗损增加，产生过热而加速绝缘老化、降低使用寿命，严重时可能使介质击穿，并发生重大事故。

（二）牵引变电所综合自动化系统

牵引变电所综合自动化系统是利用先进的计算机技术、现代电力电子技术、通信技术和信号处理技术，将变电站的二次设备（包括仪表、信号系统、继电保护、自动装置和远动装置等）的功能进行组合和优化设计，它连接着不同的智能设备和主控系统，协调这些设备间的数据和命令交换，实现对全变电站的主要设备和线路的运行情况执行监视、测量、控制和协调工作，变电所综合自动化替代了变电所常规二次设备，简化了变电所二次接线。

我国对牵引变电所综合自动化的研究、开发和应用开始于 20 世纪 80 年代中、后期，90 年代逐渐形成高潮，目前已发展成一个相对独立的技术领域，随着微电子技术、计算机技术和通信技术的发展，变电所综合自动化技术也得到了迅速发展。

1. 牵引变电所综合自动化系统的组成与功能

综合自动化系统是将独立保护、测控单元设备，通过通信网络构成系统，实现对牵引供电设施的保护、当地监控及远程数据传输，由各种保护测控单元、当地监控单元、远程通信单元、安全（视频）监控单元等组成，采用分散化设计思想，即分层分布式结构，保护测控模块功能独立，各模块采用面向对象设计，分为间隔层设备、通信层设备和后台监控设备三类，遥视及防火、防盗等功能由视频安全监控子系统实现，远方监控、信息管理等由调度所监控系统实现，从而实现对设备的集中控制、监视、测量、数据集中管理及远程维护等功能。

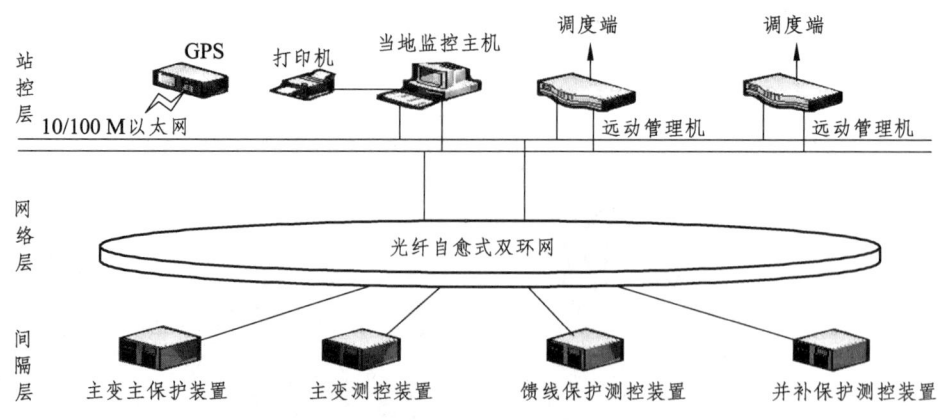

图 3-2-15 牵引变电所综合自动化系统

综合自动化系统既要考虑重要保护的独立性，又要建立经济灵活的网络形式，以实现资源的共享，最大限度地利用系统资源，通过网络实现辅助保护功能及自动控制功能，完善保护配置，提高系统的故障处理速度和运行的可靠性，系统适用于各种类型的牵引变电所、分区所和开闭所。

2．系统结构特点

（1）各保护测控单元完成变电所的继电保护、测量、控制功能。可分散安装，也可集中组屏。间隔层采用双环自愈光纤网络。

（2）调度中心通过通信单元与保护测控单元通信，实现四遥功能。

（3）当地监控单元可就地完成调度中心的操作，不考虑双机热备用。

（4）安全监控单元与自动灭火系统一起，组成变电所安全监控系统，实现

遥视。为保证图像传输的实时性，要求为视频提供单独的 2M 光纤口。在远动通道故障时，可临时征用视频通道，而视频主机置于"转发"模式，首先保证"四遥"功能。

我国铁路牵引变电所、开闭所均按无人值班设计，AT 所、分区所均按无人值班、无人值守设计，各所的进线电源、牵引变压器、AT 变压器设置有自投入装置，各所馈出线设置有自动重合闸装置，此外牵引变电所、分区所、AT 所还设置有接触网故障测距装置，分区所、AT 所的吸上电流值通过专用通道上传至同一供电臂的牵引变电所，并与其牵引变电所的馈线所测得的电流值通过接触网故障测距装置进行计算得出接触网故障点的距离。

综合自动化系统完成本所就地的运行管理，各所的保护、测量和控制功能均采用综合自动化系统，对牵引变电所的监控大多通过牵引变电所综合自动化系统来实现，此外综合自动化系统还通过远动通道与调度端设备接口实现远动功能，纳入综合调度系统中的牵引供电调度子系统。

（三）牵引供电 SCADA 系统

随着高速电气化铁路对供电质量的要求愈来愈高，生产管理部门依靠科技进步，采用先进技术和现代化管理手段运营管理供电系统，实现了系统综合自动化。

1．牵引供电 SCADA 系统组成

SCADA（Supervisory Control And Data Acquisition）系统，即数据采集与监视控制系统，

SCADA 系统应用领域很广，它可用于电力系统、给水系统、石油、化工等领域的数据采集与监视控制以及过程控制等诸多领域。在电力系统以及电气化铁道上，又称其为远动系统，牵引供电设备一体化监控管理由 SCADA 系统完成。

图 3-2-16 牵引变电所综合自动化远程监控室

牵引供电远动监控系统是实现电力调度所与所辖变电所等的供电装置之间远距离实时信息传输、处理，从而实现对所辖变电所等供电装置的运行状态进行实时监测控制的计算机控制装置。具体来说牵引供电远动监控系统可以实现调度所内的调度员完成对执行端的短路器、隔离开关等设备的遥控操作，并通过执行端设备将开关的位置信息、中央信号状态信息采集返回调度所，将执行端各种电量（馈线电压、电流、电度、功率等）采集后送回调度所。调度员通过监控系统可以对整个区段的供电运行情况有一个通盘了解和判断，调整系统达到最佳供电方式。在变电所设备故障时，可及时发现短路器跳闸、故障信号预告信号的现实等，以便及时处理事故，防止故障扩大化。系统一般由调度端、被控站及信道等组成。

（1）调度端。

设在电力调度所内完成远动对象的监控、数据统计及管理功能等；高速铁路中主机均为网络化系统。

（2）被控站（RTU：Remote Terminal Unit）。

各牵引变电所、亭，受调度端监视的站称为被控站，被控站完成远动系统的数据采集、预处理、发送、接收及输出执行等功能。被控站内的信息和数据包括：开关的位置信号、事故信号、预告信号（何种保护动作、动作时间、自动重合闸是否动作等）以及电度表、电压、电流和故障点的测量数据等。高速铁路中被控站的远动系统由综合自动化系统完成，牵引变电所综合自动化系统除具备常规远动终端 RTU 的四遥和事件记录远传等全部功能外，还包括微机保护定时远方监视、修改、录波与测距数据远传以及其他数据通信功能。接收调度端远动装置发来的查询、遥控命令，经译码确认后执行，将被控站内的数据和信息编码发送给调度端。

（3）信道。

远动信息传输的介质（通路）称为信道，调度端与被控站是通过通道联系起来的。通道形式有有线、无线、光缆等多种。在高速电气化铁路中，信道均采用光缆，音频信号或电码可直接送到通信站，调制成光信号后传输到执行站附近车站，经光端机解调还原成音频或电码送往执行站。

我国高速铁路 SCADA 系统是集通信、信号、牵引供电、电力远程监控的一体化设计，采用分层分布式系统结构。控制中心采用独立的监控网络及设备，通过网络安全隔离措施与其他系统进行接口。

牵引供电 SCADA 系统通过一个或多个相互连接的通道，将牵引供电系统综合调度系统的主控中心、维修中心、被控站构成一个广域网系统。调度端通过通道与被控站连接成一个 1∶N 系统，对远方处于分散状态的牵引变电所、亭进行集中监测、集中控制和集中管理，以实现远程控制、远程信号、远程测量、远程调节等各项功能。

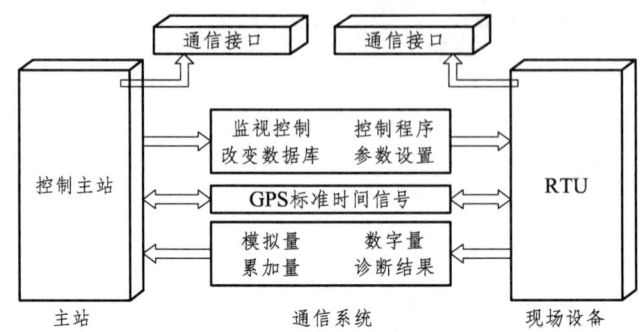

图 3-2-17　SCADA 系统的工作流程

牵引供电系统采用调度所远方控制、所内集中控制、设备本体控制三级控制方式，正常运行时采用调度所远方控制，当设备维修时采用所内集中控制或设备本体控制，三种控制方式相互闭锁，以达到安全控制的目的。

2．牵引供电 SCADA 系统主要功能

（1）数据采集与监视控制系统，主要监控牵引供电系统沿线各变电所、分区所、开闭所的设备运行状态，完成遥控、遥调、遥测、遥信、遥视及保护与调度管理，在线实时监控 220 V ~ 220 kV 四电设备运行状态。

① 遥控。

遥控是从调度所发出命令以实现远方操作和切换。这种命令只取有限个离线值，通常只取两种状态指令，例如命令开关的"合""分"指令。遥控分为单控、程控。

② 遥调。

遥调是指调度所直接对被控站某些设备的工作状态和参数的调整，如调整变电所的某些量值（如变压器等可进行分级调整）。

③ 遥测。

遥测是将被控站的某些运行参数进行远距离测量后传送给调度所。如有功和无功功率、电压、电流等电气参数及接触网故障点等非电气参数。

④ 遥信。

遥信是将被控站的设备状态信号远距离传送给调度所。如开关位置信号、报警信号等。

⑤ 遥视。

遥视是调度端对被控端进行的远程监视控制，是将被控站设备的视频信号传送给调度所，进行远方图像监视。

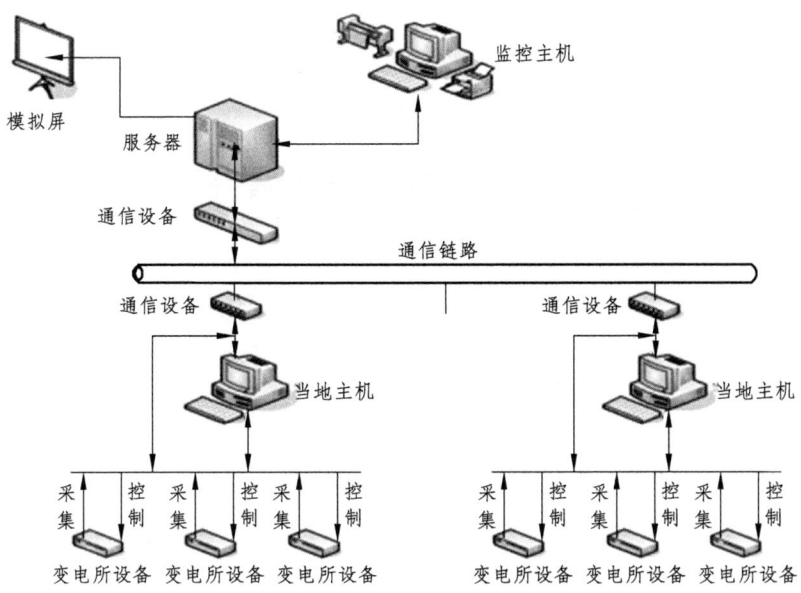

图 3-2-18　牵引供电远动监控系统的设备构成

（2）故障定位，辅助完成设备维修，设备事故处理等功能。
（3）向其他系统提供共享数据，相关系统联动。

3．发展方向
（1）SCADA 系统与其他系统的广泛集成。
（2）变电所综合自动化。
（3）专家系统、模糊决策、神经网络等新技术研究与应用。
（4）面向对象技术、中间技术。

（四）自用电系统

1．交流自用电系统

牵引变电所、分区所、AT 所的通风、照明、主变压器的冷却、操作机构的加热、直流系统的充电等均来自交流自用电系统，自用电属于一级负荷，各所自用电的交流电源要求有两个来源，其中一路单相自用变压器由 2×27.5 kV 母线供电，另一路自用变压器由 10 kV 非牵引线路供电，两路电源设自动投入装置。交流自用电系统的监测单元纳入本所综合自动化系统，以实现远程监控。

2．直流自用电系统

变电所的一个重要电源是直流电源系统，以蓄电池作为直流电源系统的后备，牵引变电所、分区所、AT 所采用铅酸免维护智能型直流系统，采用高频开关电源模块对蓄电池组进行强充电、均衡充电、浮充电及供给正常运行负荷。蓄直流电源电池组采用二组铅酸免维护电池，蓄电池容量应能满足全所事故停电 2 h 的放电容量和事故放电末期最大冲击负荷容量的要求。直流输出电压为 110 V。直流自用电系统的监测单元纳入本所综合自动化系统，以实现远程监控。

第三节　高速铁路接触网系统

高速铁路接触网是电气化铁路所特有的、沿路轨架设的、为高速电动车组提供电能的特殊供电线路，是高速电气化牵引供电系统的重要组成部分。接触网分为架空式接触网和第三轨式接触网，第三轨式接触网仅用于地铁与封闭的城市铁路和轻轨，而架空式接触网可用于客运专线、铁路干线、城市地面交通和工矿电力机车的电力牵引线路。

接触网沿路轨架设，分布区域广，无法实现备用，无备用性决定了它的脆弱性和重要性，接触网与周边设施之间相互影响，雷电等气象条件对接触网的机电参数作用十分明显。

一、接触网的基本要求

接触网是高速电气化铁路牵引供电系统中的主要供电设备之一，它担负着把从牵引变电所获得的电能直接输送给走行在高速线上的高速电动车组使用的重要任务，它的质量和工作状态将直接影响高速电气化铁道的运输能力和安全。

接触网与一般的输电线路不同，它必须架设在高速铁路线路的正上方，高速电动车组利用顶部的受电弓与接触网接触而获得电能。由于接触网是露天设置，常年暴露于铁路上方，受着各种恶劣气象条件的影响，无备用，经受污染、腐蚀和受电弓摩擦，其工作状态又是随着高速电动车组的运行而变化，一旦损坏将中断行车，会给运输工作带来巨大损失，因而使得接触网的工作条件非常复杂，对它的要求也非常严格。为此，对高速受电用的接触网要满足以下几个方面的要求。

（1）接触悬挂应高度一致，在机械结构上要有良好的稳定性和足够的弹性，在各种恶劣环境条件下和运行速度变化范围内应能不间断供电，以保证高速电动车组的正常取流。

（2）接触网设备对地绝缘要安全可靠，设备安装应便于带电作业的进行。

（3）接触网设备及零件要有足够的机械强度和电气强度，具有足够的耐磨性和抗腐蚀（包括抗电蚀）能力并尽量延长设备的使用年限。

（4）接触网设备结构要尽量简单，尽可能地降低成本，特别要注意节约有色金属及钢材，零件要尽量标准化、系列化、扩大互换性，有利于在施工和运营检修方面具有充分的可靠性和灵活性，在事故情况下，便于抢修和迅速恢复送电。

（5）在接触网的接触悬挂方面，目前在常速列车供电中采用的弹性半补偿链形悬挂和弹性全补偿链形悬挂已不能适应高速列车的要求，应有更为先进的接触悬挂装置。

总之，要求接触网无论在任何气象条件下，都能处于良好的工作状态，满足高速电动车组在线路上安全、高速运行的要求，并在符合上述要求的情况下，尽可能地节省投资、结构合理、维修简便、便于新技术的应用。

二、牵引变电所向接触网的供电方式

接触网是向高速电动车组供电的特殊输电线路，牵引变电向接触网供电的方式有四种。

（一）单边供电

各变电所相互独立，接触网供电分区由牵引变电所从一边供应电能，相邻两牵引变电所间中央断开，每个接触网供电分区通常称为一个供电臂，将两牵引变电所之间两供电臂的接触网分为两个供电分区，相邻两个牵引变电所之间的供电臂相互绝缘，动车组只从相关的某个牵引变电所取电，称为单边供电。对于两个异相牵引端口的牵引变电所，通常在牵引变电所出口两馈线相连的接触网上和分区的接触网上设分相绝缘器。当某一牵引变电所因故障失电时，可将两端分区亭的开关合上进行越区供电，有较好的电能质量（电压，电能损失小），设备（接触网导线，变压器）负荷较均匀，继电保护较为复杂，且有穿越电流流经接触网，目前单线普遍采用这种供电方式。

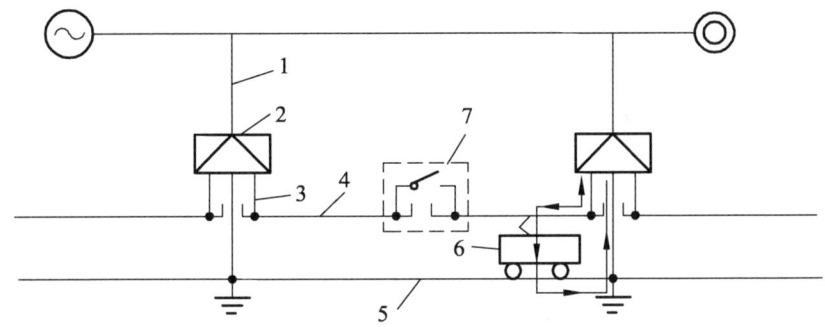

1—输电线；2—牵引变电所；3—馈电线；4—接触线；5—钢轨；
6—高速列车；7—分区所（亭）。

图 3-3-1　单边供电示意图

优点：相邻供电臂电气上独立，运行灵活，接触网发生故障时，只影响到本供电分区，故障范围小，牵引变电所馈线保护装置较简单，有较好的电能质量（电压，电能损失小），设备（接触网导线，变压器）负荷较均匀。

缺点：继电保护较为复杂，且有穿越电流流经接触网。

应用范围：是我国主要的接触网供电方式。

（二）双边供电

如果在中央断开处设置开关设备，可将两供电分区连通，此处称为分区亭，将分区亭的开关闭合，则相邻牵引变电所间的两个接触网供电分区均可同时从两个牵引变电所获得电流，称为双边供电。

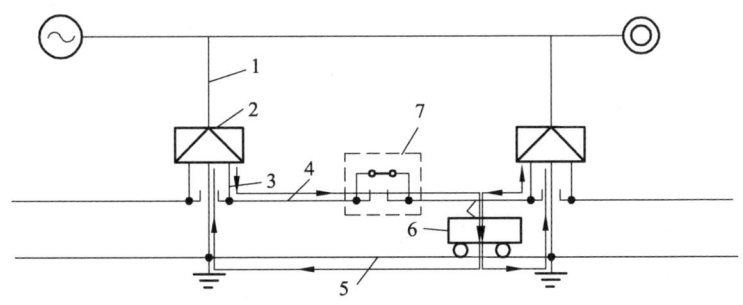

图 3-3-2　双边供电示意图

特点：电源来自两个区域变电所，给铁路供电的输电线是联络这两个区域变电所的通路，可以分为单回路供电和双回路供电，单回路供电比双回路供电投资节省，但双回路供电比单回路供电可靠性更好。可提高接触网电压水平，减少电能损耗，但馈线及分区亭的保护及开关设备都较复杂。

应用范围：在我国很少采用。

（三）越区供电

越区供电是当某一牵引变电所因故不能正常供电时，故障牵引变电所担负的供电臂，经分区亭的开关设备与相邻供电臂接通，由相邻牵引变电所进行临时供电，这种供电方式称越区供电。

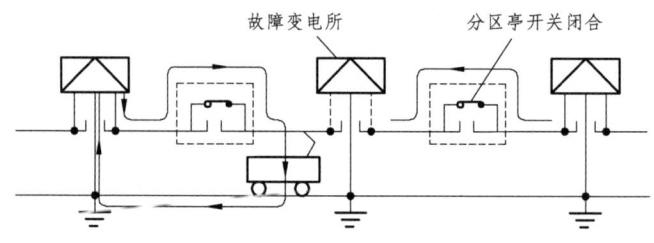

图 3-3-3　越区供电示意图

应用范围：只能在较短时间内实行越区供电，是避免中断运输的临时性措施。

（四）并联供电

复线区段同一侧供电臂上、下行线通过开关设备（或电连接线）实行并联供电。

特点：并联供电可提高供电臂末端电压，但是接触网发生事故时，影响范围大，运行检修不够灵活。

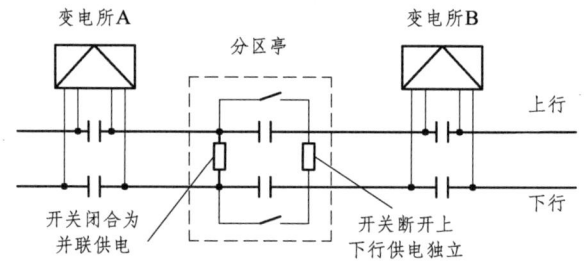

图 3-3-4　复线区段供电示意图

应用范围：我国在哈大线等线路使用了并联供电，高速线应优先采用上下行分开的供电方式。

三、接触网的组成

接触网是高速铁路牵引网的核心，其功能是全天候不间断地向高速电动车组供电，它由支柱与基础、支持装置、定位装置和接触悬挂装置四部分组成，如图 3-3-5 所示。

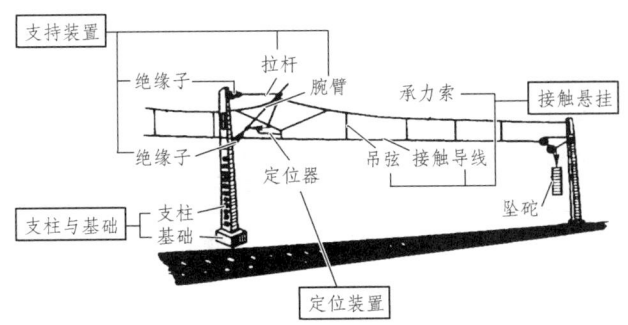

图 3-3-5 接触网示意图

（一）支柱与基础

支柱与基础是接触网重要机械设备，用以承受接触悬挂、支持和定位装置的全部机械负荷，并传递给大地，同时将接触悬挂固定在规定的位置和高度上的支撑设备。要求其强度高、重量轻、结构简单、材料经济合理、具有良好的耐腐蚀能力以及施工运营维护方便，还应考虑与周围环境的协调，要造型美观和漂亮，如图 3-3-6 所示。

（a）

（b）

图 3-3-6 支柱与基础

1．按其用途分

（1）中间柱：位于区间和站场，承受工作支接触悬挂的垂直和水平负荷，如图 3-3-7 所示。

（2）转换柱：位于锚段关节内，承受下锚支和工作支接触悬挂的垂直和水平负荷，如图 3-3-8 所示。

图 3-3-7 中间柱

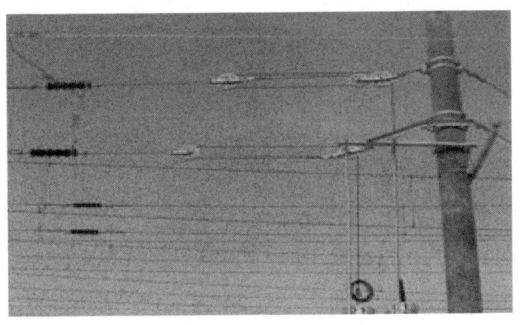
图 3-3-8 锚柱

（3）中心柱：位于四跨或五跨锚段关节中，承受两组接触悬挂的垂直和水平负荷。

（4）锚柱：位于锚段关节的两端或需下锚的地点，承受顺线路方向的下锚拉力和工作支接触悬挂的垂直和水平负荷。

（5）定位柱：位于站场道岔后曲线处或需支柱定位的地方，承受接触线的水平负荷。

（6）道岔柱：用于站场两端道岔处使线岔定位符合要求。

（7）软横跨柱或硬横跨柱：用于多股道站场，容量要求较大，一般采用钢支柱。

2．按材质分

（1）预应力钢筋混凝土支柱。

采用高标号混凝土制成，在制造时，首先对钢筋预拉使之产生预应力，然后再浇灌混凝土而成，一般简称为钢筋混凝土支柱，钢筋混凝土支柱具有造价低、省钢材、维修简单和便于安装等优点。

（2）钢柱。

一般用角钢焊接而成，钢柱具有重量轻、强度大、安装运输方便等优点，但造价高、易锈蚀、运营中需维修，一般用于跨越股道多、需要支柱高度较高、容量较大的软横跨柱和设立混凝土支柱有困难的地方及桥梁。

图 3-3-9　钢柱

为节省钢材，广泛采用钢筋混凝土支柱，并在五股道及五股道以下的软横跨支柱都采用钢筋混凝土支柱；跨越 5 道以上、需要支柱高度较高、容量较大的软横跨支柱、桥支柱、双线路腕臂柱采用钢柱。区间一般采用环形等径预应力混凝土支柱，桥上支柱采用热浸镀锌钢柱，跨度小时用环形等径预应力混凝土支柱，跨度大时选用热浸镀锌钢柱。

基础主要是对钢支柱而言的，即钢支柱固定在下面的钢筋混凝土制成的基础上，由基础承受支柱传给的全部负荷，并保证支柱的稳定性。

（二）支持装置

用以悬吊和支撑接触悬挂并将其各种载荷传递给支柱或桥隧等大型建筑物。

1．结构类型

根据接触网所在的位置及作用不同，支持装置的结构也有不同的类型：

（1）在区间主要是以腕臂支持结构。

（2）站场大于 3 个股道时，一般采用软横跨、硬横跨结构方式，其中硬横跨也是以腕臂结构安装的一种。

（3）隧道和桥梁等大型建筑物处则据其内部结构而有不同设计形式，必要时采用特殊结构（如大限界框架、多线路腕臂等方式）。

腕臂支持是接触网应用最多的支持形式，它有柔性支持和刚性支持两类结构，高铁接触网采用刚性支持装置，与柔性支持装置相比，具有以下优点。

（1）承力索为底座式，通过调节其位置来达到调整承力索的偏差，从而缩短接触网的安装调整时间，提高工作效率的目的。

（2）承力索由悬挂状态改为支持状态以保证系统的稳定性，消除了承力索、接触线晃动缺陷，稳定性高，受流特性好。

（3）刚性水平腕臂使接触网的腕臂装配结构简化，装配零件数大大减少，有利于设计和施工的标准化。

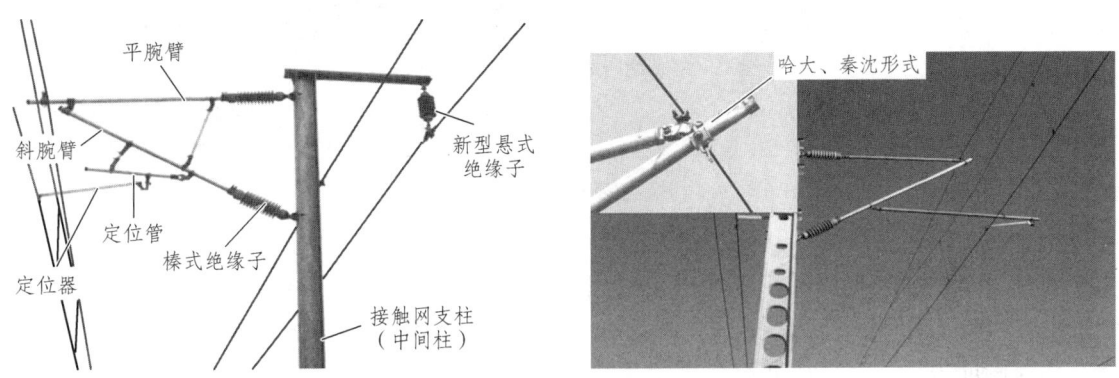

图 3-3-10　支持装置

2．组成与功能

（1）绝缘子。

绝缘子的作用是保持接触悬挂对地的电气绝缘，由于绝缘子是串接在支持装置或接触悬挂中，所以绝缘子应具备承受一定机械负荷的能力。

绝缘子多数是瓷质的，由瓷土加入石英砂和长石烧制而成，表面涂有一层光滑的釉，以防止水分渗入瓷内，钢件与瓷件用不低于 42.5 MPa 的硅酸盐水泥胶合剂浇注在一起。接触网常用的绝缘子有悬式、棒式、针式和柱式四种类型。

① 悬式绝缘子。

悬式绝缘子主要用于承受拉力的悬吊部位。

悬式绝缘子按其埋入杆的形状可分为杆头悬式绝缘子和耳环悬式绝缘子，按其抗污能力可分为普通型和防污型，另外，还有钢化玻璃悬式绝缘子，与瓷质悬式绝缘子外形尺寸相同，近年来，大量推广采用了钢化玻璃悬式绝缘子。

② 棒式绝缘子。

棒式绝缘子用于承受压力或弯矩的部位。

棒式绝缘子按其用途分为：隧道定位用和腕臂用两种类型；按其适用环境可分为轻污型、重污型。

③ 针式绝缘子。

P-10T 型针式绝缘子多用于回流线、保护线、接地跳线等线索支撑处，它承受线索不同方向的负荷，将线索支撑固定，并对地进行电气绝缘。

④ 柱式绝缘子。

柱式绝缘子主要用于固定吸流变压器的一次引线，以保证引线对支柱及其他设备的规定距离。

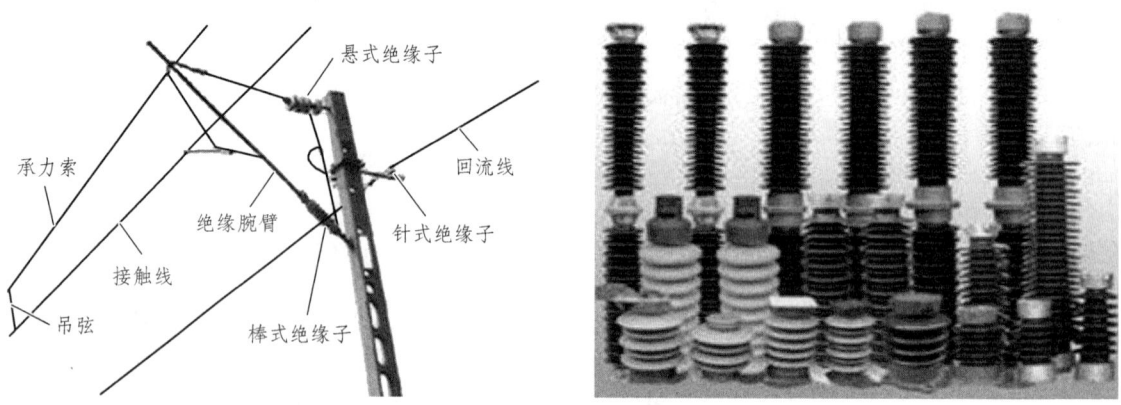

图 3-3-11　绝缘子布置和结构示意图

（2）腕臂。

腕臂安装在支柱上，用以支持接触悬挂，并起传递负荷的作用，腕臂一般用圆钢管制成，个别地方也有用槽钢、角钢制成的，腕臂的长度与腕臂所跨越的线路数目、接触悬挂结构高度、支柱侧面限界、支柱所在位置（即直线还是曲线）等因素有关。

腕臂的类型按跨越股道的数目可分为单线路腕臂、双线路腕臂和三线路腕臂；按电气性能可分为绝缘腕臂和非绝缘腕臂。

高速铁路接触网采用刚性腕臂支持结构，由水平腕臂和斜腕臂组成的稳定三角形结构，提高了腕臂结构的整体稳定性和抗风能力。客专和高铁一般采用铝合金管，盘营客专平、斜腕臂采用$\Phi 70$型铝合金管，定位管采用$\Phi 55$型铝合金管，支撑采用$\Phi 45$型铝合金管。

（3）杵环杆及压管。

杵环杆只能承受拉力，而在受压或难以判断是受拉还是受压的情况下可以选用压管。杵环杆一般用直径 16 mm 的圆钢制成，压管用 1.5 英寸（约为 3.8 cm）和 1 英寸（约为 2.54 cm）钢管制成，在特殊转换柱上有时采用 T 型拉杆，用 2 英寸（约为 5.08 cm）和 1.25 英寸（约为 3.175 cm）钢管焊接而成。

（4）横跨。

① 软横跨。

软横跨是多股道站场接触悬挂的横向支持装置，它由横向承力索和上、下部固定绳及连接零件组成。

横向承力索：软横跨的主要构件，承受各股道纵向接触悬挂的全部垂直负载，上部固定绳承受承力索的水平负载，下部固定绳承受接触线的水平负载。可分为单横承力索和双横承力索。选用 GJ70 镀锌钢绞线。

上部固定绳：固定各股道的纵向承力索，并将纵向承力索的水平负载传递给支柱，采用 GJ50 镀锌钢绞线。

下部固定绳：固定定位器，以便对接触线按技术要求定位，并将接触线水平负载传递给支柱，GJ50 镀锌钢绞线。

两侧软横跨支柱，一般在跨越 3～4 股道时，采用钢筋混凝土软横跨柱，在跨越 5 股及 5 股以上道时，采用钢柱，跨越股道数不宜超过 8 股。

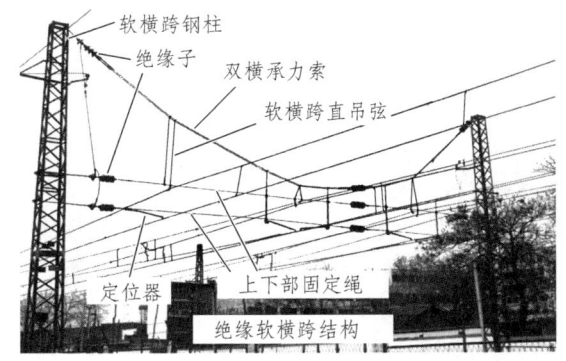
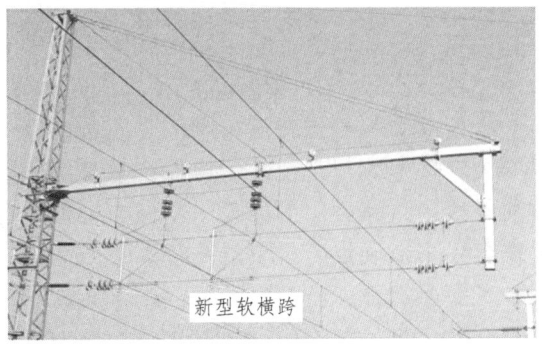

图 3-3-12　绝缘软横跨

② 硬横跨。

硬横跨由横梁和两侧支柱组成，是用于站场或两股以上线路的接触网支持钢结构。一般用型钢焊接成梁式结构横跨于线路上空，支持接触悬挂，接触悬挂在硬横跨上采用吊柱旋转腕臂的支持结构，其特点是各股道上的接触网在机械上和电气上相互独立，股道之间不产生影响，事故范围小，结构稳定，在受流性能上与区间接触悬挂相同；抗振动、抗风性能好，寿命长；有较好的刚度，稳定性高，能改善弓网受流，磨耗小，可降低离线率；具有模块化式的结构，互换性强，有利于机械加工和机械化安装作业；外观一致、简洁、匀称、美观。广州—深圳线采用硬横跨支持结构，已经充分显示出高速受流质量稳定的优点。

硬横跨横梁（简称硬横梁）是由若干个梁段用螺栓连接而成的，硬横梁端头部分梁段称为硬横梁端头段，用 YHT 表示，硬横梁中间部分的各梁段称为硬横梁中间段，用 YHZ 表示，硬横梁用 YHL 表示。

法、英、日等国家的高速铁路接触网几乎全部采用硬横跨。

我国的高速铁路的接触网也趋向使用刚性硬横跨。

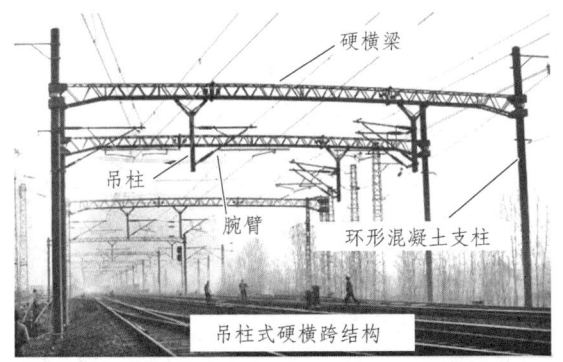

图 3-3-13　硬横跨

(三）定位装置

为了使高速列车受电弓滑板在运行中与接触线良好地接触取流，需将接触线按受电弓的运行要求进行定位，这种对接触线进行定位的装置被称为定位装置。

定位装置是固定接触线的横向位置，其主要作用是把接触线按照要求固定受电弓取流所必需的空间位置，使接触线与受电弓中心的相对位置始终在受电弓滑板的工作范围内，保证高速列车良好地取流，避免接触线发生脱弓而刮坏接触线造成事故，同时将接触线在直线区段的"之"字力、曲线区段的水平力及风力传递给腕臂和支柱并使接触线对受电弓磨耗均匀。

定位装置的机械特性（空间姿态与位置、振动特性、稳定性）对弓网运营安全和受流质量有决定性影响，定位装置应保证接触线固定在要求的位置上，当温度变化时，定位管不影响接触线沿线路方向的移动，定位点弹性良好，当高速列车受电弓通过时，能使接触线均匀升高，不形成硬点，且不能与该装置发生碰撞，其结构应简洁、稳定，安全可靠，零件少而轻、无集中载荷，防腐性能好，便于装配和调整。

1. 组成与功能

定位装置包括定位管、定位器、定位线夹及其连接零件。

 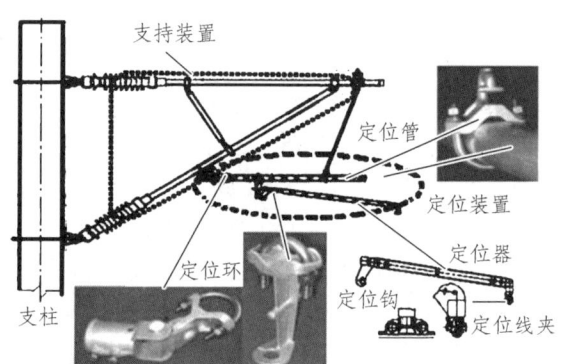

图 3-3-14　定位装置

（1）定位管。

定位管的作用是固定定位器并且使其在水平方向或坡度方向上便于调节，使定位装置结构较灵活，增加了定位点的弹性。

定位管分为普通定位管和 T 型定位管两种类型。

普通定位管是用镀锌钢管加工制成的，尾部焊有定位钩。根据不同定位形式的需要，其管径和长度也有不同的型号。其管径主要有：$\frac{1}{2}$、$\frac{3}{4}$、1、$1\frac{1}{2}$（单位：英寸）。其长度主要有 700、900、960、1 150、1 500、1 850、3 200（单位：mm）等。其代号用管径和长度表示，如：1-1500 表示管径为 1 英寸，长度为 1 500 mm 的定位管。

T 型定位管由 1 英寸钢管加焊 $1\frac{1}{2}$ 英寸钢管而制的，主要是为了便于和棒式绝缘子配合使用。一般用于隧道、多线路腕臂等处。T 型定位管主要有 960、1 500、2 350（单位：mm）等不同的长度，其代号用 T 和长度表示，如 T-2350 表示：T 型定位管，长度为 2 350 mm。

 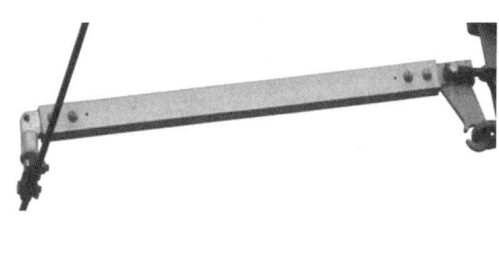

图 3-3-15　定位管　　　　　　　　　图 3-3-16　定位器

（2）定位器。

定位器的作用是通过定位线夹把接触线按拉出值固定在一定的位置，并承受接触线的水平力。

高速接触网定位器具有以下特点：构造简单，安装方便，不形成接触悬挂硬点；定位器自身强度大，耐腐蚀性能好，采用轻质合金材料，环路电阻小，不形成电损坏；端部铰接，灵活性好，并设置具有一定弹性性能的限位结构，以防接触线在某些情况下有过大抬升；采用防风吊弦或防风装置以增加悬挂的稳定性；

定位管采用弓形或弯管式结构，以防受电弓冲撞定位器。

2．定位方式

支柱所在的位置不同，导致其定位方式也不相同，定位方式大体分为以下几种。

（1）正定位。

通过定位管和定位器将接触线拉向支柱侧的定位方式称为正定位，其定位器一端用定位线夹固定接触线，另一端通过定位环与定位管衔接，定位管又通过定位环固定在腕臂上，承受较小的拉力，应用范围在直线区段或半径 900～4 000 m 曲线区段外侧。

（2）反定位。

通过定位管和定位器将接触线拉向支柱反侧的定位方式称为反定位，其定位器一端通过定位线夹固定接触线，另一端通过长支持器固定在定位管上，定位管通过定位环固定在腕臂上。应用范围在曲线内侧支柱，或直线区段之字形方向与支柱相反的地方，承受较大压力。

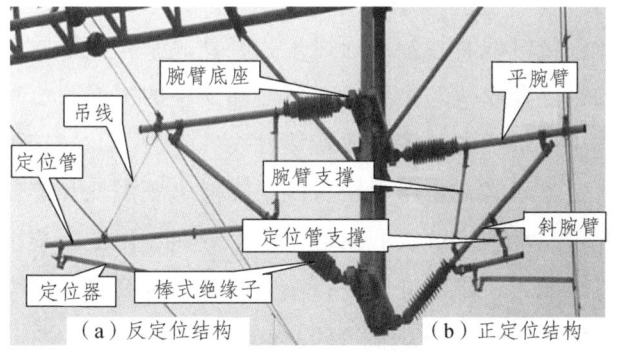

图 3-3-17　定位方式

（3）软定位。

通过铁线和软定位器将接触线定位的方式称为软定位，一般用于曲线半径 R 小于等于 1 000 m 的曲线外侧支柱上，承受较大拉力，不能承受压力。

（4）双定位。

两支接触线在同一支柱上定位的方式称为双定位，用于转换柱、中心柱、道岔柱的定位，这些地方均有两根接触线在同一支柱处分别固定在要求的位置上。

（5）单拉手定位。

通过软定位器、铁线和悬式绝缘子直接安装到支柱上，将接触线定位的方式称为单拉手定位，单拉定位用于曲线半径不超过 600 m 的曲线区段内。

定位装置的机械特性对弓网运营安全和受流质量有决定性的影响，其结构应简洁、稳定、安全可靠；零件少而轻，便于装配和调整；构造简单、无集中载荷，不形成接触悬挂硬点；材质上一般采用铝合金材料，重量轻、防腐性能好，具有足够的强度；环路电阻小，不形成电损坏；当温度发生变化时，不影响接触网线索沿线路方向移动。

（四）接触悬挂

接触悬挂是指由接触网线索及其悬挂零部件组成并安设在接触网支持和定位装置之上直接参与弓网受流从而完成电能传输的结构的总称。接触悬挂包括承力索、接触线、吊弦、补偿装置、悬挂零件及中心锚结等元件，接触悬挂通过支持装置架设在支柱上，其功用是将从牵引变电所获得电能传送给高速电动车组。

1．技术要求

（1）接触悬挂的弹性应尽量均匀，接触线对轨面的高度应尽量相等，限制接触线坡度。

（2）接触悬挂在受电弓压力及风作用下应有良好的稳定性。

（3）接触悬挂的结构及零部件应力求轻巧、简单、可靠，做到标准化。

2．组成与功能

（1）承力索。

承力索是接触网承载接触线将接触线通过吊弦悬挂起来并传输电流、不直接参与与高速电动车组受电弓摩擦的铜合金绞线。主要是在不增加支柱的情况下，增加接触线的悬挂点，提高悬挂的稳定性，减小接触线的弛度，改善接触线的弹性，并与接触线并联供电。此外，承力索还可通过承载一定电流来减小牵引网阻抗，降低电压损耗和能耗。

选择承力索基本要求是承力索的线胀系数与接触导线相匹配，应能承受较大的张力，耐疲劳，具有较强的抗腐蚀能力，随温度变化较小，机械强度高和导电率高。承力索在直线区段设置于线路中心线的正上方，允许误差 150 mm；在曲线区段，承力索与接触线在水平面的投影重合，允许误差为 200 mm。

第三章　高速铁路供电系统

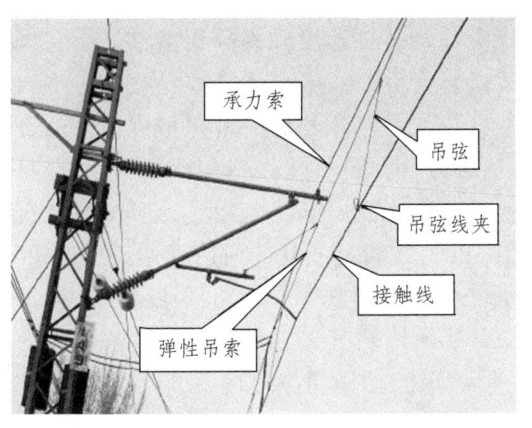
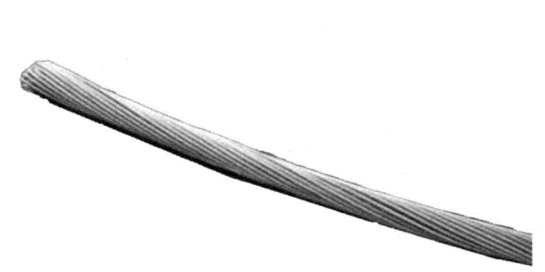

图 3-3-18　承力索

承力索一般采用单芯多层绞线，目前我国高速铁路接触网的承力索一般采用 95 mm 和 70 mm 的铜合金绞线，铜承力索导电性能好，抗腐蚀能力强，但价格较贵，机械性能比钢承力索低，随温度变化较大，铜承力索常用型号有：TJ-95、TJ-120 等。承力索的选择应符合的条件是：承力索的线胀系数与接触导线相匹配；机械强度高；耐疲劳性能好，耐温特性好；导电率高等。

（2）接触线。

接触线是接触网中直接与高速电动车组受电弓接触，经常处于摩擦状态传递电能的铜合金导体，它对接触网-受电弓系统的受流性能的好坏产生至关重要的作用，受流系统的许多性能指标直接由接触线决定，如波动传播速度、接触导线的抬升量、接触线的磨耗、安全系数等，因此要求接触线除了具有较高的抗拉强度、耐磨性、抗腐蚀性，还要有良好的抗高温软化特性，另外为了满足节能要求，还要有较好的导电性。

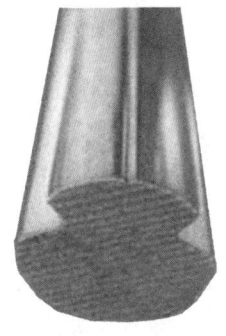

接触线截面图

图 3-3-19　接触线

接触线是所有供电类导线中工作环境最恶劣的一种，正常工作时需要承受冲击、振动、温差变化、环境腐蚀、磨耗、电火花烧蚀和极大的工作张力，其性能直接影响到高速列车的安全运行。为了确保列车高速运行时能够持续不断地从牵引供电系统中得到电能，必须具备良好的弓网配合关系，改善弓网关系的重要手段之一就是提高接触线的张力，使接触线振动迅速衰减，从而减小振动对受流的影响，因此必须要求高速接触线能够承受较大的工作张力。

随着运行速度的提高，为了提高抗拉强度，增大波动传播速度和提高耐磨性，有关国家对于高速铁路的接触导线都趋向于研制铜合金导线或复合导线，铜合金导线是在铜中加入其他金属元素（如镁、银），采用合金方法制成的，复合导线是用铜与另一种机械强度高的金属制成的。铜合金线由于耐磨性能好、导电率高，在国内外高速电气化铁路中得到了广泛应用，主要有铜锡合金（CuSn0.2 或 CuSn0.4）、铜镁合金（CuMg0.2）、铜镁合金（CuMg0.5）。铜镁合金（CuMg0.5）接触线强度性能、耐磨性能是最好的，在满足波动传播速度达 500 km/h 条件下磨耗 20% 后安全系数为 2.2 的标准，导电性也能满足大部分客专线路载流要求，施工放线时易产生难以校直的硬弯；铜镁合金（CuMg0.2）接触线硬度、机械性能、电气性能、耐磨性能都能满足高速受流要求，总体性能均较好，但满足波动传播速度达 500 km/h 条件下磨耗 20% 后安全系数仅为 1.79。为满足牵引网持续载流量要求及时速 200 km/h 的速度目标，采用当量截面 150 mm^2 的铜镁合金（CuMg0.5）接触线是合适的。我国高速铁路接触网接触线一般采用 150 mm^2 的铜锡或铜镁合金线，速度 300 km/h 高速铁路全部采用铜镁合金接触线，工作张力为 28.5～30 kN，更高速度铁路接触线的工作张力可达 33～35 kN。2009 年以前我国铜镁接触线基本依靠国外产品，京津城际采用的德国铸态组织结构 120 mm^2 铜镁接触线抗拉强度为 500 MPa，导电率 62%，是当时技术水平最高的产品，但其为连铸-冷加工工艺生产，铸态组织结构限制了其强度和柔韧性的进一步提升。随着我国高铁建设扩大以及速度等级提高，国外产品无论从产能上还是性能上都已经无法满足我国技术标准，2009 年我国中铁建电气化局集团康远新材料有限公司研制成功了上引-连续挤压工艺生产的超细晶强化型铜合金接触线，产品主要性能指标得到了明显提高，150 mm^2 铜镁接触线抗拉强度可以达到 560 MPa，导电率为 65% 以上，性能已经完全超过国外产品。

接触线的设计使用寿命系按弓架次计算，接触线的设计使用寿命应在 250 万弓架次以上，相当于平均每天 170 对车双弓运行 20 年以上。此外高速铁路牵引网需要的载流量较大不起（一般为 800～1 200 A），要求接触线及承力索有足够的载流截面。

（3）吊弦。

吊弦是接触网链形悬挂中，承力索和接触线间的连接部件，吊弦的作用是通过吊弦线夹将接触线悬挂到承力索上，通过调节吊弦的长短来保证接触悬挂的结构高度和距轨面的工作高度及弛度，增加了接触线的悬挂点，从而改善了接触悬挂的弹性，提高了受电弓的受流质量。

吊弦一般做成环节状，每根吊弦一般不应少于两节，这样就可以保证接触悬挂的弹性。吊弦一般多用直径为 4.0 mm 的镀锌铁线制成，两端环孔的形状做成水珠形，环孔收口处缠绕两圈半，多余的铁线头要截掉，每节吊弦两端的环孔应呈互相垂直状。吊弦安装后，应能保证接触线在温度变化时，自由地沿线路方向伸缩移动。吊弦的制作是用吊弦制作器完成的，个别情况下，在施工和维修中可根据实际需要手工制作。

吊弦一般分为环节吊弦、弹性吊弦、滑动吊弦和整体吊弦四种类型。

高速铁路接触网必须具有均均的弹性，安装精度也更高，同时由于载流量的加大，承力索也参与导电。运行的实际表明，用镀锌铁线制作的环节吊弦已不能适应安装精度和横向电流的要求，因此高速接触网普遍采用截面为 10 mm^2，间距为 8～12 m 的耐腐蚀镁铜合金软绞线制成的整体吊弦。

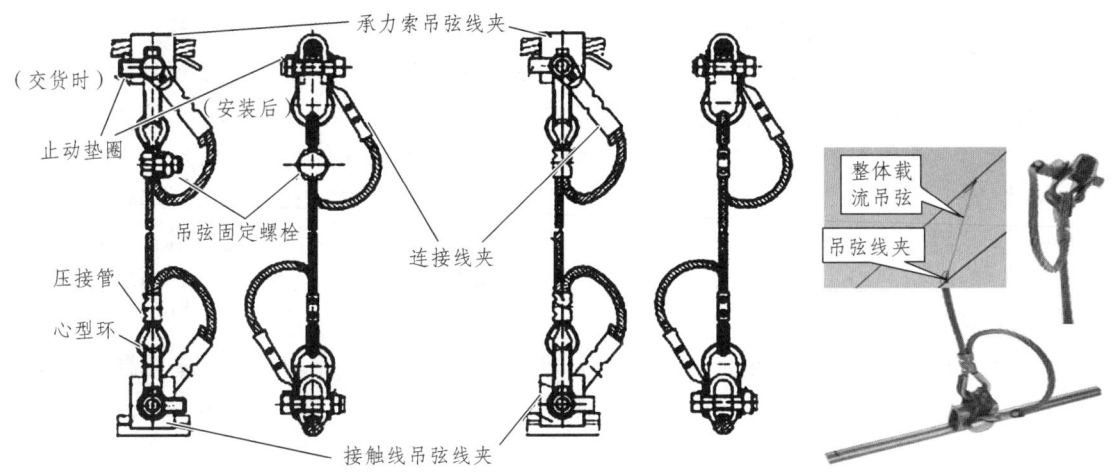

图 3-3-20 整体吊弦结构示意图

整体吊弦主要由接触线吊弦线夹、承力索吊弦线夹、心形环、压接管、连接线夹、吊弦线及调整螺栓等组成。整体吊弦施工精度高、测量准确、安装工艺和精度受到严格控制，吊弦采用青铜绞线，吊弦线夹采用铝青铜，我国高速铁路接触网采用的是整体吊弦结构形式。

（4）下锚及补偿装置。

① 下锚。

承力索和接触线两端必须锚固，称为下锚，线索下锚补偿方式分为半补偿和全补偿。

承力索为硬锚，对接触线进行下锚张力补偿的方式称为半补偿，由一个动滑轮和一个定滑轮组成，其传动比为 1∶2。

对承力索和接触线都进行下锚张力补偿的方式称为全补偿，接触线下锚补偿方式与半补偿相同，承力索下锚补偿由两个定滑轮和一个动滑轮组成滑轮组，其传动比为 1∶3。

② 补偿装置。

补偿装置又称补偿器，是接触网上设在锚段两端的一种关键部件，能自动补偿接触线或承力索内的应力，是自动调节接触线和承力索张力补偿器及制动装置的总称。其作用是在环境温度变化时，线索受温度影响而伸长或缩短，由于补偿器坠砣的重量作用，可使线索沿线路方向通过滑轮及补偿绳将补偿坠砣挂在导线末端自动调整承力索和接触线张力，使导线设定的张力基本保持恒定，并借以保持线的驰度满足技术要求。

补偿装置由补偿滑轮、补偿绳、杵环杆、坠砣杆和坠砣组成，坠砣一般用混凝土或灰口铸铁（HT10-26）制成，每块约重 25 kg，中间呈开口的圆饼状。

对张力补偿装置的要求是：传动效率高能达到 97% 以上、安全可靠、耐腐蚀性能好、少维修、寿命长和有断线制动装置。

补偿装置有滑轮补偿、棘轮补偿、鼓轮补偿、弹簧补偿、液压补偿、气压补偿等几种类型。高速铁路接触网一般有以下三种自动张力补偿装置：

a. 无油大滑轮组自动补偿装置。

我国电气化铁道广泛采用无油大滑轮组自动补偿装置，它由补偿滑轮（滑轮组）、补偿绳、杵环杆、坠砣杆、坠砣、连接零件等组成。

无油大滑轮组由补偿滑轮和补偿绳组成，补偿滑轮分为定滑轮和动滑轮，定滑轮用于改变力的方向，动滑轮主要起省力的作用，大轮直径 300 mm，小轮直径 195 mm，采用三个不同直径的圆轮组成不同变比的滑轮组，适用变比范围大，由铝合金滑轮组、不锈钢丝绳、连接框架及双耳楔形线夹组成；有 1∶2，1∶3，1∶4 三种规格，以满足不同标准张力要求。滑轮轮体材质为高强度耐腐蚀的铝合金，采用金属模低压铸造，轮体与轴连接采用 2 个滚动轴承，补偿绳为不锈钢丝绳，双耳楔形线夹采用铸铝青铜，防腐性能好。具有无维修或少维修，传动效率高，转动灵活的优点，在时速 200～250 km 的客运专线上被广泛采用。

坠砣一般采用混凝土制成。每块重 25 kg，呈中间开口的圆饼状，坠砣码放到坠砣杆上后悬吊到补偿绳上。

坠砣杆采用 Φ16 mm 的圆钢加工制成，上端为单孔焊环，下端为托板，坠砣杆的规格根据放置坠砣的块数不同分为三种型号：17 型长为 2 100 mm；20 型长为 2 450 mm；30 型长为 3 550 mm。

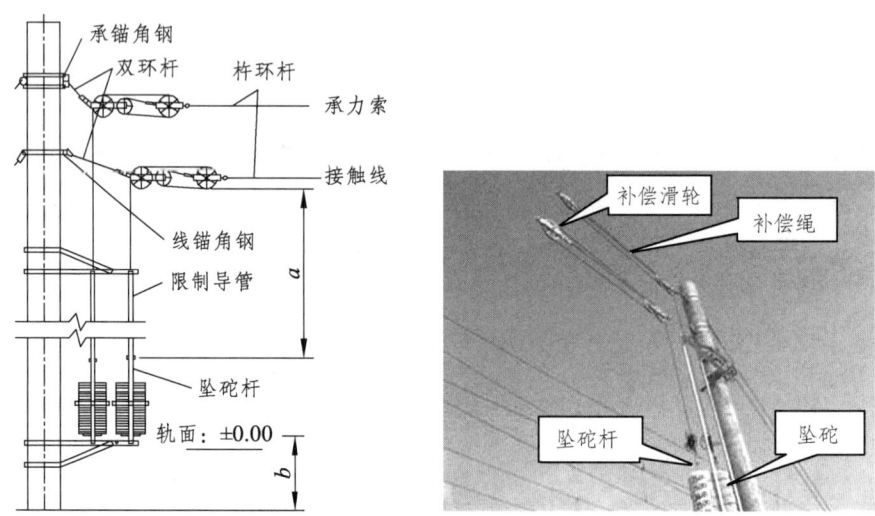

图 3-3-21　滑轮组自动补偿装置

　　b. 棘轮补偿装置。

补偿滑轮是滑轮补偿装置的核心设备，一般由铝合金铸造而成，补偿滑轮的传动效率直接影响补偿装置的性能，其传动效率应在 98% 以上。

棘轮式补偿装置与滑轮式补偿装置相比，具有占用空间少、转动灵活、传动效率高、防腐性能好，使用寿命长等优点，但由于棘轮本体形状复杂，轮径大，薄壁部位多，对生产制造设备和工艺的要求较高，价格偏贵。

　　c. 弹簧补偿装置。

弹簧补偿装置主要用于软横跨上下部固定绳的张力补偿，隧道内有时也用弹簧补偿器。温度变化时，线索受温度影响而伸长或缩短，由于补偿器坠砣的重量作用，可使线索沿线路方向移动而自动调整线索张力，使张力恒定不变，并借以保持线的驰度满足技术要求。具有整体结构简单，现场安装方便；外形美观，接触网与环境景观的协调性好；适用范围广，最大锚段长度为 1 800 m；安装高度高，防盗性能好；适应性能强，能适应各种下锚角度；重量轻，无下锚坠砣，支柱所承受的容量大大减小等优点。

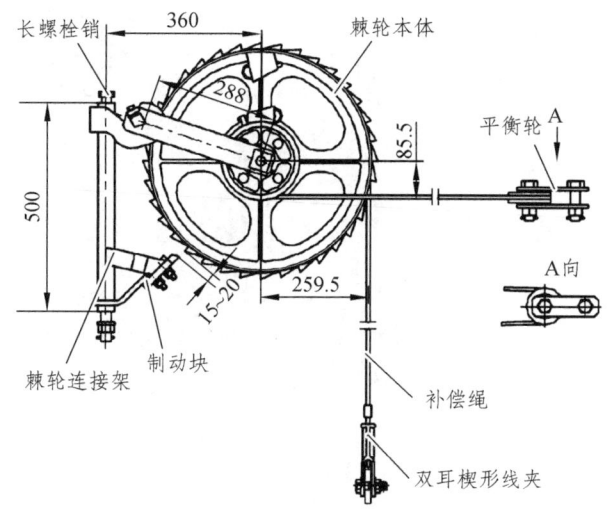

图 3-3-22 棘轮补偿装置

图 3-3-23 弹簧补偿装置

（5）接触网零件。

接触网各导线之间、导线与支持结构之间、支持结构与支柱之间的所有连接器件，统称为接触网零件。

① 锚段。

接触悬挂沿线路架设，在区间站场上，根据供电和机械方面的要求，接触网分成若干跨距组成的具有相对独立的机电功能的一段接触网称为锚段，锚段是接触网最基本的机电单元。每个锚段包括若干个跨距，隧道内一般不分锚段，但隧道长度超过 2 000 m 时，应划分锚段。

a. 锚段的主要作用。

• 缩小事故范围。

当发生断线或支柱折断等事故时，由于接触网是分段的，从而可将事故控制在一个锚段内，不致波及相邻锚段。

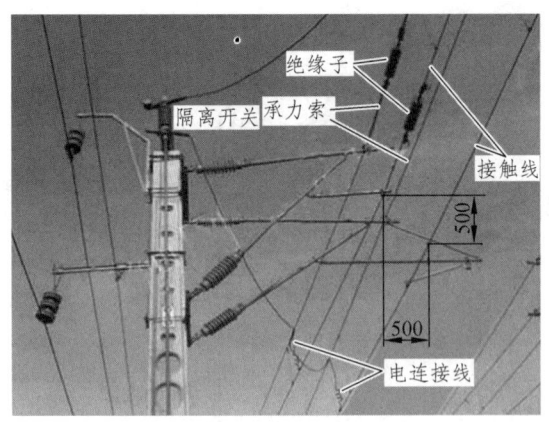

图 3-3-24　接触网零件结构图

- 便于架设张力补偿装置。

分段后,在承力索和接触线两端加设张力补偿装置,使其下锚处与中心锚结处的张力保持不变,提高了悬挂的稳定性,减小线索的弛度,有利于提高受流质量。

- 缩小因检修而停电的范围。

在进行接触网检修时,可以打开绝缘锚段关节的隔离开关,使停电范围缩小,保证非检修锚段的正常供电。

- 锚段便于设供电分相。

通过绝缘锚段关节可以将不同段的异相电分开,以满足供电方式的需要。

b. 确定锚段长度应考虑的基本因素。

- 接触网所在地区的最高温度、最低温度和最大风速。
- 温度变化时,悬挂线索内部的张力变化情况。
- 补偿装置的结构形式及其有效工作范围。
- 由温度变化引起的接触线在悬挂点的横向位移。
- 悬挂线索的抗拉强度。
- 线路情况。

c. 高铁接触网锚段长度。

- 正线锚段长度。

锚段双边补偿时:$L \leqslant 1\,400$ m;锚段单边补偿时:$L \leqslant 700$ m;站线锚段长度双边补偿时:$L \leqslant 1\,500$ m;锚段单边补偿时:$L \leqslant 750$ m;道岔处两组接触悬挂的补偿方向应一致(即补偿装置在同一方向)。

- 附加导线锚段长度。

一般情况不超过 $2\,000$ m;困难时不超过 $3\,000$ m。

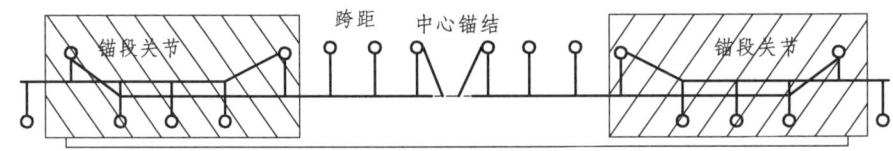

图 3-3-25　锚段和锚段关节

② 锚段关节。

两个相邻锚段的衔接区段（重叠部分）的相互过渡结构称为锚段关节。锚段关节的作用如下：

a. 实现接触网的机械和电气分段，以满足供电和受流需要；

b. 使受电弓高速、平稳、安全地从一个锚段过渡到另一个锚段；

c. 便于在接触网中安装必要的机电设备。

锚段关节的分类如下。

a. 按其用途分为绝缘锚段关节和非绝缘锚段关节。

绝缘锚段关节不仅起机械分段作用，同时起同相电分段作用，通常由四、五跨和隔离开关组成。非绝缘锚段关节只起机械分段作用，通常由三跨组成。在锚段关节处，锚段的接触悬挂是并排架设的，对它的基本要求是当列车通过时，应保证受电弓能平滑地由一个锚段过渡到另一个锚段。

b. 根据锚段关节所含跨距数可分为四、五、六、七、八跨式锚段关节，所谓四跨式锚段关节，就是锚段关节内含有四个跨距，其余类推。高铁接触网绝缘锚段关节和非绝缘锚段关节普遍采用五跨的形式。

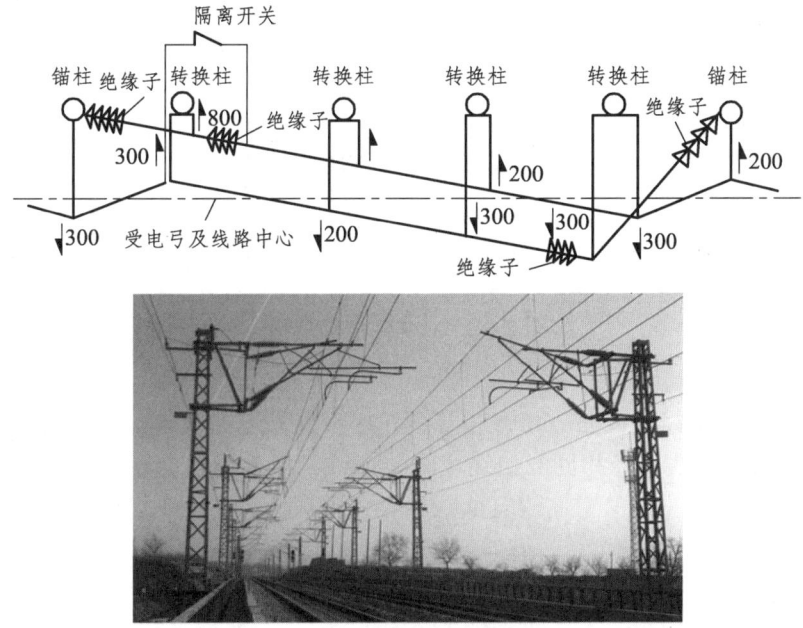

图 3-3-26　五跨绝缘锚段关节结构

采用五跨绝缘锚段关节，受电弓接触两接触线是在两导线等高处，且导高又高出 40 mm，在动态压力下受电弓接触两线时间短，接触压力小，克服了四跨结构受电弓接触两接触线时间长且在悬挂点接触压力大的缺陷和出现硬点的不足。保证了高速动车组高速通过关节时与一般区段的动态接触压力和弓网受流状态几乎没有差异，弓网受流质量良好，接触线使用寿命延长。

锚段关节的要求：

锚段关节结构复杂，其工作状态的好坏直接影响到接触网供电的质量和电力机车取流。

电力机车通过锚段关节时，受电弓应能够平滑、安全地从一个锚段过渡到另一个锚段，且弓线接触良好，取流正常。

③ 中心锚结。

在链型悬挂的锚段中部，接触线对于承力索进行锚固，同时承力索对于锚柱（或固定绳）进行锚固（全补偿），这种固定装置称为中心锚结。

一般在两端装有补偿器的锚段里，必须加设中心锚结，目的是为防止在一个锚段实行两端补偿时接触悬挂线索补偿器在外力（如风力、受电弓摩擦力、因坡道和自身重力引起的串动力）作用下向一侧滑动，特别是在具有坡度的线路上，设置中心锚结更显得必要，其作用和效果也愈加的明显，缩小事故范围（即当中心锚段一侧发生断线事故时不至于影响线路另一侧悬挂线路，有利于对事故进行抢修或缩短事故抢修时间，易于快速恢复正常运行）、减少温度变化引起的线索张力差、增加悬挂弹性均匀性，保证接触悬挂处于良好的工作状态。

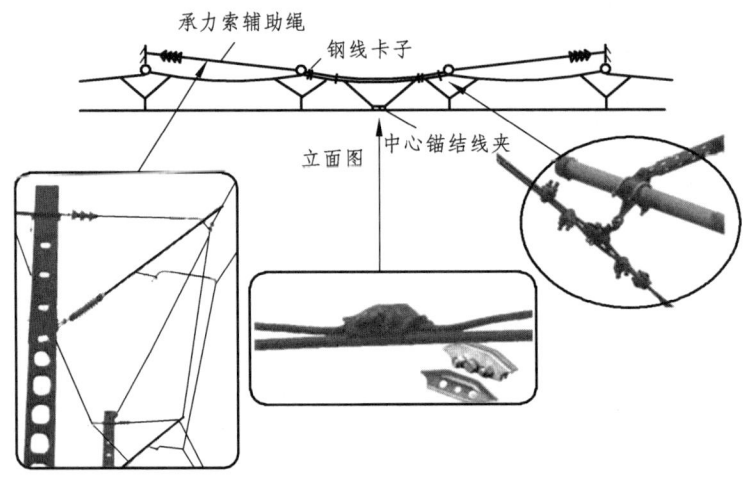

图 3-3-27　中心锚结结构

中心锚结布置的原则如下。

a. 使中心锚结两边线索的张力尽量相等，并尽可能靠近锚段中部，锚段全部在直线区段或者整个锚段布置在曲线半径相同的曲线段时，该锚段中心锚结设在锚段的中间位置。

b. 锚段布置在既有直线又有曲线且曲线半径不等时，该锚段中心锚结设在偏离锚段中间位置靠曲线多、半径小的一侧。

锚段长度较短时（一般定为锚段长度以下），可不设中心锚结，将锚段一段硬锚，另一端线索安装补偿器。

悬挂形式不同，中心锚结的结构也不相同，根据悬挂形式的不同，中心锚结可分为简单悬挂中心锚结、半补偿链形悬挂中心锚结、全补偿链形悬挂中心锚结、站场防串中心锚结等；根据安装位置的不同，可分为跨中式和支柱两跨式。

④ 线岔。

高速列车在运行中，当运行到两条铁路交叉处，由一股道过渡到另一股道上运行时，要经过道岔设施达到转换。在高速电气化铁路区段的站场内两个股道交叉处，为了使高速列车受电弓由一股道顺利过渡到另一股道，在两条铁路交叉的上空相应有两支汇交的接触线，在两支汇交接触线的相交处用限制管连接并固定的装置称为线岔，又称空中转换器。

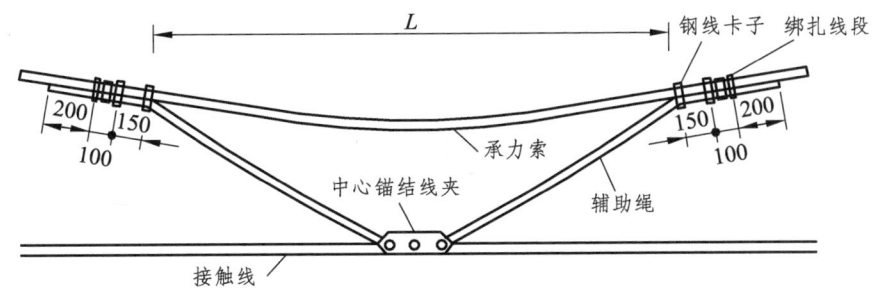

图 3-3-28 半补偿链形悬挂中心锚结

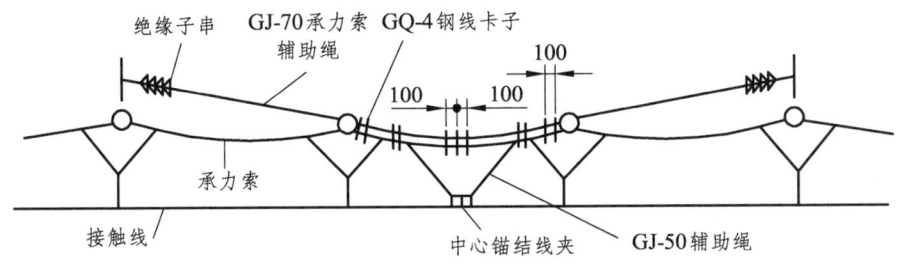

图 3-3-29 全补偿链形悬挂中心锚结

线岔的作用是在转辙的地方，当一组接触悬挂的接触线被受电弓抬高时，另一组悬挂的接触线也能同时被抬高，从而使它与另一接触线产生高差 Δh，高差随着受电弓靠近始触点而缩小，到达始触点时，高差基本消除而使受电弓顺利交接，以使接触线不发生刮弓现象，使高速列车受电弓由一条股道上空的接触线平滑、安全地过渡到另一条股道上空的接触线上，从而使列车完成线路转换运行的目的。

接触网线岔由限制管、定位线夹和固定螺栓组成，其结构是用一根限制管将相交的两支接触线上下相互贴近，限制管的两端用定位线夹和螺栓固定在下面那根接触线上。如果是非正线相交，一般是交叉点距中心锚结或硬锚近者在下面；若是和正线相交，正线在下面。上面的接触线应能在限制管和下面接触线间活动。限制管一般用 3/8 英寸（1 英寸 = 2.54 mm）镀锌钢管加工而成，两端扁平，带有 $\varnothing 13$ mm 圆孔，限制管用方头螺栓和定位线夹固定在下面的接触线上。

接触网线岔直接影响着高速受电弓的运行安全，是高速接触网设计和安装中需要特别解决好的环节，其基本要求如下：

a. 满足正线高速行车，避免钻弓、打弓。
b. 正线进渡线或渡线进正线时，保证受电弓平稳过渡。
c. 保证正线高速行车的受流质量，做到离线率低、硬点小，导线抬高量满足要求。
d. 安装简单，维修调整方便。

高速接触网线岔一般有交叉式和无交叉式两种形式，我国的高速接触网适合采用无交叉式线岔。

线岔有 500 型和 700 型两种型号，安装位置距中心锚结的距离为 500 m 及以下时，采用 500 型线岔，超过 500 m 时用 700 型线岔。

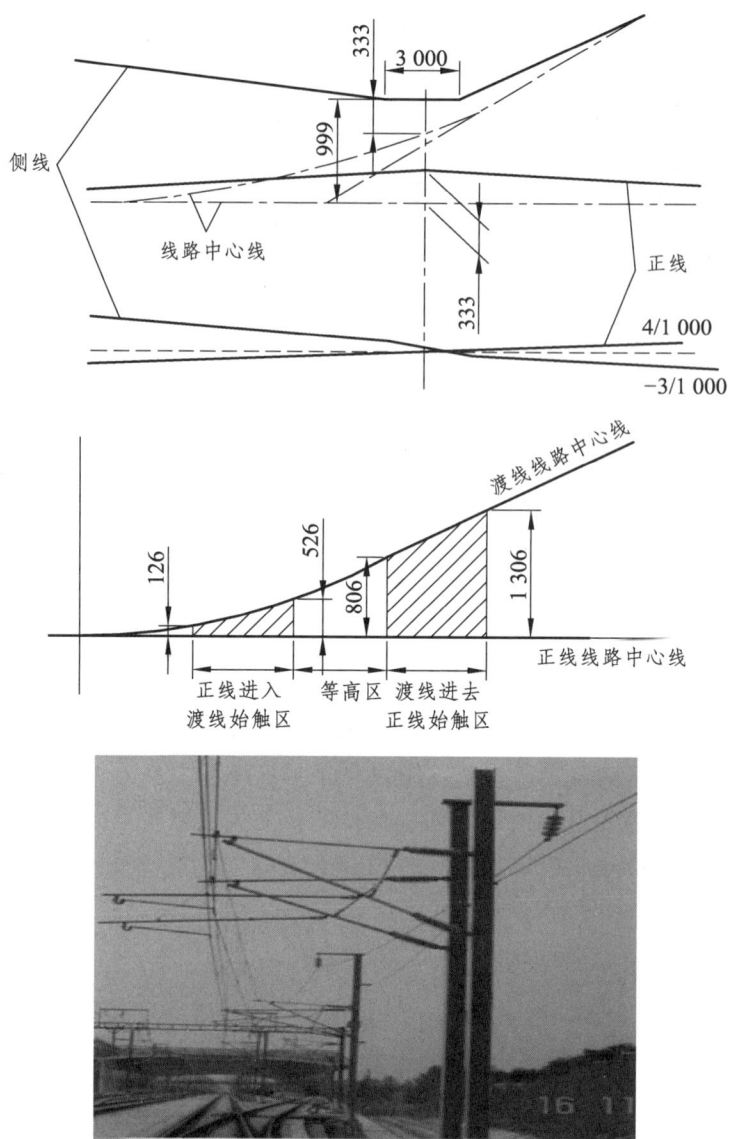

图 3-3-30　无交叉线叉示意图

⑤ 隔离开关。

接触网处的隔离开关是一种没有灭弧装置的开关设备,其作用是连通或切断接触网供电分段间的电路,增加供电的灵活性,以满足检修和不同供电方式运行的需要。一般装设在大型建筑物(如长大隧道和桥梁)两端、专用线、动车组库线、整备线、绝缘锚段关节、分区、分相绝缘器等需要进行电分段的地方,隔离开关在腕臂柱上是通过开关托架安装在支柱顶部,在软横跨柱上是通过开关支架安装在支柱中部。

因隔离开关没有灭弧装置,不能切断负荷电流和短路电流,因此隔离开关通常和断路器配合使用,它们的操作顺序是:当合闸时,先合隔离开关,后合断路器;在分闸时,先分断路器,后分隔离开关,为了保证安全,一般采用连锁装置,以防止误操作。

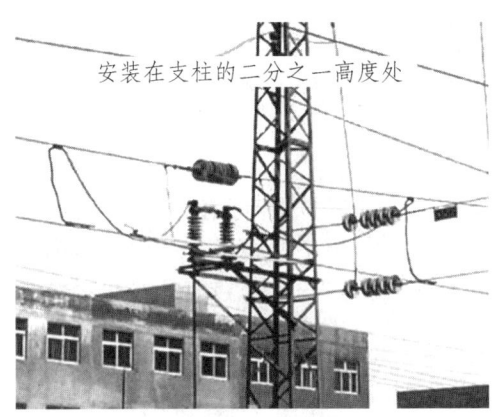 

图 3-3-31 隔离开关

⑥ 保安装置：接触网所安装的避雷器、保安器与接地线等形成的装置被称为保安装置，其作用是当接触网发生大气过电压或绝缘子被击穿时，保安装置可将大气过电压或短路电流迅速引入地下，从而保护了电气设备和人身安全。

a. 避雷器。

在高速电动车组上用作电气设备的过电压保护，在雷雨天气，当雷电侵袭接触网时，接触网上将产生很高的过电压，使绝缘子击穿，对设备造成危害，避雷器是限制由于大气内雷电感应或由接触网上传来供电系统上因跳闸、短路、接地等原因所产生的冲击过电压侵入高速电动车组，以避免电气设备因绝缘处被击穿而遭到损坏。

《铁路电力牵引供电设计规范》（TB 10009—2016）规定：应根据雷电日及运营经验，在吸流变压器的原边、分相和站场端部的绝缘锚段关节处、长度在 2 000 m 及以上的隧道两端、供电线或 AF 线连接到接触网上接线处、分区亭、开闭所、AT 所引入线处设置避雷装置对接触网进行大气过电压保护。

目前接触网上常采用的避雷装置有阀型避雷器、氧化锌避雷器、管型避雷器和角隙避雷器。

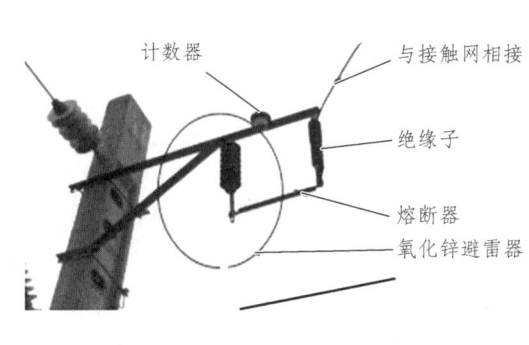 

图 3-3-32 氧化锌避雷器　　　　　　图 3-3-33 接地线

b. 火花间隙。

为了防止流经钢轨的牵引电流和信号电流泄漏，而在接触网支柱与钢轨间的接地线上加装火花间隙。在正常情况下，火花间隙将钢轨与支柱绝缘，当接触网绝缘破坏出现高电压时，火花间隙被击穿，接触网支柱与钢轨接通，短路电流经钢轨返回牵引变电所，使牵引变电所的保护装置做出反应。

c. 保安器。

一般安装在车站站台使用钢柱的地方，串接在架空地线和保护线（或回流线）之间，主要作用是防止架空地线及钢柱发生过大电流时危及旅客安全。在正常情况下，保安器内的放电电极间隙使各电极绝缘，当架空地线与保护线（或回流线）间产生过高电压时，放电间隙被击穿，通过保护线（或回流线）反馈到牵引变电所，使保护装置动作。

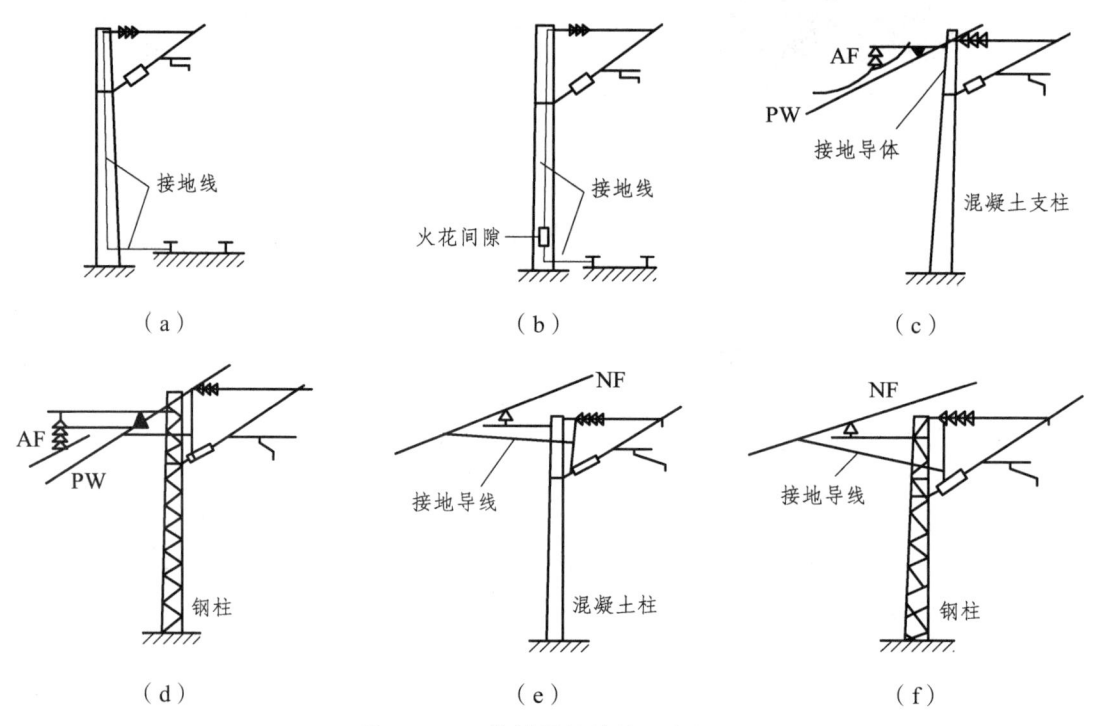

图 3-3-34 接触网的接地示意图

d. 接地线。

对于高速接触网，供电回流大大增加，轨道电路的信号设备、道床结构、牵引电流分布均发生了变化，如果不能降低轨道回流和轨道大地间的电阻，则轨电位偏高，轻则威胁车站旅客和线路维修人员的人身安全，重则烧毁预应力钢筋，破坏混凝土强度，损伤信号设备的绝缘，威胁行车安全，因此需要采取必要措施降低轨电位和漏泄阻抗。为达到以上目的，在架空接触网区域，电气设备的外壳和导电部件被接到铁路接地系统上，以避免运行和短路时产生危险接触电压，桥梁、隧道、变电所和支柱基础的各个接地系统均连接到回流回路上，形成电气化铁路整体接地系统。当绝缘子发生闪络时，泄漏电流由接地线直接流入钢轨，使牵引变电所保护装置可以短时间内跳闸，从而保证了设备及人身安全，有支柱接地线、隧道接地线和设备接地线三种。

⑦ 电连接。

电连接的作用是将接触悬挂各分段供电间电路连接起来，保证电路的畅通，通过电连接可实现并联供电，减少电能损耗，提高了末端电压，提高供电质量。在电气设备与接触网之间，用电连接线实现可靠的连接，避免出现烧损事故，完成各种供电方式和检修的需要。

电连接根据安装位置可分为横向电连接、纵向电连接、锚段关节电连接、隔离开关电连接、避雷器电连接等类型。

a. 横向电连接。

横向电连接能实现并联供电，减小电压损失，提高载流能力，使承力索上的电流通过接触线流向受电弓，如承力索与接触线间、各股道间安装的电连接。

横向电连接包括安装于承力索与接触线之间的电连接和安装于站场股道悬挂间的电连接，前者安装在采用铜承力索和铜接触线区段以及承力索在隧道口下锚，接触线直接进入隧道的隧道口等处，后者安装在设计指定跨距内，距软横跨悬挂点 5 m 处。

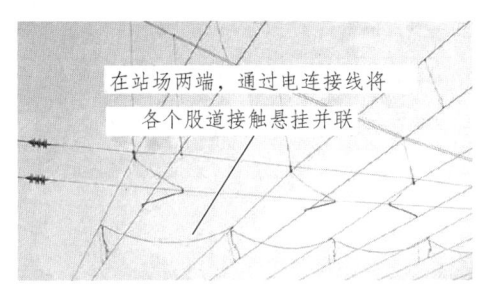
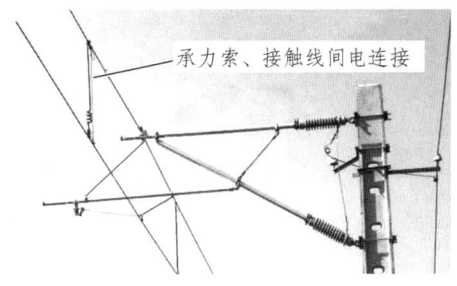

图 3-3-35　横向电连接示意图

b. 纵向电连接。

纵向电连接使供电分段或机械分段处两侧接触悬挂实现电的连通，如绝缘锚段关节和非绝缘锚段关节、线岔处的电连接，凡道岔上方，两工作接触线相交处，均应安装电连接线（交叉渡线的菱形交叉处，不装电连接）。

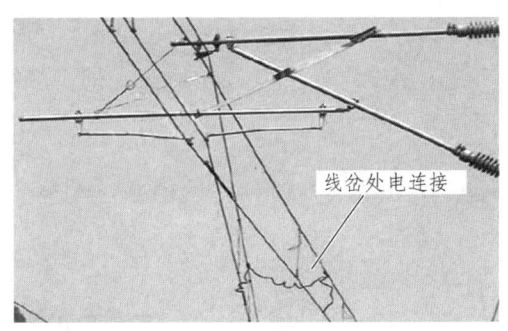

图 3-3-36　纵向电连接示意图

锚段关节的电连接安装在转换柱的锚柱侧距转换柱 10 m 处。

c. 隔离开关电连接。

安装于接触悬挂与隔离开关之间，在绝缘锚段关节处隔离开关的电连接，一根引线和锚段关节电连接相连，另一根引线与转换柱内侧 5 m 处所要绝缘的另一悬挂相连。

在站场分段绝缘器处的隔离开关电连接，安装在距分段绝缘器外端不小于 1.5 m 处。

d. 避雷器电连接。

安装于避雷器与接触悬挂之间，根据避雷器的安装位置，将避雷器与接触悬挂连接起来。

⑧ 高速接触网的供电分段。

为了增加接触网供电的灵活性和安全性，缩小停电事故范围，满足供电和检修以及其他特殊需要，根据车站或站场分布情况及变电所（亭）馈出线的供电情况，将接触网分成不同的供电片区，这种将接触网从电气上分开的区段叫电分段。

被分段的接触网在电气方面是独立的，通过绝缘子、分断绝缘器、隔离开关、绝缘锚段关节等设备和结构连接。

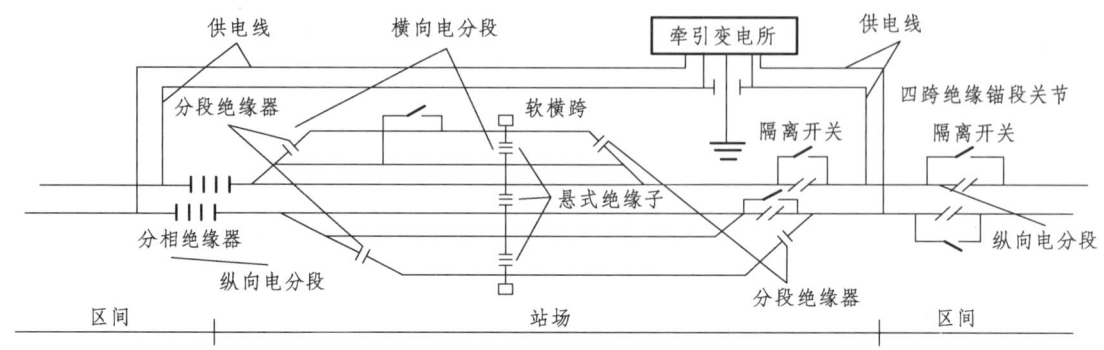

图 3-3-37 接触网电分段示意图

电分段的类型如下。

a. 横向电分段。

接触网线路之间进行的电分段，它用于复线上下行股道间，车站，车场各股道间的接触网电分段，由分段绝缘器和隔离开关、悬式绝缘子（用于软横跨）实现。

b. 纵向电分段。

接触网沿线路方向进行的电分段叫纵向电分段，用于沿线路方向接触网之间的电分段，如沿线路方向各供电臂之间的电分段，由绝缘锚段关节实现。

在牵引变电所和分区所所在地的接触网设置的分相绝缘装置为分相电分段；在同一供电臂内设置的电分段为同相电分段，同相电分段的结构为绝缘锚段关节或分段绝缘器。

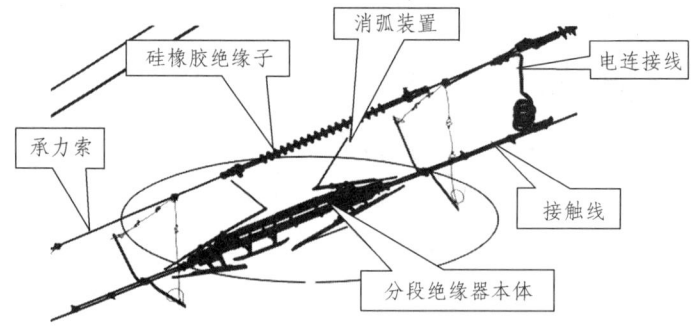

图 3-3-38 接触网的电分段及电连接

⑨ 分段绝缘器。

分段绝缘器在电气化铁道区段各车站的装卸线、列车整备线上及库线等地，为了保证工作人员作业方便及人身安全，在接触网衔接相邻两个馈电区段设置的架空接触式绝缘组件。

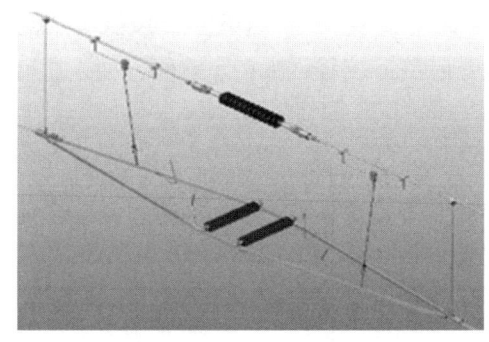
图 3-3-39 分段绝缘器

图 3-3-40 分相绝缘装置

分段绝缘器的种类较多，但由于接触网设备及材料的发展，曾经广泛使用的三式、玻璃钢、环氧树脂分段绝缘器等，因结构笨重或耐脏污、耐电弧性能差，也有的易老化开裂或泄漏距离不足等原因，现已逐渐淘汰，被新型的 C1200 型高铝陶瓷分段绝缘器和引进英国的滑道式菱形分段绝缘器所代替。

⑩ 分相绝缘装置。

分相绝缘器的作用是将接触网上不同相位的电能隔离开，以免发生相间短路，并起机械连接的作用，使接触网成为一个整体。

分相绝缘器一般由两块、三块或四块相同的绝缘件组成，每块绝缘件长 1.8 m，宽 25 mm，高 60 mm，其底面制成斜槽，以增加表面泄露距离。

四、接触悬挂形式

接触悬挂是接触网的基本结构形式，它反映了接触网的空间结构和几何尺寸，不同的悬挂形式，在工程造价、受流性能、安全性能上均有差别。另外，对接触网的设计、施工和运营维护也有不同的要求，对接触网悬挂形式的要求是，受流性能满足铁路的运营要求、结构简单、安全可靠、维修方便、工程造价低。

接触悬挂的结构根据其性能方面的不同，经历了由简单悬挂到链形悬挂的过程，根据它们各自所具备的性能和特点，应用于不同场合。

（一）简单悬挂

由一根或两根平行的接触线直接固定在支柱支持装置上的悬挂形式。

1．种类

简单接触悬挂按其线索的固定方式可分为以下两种。

（1）未补偿简单接触悬挂：接触线直接固定于悬挂点。

（2）带补偿的弹性简单悬挂：在悬挂点处加装弹性吊索，在两端下锚处加装张力补偿器的简单悬挂称为弹性简单悬挂。弹性简单悬挂改善了悬挂点弹性，减小了接触线弛度，能适用于行车速度不大于 80 km/h 的线路上。

2．优点

结构简单、支柱高度和容量较小，支持装置承受的负荷较轻，施工、维修方便，造价低。

3．缺点

导线张力、驰度随温度变化较大，导线弹性不均匀，稳定性差，不利于高速受流。

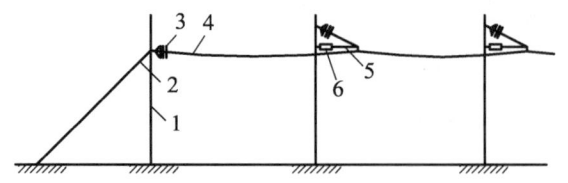

1—支柱；2—拉线；3—绝缘子串；4—接触线；
5—腕臂；6—棒式绝缘子。

图 3-3-41　未补偿简单悬挂示意图

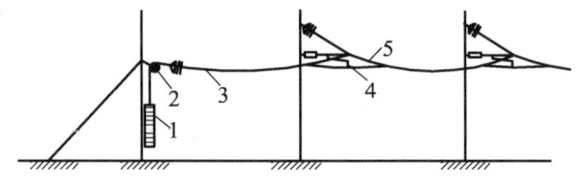

1—坠砣；2—补偿滑轮；3—接触线；
4—定位器；5—弹性吊弦。

图 3-3-42　带弹性吊弦的简单悬挂示意图

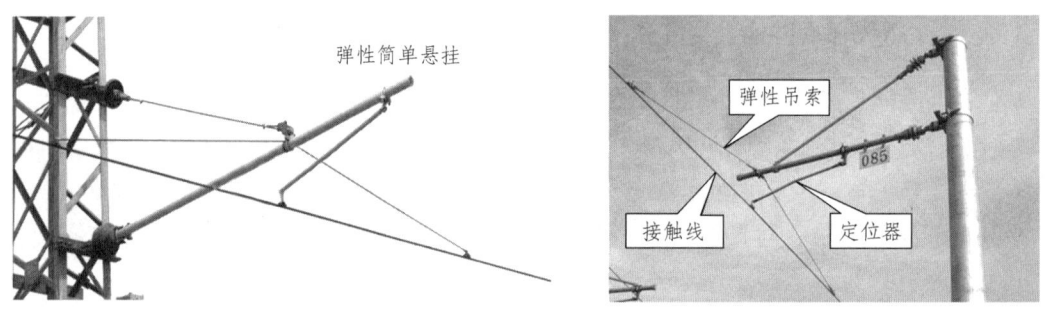

图 3-3-43　弹性简单悬挂

（二）链形悬挂

链形悬挂是接触线通过吊弦（或辅助索）悬挂在承力索上的悬挂方式，是一种运行性能较好的悬挂形式。其结构特点是接触线通过吊弦悬挂在承力索上，承力索通过钩头鞍子、承力索座或悬吊滑轮悬挂在支持装置的腕臂上，接触线通过吊弦悬挂在承力索上，使接触线在不增加支柱的情况下增加了悬挂点，通过调节吊弦长度使接触线在整个跨距中对轨面的高度基本保持一致。

由于接触线是悬挂在承力索上的，因而基本上消除了悬挂点处的硬点，使悬挂线的弹性在整个跨度内都比较均匀，同时链形悬挂减小了接触线在跨中的弛度，增加了接触悬挂的重量，提高了稳定性，可满足高速列车高速运行时取流的要求。链形悬挂比简单悬挂性能好得多，但结构复杂、投资大、施工维修调整较为困难。

（1）链形悬挂根据悬挂链数分为单链形和复链形悬挂。

① 单链形。

接触线通过吊弦挂在承力索上的悬挂，根据悬挂点处吊弦形式不同可分为简单链形悬挂、弹性链形悬挂。

a. 简单链形悬挂（使用的主要代表国家为法国）。

悬挂点处接触线通过环节吊弦挂到承力索上的悬挂，悬挂点处无弹性吊弦。

优点：结构简单、安全可靠、安装调整维修方便，能够满足高速弓网受流要求，接触网可达到预期的使用寿命（250万弓架次以上）。

缺点：定位点处弹性小，跨中弹性大，造成受电弓在跨中抬升量大，定位点处易形成相对硬点，磨耗大，静态弹性不均匀度较大，动态接触力标准偏差较弹性链形和复链形大。

如果选择结构形式合理、性能优良的定位器，则可消除这方面的不足，而且国内具有丰富的设计、施工及运营经验，是我国接触悬挂的主要形式。

b. 弹性链形悬挂（主要代表国家为德国）。

悬挂点处设有弹性吊弦，悬挂点处接触线通过弹性吊弦悬挂到承力索上的悬挂，根据弹性吊弦的结构分为Π形弹性链形悬挂和Y形弹性链形悬挂。

优点：在简单链形悬挂的基础上，定位点处加装装设弹性吊索，改善了定位点处的弹性，使得定位点的弹性与跨中的弹性趋于一致，整个接触网的弹性均匀，能满足高速弓网受流质量要求。

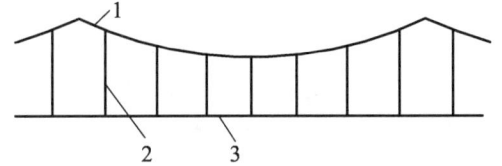

1—承力索；2—吊弦；3—接触线。

图 3-3-44　简单链形悬挂

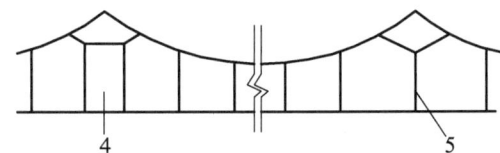

4—Π型弹性吊弦；5—Y型弹性吊弦。

图 3-3-45　弹性链形悬挂

缺点：存在弹性吊索调整维修比较复杂，定位点处接触线动态抬升量较大，容易产生疲劳，且弹性吊索安装、调整工作量大，事故抢修难度也较大，对定位器的安装坡度要求严格等缺点。

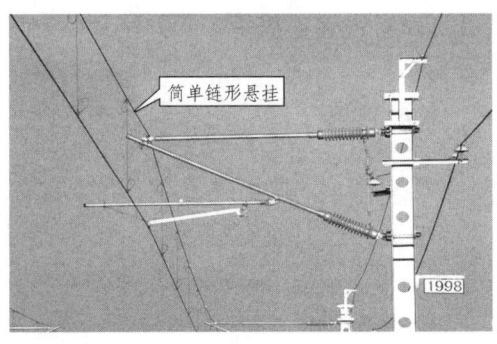

图 4-3-46　简单链形悬挂

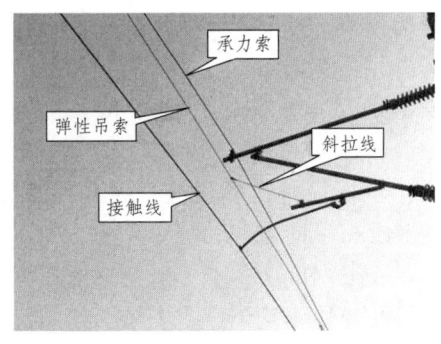

图 4-3-47　弹性链形悬挂

② 复链形悬挂（使用主要代表国家为日本）。

复链形悬挂为接触线通过吊弦挂在辅助索上后再挂到承力索上的悬挂，如图 3-3-49 所示。

优点：性能最为优越，接触网张力大，弹性均匀，接触线的动态抬升量也最小，抗风能力强，接触线弛度小，受流稳定性和风稳定性都比较优越，有利于电动车组高速运行取流。

缺点：因增加了一根辅助承力索，结构变得较复杂，施工及运营维护不方便，事故抢修难度大，我国仅在个别地段试用。

图 3-3-48　复链形悬挂

（2）根据张力的补偿方式可分为无补偿、半补偿和全补偿链形悬挂。

① 未补偿简单链形接触悬挂：其承力索和接触线在下锚处为硬锚（即死固定），支柱定位点处的吊弦是普通吊弦，当温度变化很大时，承力索和接触线的张力和弛度变化亦很大，造成列车受电弓取流不好，一般不采用。

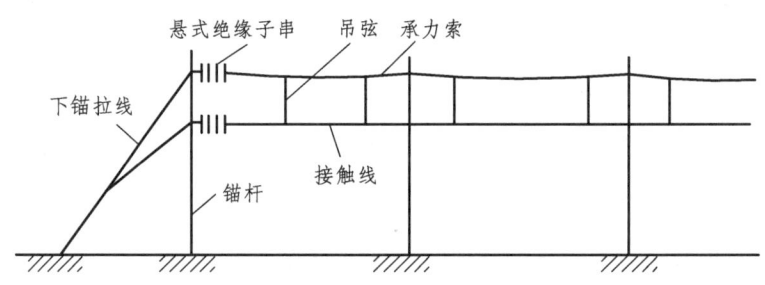

图 3-3-49　未补偿简单链形接触悬挂

② 半补偿链形悬挂：承力索为硬锚，接触线装设张力补偿器，当温度变化时，接触线的张力不变，但是没有装设张力补偿器的承力索的弛度仍然有变化，承力索弛度变化直接影响着接触线的工作状况，存在明显吊弦偏斜和张力差，在站线和低速线上得到过采用。半补偿链形悬挂根据定位点处的吊弦形式分为半补偿简单链形悬挂和半补偿弹性链形悬挂两种。

a. 半补偿简单链形悬挂：当温度变化时，接触线在坠砣的作用下，有纵向位移，而承力索基本上没有纵向位移，由此引起吊弦和定位器的偏移，每处的偏移在接触线上都产生水平张力，在极限温度下，会是接触线的张力在锚段中部和末端的数值相差很大，导致整个锚段内接触线的弹性不均匀，尤其在支柱定位点处，因采用普通吊弦，会造成明显的硬点，显然不利于列车取流，这种悬挂方式一般只用于车速不高的铁路支线上和车站侧线等处。

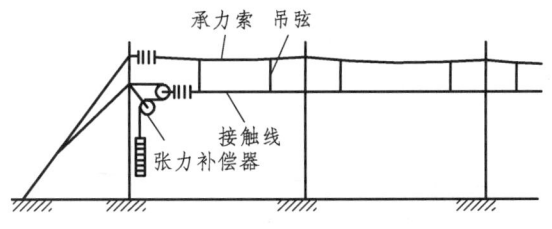

图 3-3-50　半补偿简单链形悬挂　　　　图 3-3-51　半补偿弹性链形悬挂

b. 半补偿弹性链形悬挂：弹性链形悬挂是指在支柱处的通过一根长 15 m，型号为 GJ-10 镀锌钢绞线（弹性吊弦辅助绳）悬挂在承力索上，再在辅助绳上安装吊弦，称为弹性吊弦。

③ 全补偿链形悬挂：在锚段两端下锚处承力索和接触线均设有张力补偿器，当温度变化时，在补偿器的作用下，承力索和接触线均发生纵线位移，大大减小了吊弦的偏移，并且承力索和接触线的张力几乎保持不变，因此接触线高度变化很小，弹性较均匀，受流质量好。有利于列车高速取流，得到广泛应用。

全补偿链形悬挂按支柱定位处吊弦形式的不同可分为全补偿简单链形悬挂和全补偿弹性链形悬挂两种。

a. 全补偿简单链形悬挂。

在支柱定位点处采用的是普通吊弦，此处仍会出现硬点，产生弹性不均匀的现象，这种悬挂形式使用得较少。

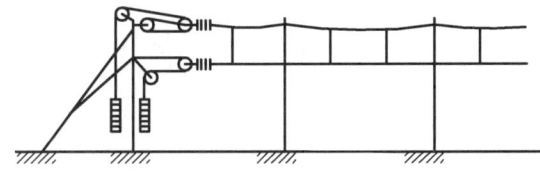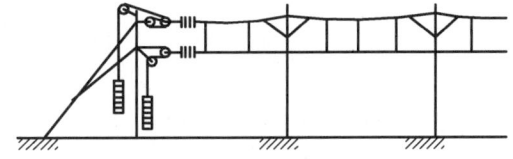

图 3-3-52　全补偿简单链形悬挂　　　　图 3-3-53　全补偿弹性链形悬挂

b. 全补偿弹性链形悬挂。

在支柱定位点处采用了弹性吊弦，使支柱处接触线的弹性得到了改善，并使全锚段内的弹性更趋于均匀，所以它用于高速行车的铁路干线的区段和站场的正线股道，是我国接触悬挂的主要形式。

（3）根据承力索和接触线的相对位置分为直链形悬挂、半斜链形悬挂和斜链形悬挂。

① 直链形悬挂。

接触线与承力索布置在同一垂直表面上的悬挂，他们在是水平面上的投影是一条直线，便于吊弦长度计算，提高了施工精度，避免接触线在吊弦存在纵向倾斜时出现接触线偏磨甚至受电弓与线夹的碰撞，是我国高速线在曲线区段接触网上优先选用的悬挂形式。

② 半斜链形悬挂。

承力索架设在线路中心的正上方成直线形，接触线在直线区段每一支柱定位点处，通过定位装置被布置成"之"字形，这种悬挂的吊弦在水平面的投影对线路中心的横向偏移值不大，与直链形相比，半斜链形悬挂风稳定性好，施工方便，所以应用广泛，提速改造以前，我国在直线区段采用这种悬挂方式。

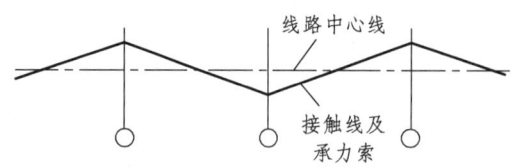

图 3-3-54　直链形悬挂示意图

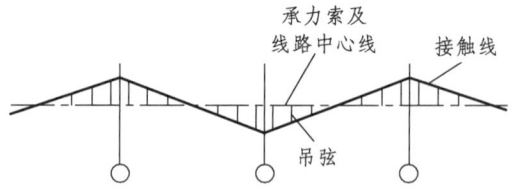

图 3-3-55　半斜链形悬挂示意图

③ 斜链形悬挂。

斜链形悬挂在直线区段承力索和接触线均匀布置成"之"字形，但两者的"之"字方向相反，在曲线上，承力索相对于接触线有一定的外侧位移，吊弦安装后与铅垂方向有较大的倾角。斜链形悬挂设计计算繁琐，施工、维修困难，造价较高，但它风稳定性好，可采用较大的跨距，目前我国没有采用这种悬挂形式。

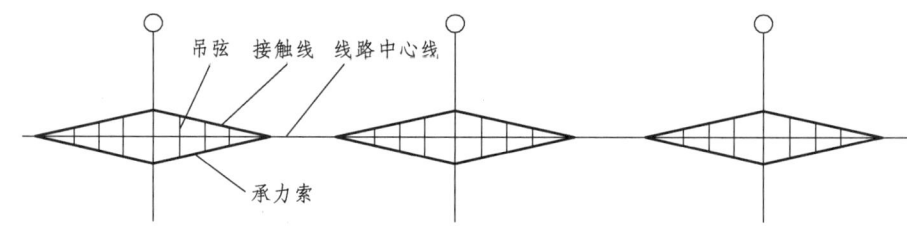

图 3-3-56　斜链形悬挂示意图

各国对以上三种悬挂形式有不同的认识和侧重，并根据各自的国情发展自己的悬挂形式。

日本的高速线路如东海道新干线、山阳新干线、东北新干线、上越新干线均采用复链形悬挂。

图 3-3-57　日本高铁的简单链形悬挂和复链形悬挂

法国的巴黎—里昂的东南线采用弹性链形悬挂，巴黎—勒芒/图尔的大西洋线采用接触导线带预留弛度的简单链形悬挂。

德国在行驶速度低于 160 km/h 的线路采用简单链形悬挂，在 160 km/h 及以上的线路采用弹性链形悬挂。

中国接触网主要采用全补偿简单（弹性）直（半）斜链形悬挂。

图 3-3-58　法国高铁的简单链形悬挂　　　　图 3-3-59　德国高铁的弹性链形悬挂

五、接触网附加悬挂

接触网的附加悬挂一般包括供电线、回流线、正馈线、保护线、架空地线等，附加悬挂是为了供电系统的完善，有利于供电质量的提高和减少对邻近系统的不良影响而设置的，是保证供电系统可靠运行和维持良好的供电质量不可缺少的组成部分。

（一）供电线（G）

供电线是将牵引变电所的电能输送到接触网上，从牵引变电所、分区亭馈出端到接触悬挂之间的电气连接线，一般采用 LJ-150、LJ-185 的铝绞线或 TRJ-150 铜绞线。

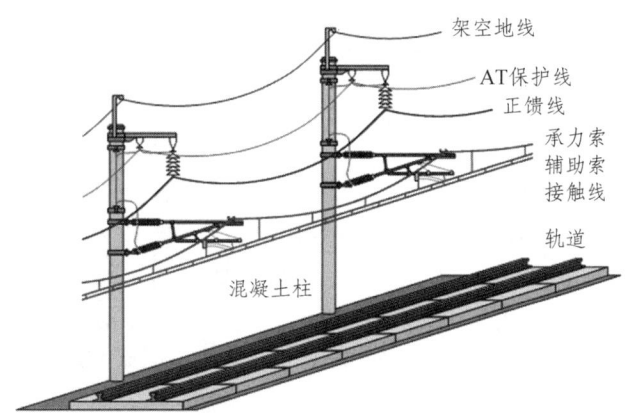

图 3-3-60　接触网附加悬挂示意图

（二）回流线（NF）

在 BT 供电方式中，回流线是为高速电动车组电流流回牵引变电所提供的最便捷通路导线，在与吸流变压器的共同作用下，减轻牵引电流对高速铁路沿线通信线路的不良影响，一般采用 LJ-185 的铝绞线。

（三）正馈线（AF）

用于 AT 供电区段，AT 供电方式的一个特点是有一根与接触网电压相同但反相的正馈线，AF 线与 PW 线同时悬挂在支柱田野侧，其线肩架上 PW 线靠支柱侧、AF 线靠田野侧，在停电作业时，AF 线和接触显的地线同时接钢轨，而 PW 线经接地柱接大地，它与自耦变压器配合，提高了供电电压，增加了电能输送能力，同时起到减小对沿线通信线路干扰的作用。

（四）保护线（PW）

保护线也是 AT 供电方式中的一条导线，是起保护作用的电联络线，用于在 AT 供电区段，保护线与正馈线、接触网同杆架设，经保护跳线与接触网各绝缘子接地端相连，在各个 AT 自耦变压器的中点处和钢轨连在一起，当绝缘子发生闪络时，短路电流可通过保护线作为回路，使变电所继电保护装置迅速动作，达到及时反映和排除故障的目的。

保护线电压一般在 200～300 V，短路故障时可达 3 000 V 左右，正常情况下无牵引电流通过，保护线一般采用钢芯铝绞线。

（五）架空地线（GW）

设在基本站台或中间站台支柱顶部，连接站场金属支柱（或硬横梁）的架空导线称为架空地线，架空地线在站台的两侧下锚，在每端各打一个接地极，并通过保安器与保护线（或回流线）相连通，当架空地线连接的物体受到闪络冲击时，架空地线对保护线（或回流线）的电位升高，使保安器放电，闪络电流经保护线（或回流线）流回牵引变电所，使继电保护装置动作，同时通过接地极对地短路，进一步提高继电保护的准确性，保证了站台上的人身安全和接触网设施的安全、可靠，一般采用 LGJ-50 的钢芯铝绞线，也可采用 LGJ–70 钢芯铝绞线。

六、高速接触网的主要结构参数

（一）接触线高度

接触线高度是指接触线至轨面连线的垂直距离，接触线高度是通过调节吊弦长度实现的，在满足建筑限界的情况下，高速铁路接触线悬挂高度应尽量低，以减小空气动力对弓网受流质量的影响，车站、区间接触网高度应一致，一般高速铁路接触导线的高度比常规电气化铁路的接触导线低，受电弓的底座低于车顶顶面，受电弓的工作高度较小，一方面高速铁路一般无超级超限列车通过，车辆限界为 4 800 mm，另一方面是为了减少列车空气阻力及空气动态力对受电弓的影响。

设计规范规定如下：

（1）高速铁路接触导线的高度一般在 5 300 mm 左右，接触导线最大弛度距钢轨顶面的高度不超过 6 500 mm。

最低高度：① 区间、站场：一般中间站和区间不小于 5 700 mm；编组站、区段站及配有调车组的大型中间站，一般情况不小于 6 200 mm，确有困难时可不小于 5 700 mm。

② 隧道内（包括按规定降低高度的隧道口外及跨线建筑物范围内）：正常情况（带电通过 5 300 mm 超限货物）不小于 5 700 mm；困难情况（带电通过 5 300 mm 超限货物）不小于 5 650 mm；特殊情况不小于 5 250 mm，接触线高度的允许施工偏差为 ± 30 mm。

国外高速铁路接触线高度如下。

日本：5 000 mm。

法国：5 080 mm。

德国：5 300 mm。

我国客运专线车辆建筑限界高度为 4 800 mm，综合考虑绝缘距离、导线弛度、施工误差等因素，客运专线接触线悬挂点高度定为 5 300 mm，最低点高度为 5 150 mm，除锚段关节及道岔定位外，正线各定位点工作支接触线高度应恒定；双层集装箱运输的客运专线（石太、合武、合宁等）接触线悬挂点高度为 6 450 mm，最低点不小于 6 330 mm。

（2）接触线弛度应符合安装曲线的规定，弛度偏差为 ±15%。

（3）接触线工作部分坡度变化时，其坡度不应大于：一般区段 3‰，困难区段 5‰。

（4）接触线工作面须端正，工作部分不得扭转、弯曲，各种线夹均应端正，接触线接头线夹处应专设一根环节吊弦。

（二）结构高度

结构高度是指定位点处承力索距接触导线的距离，它是由最短吊弦长度决定的，我国结构高度为 1.1~1.6 m。

（1）高速铁路正线接触网结构高度一般为 1.6 m。

（2）区间跨线建筑物受限区段，结构高度可适当降低，但结构高度不宜小于 1.1 m，个别困难点不宜小于 0.8 m，结构高度大小主要取决于允许的最短吊弦长度。速度大于 250 km/h 时，最短吊弦长度不小于 600 mm，速度在 200~250 km/h 区段，最短吊弦长度不宜小于 500 mm。

（3）联络线及其他新建线路结构高度一般为 1.4 m。

（三）之字值、拉出值与跨距

定位器将接触线固定在正确的位置上就叫定位，定位器定位线夹与接触线固定处叫定位点，定位点至受电弓中心运行轨迹的水平距离，在直线区段叫之字值，在曲线区段叫拉出值，之字值和拉出值的作用是使受电弓滑板工作均匀，并防止发生脱弓和刮弓事故。

之字值、拉出值与跨距取决于线路曲线半径、最大风速和经济因素等，我国高速铁路一般在保证跨中导线及定位点在最大风速下均不超过距受电弓中心 300 mm 的条件下，确定跨距长度和拉出值。

正线区段标准跨距取 50~55 m，弹性链型悬挂区段最大跨距 60 m，允许施工误差 ±1 m；桥上跨距需根据桥梁孔跨的形式进行配合确定，一般为 48 m，困难时局部最大跨距可为 56 m，相邻跨距之差不应大于 10 m；为延长受电弓滑板使用寿命，拉出值不宜过小，且正线直线或曲线段拉出值尽量按正反定位间隔布置成之字值，在直线区段受电弓中心与线路中心重合，接触线之字值沿线路中心对称不止，其标准为 ±300 mm。提速后为 200~250 mm；拉出值 350~450 mm 之间，曲线不超过 400 mm；为防止水平力过大，对跨距小于 50 m 的直线、关节、道岔区域部分悬挂需减小拉出值至 200 mm，在曲线区段，拉出值和曲线半径大小有关。

（四）锚段长度

其确定主要考虑接触导线和承力索张力增量不宜超过10%，且张力补偿器工作在有效工作范围内，高速铁路接触网锚段长度与常规电气化铁路基本一样。

（1）正线接触网锚段长度一般不超过 2×700 m，个别困难情况下不超过 2×750 m，单边补偿的锚段长度不超过 750 m。

（2）站线最大锚段长度不宜大于 2×800 m，个别困难时不宜大于 2×900 m，单边补偿的锚段长度不超过 850 m。

（3）高速铁路正线道岔处的两支接触悬挂的补偿方向一致，其余道岔处的两支接触悬挂的补偿方向尽量一致。

（4）根据以上锚段长度，验算承力索、接触线的张力差，均不大于额定张力的±5%。

（5）附加导线锚段长度一般不超过 2 000 m，困难时不应超过 3 000 m。

（五）吊弦分布和间距

吊弦间距指一跨内两相邻吊弦之间的距离，吊弦间距对接触网的受流性能有一定的影响，改变吊弦的间距可以调整接触网的弹性均匀度，吊弦分布有等距分布、对数分布、正弦分布等几种形式，为了设计、施工和维护的方便，一般采用最简单的等距分布。

（六）侧面限界

正线接触网支柱侧面限界，一般路基区段应不小于 3.0 m，桥上为 3.0 m，站内正线与站线间立柱时支柱对正线侧面限界不小于 2.5 m，有条件时，尽量加大至正线侧面限界不小于 3.0 m。

（七）承力索和接触线的张力

根据国外经验，对于最高运行速度为 350 km/h 的高速铁路，承力索、接触线的张力应分别不小于 20 kN 和 25 kN。

第四节　高速铁路供电设备的检测与维护

高速铁路的接触网是重要行车设备，是电气化铁路电力牵引供电的重要组成部分，接触网竣工经验收合格后交付运营，由管理部门接管进行接触网运行管理。高速电气化铁路中接触网设备的运营管理和检修，按区段由各供电（维管）段分别进行管理，供电段实行段、领工区、工区（班组）三级管理，每个供电段管辖的范围一般为 300~400 km 正线，超过 500 km 应增设一个供电段，供电段下设领工区，是接触网工区与牵引变电所的直接领导和监督部门。

供电（维管）段的职责是：贯彻执行上级的有关规章、制度和标准；补充制定相关的管理标准、工作标准和技术标准；制定各部门、车间的管理职责和范围；下达接触网的工作计划并组织实施，组织好日常维修和大修改造工程；定期检查分析设备运行状态，制定改进措施，组织检查、评比和考核；组织技术革新和职工培训，提高设备运行质量，保证安全可靠地供电；督促施工单位按相关规定签订安全施工协议。

领工区的职责是：贯彻执行段部下达的有关各项规章制度；根据接触网检修计划给接触网各工区布置检修任务，并监督任务完成的质量及生产完成情况。

接触网工区是接触网运营管理的最基层单位，直接负责对接触网设备的日常维修以及事故后的抢修恢复工作，起职责是：根据段、领工区下达的检修计划和检修任务，制定日常检修作业计划，按时完成管内接触网的检修任务，随时接受上级领导部门的质量检查和安全监督；建立管内设备台账、技术履历簿，管内所有设备的检修查巡记录和部分设备的试验记录；良好保存接触网设备移交接管后的所有技术资料，如接触网平面图、装配图、安装曲线、竣工报告、轨道电路以及设备的出厂说明书等；经常组织学习有关的规章制度等，定期组织技术训练，使每个接触网工都熟练掌握接触网的检修技术、检修规程及安全规则等；接触网工区的每个成员都要对本工区管辖范围内的所有设备的技术状况、地理环境十分熟悉，当接触网一旦发生事故，应立即承担对其的抢修任务和事故预防工作。

高速铁路接触网的运行维护，坚持"预防为主、重检慎修"的方针，按照"周期检测、状态维修"的原则，遵循精细化、机械化、集约化的检修方式，依靠科技进步，采用先进的检测和维修手段，保证接触网技术状态，确保运行品质和安全可靠性。

一、运行管理

（一）统一领导和分级管理

高速铁路接触网的运行维护工作实行统一领导、分级管理的原则，充分发挥各级管理组织的作用。

1．国铁集团

负责全路高速铁路接触网运行管理工作，确定运行维护的方针、原则，统一指导、规划接触网的检查、检测、维护方式和手段，监督、检查铁路局和设备维护单位的设备维护情况；制定、批准有关标准、规范和规章；审批新产品试运行和重要的设备变更。

2．铁路局集团有限公司

贯彻执行国铁集团高速铁路接触网有关规程、规范和标准，制定接触网运行维护实施细则，审批接触网年度检查、检测计划和月度检修计划，监督、检查、指导、协调局管内高速铁路接触网运营管理工作。

3．设备管理单位

贯彻执行上级的有关规章、制度和标准，负责高速铁路接触网设备运行管理，定期分析设备运行状态，并提出改进措施；编制接触网年度检查、检测计划和月度检修计划报铁路局，并根据铁路局集团有限公司批准的检查、检测计划组织实施；组织管内接触网设备故障处理。

（二）运行管理

高速铁路接触网设备运行管理的主要任务是通过对运行设备的监测、检查、检测、试验和诊断分析，准确掌握设备技术性能、特性、运行规律和安全状态，及时对不满足安全运行的接触网设备状态或发生故障时，进行的必要修复，确保供电设备安全运行。

设备管理单位要建立接触网监测、检查、检测、试验和诊断分析制度。对动检车、弓网检测装置等提供的检测信息，按照检测数据分析、复核、整治、销号的处理程序，形成监测、检测、分析、诊断、维修、验收的运营维护闭环管理机制，实现设备质量有序可控。

一般不在运营的客运专线接触网设备上进行新产品试运行，特殊情况需要时，应经铁路局集团有限公司审核，报国铁集团批准。

每个工区要有安全等级（高铁）不低于三级的接触网工昼夜值班，负责接触网的运行管理和应急处理工作。值班人员应及时传达、执行供电调度命令和要求，每天按规定时间向电调报告次日工作计划，认真填写《供电（接触网）工区值班日志》。

二、状态监测

监测是对接触网外观、主导电回路、绝缘状况、防雷措施、受电弓取流情况及外部环境进行不间断监测。监测分巡视、视频和摄像检查、主导电回路测温以及观测点检查四个部分。

（一）巡视

分为步行巡视和登乘车辆巡视。登乘车辆巡视分为添乘动车巡视、作业车升平台巡视和不升平台巡视三种方式。

（二）视频和摄像观察

利用沿线安装的视频监视设备和安装在列车上的高速摄像机对接触网设备进行外观检查。

（三）主导电回路测温

利用热成像仪、测温贴片等测量接续点接触状态。

（四）观测点检查

在隧道口、车站咽喉区、分相等关键处所建立观测点，定期观察列车通过时接触网状态。

三、接触网检测和检查

（一）接触网检测

检测分为静态检测和动态检测，静态检测一般在天窗内进行；动态检测一般由动检车、弓网检测装置进行，静态检测分为人工检测和弓网检测装置的非接触式测量。

1．静态检测

静态检测分为人工检测和弓网检测装置的非接触式测量。

（1）检测周期。

第1、4项，5年一次；第2、3项，3年一次。

（2）检测项目。

① 接触网几何参数检测项目：拉出值、导高、同一跨距接触导线高差、线岔和锚段关节接触线相互位置等。
② 附加导线对地距离。
③ 附加导线、各种引线、接触悬挂等产生交叉时的间距。
④ 接触导线磨耗。
⑤ 对动态检测超限处所进行静态复核、确认。

图 3-4-1　激光测量仪

图 3-4-2　静态测量

2．动态检测

（1）检测周期：10 天。

（2）检测项目。

① 接触网几何参数检测项目：拉出值、导高、同一跨距接触导线高差、线岔和锚段关节接触线相互位置。
② 弓网受流性能检测参数：弓网接触力、垂直加速度、离线率。
③ 接触网电气参数：接触网电压、动车组取流。

图 3-4-3　接触网动态检测车

（二）接触网的检查

接触网状态检查分为全面检查和非常规检查，全面检查具有巡视检查和维护保养的双重职能，非常规检查通常是在发生异常情况下或根据需要时进行的检查。

1．全面检查

（1）检查周期：三年。

（2）主要项目：内容包括无法或不易通过监测、检测手段掌握设备运行状态的所有项目，如接触悬挂、附加悬挂、支撑装置的内在质量，螺栓是否紧固等；保养维护的内容主要是检查过程中必要的防腐处理、注油和零部件的紧固、更换等，全面检查应利用轨道作业车进行。

图 3-4-4　接触网全面检查

2．非常规检查

发生以下情况或上级部门要求时，应进行检查。

（1）故障点附近接触网设备、接地设备损坏情况检查。

（2）一个供电臂内累计发生 3 次不明短路跳闸的情况下，对该供电臂的接触网、回流系统和接地设备进行重点检查。

（3）在接触网发生故障后或自然灾害（暴风、洪水、火灾、冰灾、极限温度等）出现后对相应接触网设备的状态变化、损伤、损坏情况进行检查。

（4）接触网动态检测在一个区段内出现多处几何参数超限，可以用接触网检测车以非接触方式测量接触线的静态高度和拉出值。

（5）根据铁路局安排进行的检查。

四、检修管理

（一）修程

接触网检修分维修和大修两种修程。

维修是指在接触网系统实际状态与安全运行状态之间出现不允许的误差或发生事故时，对接触网系统进行必要的修复，以重新建立接触网系统的正常功能。

维修分为维持性修理和故障修复，维持性修理主要是处理定期监测发现后未处理的缺陷，保持接触网的正常技术状态，维持性修理可以按计划进行。故障修就是立即对导致接触网功能障碍的故障进行修复，或采取临时替代措施，故障修是一种须立即投入施工的，无事先计划的维修方式。新型接触网线更换车如图 3-4-5 所示。

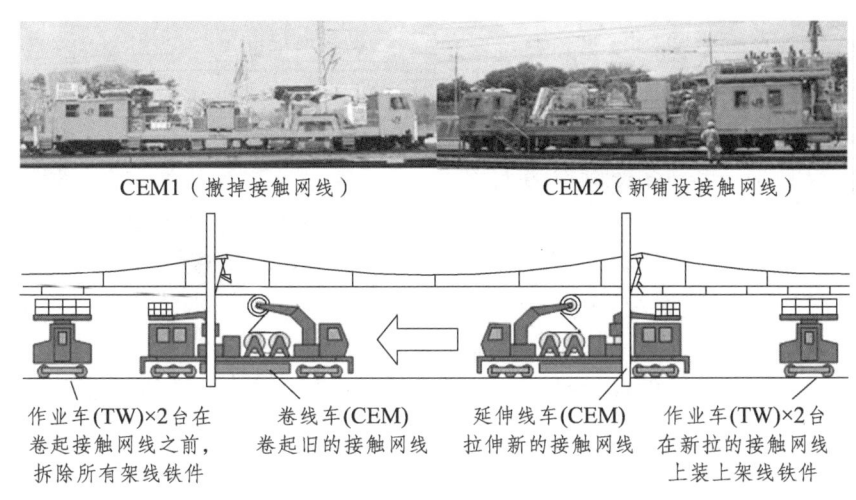

图 3-4-5　新型接触网线更换车

大修系恢复性的彻底修理。主要是整锚段的更换接触网（含附加导线），并通过新设备、新技术的采用，改善接触网的技术状态，增强供电能力，适应运输发展的需要。

接触网的检修作业分为三种。

（1）停电作业——在接触网停电设备上进行的作业。

（2）间接带电作业——借助绝缘工具间接在接触网带电设备上进行的作业。

（3）远离作业——在接触网带电部分 1 m 以外的附近设备上进行的作业。

图 3-4-6　接触网检修作业

（二）检修计划及实施

接触网检修计划分年度监测计划，检测、检查计划和月度维修计划三部分。年度监测计划和检测、检查计划由设备管理单位于前一年的 11 月底以前下达车间和班组，月度维修计划下达方式由铁路局确定，日维修计划与月度维修计划不符时，须经铁路局审核批准。

为保证定期检查和对设备缺陷的及时处理，在高速铁路列车运行图中须预留接触网垂直检修"天窗"，每次时间不少于 240 min。

各单位要做好检修组织工作。

（三）检查验收

为保证检修质量，维修用料必须经过鉴定和运行实践证明是安全可靠的产品，入库前应按规定进行检验。铁路局要建立接触网设备检测、检修记录，记录格式由各铁路局自定。接触网维修要认真执行"记名检修"制度，保证检修质量。每次检测（修）完成后，检测（修）负责人或操作人应及时填写相应的检测（修）记录并签字。工长和车间主任要每月检查 1 次检测（修）和巡视检查任务的完成情况，并在相应的记录上签字。接触网大修由铁路局制定具体技术标准，审批设计文件，安排好质量监督和竣工验收工作。每项大修竣工验收后，施工和验收单位应写出"接触网大修竣工验收报告"，并由验收单位将"接触网大修竣工验收报告"送交有关铁路局和牵引供电设备管理单位。在接触网维修和大修中，凡有更换线索、零部件、支柱者，应将更换后的设备名称、材质、型号、厂家等记入相应记录中。

（四）质量鉴定

为全面掌握设备运行状态，由铁路局组织牵引供电设备管理单位于每年 10 月底前对设备进行一次整体质量鉴定并报国铁集团。

鉴定的范围应包括所有的接触网设备，但下列设备可不做鉴定。

（1）已封存的设备。

（2）本年度新建或已列入当年大修计划的设备。对这类设备，其质量状况可按工程竣工验收质量评定结果进行统计。

鉴定后的质量等级分为以下三种。

（1）优良。

主要项目达到优良标准，次要项目全部合格以上标准者（主要项目、次要项目由铁路局根据设备情况确定）。

（2）合格。

主要项目全部达到合格标准，次要项目多数达到合格以上标准者。

（3）不合格。

主要项目有一项未达到合格标准或次要项目多数不合格者。

复习思考题

1. 什么是高速电气化铁路？高速电气化铁路有何优势？
2. 高速电气化铁路牵引网供电方式有哪些？各有何特点？
3. 简述牵引供电系统的组成、功能及牵引供电回路。
4. 简述牵引变电所综合自动化系统的组成与功能。

5. 高速电气化铁路牵引变电所向接触网供电的方式有哪些？
6. 简述高速供电系统牵引变电所设备构成及其作用。
7. 简述接触网的组成及各自功能。
8. 支柱按材质分为哪些种类？各自的优缺点是什么？
9. 简述软横跨和硬横跨各自的结构、功能、设置及其特点。
10. 什么是接触悬挂？简述其各组成部分的构成、设置及其功能。
11. 简述定位装置的组成，常见的定位方式并画出定位方式简图。
12. 简述保安装置的组成及其作用。
13. 链形悬挂根据悬挂链数分为哪几种？请简述各自的优缺点。
14. 高速接触网为什么要采用综合接地系统？
15. 绘出全补偿简单链形悬挂示意图，标出5个以上零、部件名称。
16. 简述高速铁路弓网的受电特点。
17. 供电段采用何种管理模式，各级单位的主要职责是什么？
18. 简述高速铁路供电设备运行管理组织构架及各自的职责。

第四章 高速铁路动车组

第一节 概　述

一、动车组定义与类型

高速动车组是指由动车和拖车或全部由若干动车以特定方式长期固定连挂在一起以实现特定功能的组合式车组，具有自带动力、固定编组、两端均可操作驾驶等特点，其使用方式和检修体制都不同于机车和车辆。

一般有动车和拖车之分，两者之间的共同点是都可以乘坐旅客，其主要区别是动车上装有牵引电动机等牵引动力装置，而拖车不带动力装置。

高速列车按动力的分布和驱动设备的设置分为动力分散型和动力集中型；按列车车辆转向架布置和车辆之间的连接方式分为独立（转向架）和铰接（转向架）式。由列车动力两种分布类型和车辆连接与转向架布置的两种方式相互组合就出现了四种型式不同的高速列车，如图 5-1-1 所示。

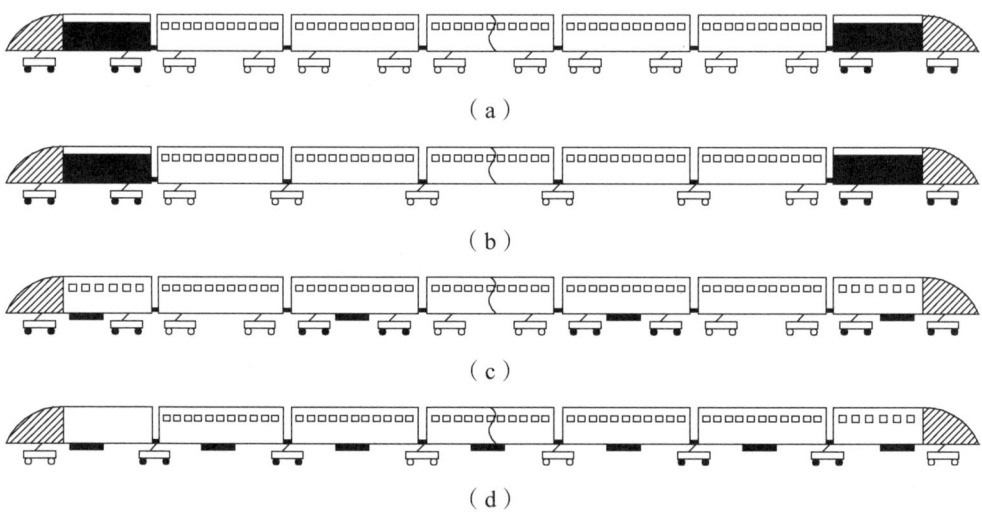

图 4-1-1　高速列车的类型

（一）动力集中型与动力分散型动车组

1. 动力集中型动车组

列车编组中一端或两端（或一端是动力车，另一端是控制车）为动力车，后面或中间为拖车，将列车电器和动力设备集中安装于位于列车两端的动力车上，仅动力车的轮对是动力轮对，动力车不载客，动力车之间为数量不等的拖车的动车组，形成推挽式牵引。典型代表有德国的 ICE1 和 ICE2、法国的 TGV-PSE 和 TGV-A 等。

动力集中型动车组具有以下优点。

（1）制造和维护费用低。

与传统的列车相似，牵引动力集中在两台动车上，牵引电机和电器数量少，列车制造和维护费用低。

（2）客室内舒适性较好。

由于拖车不设置牵引电气、动力机械设备，故旅客车厢内噪声、振动较小，舒适度较高。

（3）适应不同路况能力强。

容易变更动车车型以适应不同路况的需要。牵引头车可以通过摘挂使列车进入既有线，甚至可通过更换内燃机车使列车直接进入非电气化铁路运行。

动力集中型动车组的缺点如下。

（1）载客量相对较少。

由于动力车不载客，所以使整列车相对载客量较少。

（2）轮轨动作用力大。

由于动力集中布置使动车轴重较大，高速运行时的轮轨动作用力明显增大。

（3）黏着利用差。

黏着利用等指标不如动力分散式。

（4）制动性能欠佳。

动力制动只能由头部的动车实施，制动能力受限，闸瓦或闸片磨耗严重，需频繁更换。

2．动力分散型动车组

动力分散式是由若干动车和拖车组成一个单元，再由若干单元组成列车，且整车的主要电气和机械设备几乎全部吊挂在车底架的下部。典型代表有日本的新干线动车组、德国的 ICE3、法国的 AGV 等。

动力分散型动车组具有以下主要优点。

（1）动力装置分布在列车不同的位置，可以充分利用所有车厢载客，故车厢定员多，载客量大，牵引功率大，运量大，效率高。

（2）启动加速性能好，动轴数量多，牵引黏着重量大，需要黏着系数较小，轮轨黏着状态易保证，易于发挥牵引力以适应高速需要。

（3）编组灵活，多动力单元组成，冗余性高，运行可靠性高，不需换向，利用率高，经济效益好，适合公交化客运。

（4）每台转向架的牵引装置分散在车底下，体积小，轴重轻且分布均匀，降低了车身强度要求，对线路影响小，易实现轻量化和低轴重。

（5）使用电气制动多，减小了机械制动部件磨耗，改善了制动性能，同时电气和机械制动联合使用，性能稳定，安全性高。

动力分散型动车组的缺点如下。

（1）制造成本和维修费用较大。

与传统运营、维修管理体制和习惯不适应,必须建立一套新的维修保养体系,每辆动车都装有全套牵引用电机和电器,增加了动车组的制造成本和维修费用。

(2)车内噪音和振动较大。

每辆动车车底架下面吊装有动力设备,其产生的振动和噪声会影响车厢内的舒适度。

(二)独立(转向架)式和铰接(转向架)式动车组

独立式动车组的每节车辆的车体都置于两台转向架上,车辆与车辆之间用密接式车钩连接,每节车辆从动车组上解挂后,可独立行走;铰接式动车组的基本原理是两个车体由一个球窝关节联结,其中一个车体落在转向架的二系弹簧上,另一个车体通过球窝关节固定在第一个车体上,简而言之就是两节车厢放在一个转向架上(见图4-1-2),每节车辆不能从动车中解开成为一个独立可行的车辆。

TGV动车转向架

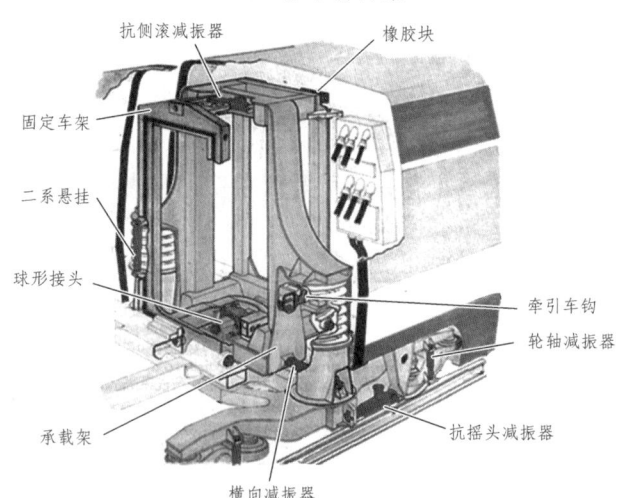

TGV拖车铰接式转向架

图 4-1-2 铰接式转向架

二、国外高速动车组发展与应用概况

回顾世界各国的高铁发展,人们常说这种交通工具"始于日本,发展于欧洲,格局大变于中国"。

(一)日本高速列车

日本的高速列车以动力分散为主,大编组、高功率、小轴重。由于日本人口密度比欧洲国家大、城市密集、又以输送上下班的员工为主,故每列车中一等座席占比例数相对于欧洲国家来说较低。

日本东海道新干线从 1964 年开始投入运营以来,至今已 50 多年了,已形成四代共 13 种型号,如图 4-1-3 所示。

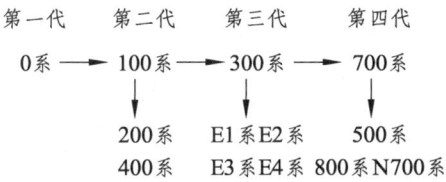

图 4-1-3 日本新干线高速列车

日本 0 系高速列车是世界上第一款商业运营时速超过 200 km 的列车。16 辆编组全部是动力车,属于完全动力分散。于 1958 年开始研制,1964 年终于在东海道新干线开始投入运营。

日本 100 系高速列车,16 辆编组中有 12 辆动力车和 4 辆拖车,即 12M + 4T,属于相对分散型。100 系列(有双层车厢)于 1985 年开始编入山阳新干线,该车型多是单层和双层车厢混组,主要用于跑长途,最高速度 230 km/h。

1992 年,新一代 300 系高速列车研制成功。300 高速列车系在技术上实现了多项突破,首次在新干线车辆采用了交流牵引电机和变频变压调速装置,车身采用铝合金材料,大幅降低了列车重量,并采用新型走行部结构和可以将制动能量变成电能返回电网的新型再生制动,头型设计成斜鼻形,减少了空气阻力,最高运行速度提高到 270 km/h。300 系高速列车的技术突破对之后的新干线列车设计影响深远。

500 系高速列车于 1997 年 3 月 22 日投入使用,其最明显的特点是为了尽可能减少运行阻力和会车压力波而采用的长达 15 m 的长鼻型头型,采用了极为轻量化的"钎焊蜂窝 + 挤压型材"铝合金结构车身和圆形车体截面设计,使得运行阻力比 300 系高速列车降低了 31%,实现了最高运行速度 300 km/h。

700 系高速列车是日本最新也是最先进的一款电动车组,采用 12 动 4 拖的编组方式,功率可达 13 200 kW。正式投入运行的时间是在 1999 年 3 月 11 日。700 系全长约 400 m,共载 1 323 名乘客,最高运营时速为 285 km/h。700 系的车体是用铝合金压制成的中空外壳,内部填充的是吸音、防震的复合材料。相关车型如图 4-1-4 所示。

新干线 0 系高速列车

新干线 100 系高速列车

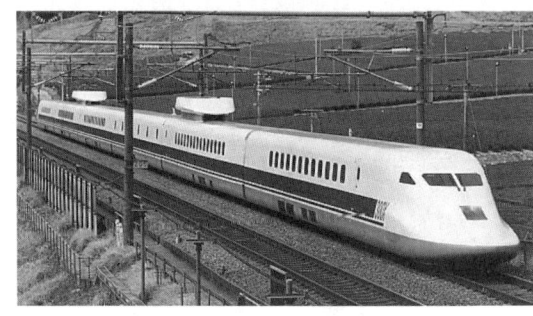
新干线 300 系高速列车

新干线 700 系高速列车

图 4-1-4　新干线高速列车

（二）法国的高速列车

法国在发展高速列车方面一直居世界领先地位，自 1981 年开行东南线首列 TGV 高速列车以来，法国高速列车已形成四代 9 种型号的高速动车组，如图 4-1-5 所示。

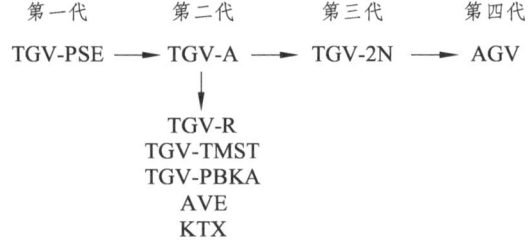

图 4-1-5　法国高速列车

TGV 是法文 Train à Grande Vitesse 的缩写。

TGV-PSE 型高速列车，最高速度 270 km/h，1981 年投入运用。它以橘红色的外形闻名于世。它的商业运营速度是 270 km/h，并在 1981 年以 370 km/h 的速度创下当时的世界纪录。

TGV-A 型高速列车，于 1989 年投入运用，1990 年大西洋新干线正式通车，首次采用交流传动，最高运行速度为 300 km/h。1990 年 5 月 18 日 TGV-A 型高速列车把试验速度提高到 515.3 km/h，创造了当时轮轨粘着式交通工具速度的最高纪录。

法国 TGV-2N 型全双层高速列车，最高速度 300 km/h，运行于巴黎—里昂—马赛间，双层，于 1995 年投入运用。

AGV 是法语 Automotrice à grande vitesse 的缩写，译作中文是"高速动车组"。采动力分散驱动是 AGV 与动力集中式的 TGV 最大的不同处，此设计上的优势让 AGV 得以在相同的路线上达到较 TGV 更高的营运车速，其目标运营车速为 360 km/h。2007 年 4 月 3 日，法国 AVG-V150 列车在巴黎—斯特拉斯堡东线铁路以 574.8 km/h 的速度创造新的世界纪录。法国各型号的高速列车见图 4-1-6。

法国 TGV-PSE 型高速列车

法国 TGV-R 型高速列车

法国 TGV-2N 型高速双层列车

法国 AGV 高速列车

图 4-1-6 法国高速列车

法国的高速列车特点如下。

（1）除第一代 TGV-PSE 采用直流传动外，其他都采用交流同步传动。采用多电流制供电与简单链型悬挂接触网，既能使用一般线路的 1 500 ~ 3 000 V 直流供电，也能使用高速线 25 kV 交流供电。

（2）高速列车均采用铰接式转向架，轴数减少，列车稳定性好，不易颠覆，但平均轴重较大。

（三）德国的高速列车

德国高速铁路称为 ICE（Inter City Express），即"城际高速铁路"。自 1991 年第一代的 ICE1 型投入运营以来，德国高速列车已形成三代四种型号的高速动车组，如图 4-1-7 所示。

```
    第一代      第二代      第三代
    ICE1  ——→  ICE3  ——→  ICE350
      │
      ↓
    ICE2
```

图 4-1-7 德国高速列车

德国高速动车组 ICE 的第一代的 ICE1 型，采用动力集中方式，由 2 辆头车、14 辆客车组成，最高速度 280 km/h，1991 年投入运营，实际最高运行速度为 250 km/h，在既有线改造区段都以 200 km/h 的速度运行。

ICE-2 型高速动车组，于 1998 年投入运营，采用动力集中方式，由 1 辆动车车辆和 7 辆拖车车辆组成，最高运行速度达 280 km/h。

ICE-3 型高速动车组，于 2002 年投入运营，采用动力分散方式，由 4 辆动车车辆和 4 辆拖车车辆组成，最高运行速度达 330 km/h。

ICE-350E 型高速列车，于 2006 年投入试运行，2010 正式投入运营。采用动力分散方式，由 4 辆动车车辆和 4 辆拖车车辆组成，最高运行速度达 350 km/h。

德国 ICE-1 高速列车

德国 ICE3 型高速列车

图 4-1-8　德国的高速列车

三、我国高速动车组发展与应用概况

中国第一条高铁是 1999 年开工、2003 年建成的秦沈客专，并研制了"蓝箭""中原之星""中华之星"等类型的动车组。2004 年 4 月国务院《研究铁路机车车辆装备有关问题的会议纪要》，明确了"引进先进技术、联合设计生产、打造中国品牌"基本原则。按照"先进、成熟、经济、适用、可靠"的方针。通过"引进—消化—吸收—再创新"，已经形成了覆盖各速度等级的自主知识产权的复兴号动车组技术和生产体系，如图 4-1-9 所示。

（一）早期自主研发型号

早在 20 世纪 50 年代，我国就开始了动车组的研制。1958 年，四方厂设计制造了第一列东风号双层摩托列车。该列车由两辆动车和 4 辆双层客车组成。进入 90 年代后，我国曾研制了"庐山号""新曙光""神州"等内燃动车组和"春城""蓝箭""先锋"等电力动车组，积累了部分动车组设计制造技术。但是，由于牵引传动、列车控制等关键技术不过关，安全性、可靠性难以满足要求高速运行的要求，因此，我国动车组走技贸结合、引进消化吸收再创新之路，成为铁路装备现代化的必然选择。

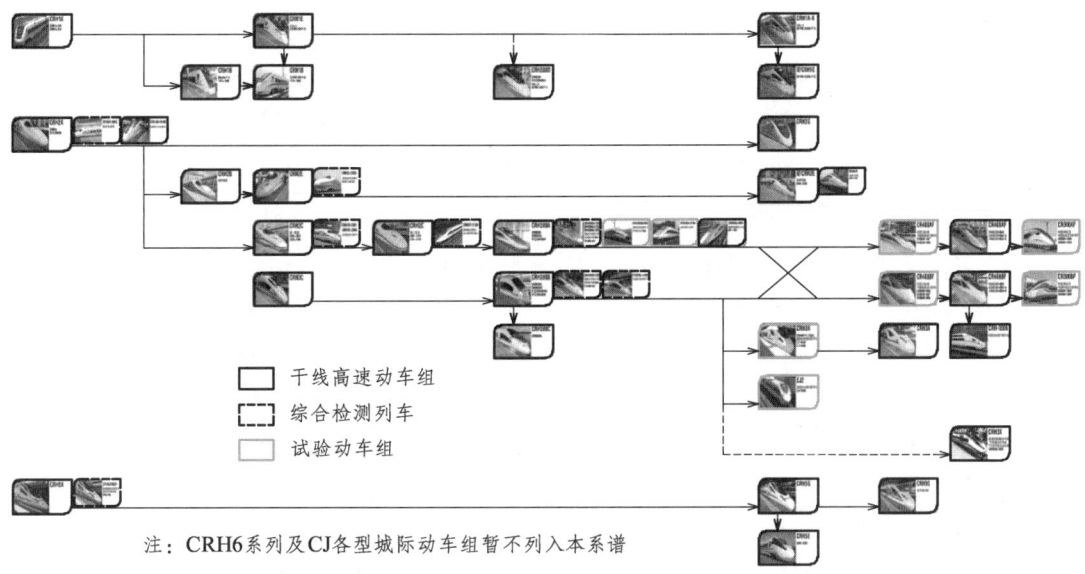

图 4-1-9　中国铁路高速动车组全系谱

新曙光号内燃动车组

中华之星号动车组

图 4-1-10　新曙光号与中华之星号动车组

（二）第一代引进消化吸收型号

2004 年 10 月铁道部组织完成了 140 列时速 200 km 动车组的采购项目合同签订,成功引进了川崎重工、庞巴迪、阿尔斯通的动车组先进技术。2005 年,又完成了时速 300 km 动车组采购项目。

通过引进消化吸收,形成了共有 CRH1、CRH2、CRH3、CRH5 四个动车组系列、时速 200～350 km、8 节或 16 节编组、坐车卧车齐备的动车组产品体系。动车组统一的命名方式中 CRH（China Railway High-speed）的字面意为"中国铁路高速",因为所谈对象是列车品牌名称,所以含义是中国拥有自主知识产权的中国高速动车组列车。

1. CRH1

由青岛四方—庞巴迪—鲍尔铁路运输设备有限公司制造,原型是瑞典 AB 提供的 Regina,CRH1A 采用交流传动及动力分布式,标称速度为 200 km/h,持续运营速度为 200 km/h,最大运营速度为 250 km/h。

2．CRH2 型电力动车组

CRH2 型电力动车组，是南车四方联合日本川崎重工生产，引进国外技术，逐步国产化，原型是日本新干线 E2-1000，但动力配置从 E2-1000 的 6M2T 变为 4M4T，CRH2 系列为动力分布式、交流传动的电力动车组，采用了铝合金空心型材车体。

3．CRH3 型电力动车组

CRH3 原型为德国铁路的 ICE-3 列车（西门子 Velaro），中国以引进西门子公司先进技术并吸收的方式，由中国北车唐山和长客股份公司在国内制造。CRH3C 型电力动车组采用动力分布式，为 4 动 4 拖 8 辆编组 T＋M＋M＋T＋T＋M＋M＋T，采用电力牵引交流传动方式，由 2 个牵引单元组成，每个牵引单元按两动一拖构成。动车组具有良好的气动外形，其载客速度为 350 km/h。

4．CRH5 型电力动车组

CRH5 型动车组，引进自法国阿尔斯通的高速列车车款，由长客股份公司在国内制造。该车型采用动力分布式设计，以同厂的 Pendolino 宽体摆式列车为基础，车体以芬兰铁路的 SM3 动车组为原型，营运速度为 200 km 以上。第一代引进消化吸收形成的动车组如图 4-1-11 所示。

CRH1 高速动车组

CRH2 高速动车组

CRH3 高速动车组

CRH5 高速动车组

图 4-1-11　CRH "和谐号" 动车组

（三）第二代 CRH380 系统动车组

2008 年 2 月，国家批准《中国高速列车自主创新联合行动计划》，打造具有自主知识产权的高速动车组，提出研制符合京沪高铁运营需求的高速列车，由中国南车、北车集团在消化吸收相关技术的基础上,将动车组的时速从 250~300 km 提高到 350 km 及以上,为京沪高速铁路提供强而有力的装备保障,建立并完善具有自主知识产权、国际竞争力强的时速 350 km 及以上中国高速铁路技术体系。2010 年 9 月,铁道部下发《关于新一代高速动车组型号、车号及坐席号的通知》,正式更改四方机车车辆的 CRH380 型动车组型号名称,其中 8 辆编组的动车组被命名为 CRH380A,后期衍生车型有 CRH380A、CRH380B、CRH380C、CRH380D 等系列。

CRH380 系列是中国标准动车组问世以前世界上商业运营速度最快、科技含量最高、系统匹配最优的动车组,持续时速 350 km,最高时速 380 km 及其以上。如表 4-1-1 所示,主要包括 CRH380A、CRH380B、CRH380C、CRH380D。CRH380A(L)是四方股份公司生产的,CRH380BL 由长客、唐山共同生产,其中长客又研制了 380B 短编高寒车以及 CRH380CL,CRH380D 则纯粹是庞巴迪的技术。

表 4-1-1 CRH380 系列动车组主要类型

	CRH380A	CRH380B	CRH380C	CRH380D
制造商	南车四方	北车唐山	北车长客	四方庞巴迪
编组形式	6 动 2 拖	4 动 4 拖	4 动 4 拖	4 动 4 拖
动力配置	T+M+M+M+M+M+M+T	M+T+M+T+T+M+T+M	M+T+M+T+T+M+T+M	M+T+M+T+T+M+T+M
电机标频功率	400 kW	600 kW	600 kW	625 kW
总功率	9 600 kW	9 200 kW	9 200 kW	10 000 kW
受电弓型号	Stemmann DSA380	Faiveley CX-PG	Faiveley CX-PG	Faiveley CX-PG
全 长	203 m	200.3 m	200.8 m	215.3 m
车体宽度	3 380 mm	3 265 mm	3 265 mm	3 368 mm
车顶高度	3 700 mm	3 890 mm	3 890 mm	4 160 mm
供电制式	AC25 kV	AC25 kV,50~60 Hz	AC25 kV,50~60 Hz	AC25 kV,50 Hz
定 员	490	510	502	565

CRH380A 高速动车组　　　　　　　　　CRH380B 高速动车组

图 4-1-12 CRH380 系列高速动车组

2010 年 12 月 3 日,在京沪高铁枣庄至蚌埠试验段,CRH380AL 新一代高速动车组创造了时速 486.1 km 的世界铁路运营速度纪录。

(四)第三代中国标准动车组

为了能够适应中国的高速铁路运营环境和条件,满足更为复杂多样、长距离、长时间、连续高速运行等需求,打造适合中国国情、路情的高速动车组的设计、制造平台,实现高速动车组技术全面的自主化,从2012年开始,在国铁集团的主导之下,集合国内有关企业、高校、科研单位等优势力量,开展了中国标准动车组的研制工作。

2017年1月3日,国家铁路局向中车长春轨道客车股份有限公司、中车青岛四方机车车辆股份有限公司颁发了中国标准动车组(中国标动)型号合格证和制造许可证。这标志着,中国标准动车组具备了大规模生产许可条件和上线商业运营资格,中国高速动车组迎来了新时代。2017年6月26日,中国标准动车组——"复兴号"将率先在京沪高铁两端的北京南站和上海虹桥站双向首发,分别担当G123次和G124次高速列车(见图4-1-14)。

四方生产的CR400AF-飞龙

长客生产的CR400BF-金凤

图4-1-13 中国标准动车组

中国标准动车组,既可以读作中国标准-动车组,意为采用了中国标准,也可以念成中国-标准动车组,意为性能设施都是标准化的。中国标准动车组采用的标准涵盖了动车组基础通用、车体、走行装置、司机室布置及设备、牵引电气、制动及供风、列车网络标准、运用维修等10多个方面。大量采用中国国家标准、行业标准、国铁集团企业标准等技术标准,同时采用了一批国际标准和国外先进标准,使中国标准动车组具有良好的兼容性能。中国标准动车组研制过程中,在运用安全、节能环保、降低全寿命周期成本、特别是进一步提高安全冗余等方面加大了科技创新力度。

中国标准动车组采用CR400/300/200命名,CR代表China Railway(中国铁路),CR400/300/200分别对应最高速度400 km/h、300 km/h和200 km/h。三种时速各自满足不同的市场需求,中国高速铁路主要是速度350 km/h、250 km/h两种,中国快速铁路是速度200 km/h和160 km/h两种。三种时速列车可以满足这四种时速需求,CR200(见图4-1-15)可以兼容快速铁路两种时速。

为了配合2022年冬奥会,京张铁路的建设正在紧张有序地推进,全线预计于2019年年底通车,未来它将成为连接京张两地一条最重要的客运通道,将把目前北京至张家口最快车次运行时间的2 h 58 min缩短至1 h。京张高铁采用的智能动车组定位于"复兴号"的智能型,以现有"复兴号"CR400BF型动车组为基础,首次采用我国自主研发的北斗卫星导航系统,在世界上首次实现了速度350 km/h的自动驾驶。智能动车组和复兴号一样,也是一对双胞胎。一个叫"龙凤呈祥",一个叫"瑞雪迎春"(见图4-1-15)。车头分别模拟鹰隼和旗鱼,具有优越的空气动力学性能和漂亮的外观。

图 4-1-14 时速 160 km "复兴号"中国标准动车组-绿巨人

京张高铁智能动车组"龙凤呈祥"

京张高铁智能动车组"瑞雪迎春"

图 4-1-15 京张高铁智能动车组

第二节 高速列车结构与关键技术

高速列车主要由头车、车体、转向架、牵引系统、制动系统和网络控制系统组成（见图 4-2-1），除此之外，还包括辅助供电、空调、车门车窗、车端连接、餐饮服务、给水卫生、旅客信息服务、车内装饰、电气、烟火报警、灯光照明等多个子系统。

一、高速列车头型

高速列车外形为空间自由曲面，影响因素众多，结构造型困难，其中头型设计是一项十分复杂、难度很大的综合性问题，已经成为新车型研发的瓶颈。随着运行速度的不断提升，高速列车空气动力学效应也逐渐成为影响列车安全性、舒适性、节能和环保特性等的重要因素，头型气动性能的影响尤为显著。

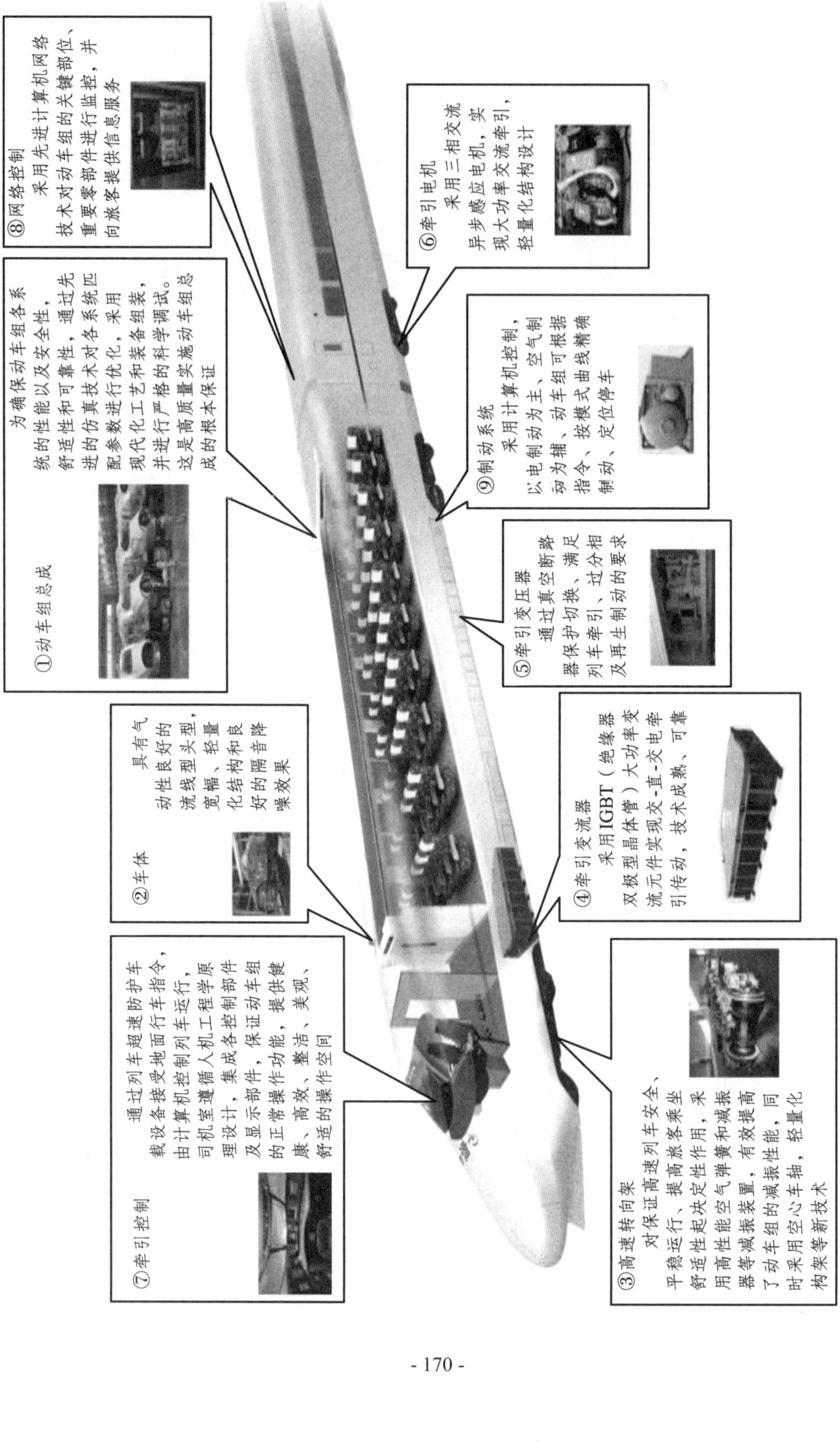

高速铁路导论

①动车组总成　为确保动车组安全性、舒适性能和可靠性，通过先进的仿真技术对各系统匹配参数进行优化，采用现代化工艺和表面处理技术严格质量控制，并进行严格质量检测，这是高质量实现动车组总成的根本保证

②车体　具有良好的气动性能的流线型头型，宽幅、轻量化结构和良好的隔音降噪效果

③高速转向架　对保证高速列车安全、平稳运行，提高旅客乘坐舒适性能起决定性作用，采用高性能空气弹簧和减振器等减振装置，有效提高了动车组的减振表性能，同时动车组采用空心车轴、轻量化构架等新技术

④牵引变流器　采用IGBT（绝缘栅双极型晶体管）大功率变流元件实现交-直-交电牵引传动，技术成熟、可靠

⑤牵引变压器　通过真空断路器保护切换，满足列车牵引、过分相及再生制动的要求

⑥牵引电机　采用三相交流异步感应电机，实现大功率交流牵引，轻量化结构设计

⑦牵引控制　通过列车超速防护车载设备接受地面指令，由计算机控制列车运行，司机遵循人机工程学原理设计，集成各控制部件，保证动车组的正常操作功能，提供健康、高效、整洁、舒适的操作空间

⑧网络控制　采用先进计算机网络技术对动车组的关键部位、重要零部件进行监控，并向旅客提供信息服务

⑨制动系统　采用计算机控制，以电制动为主，空气制动为辅，动车组可根据指令，按模式曲线精确制动、定位停车

图 4-2-1　高速列车基本结构

- 170 -

（一）头型设计指标

1. 安全性

安全性是设计中需要考虑的首要因素。影响高速列车运行安全性的主要因素包括：气动升力、交会侧向力及横风效应等对运行稳定性的影响；表面压力和交会压力波对车体强度的影响；隧道效应；横风效应等。高速列车对周围环境安全的影响包括：列车诱导风对路边职工和铁路设施的影响；隧道效应对隧道内设施和隧道内运行列车的影响等。

2. 舒适度

随着列车速度的提高，旅客乘坐舒适度的问题日渐突出。对乘坐舒适度产生影响的主要因素有车内噪声、车体局部结构及车内设备振动、列车交会引起的车内压力波动，以及列车在进行交会、通过隧道、遭遇强风过程中造成的冲击等。

3. 节能

列车阻力系数随速度的提升而快速增长，列车运行速度为 300 km/h 时，气动阻力已占列车总阻力的 75%，随着列车速度的进一步提升，气动阻力在列车总阻力中的占比进一步提高。通过设计理想的气动外形，有效降低气动阻力，成为高速列车节能降耗的一项有力措施。

4. 环保

列车对环境的影响问题，一直受到高度关注。高速列车对环境的影响包括气动噪声、隧道出口微气压波、列车风等。以最小的环保代价实现运行速度的最大提升，是高速列车头型设计需要考虑的重要课题。

周围环境安全的影响包括：列车诱导风对路边职工和铁路设施的影响；隧道效应对隧道内设施和隧道内运行列车的影响等。

（二）高速列车头型形状参数与气动性能的关系

高速列车头型形状参数主要包括长细比、横截面积、截面变化率、纵断面形状、水平断面形状等，高速列车头型外形限制因素主要包括司机视野、设备布置、车内空间、附属设备空间、设计和制造工艺成本、制造技术等。

头型长细比对高速列车气动性能的影响显著。在头型流线化设计中，一般要求长细比达到 3 以上。图 4-2-2 为日本新干线高速列车长细比表。

形　式		头部长度/m
0 系 		4.4
100 系 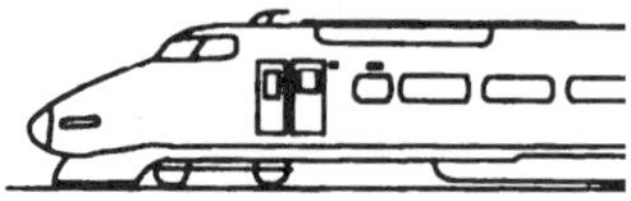		5.5
300 系 		6.0
700 系 		9.2

图 4-2-2　日本新干线各型号高速列车

二、高速列车车体

车体是容纳运输对象的载体，又是安装和连接列车其他部分的基础，一般由底架、侧墙、车顶和端墙等部件组成，如图 4-2-3 所示。

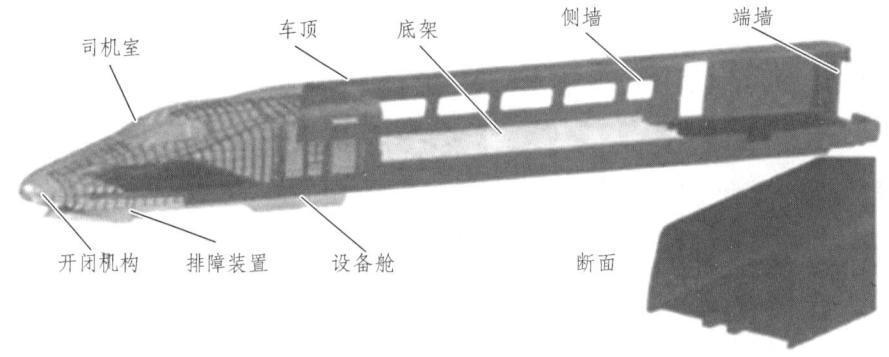

图 4-2-3　车体结构组成

高速列车运营速度和传统机车车辆的运营速度相比有大幅度增加，这要求高速列车车体结构的设计需考虑以下因素。

为减小空气阻力，车体外形需设计成流线型。

为提高乘坐舒适度，车体需采用气密结构。

为降低能耗，车体需采用轻量化设计。

（一）采用轻量化设计

现代高速动车组所采用的三种典型结构包括：薄型材（单壳）、中空型材（双壳）和蜂窝状型材（如表 4-2-1）。

表 4-2-1　高速动车组采用的典型结构

	带加强筋的挤压型材	大型中空薄壁挤压型材	真空钎焊接窝铝板
特点	加强筋对外板补强需要侧立柱；立柱与加强筋间焊接	内部桁架对外板补强；不需要侧立柱	蜂窝对外板补强不需要侧立柱（根据结构有需要的）；蜂窝和外板接合
形式			
使用	300 系　E2 系	STAR21 300X 700 系	STAR21 300X 500 系

双壳结构的优点如下。
（1）能够达到高刚性、增加噪声透过损失。
（2）能大幅度地减少零件数量，扩大自动化焊接范围，从而降低制造成本，提高制造质量。
综合来看，双壳结构可以称作目前最好的高速动车组车体结构。

我国高速动车组车体主要采用大型中空挤压铝合金型材焊接结构，兼顾轻量化和承载能力强的需求，如图 4-2-4 所示。

动车组铝合金车体结构

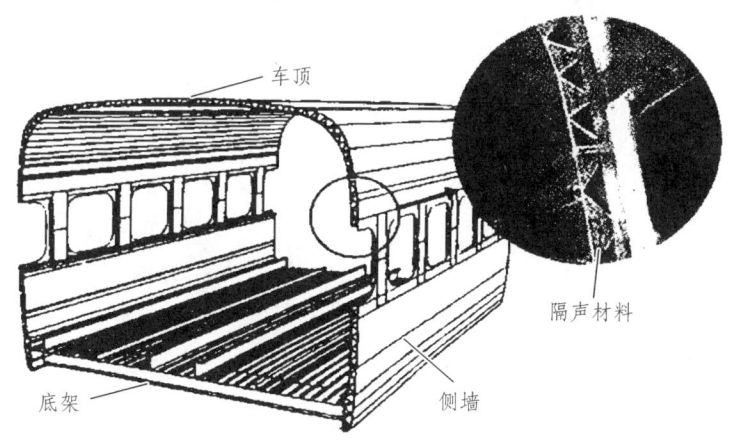

中空型材（双壳）结构

图 4-2-4　动车组铝合金车体结构

（二）形流线型设计

我国高速动车组车体采用流线型头形，如图 4-2-5 所示。车窗、侧拉车门与车体构成一个平整而光滑的表面，车与车之间由内、外风挡连接，安装在地板下的设备及管线装进整体设备舱，并用裙板将车体的下部罩起来，使得从外面看整个车体像一个平滑的箱体，如图 4-2-6 所示。以此最大限度地减小高速列车运行的空气阻力、气动噪声、隧道微气压波和会车压力波的不利影响。

图 4-2-5 流线型车头外形

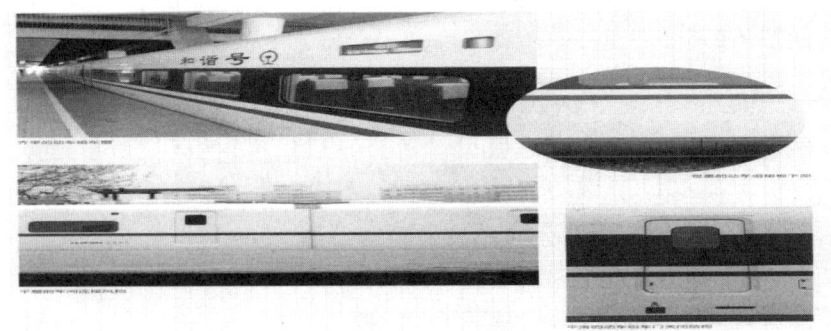

图 4-2-6 流线型车体设计

（三）采用气密结构设计

高速列车是在地面运行的，由于会车、过隧道时产生的列车表面压力波会造成外部压力变化。通过提高车体强度和气密性，保持车厢内气压变化和将变化速率尽量维持在较低水平，所以旅客乘坐高速动车组感觉到的耳膜压痛感很小。对比图如图 4-2-7 所示。

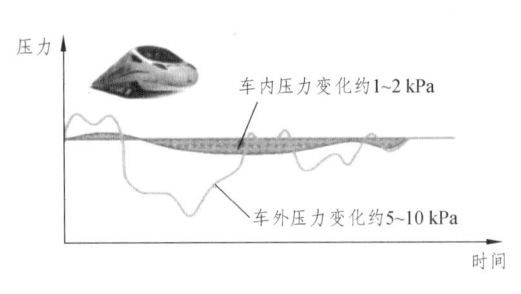

高速列车车厢内外压力波动对比示意图　　飞机机舱内外压力波动对比示意图

图 4-2-7 高速列车车厢与飞机机舱内外压力波动对比示意图

我国高速动车组要求车厢内气压从 4 kPa 降至 1 kPa，时间必须大于 50 s，以保证车厢内气压波动不影响旅客乘坐的舒适度。

三、走行装置

走行装置是支撑车体，承担高速列车自重和载重并在钢轨上行驶的部分（见图 4-2-8）。由两条或两条以上的轮对、轴承装置、构架、摇枕弹簧减振装置和基础制动装置等配件组成一个独立的结构称为转向架。

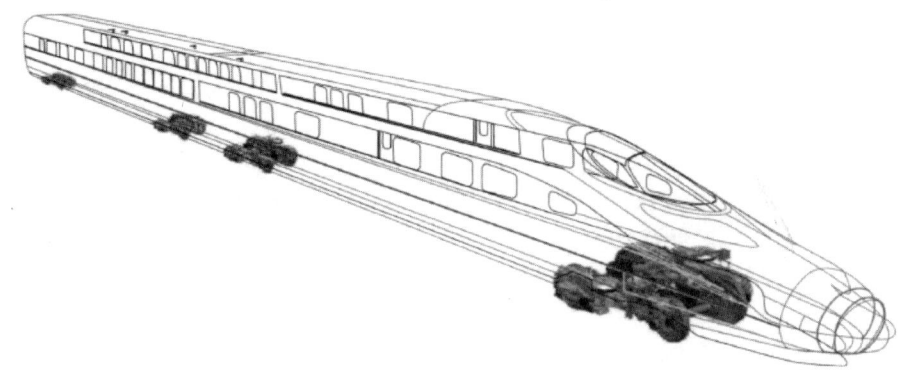

图 4-2-8　转向架支撑动车组原理示意图

（一）高速转向架设计原则与要求

1. 降低轴重及减小簧下质量

轴重是指轮对在静平衡状态下作用于钢轨的载荷。转向架质量涉及轮轨动作用力、噪声、黏着、磨耗、车辆安全以及轨道下沉等问题，可分为簧下和簧间质量。簧下质量主要包括一系悬挂系统以下的转向架构件质量，如轮对质量、轴箱质量、制动盘质量、齿轮箱质量等。

列车高速运行产生的轮轨动态作用力与车辆簧下质量、车辆运行速度以及线路等级相关。高速铁路线路等级高、线路缺陷少，轮轨动态作用力则更多地受车速和簧下质量影响。提高车辆运行速度和增大簧下质量都将增大轮轨的动态作用力。

另外，轴重影响着钢轨滚动接触疲劳损伤。随着轴重加大轮轨接触应力有所增大，钢轨磨耗加大，但在设计初期，轮轨接触一般处于轮轨弹性状态，接触疲劳损伤小。随运营里程增加，轮轨损伤的累积程度不断增加。轴重越大损伤累积速度越快。

因此，轴重和簧下质量设计，应综合考虑转向架动力学特性、钢轨损伤以及轮轨噪声等。

2. 保证转向架运动稳定性

转向架运动稳定性的设计关键是车辆临界速度设计。

（1）选择适当车轮踏面型面和等效锥度。不同的车轮踏面型面与钢轨型面匹配后可形成不同的等效锥度值，影响车辆运行稳定性。车轮踏面设计不仅需要考虑等效锥度，而且还需考虑轮轨接触力和轮轨磨耗量等参数，因此，车辆系统非线性临界速度车轮设计，不仅与踏面等效锥度有关，还与轮对内侧距、整个踏面外形和钢轨型面密切相关。

（2）确保一系悬挂系统定位刚度。轮对轴箱定位装置纵、横向定位刚度对转向架临界速度具有决定性作用。选择纵向和横向定位刚度是一个循环优化的过程。其总体原则是在保证转向架具备足够高临界速度时,选择较小的纵、横向定位刚度,这样可同时改善曲线通过性能,减小轮轨作用力和轮轨磨耗。但对于轴重较大的转向架,特别是牵引功率较大的动力轮对,一般需选择较大的定位刚度。

(3) 设置适当的抗蛇行阻力矩。高速转向架抗蛇行减振器能够提供有效抑制蛇行运动的力矩,提高列车临界速度。但过大的抗蛇行阻力矩将使转向架与车体之间的转动受到限制,导致转向架曲线通过能力降低,严重时会引起转向架通过曲线时产生轮缘磨耗,甚至在直线运行中也出现磨耗加剧的现象。

3. 保证优良运行平稳性设计原则

车辆运行平稳性,主要以二系悬挂设计为主,辅以一系悬挂的作用。

(1) 保证足够大的悬挂挠度。

由于轨道不平顺激励频率增高,列车服役环境激励频率带宽增大、激振能量增强,容易激起列车各阶振型,产生不良振动。对于运行平稳性,高速转向架的首要任务是保证足够的悬挂挠度,大幅度降低自振频率。通过二系悬挂设计,在垂向和横向上采取措施保证大柔度,是高速转向架保证运行平稳性的设计原则。一系悬挂可为列车垂向平稳性做出较大贡献。

(2) 选择适当的悬挂阻尼。

高速转向架采取的大柔度设计可以起到较好的减振效果,但若悬挂系统减振阻尼不足则不能有效衰减车辆振动,导致乘坐舒适性降低。悬挂阻尼参数的设计因此成为高速转向架设计的重点和难点。设计过程中,首先需要对刚度和阻尼的匹配方案进行校核,再经过试验测试研究对比,识别列车各阶振型的实际构成和工作模态,并在此基础上合理确定车辆系统减振器阻尼。上述阻尼设计是一种被动悬挂方式,当高速转向架悬挂阻尼被动设计不能满足运行平稳性要求时需要采取半主动或主动悬挂方式。

(3) 关注柔性系数。

大柔度设计的高速转向架使用了较小悬挂刚度的一系和二系,易导致车体的抗侧滚刚度不足,引起列车产生较大的侧滚角。当侧滚角大于一定数值后,会造成不舒服的感觉,且使列车内部容易产生部件运动干涉,列车外部容易侵入限界,严重时存在倾覆危险。列车侧滚程度用柔性系数表示,当系数小于 0.4 时,列车侧滚可控制在有效范围之内。

总体上,要获得良好的平稳性,转向架参数的合理匹配选择是一个复杂的循环选择过程,转向架结构和性能参数不仅决定了构架、轮对的各种模态振型,而且直接引起车体下心滚摆、上心滚摆、摇头、点头和浮沉等多种模态振型变化,影响列车乘坐的舒适性。进行平稳性分析时,必须综合对比分析这些参数对运行平稳性的影响,才能有效掌握转向架的动力学特性。

4. 保证足够的曲线通过能力

对于 350 km/h 等级高速铁路,最小曲线半径通常在 7 000 m 以上,曲线通过不是主要问题,转向架设计应以运动稳定性为主,同时兼顾转向架在列车进出检修库和回送等遇到的低速通过小曲线问题。对于高速铁路与既有线的线路,高速转向架需要兼顾运动稳定性和曲线通过能力,在确保运动稳定性条件下,对踏面形状、一系纵向刚度和二系回转阻力矩进行充分优化,以保证必要的曲线通过性能。

5．无磨耗、低维护、长寿命

除轮轨间和基础制动摩擦副正常磨耗外，高速转向架各部位必须实现无磨耗设计，才能为低维护、长寿命设计创造条件。无磨耗设计还包含降低轮轨作用力、减少振动冲击、提高部件疲劳强度寿命以及消除振动噪声等设计思想，无磨耗、低维护、长寿命是高速转向架必须遵循的重要设计原则，并贯穿于转向架设计的全部过程。

（二）转向架的结构组成与功能

转向架是高速列车的走行机构，承担着列车的承载、导向、减振、牵引和制动功能。按照是否配备有驱动装置，可将转向架分为动力转向架和非动力转向架，如图 4-2-9 所示，高速转向架主要包含轮对、轴箱装置、一系悬挂、构架、二系悬挂、驱动装置（动力转向架配备）和制动装置。

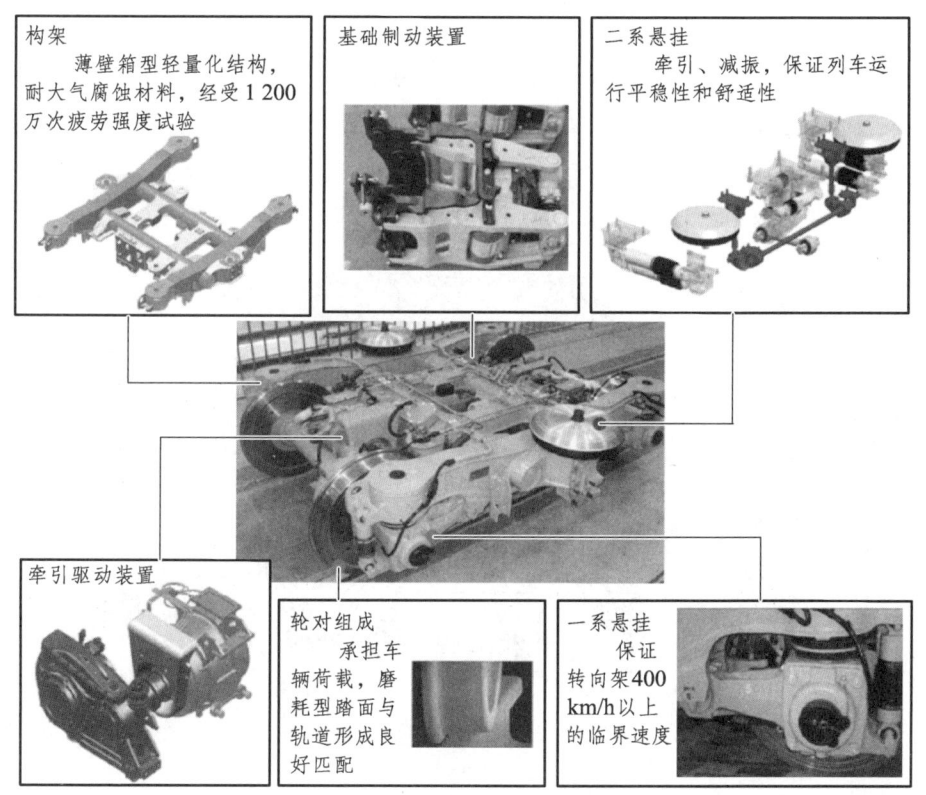

图 4-2-9 高速转向架基本结构

下面我们以 CRH2 型高速动车组转向架为例，对转向架功能模块进行剖析

1．转向架承载模块

转向架的第一作用即支撑车体，其中构架与轮对是主要的承载部件。同时车体与转向架的衔接空气弹簧和中心牵引座也是承载模块中的重要部件（见图 4-2-10）。

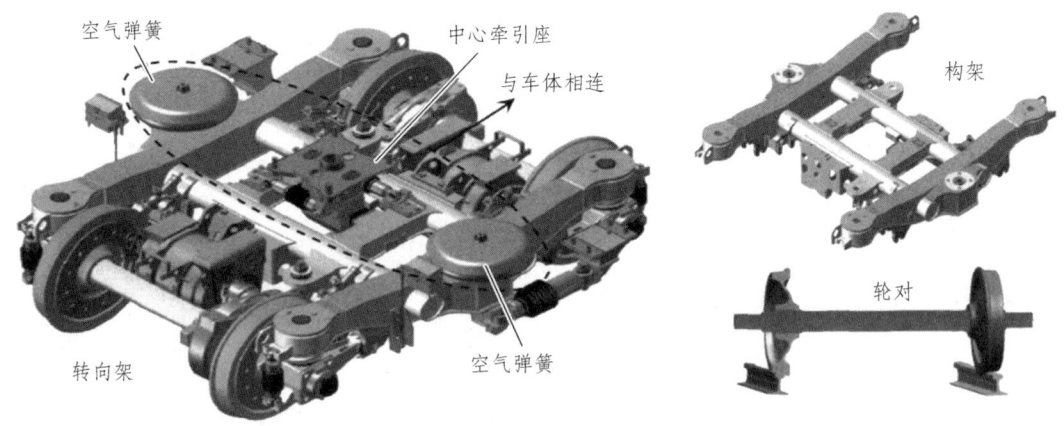

图 4-2-10　转向架承载模块

2．转向架动力模块

作为铁道机车或动车的转向架，需要提供车辆前行的动能。转向架的驱动装置（电机与齿轮箱）和轮轴结构便是实现由电能向动能转化的关键，电能驱动电机转动并通过输出轴给出扭转力矩，齿轮箱再将这种驱动力有效传递于车轴，带动车轮高速旋转。轮对两侧的轴箱，则将轮对沿钢轨的滚动转化为构架沿线路的平动，构架的平动再通过牵引拉杆的传递和中心牵引座的作用，带动整个车体前行（见图 4-2-11）。

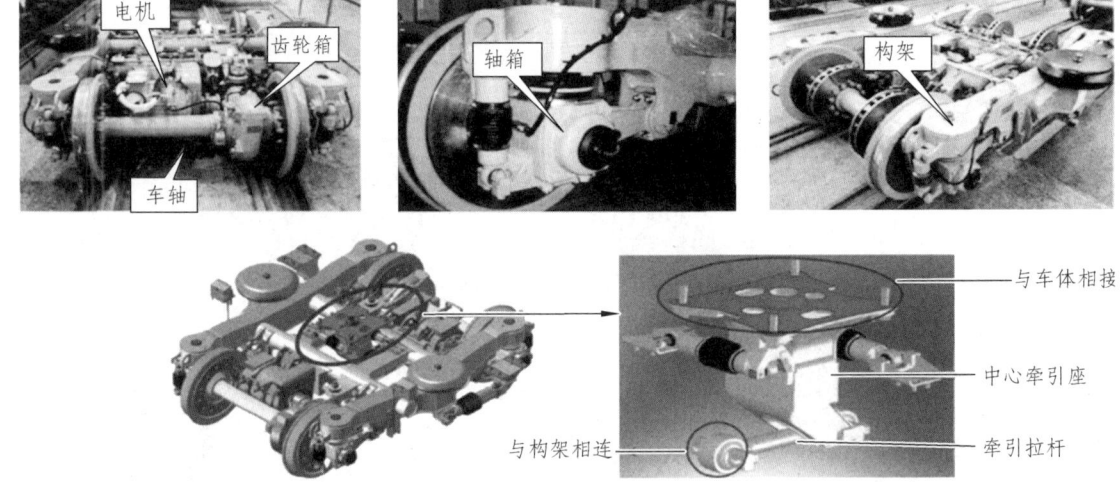

图 4-2-11　转向架动力模块

3．转向架运动控制模块

铁道机车车辆与其他交通工具一个很显著的区别就是其本身无需有控制方向的装置，列车车轮沿着钢轨自行行走，而这一切运动的关键在于轮轨巧妙的外形设计（见图 4-2-12）。

带有斜度的车轮与车轴固接，实现了轮对的自动对中。内侧面的突出部分——轮缘，成为了防止车轮脱轨的重要部分。车轮与钢轨的匹配，则保证了车辆的高速运行。

由于类似圆锥形的轮对在钢轨上滚动前行时，轮对中心的运动轨迹是呈现一条弯弯曲曲的曲线。因为这条曲线的形状类似于蛇，故而这种现象得名为蛇行运动。轮对的蛇行运动将传递至构架，使之在水平面亦有横摆运动，再由构架传递到车体上，将引起车体的摆动（见图 4-2-13）。

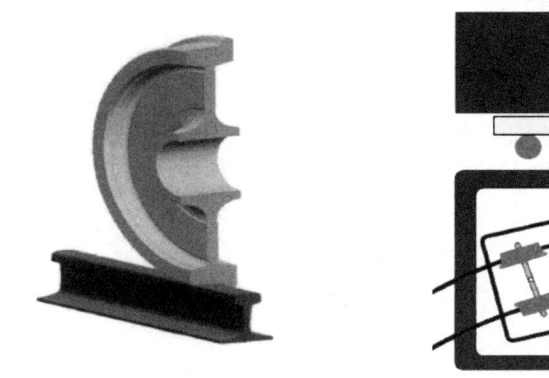
轮轨的外形结构

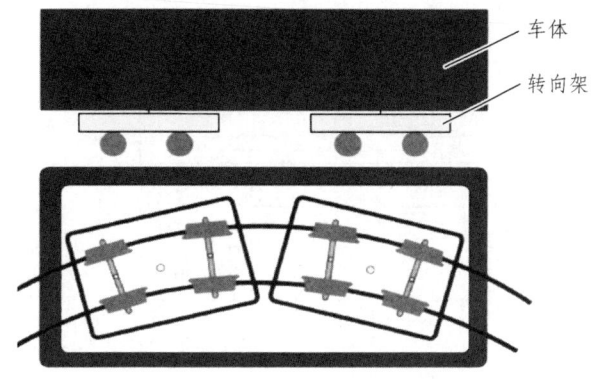
转向架通过曲线原理示意图

图 4-2-12　转向架运动控制模块

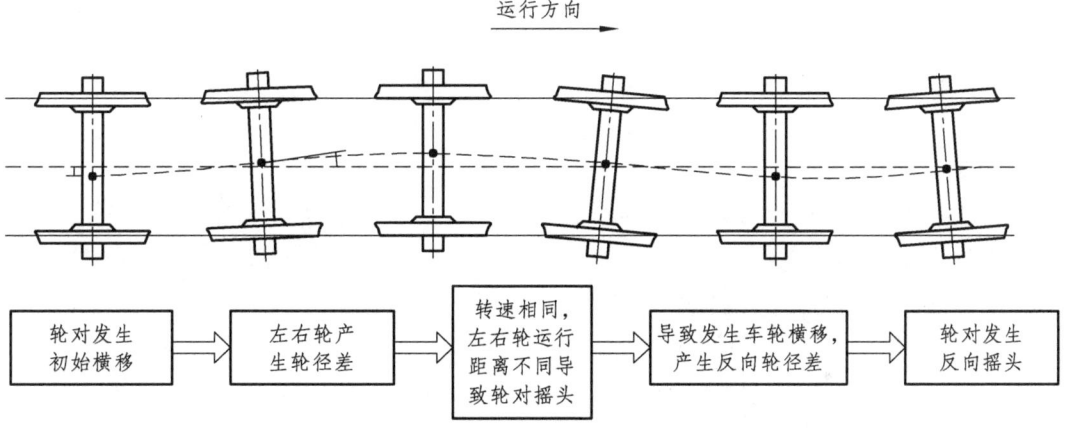

图 4-2-13　车轮的蛇行运动

蛇行运动与车速有着紧密的关系。车速越高，蛇行运动越激烈，列车就越有脱轨的可能。为减小轮对走行对车体产生的动态影响，转向架在轴箱与构架之间、构架与车体之间都设有弹性悬挂装置。前者称为一系悬挂，后者称为二系悬挂，其中一系悬挂包括钢弹簧（两螺旋弹簧组成）、垂向减振器和橡胶定位装置，主要是抑制车轮的蛇行运动，并对来自轨面的振动进行一级隔振；二系悬挂主要包括空气弹簧、横向减振器、橡胶止挡、抗蛇行减振器，主要是抑制构架的蛇行运动，进一步吸收振动能量，保证车体的平稳，并在车辆过曲线时提供车体与转向架之间较大的相对旋转和横移量。

一、二系悬挂系统能在传递动力的同时控制好整体的运动，充分利用有利动能，抑制和耗散不利的动能。悬挂系统对车辆能否平稳运行，能否顺利通过曲线并保证车辆运行安全起着重要作用。图 4-2-14 为转向架的悬挂单元。

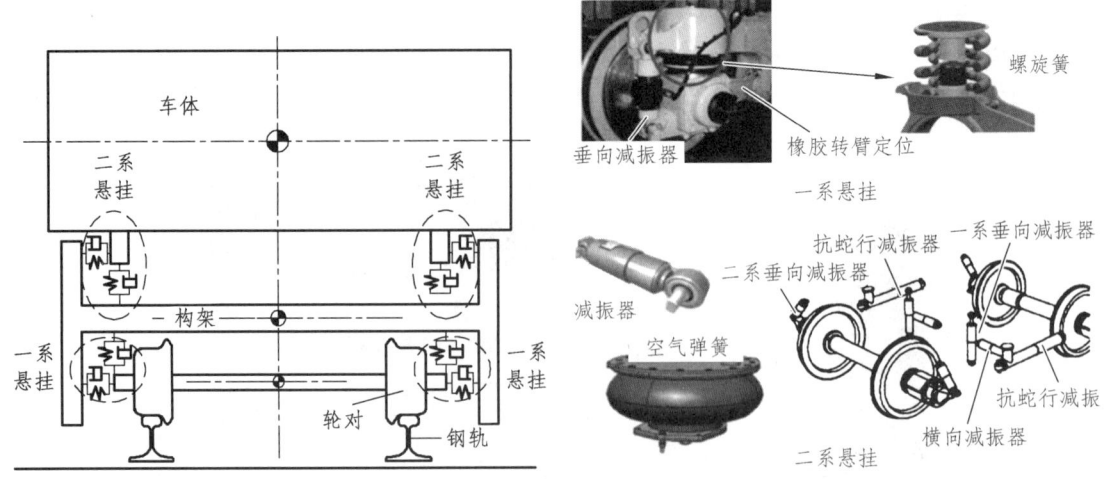

图 4-2-14 转向架的悬挂单元

4. 转向架制动模块

列车既要保证高速安全运行,亦须保证能快速并安全地停车。这即是制动模块实现动能转化的目标。列车的动能一是转化为电能回收利用,二是转化为热能耗散,这即是电力动车组常用的电制动与基础制动,而通常二者都是共同作用的。电制动是通过把电动机反转成发电机,将动车组的动能转成电能并回输电网实现动能的转化;基础制动装置则是主要由制动盘和制动卡钳组成,通过高速摩擦,实现动能到热能的转化(见图 4-2-15)。

图 4-2-15 转向架基础制动单元

四、制动系统

制动系统是高速列车的关键子系统,在列车正常运行时提供减速及停车所需的制动力,并在意外故障发生时或其他紧急情况下,保证列车在规定的紧急制动距离内安全停车。由于列车的动能和速度的平方成正比,随着运行速度的提高,列车制动系统需要吸收的制动能量显著上升,这就对高速列车的制动能力和可靠性提出了更高的要求。

(一)制动系统基本要求

人为地使运动物体(列车)减速或阻止其加速的行为被称作制动,制动装置即为了施行制动而在列车上安装的由一整套零部件组成的系统,由制动装置产生的与列车运行方向相反的外力,称为"制动力"。

制动的实质是列车动能的转换和转移,转换指的是从动能转换为其他形式的能量,转移指的是动能在制动装置间的传递和消散。

高速列车的制动作用包括调速制动和停车制动,在很多情况下都需要列车制动发挥作用,例如车站停车、保持车辆静止、运行过程中减速、下坡时抑制列车加速和突发状况紧急停车等,是保证高速列车运行安全的一个关键系统。对于高速列车制动系统有如下要求。

1. 制动能力要求

在需要停车的时候,制动系统必须能让高速列车在规定的制动距离内停下来。列车轮轨之间摩擦系数小,需要的牵引力小,这是优点。然而,轮轨之间摩擦系数小,却也带来制动时列车制动距离长的缺点。

高速列车制动系统能力主要体现在紧急制动距离上。所谓紧急制动距离,就是在紧急情况下,列车必须在事先规定距离内停车的距离。紧急制动距离的设计值主要基于轮轨间制动黏着的利用、基础制动装置的热容量以及制动控制性能等各种制约因素所容许的最大紧急制动能力,此外,还应该考虑必要的安全裕量,特别是在动力制动作用不良状态下的紧急制动能力。

目前,国际上最高运行速度 300 km/h 的高速列车标准状态紧急制动距离一般规定在 3 000~4 000 m 的范围内(见表 4-2-2)。

表 4-2-2 高速列车制动距离和制动方法

列车型号	运营时速/km	制动方式	拖车制动盘数/轴	标准制动距离/m	不良状态制动距离/m
300 系(日本)	270	再生+盘形	2	4 000	4 960
ICE1(德国)	300	再生+盘形+磁轨	4	3 450	—
TGV-A(法国)	300	动车:电阻+踏面 拖车:盘形	4	3 500	4 500
TGV-PSE(法国)	270	动车:电阻+踏面 拖车+盘形	4	3 000	3 700

2. 可靠性要求

高速列车制动系统一旦失灵,后果将不堪设想。为保证系统可靠性,除了要求组成系统的零部件和软件控制系统必须可靠外,还要求系统的重要子系统或关键部件应有足够的冗余。除此之外,整体系统的设计都需要始终贯穿故障导向安全的思想。

3. 舒适性要求

即使制动系统能力再高,如果实施制动时让站立的乘客摔倒的话,这样的高速列车显然也是不合格的。列车制动时的舒适性,主要是由减速度变化率,即减速度的微分来反映的。通过研究发现:

（1）减速度变化率不超过 0.6 m/s³，乘客不会产生不舒适感。

（2）减速度变化率在 0.6~0.75 m/s³，乘客基本可以接受。

（3）减速度变化率超过 1.0 m/s³，站立状态的乘客会有摔倒的危险。

高速列车制动时，减速度变化率的最大值发生在制动初期、不同制动方式切换过程、列车停车 3 个时点。为了保证良好的舒适性，业内对高速列车制动时减速度的变化率都有明确规定。

（二）制动方式及制动功能

高速列车通常是在若干辆动车和拖车组成的制动单元内进行制动力的协调配合的，在单元内，制动力通常由多种制动方式提供的制动力配合组成。

1. 黏着制动与非黏着制动

制动方式是指制动时列车动能的转移方式或制动力获取的方式。按是否依赖黏着划分，制动方式的分类如图 4-2-16 所示。

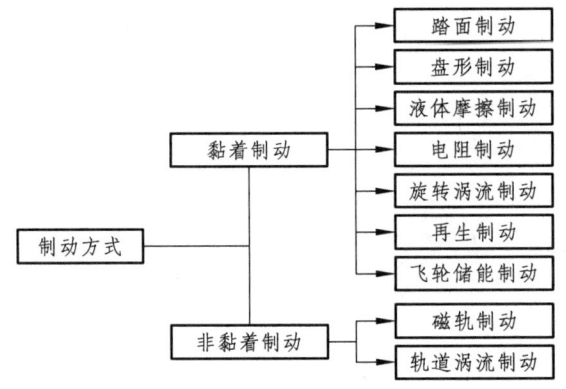

图 4-2-16 制动方式的分类

（1）黏着制动。

以闸瓦制动为例，车轮、闸瓦、钢轨三者之间通常存在 3 种可供分析的状态：难以实现的理想的纯滚动状态、应极力避免的"滑行"状态、实际运用中的"黏着"状态。

① 靠滚动着的车轮与钢轨接触点在接触瞬间的静（不发生相对滑动）摩擦阻力作为制动力，车轮沿钢轨边滚动边减速停止。在此过程中，车轮与钢轨之间是静摩擦，车轮与闸瓦之间是动摩擦。这是一种难以实现的理想状态。倘若能达到这种状态，那么，可能实现的制动力的最大值约是轮轨间静摩擦阻力的极限值。

② 第二种情况恰恰与第一种相反。即轮瓦间为静摩擦，轮轨间为动摩擦。那么，原第一种状态中车轮滚动减速改变为滑行（车轮在车辆未停住前即被闸瓦抱死，在钢轨上滑行）减速。这是必须杜绝的事故状态。此时，轮轨间的动摩擦阻力就成为滑行时的制动力。

③ 实际上，车轮在钢轨上滚动时，轮轨接触处既非静止亦非滑动，在铁路术语中用"黏着"来称呼这种状态。要依靠黏着滚动的车轮与钢轨黏着点之间的黏着力来实现机车车辆的制动方式，叫作黏着制动。黏着制动时，可能实现的最大制动力，不会超过黏着力。

闸瓦制动、盘形制动、液力制动、电阻制动、旋转涡流制动、再生制动以及飞轮储能制动,从制动力形成的方式来看,都属于黏着制动。它们的制动力的大小都要受黏着力的限制。

(2) 非黏着制动。

轨道电磁制动与轨道涡流制动属于非黏着制动。制动时钢轨给出的制动力并不通过轮轨黏着点作用于车辆,而由钢轨直接作用于吊挂在转向架上的电磁铁。制动力的大小不受轮轨间黏着力的限制,是黏着力以外获取制动力的一种制动方式。所以,也叫作黏着外制动。非黏着制动目前主要用于黏着制动力不够的高速列车上,作为一种辅助的制动方式。

2. 摩擦制动和动力制动

高速列车制动是通过制动装置将列车的运行动能吸收或转化来实现列车的减速或停车的。高速列车的制动方式,根据制动力是否依靠轮轨黏着获取,可分为黏着制动和非黏着制动两种方式;根据动能吸收或转化方式的不同,又可分为摩擦制动和动力制动两类。

目前,世界商业运营的高速列车主要采用闸瓦制动、盘形制动、电阻制动、再生制动、圆盘涡流制动、磁轨制动和轨道涡流制动 7 种制动形式。其中,应用最广泛的是盘形制动和再生制动。

(1) 盘形制动。

盘形制造如图 4-2-17 所示。用制动夹钳使闸片夹紧装固在车轴或车轮辐板上的制动固盘,使闸片与制动圆盘间产生摩擦,把动能转变为热能,转移入制动圆盘与闸片,最终逸散于大气。

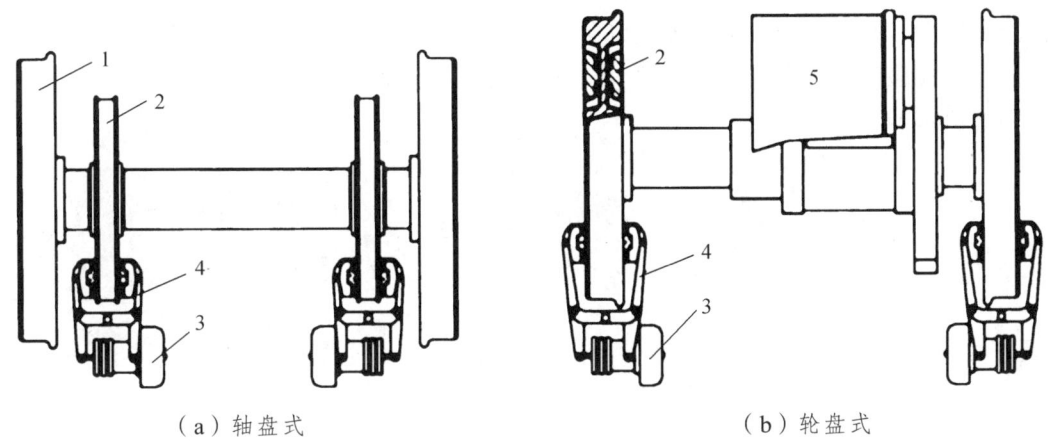

(a) 轴盘式　　　　　　　　　　(b) 轮盘式

1—轮对;2—制动盘;3—单元制动缸;4—制动夹钳;5—牵引电机。

图 4-2-17　盘形制动示意图

(2) 再生制动。

再生制动如图 4-2-18 所示。使列车动能转变成电能回收。电力机车或电动车辆可实现再生制动,将电能反馈至电网。

3. 按制动功能划分

根据列车运行状态的不同,高速列车制动系统实施的制动作用通常包括常用制动、快速制动、紧急制动、辅助制动及耐雪制动等种类。常用制动是列车在正常调试和进站时采用的一种制动作用,在各种制动作用中,常用制动的实施频率最高。

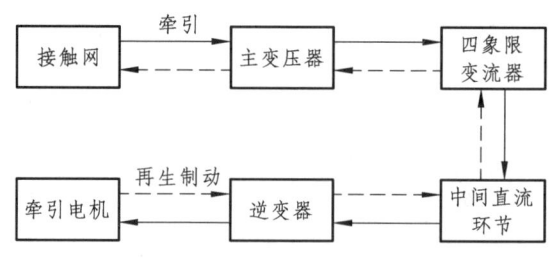

图 4-2-18 再生制动原理示意图

快速制动是列车在非正常情况下，为使列车迅速停车而实施的制动作用，采用与常用制动相同的复合制动模式，可提供最大常用制动 1.5 倍的制动力。

紧急制动是列车在紧急情况下，为了让列车迅速减速，并在最短的距离内停车而实施的制动作用。

辅助制动是在制动装置异常、制动指令线路断线及传输异常时启用，能产生相当于近似不同级别常用制动及快速制动的空气制动。

耐雪制动能够防止降雪时雪块进入制动盘和闸片之间，制动动作时，制动缸会轻轻地推出闸片以消除闸片和制动盘面之间的空隙，防止雪的进入。

(三) 制动系统组成及控制原理

1. 制动系统组成

高速列车制动系统具体可分为司机制动控制器、车辆控制系统、制动控制装置、风源装置（包括主风源装置和辅助风源装置）、气路系统、基础制动装置、再生制动装置和电子防滑装置等子系统，如图 4-2-19 所示。

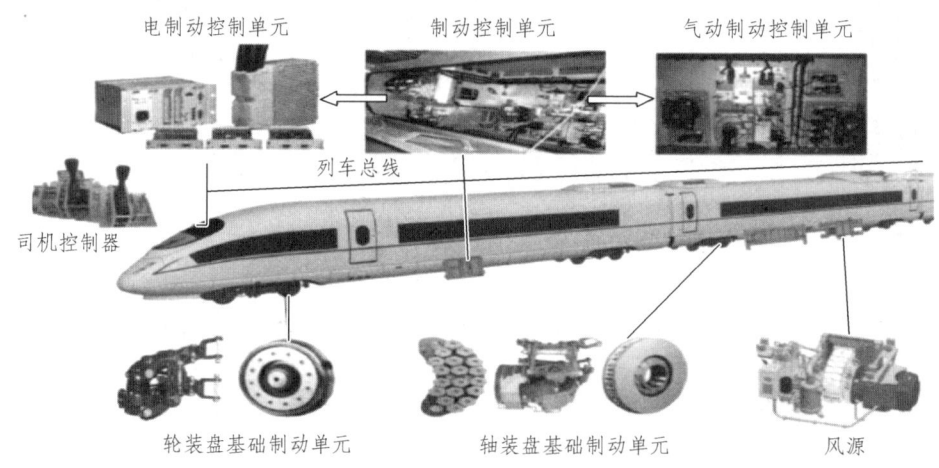

图 4-2-19 高速列车制动系统的组成

（1）司机制动控制器是高速列车制动信号的发生装置。

（2）车辆控制系统采集和传输制动指令，同时接收制动状态指令。

（3）制动控制装置接收制动指令、实施制动力的控制。

（4）风源装置用于产生制动、升弓等用气设备所需的压缩空气，主要包括主空气压缩机、辅助控制压缩机、干燥装置、滤油器、风缸和安全阀等部分。

（5）基础制动装置由制动盘（包括盘片和闸片）、制动增压装置和制动夹钳组成，拖车制动盘采用轴盘式（1根车轴上有2张制动盘）和轮盘式（每车轮处设置轮盘），动车制动盘仅采用轮盘式。

（6）再生制动装置与牵引传动系统一致，在制动时将牵引电动机变为发电机运行，此时牵引电机将列车动能变为三相交流电，通过主变流器将此三相交流电转换为单相交流电，单相交流电再由牵引变压器升压后，经受电弓回馈到电网，实现制动能量的回收再利用。

（7）电子防滑装置包括电制动的防滑和空气制动的防滑，检测到滑行后，通过协调采用减小再生制动力或降低制动缸压力的方法来进行再黏着的控制。

2．制动系统控制原理

高速动车组采用复合制动系统，即由空气制动、动力制动和非黏着制动综合的制动系统。对于高速动车组，在正常情况下应当优先并充分发挥动力制动能力，空气制动作为辅助；在特殊情况时应以空气制动为主；在紧急制动时除空气制动和动力制动外还有非黏着制动的保安作用。

如图4-2-20所示，在高速列车实施常用制动时，由司机制动控制器发出制动指令，经列车网络控制系统传送到各车辆的制动控制装置，制动控制装置根据制动指令、速度和列车空重车等信息进行运算，输出所需的制动力，并对再生制动力和机械制动力进行调节分配。首先，由牵引控制单元接收制动控制装置发出的制动力指令值，控制牵引传动系统，输出再生制动力，并将所得到的再生制动力的结果反馈到制动控制装置。制动控制装置接收从牵引控制单元反馈的再生制动力，不足部分的制动力由空气制动补足。空气制动通过控制电空转换阀（EP阀）的电流，给出预控压力信号，压缩空气经中继阀放大和增压缸增压后，推动制动夹钳将制动力作用到制动盘上，实现制动作用（见图4-2-21）。高速列车在实施紧急制动时，压缩空气由控制风缸，经过调压阀、紧急制动电磁阀直接控制中继阀调整传输的气动压力，通过气缸增压，对盘形制动装置进行制动操作。

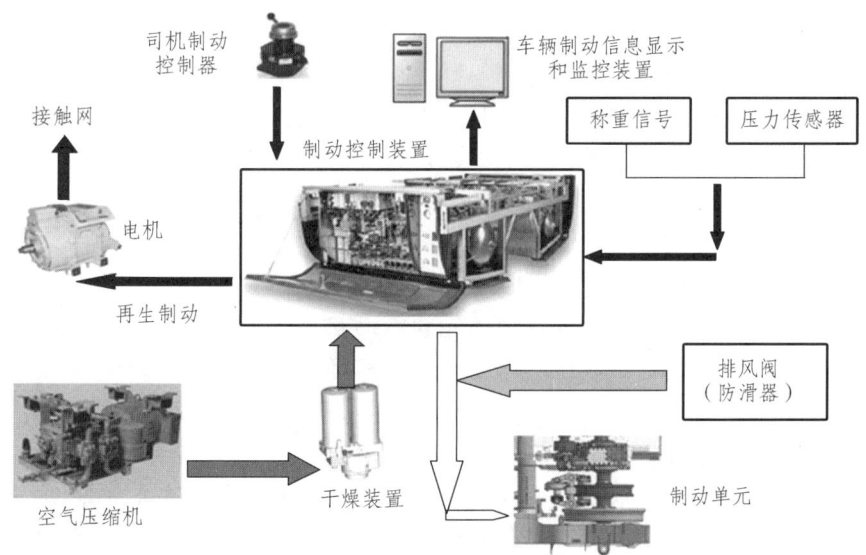

图4-2-20　制动系统控制过程

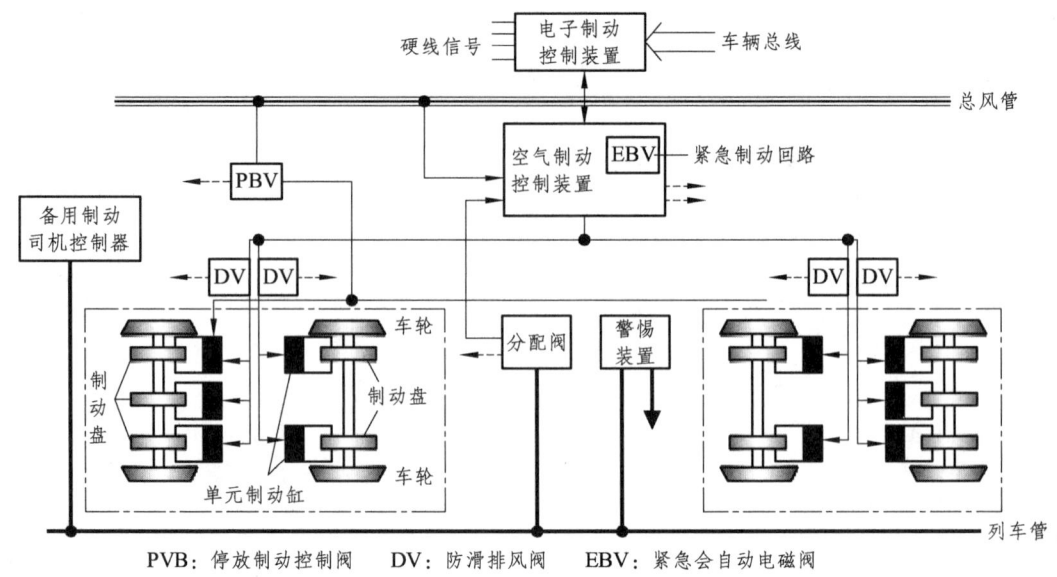

PVB：停放制动控制阀　　DV：防滑排风阀　　EBV：紧急会自动电磁阀

图 4-2-21　空气制动动控制原理图

（四）防滑控制

对于黏着制动方式，在制动时不可避免地要面对车轮滑行的问题。车轮滑行带来的危害，不只是增加制动距离，更严重的是对车轮踏面的破坏将可能导致行车事故。而且随着列车速度的提高，轮轨间的黏着系数降低，车轮滑行的概率也大大增加，因此要保证列车高速运行安全，必须解决车轮滑行问题。

防止车轮滑行的办法有两类：一类是采取措施，消除滑行产生的条件，降低滑行概率，称为主动防滑；另一类是在出现滑行时，及早发现并采取相应措施防止滑行的继续，称为被动防滑。

1．主动防滑

根据黏着条件可知，产生滑行的原因不外乎两个，一个是制动力过大，另一个是黏着降低。一般制动力在设计时已经考虑了设计黏着系数的限制，因此在制动时突然增大的可能性较小。唯一的可能是在电空配合的控制上不协调，才有可能出现制动力过大。只要合理设计电空配合控制，制动力过大的可能性就可以排除。因而，滑行的原因大多是由于黏着的降低。主动防滑的主要措施就是围绕黏着做文章。

（1）采用减速度控制技术。

黏着系数受列车运行速度、气候环境、轮轨表面状态的影响较大。其中列车速度的影响是可以预料的，并由设计黏着系数给出。在采用减速度控制技术时，列车制动力是不超过设计黏着条件的。

（2）利用增黏技术改善黏着。

踏面清扫是改善黏着的有效方法。在制动时，使踏面清扫瓦贴靠车轮踏面，将踏面上的污浊物清扫干净，恢复轮轨间应有的黏着状态；同时，由于清扫瓦是由特殊的增黏材料制成的，在清扫踏面的同时，使微量的增黏材料附着在车轮踏面上，导致轮轨间黏着系数增加，有效地改善了黏着状态。

（3）首车制动减速模式。

根据相关研究，发现列车滑行大多出现在列车前部，尤其是头车。进一步的研究表明，由于头车容易受到钢轨面上的水、油等影响，高速区段的黏着系数明显低于后部车辆。为此，在大级别制动控制时，考虑将首车的制动能力按列车平均值减低一定比例，同时，头车减低的制动能力，由后部车辆补足。

（4）撒砂增黏。

研究表明，增加轮轨表面粗糙度可以破坏轮轨之间的水膜或油膜，从而改善黏着。在轮轨间撒砂改善黏着是一个古老的技术（见图4-2-22），其新意是"砂"的材料的变更。根据国外研究，用一种特殊的陶瓷粒子，增黏效果远好于普通砂粒。

图 4-2-22　撒砂增黏装置

撒砂方法简单，增黏效果较好。缺点是高速列车背负数十个砂箱及其控制部件，对减重极为不利。如果考虑只在头车，甚至第一根轴采用这种方法，则可兼顾增黏和减重。

2．被动防滑

被动防滑的主要方法就是利用防滑器，改善车轮运行状态。防滑器是由速度传感器、滑行检测装置及防滑电磁阀组成。防滑器的基本原理如图4-2-23所示。

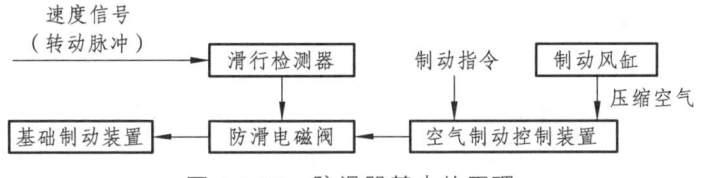

图 4-2-23　防滑器基本的原理

微机控制的防滑器可对制动、即将滑行、缓解、再黏着的全过程进行动态检测与控制。数字式防滑装置的控制原理如图4-2-24所示。

在制动过程中，滑行检测装置根据速度传感器送来的各个轴的转动脉冲信号进行计算、分析和判断，如果判断滑行的大小（车轮的速度差或减速度）超过了规定值，就指示防滑电磁阀动作，降低车轮上的制动力，至车轮恢复转动（再黏着），停止防滑电磁阀的动作。

在滑行中即使制动力降低，因为已经利用了黏着力的极限，所以列车的制动力并没有损失。理想的情况是能在车轮的再黏着点使制动力矩上升，但在实际控制过程中采用根据制动力和黏着力的关系来确定再黏着点的控制方式同时考虑制动力控制的滞后性，所以在理想点让制动力上升是很困难的。但是为了防止制动距离的延长，应尽可能采用减少图中剖面线部分，即尽可能减少制动力损失的防滑控制方法。图 4-2-24 中的制动力即为作用在车轮上的制动力。

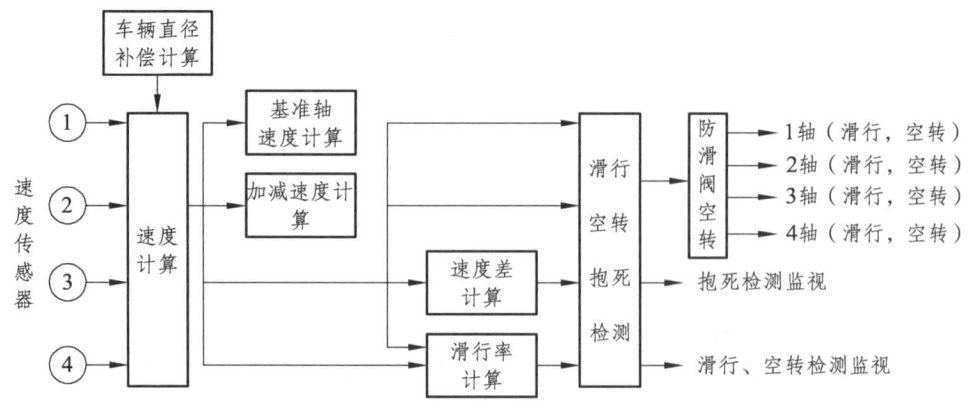

图 4-2-24　数字式防滑装置控制原理图

五、车钩缓冲装置

车钩缓冲装置是车辆最基本的也是最重要的部件之一，它是用来连接列车中各车辆使彼此之间保持一定距离，并且传递和缓和了列车在运行中或在调车时所产生的纵向力和冲击力。

高速铁道车辆一般采用密接式中央牵引缓冲连挂装置（见图 4-2-25），它集牵引、缓冲和连挂于一体，通过车辆彼此相向缓慢走行相互碰撞，使钩头的连接器动作，实现两车辆的机械、电气和空气的自动连接。在两连挂车钩高度具有偏差，以及在有坡度线路和曲线上都能安全地实现自动连挂，并且能够通过气动和手动实现两钩的分解。

图 4-2-25　密接式中央牵引缓冲连挂装置

如图 4-2-26 所示，为密接式中央牵引缓冲连挂装置钩头结构与连接、解钩作用原理。

1．待挂状态

即车钩连接前的准备状态，此时钩舌定位杆被固定在待挂位置，钩锁弹簧处于最大拉力状态，钩锁连接杆退至凸锥体内，钩舌上的钩嘴对着钩头正前方。

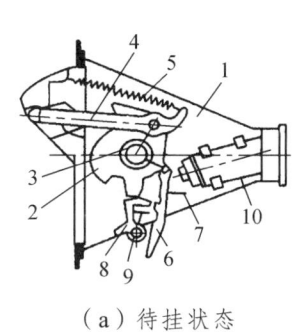
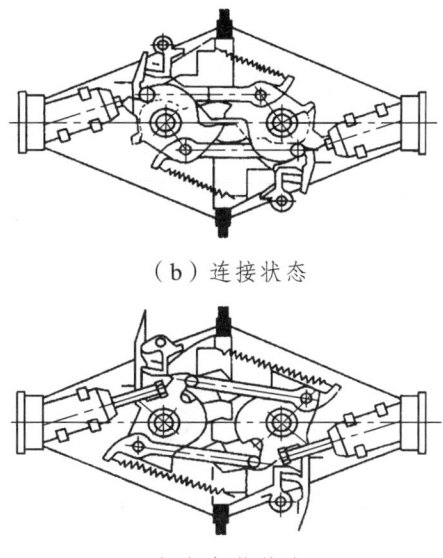

（a）待挂状态　　（b）连接状态　　（c）解钩状态

1—壳体；2—钩舌；3—中心轴；4—钩锁连接杆；5—钩锁弹簧；6—钩舌定位杆；
7—钩舌定位杆弹簧；8—定位杆顶块；9—定位杆顶块弹簧；10—解钩风缸。

图 4-2-26　自动车钩的工作原理

2．连接状态

相邻车钩的凸锥伸入对方车钩的凹锥孔并推动定位杆顶块，定位杆顶块推动钩舌定位杆离开待挂位置。由于钩锁弹簧的回复力使钩舌做逆时针转动，带动钩锁连接杆伸进相邻车钩钩舌的钩嘴，完成两钩的连接锁闭。这时连挂两钩的钩锁连接杆和钩舌形成平行四边形，车钩受牵拉时，拉力由两钩锁连接杆均匀分担，使钩舌始终处于锁紧位置。当车钩受冲击时，压力通过两车钩壳体连接法兰传递。

3．解钩状态

司机操纵按钮控制电磁阀，使解钩风缸充气，风缸活塞杆推动钩舌顺时针转动，使相邻车钩的钩锁连接杆拖开钩舌，同时使自身的钩锁连接杆克服钩锁弹簧拉力缩入钩头凸锥体内，脱离相邻车钩的钩舌，这时定位杆顶块控制钩舌定位杆使钩舌处于解钩状态。两钩分离后，定位杆顶块由于弹簧作用复位，钩舌定位杆回至待挂位，车钩又恢复到待挂状态。

六、牵引传动系统

在交通运输中，采用电动机驱动来满足车辆牵引性能要求的电气传动部分，称为电力牵引传动系统。伴随着电力电子技术和控制技术的进步，自高速列车诞生以来，其牵引与控制技术经历了不断的更新换代：牵引传动方式从最初的直流传动发展到现在的交流传动；牵引变流器的主开关器件从 GTO 发展到目前的 IGBT 及智能功率模块；牵引电机的控制方式则从早期的转差频率控制发展到现在的高性能矢量控制。

（一）系统构成及功能

高速列车牵引传动系统完成列车的能量变换功能，在牵引工况时将电能转换为机械能牵引列车运行，在再生制动工况时则将机械能转换为电能回馈电网。牵引传动系统组成如图 4-2-27 所示，主要由网侧高压电气设备、牵引变压器、牵引变流器、牵引电机等组成，其中牵引变流器又包括四象限变流器、中间直流环节和牵引逆变器 3 个部分。牵引传动系统在牵引控制系统作用下，完成能量变换的功能。

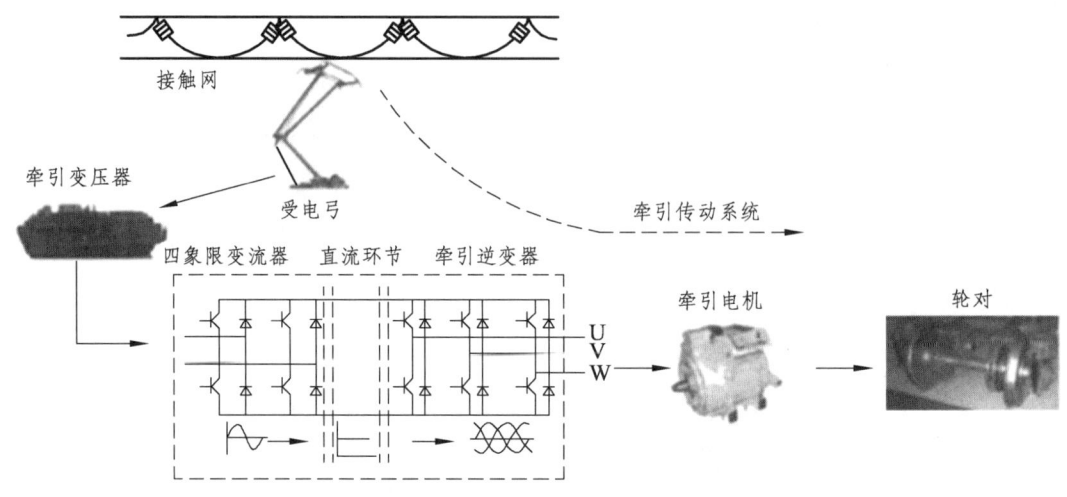

图 4-2-27 牵引传动系统组成图

世界范围内，高速铁路普遍采用 25 kV、50/60 Hz 单相交流制式供电，牵引传动系统首先由受电弓将接触网的高压交流电输送给牵引变压器，经变压器降压后的单相交流电再提供给牵引变流器，而牵引变流器将恒频恒压的单相交流电变换为变频变压的三相交流电供给交流牵引电动机，牵引电动机完成电能与机械能的转换，其输出的转矩通过齿轮传动系统传递给轮对，最后转换成轮周牵引力。其中，牵引变流器通常采用"交—直—交"结构，即先由四象限变流器将单相交流电变换成直流电，经中间直流环节将直流电输出给牵引逆变器，牵引逆变器输出电压和频率可控的三相交流电。牵引传动系统要实现能量变换功能，必须由牵引控制系统对上述主要设备实施控制与监测。

（二）系统主要电气设备

CRH2C 型和 CRH3C 型动车组（见图 4-2-28）的基本动力单元由 1 台牵引变压器、2 台牵引变流器和 4 台牵引电机构成，典型特征是 1 台牵引变压器给 2 台牵引变流器供电，每台牵引变流器给一节动车的 4 台牵引电机供电，属于车控方式。一般来说，全车各个动力单元可通过车顶特高压电缆并联在一起，在一个动力单元故障的情况下通过高压隔离开关隔离，从而不影响其他动力单元的运行。

1. 网侧高压电气设备

网侧高压电气设备完成高速列车从接触网的受流和控制，主要包括受电弓、真空主断路器、避雷器、高压互感器、高压电缆及高压连接器、保护接地开关、高压隔离开关、接地电阻器等，实现接触网到牵引变压器的接通与断开控制、网侧电压电流检测与保护等功能。高

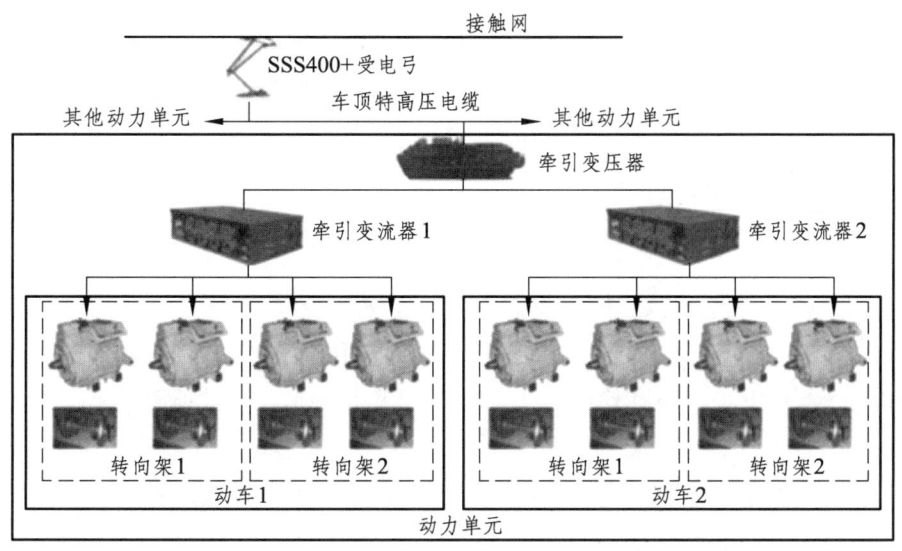

图 4-2-28　CRH2C 型与 CRH3C 型动车组基本动力单元构成图

速列车根据编组形式，通常有单弓受流和双弓受流两种方式。受电弓在列车高速运行过程中完成受流过程并确保受流质量，高速条件下如何保证双弓稳定可靠受流是非常重要的。

图 4-2-29 所示为 CRH2C 型和 CRH3C 型列车采用的 SSS400+ 高速受电弓，其主要技术参数如表 4-2-3 所示。

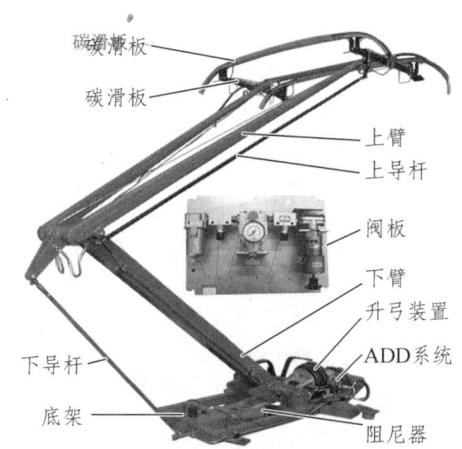

图 4-2-29　CRH2C 型和 CRH3C 型列车采用的 SSS400+ 高速受电弓

表 4-2-3　SSS400+ 高速受电弓主要参数

适应速度/(km/h)	300	最高速度/(km/h)	350
额定电压/V	25 000	额定电流/A	700
滑板材质	碳素	受电弓质量/kg	150
接触滑板的静态压力/N	40~120（可调）		

除受电弓以外的其他高压电气设备可安装在车下设备舱内，也可将其安装在车顶。真空主断路器不仅是整个动车组的电源总开关，也可实现在过流以及短路等故障情况下的分断保

护;避雷器主要用于吸收雷击过电压和操作过电压,以避免对牵引变压器和牵引变流器产生危害;高压隔离开关主要完成故障动力单元的隔离,以确保高速列车的故障冗余运行;电压互感器、电流互感器用于检测高压侧的电压、电流,为牵引控制、监测、保护单元提供实时信息。

2. 牵引变压器

牵引变压器将受电弓从接触网上取得的 25 kV 高压电变换为适合牵引变流器的较低电压,并实现电气隔离,其工作原理与普通电力变压器相同。牵引变压器主要由原边绕组、次边牵引绕组、冷却系统、箱体、检测传感器及保护装置构成。针对高速列车交流传动系统的应用,牵引变压器有如下特点。

(1) 牵引变压器各绕组有较高的电抗,能够抑制谐波电流。变压器的二次侧漏抗还可替代四象限变流器所需的储能电感。

(2) 一台牵引变压器的次边要接两台或更多的四象限变流器,因此牵引变压器次边为多绕组形式。为了保证二次侧并联四象限变流器的负荷平衡,各牵引绕组的电抗必须相等。二次侧各绕组之间的磁耦合将会影响四象限变流器的运行,各绕组之间要进行磁去耦。

(3) 由于牵引变压器负载为牵引变流器,与普通电力变压器相比,流经牵引变压器的谐波电流较大,这会引起变压器的额外发热,所以对冷却系统要求很高,以保证温升在允许的范围内。

(4) 受安装空间和应用环境的限制,要求其体积小、质量轻、性能稳定。

图 4-2-30 所示为高速列车用 ATM9 型牵引变压器,其额定参数如表 4-2-4 所示。ATM9 型变压器采用单相壳式、无压密封方式,储油柜安装在牵引变压器中央部位,和主机油箱通过连接孔输送绝缘油。波纹管采用圆形不锈钢焊接结构,外侧存放油,内侧与大气相通。

1—热油出油管输入油冷却器;2—电动油泵;3—油冷却器;4—热油吸入油管;5—变压器绕组;
6—冷却风入口;7—油冷却器散热片及热风出口;8—油流继电器;
9—温度继电器;10—原边线路侧套管;11—接线端子。

图 4-2-30 ATM9 型牵引变压器实物图

表 4-2-4　ATM9 型牵引变压器额定参数

绕　　组	原　边	牵　引	辅　助
容量/(kV·A)	3 060	2570	490
电压/V	25 000	1500	400
电流/A	122	857×2	1 225
频率/Hz	50		
效率	大于 95%		
额定类别	连续额定		

3．牵引变流器

牵引变流器是牵引传动系统的核心部分，通过电力电子器件的开通和关断控制，实现了电能的灵活变换。牵引变流器的主电路包括四象限变流器、中间直流环节和牵引逆变器三部分，它们在牵引传动控制系统的作用下完成电能变换功能。

目前，牵引变流器中的电力电子器件主要采用 IGBT 或在此基础上集成了驱动、保护等功能的智能功率模块。当前高速列车使用较多的是 6 500 V IGBT。

除主电路外，牵引变流器中还必须包括驱动电路、保护电路、检测电路、散热器、风机、控制电源等部分，通常这些设备都安装在 1 个箱体内。CRH2C 型动车组采用的牵引变流器外形如图 4-2-31 所示，箱体中央位置配置四象限变流器功率模块（2 台）和逆变器功率模块（3 台）。牵引变流器靠列车侧面配置两合电动鼓风机（主鼓风机），向功率模块散热器送风。箱体内部集中设置真空接触器、继电器单元和牵引控制装置等，便于集中检查。

图 4-2-31　牵引变流器外形图

该变流器的主要特点如下。

（1）采用 IPM 智能功率模块，容量为 3 300V/1 200 A，主电路采用三电平拓扑结构。

（2）牵引工况下，以牵引变压器次边牵引绕组的输出电压（AC 1 500 V/50 Hz）为输入，通过牵引控制系统的控制，实现输出直流电压为 2 600~3 000 V（按速度范围变化可调）的定电压控制以及牵引变压器原边单位功率因数的控制；逆变器输出的交流电压范围为 0~2 300 V，频率范围为 0~220 Hz。

（3）中间直流环节包括支撑电容、过压限制斩波器和接地故障检测电路，由于采取了无拍频控制策略来抑制中间直流环节二次谐波对牵引电机的影响，CRH2C 型动车组无二次谐波滤波装置。

（4）四象限变流器中 IGBT 器件的开关频率为 1 250 Hz，牵引逆变器的最大开关频率为 1 000 Hz。

4. 牵引电机

高速列车运行过程中，电能与机械能的相互转换由牵引电机完成，牵引时电机运行，将电能转换为机械能，而在制动时发电机运行，将机械能转换为电能。目前，交流电机早已取代了直流电机，除部分车型采用交流同步电机之外，三相鼠笼式异步电机已经成为牵引电机的主流。与普通电机相比，牵引电机有如下特点。

（1）牵引逆变器施加在牵引电机上的电压为高频脉冲电压，因此牵引电机需要采用耐电晕、低介质损耗的绝缘系统。

（2）牵引逆变器产生的脉冲电压会使电机电流中含有较大谐波，这将导致谐波振荡转矩。为此，牵引电机的漏感一般都较大，以减少谐波电流。

（3）转子导条采用低电阻、温度系数高的铜合金材料。

（4）由于牵引电机悬挂在转向架或车体上，因此必须具有足够的机械强度，能够承受高速运行带来的轮轨冲击和振动。

图 4-2-32 为 CRH2C 型动车组采用的 MT205 型异步电机及其在列车转向架上的安装位置示意图。该电机的主要参数如下：

（1）额定功率为 342 kW，额定电压为 2 000 V，额定电流为 106 A。

（2）额定转速为 4 140 r/min，最高转速 6 120 r/min，最高试验转速达 7 040 r/min。

（3）质量为 440 kg，功率质量比为 0.68 kW/kg。

（4）采用强迫通风冷却方式，效率为 0.94，功率因数为 0.87。

（a）牵引电机实物图

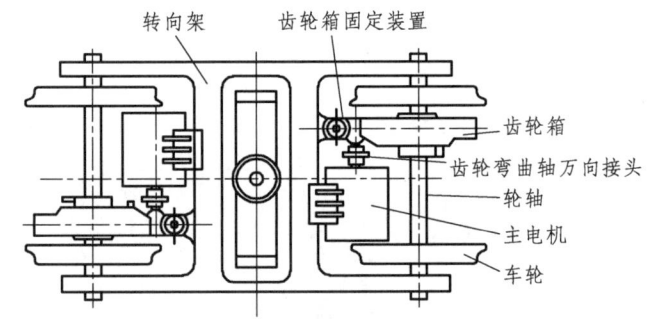
（b）牵引电机安装示意图

图 4-2-32 异步牵引电机实物及安装位置示意图

六、列车网络控制系统

列车网络控制系统如同高速动车组的"大脑和神经"。列车网络控制系统负责对动车组牵引、制动、转向架、辅助供电、车门、空调等系统的控制、监视和诊断。

（一）功能概述

高速列车网络控制系统的一般功能如下：

（1）远程集中控制，在同端的人机操作接口上向全高速列车的设备发送对高速列车或设备的运行控制命令，各个设备收到命令后按照相关的规定执行命令。

（2）远程集中监视，各个车厢的网络设备状态数据通过网络发送到主控计算机和人机操作接口，集中显示给随车司乘人员。

（3）实时信息诊断。

具体功能如下：

（1）实现供电或者供电停止命令。

（2）实现牵引、制动指令。如加速、减速、停车等。

（3）实现和地面信号系统的通信，保证高速列车行驶安全。

（4）传输给各个设备/系统，例如开启空调、开车门打开照明灯等。并分时读取它们的状态数据。

（5）对设备状态数据进行监视与诊断，在人机操作接口上给出报警或者故障处理提示。

（6）历史数据记录，定时记录各个设备传来的数据，供将来查阅。

（7）自诊断和试验功能。设置自诊断开关，向高速列车控制系统发送自诊断命令，各个设备即开始进行数据和状态信息的采集，然后传递给高速列车主控制器和人机操作接口，即可获知各个设备是正常还是故障，保证行车和车辆的安全。设置试验开关，可进行供电、制动等功能的测试，有利于设备快速检修和故障识别。

（二）系统组成及主要模块

列车网络控制系统以计算机网络为核心，把计算机技术、控制技术、设备故障诊断技术、网络通信技术紧密结合起来（见图 4-2-33）。通过网络把命令传送到各节车厢，从而实现对全车的控制。各种控制命令都可通过网络传送到各车的各个设备，执行的结果也可通过网络返回给司机。

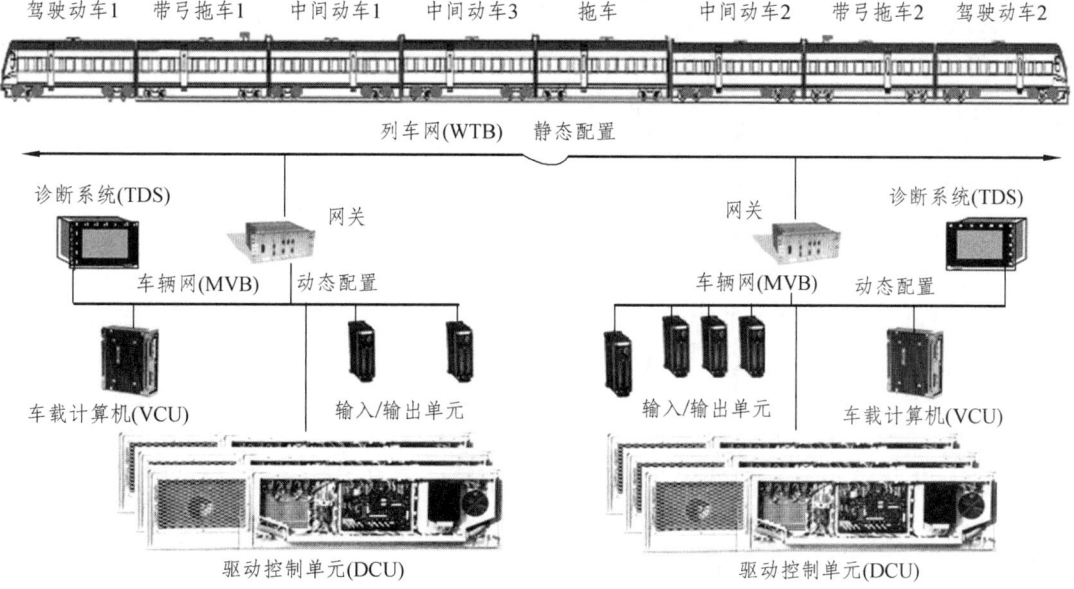

图 4-2-33　高速列车网络控制系统

1．中央控制单元/车辆控制单元

主要负责对本动力单元或整列车的网络管理、协调控制、安全保护、故障诊断处理、列车监控数据处理等。当检测出总线或网络设备通信故障时提示信息或采取必要的措施使高速列车运行不受影响或导向安全；同时能够监视或控制高速列车的运行方向、受电弓、主断路器和车顶隔离开关、牵引、制动、辅助变流器、充电机、车门、空调等各功能子系统。

2. 智能显示单元

主要完成司机与列车网络控制系统的信息交换。司机通过该模块向列车网络控制系统输入必要的信息，列车网络控制系统通过该模块向司机提供目标速度、目标距离、系统动作情况、系统工作状态、系统故障状况等信息。

3. 网关

在列车总线和车辆总线之间进行协议传递，具有初运行功能，当机车重联编组发生改变时，能自动完成编组中各节点的地址分配、方向识别。

4. 输入输出单元

用于实现数字量输入输出或模拟量输入输出的部件，可对牵引、制动、转向架、火灾报警、安全环路等系统状态进行采集，并依据中央控制单元/车辆控制单元控制指令输出。

5. 中继器

网络物理层上面的连接设备，通过对数据信号的再生和整形，来扩大网络传输的距离，当某个网段故障时不能影响其他部分车辆总线的工作。

（三）高速列车控制网络技术的发展及应用

列车通信网络最初是在串行通信总线基础上发展而来，随着车载微机系统的迅速发展，世界各国铁道机车车辆公司和组织都推出了基于现场总线技术的列车通信网络，如美国 Echelon 公司的 LonWorks 总线、法国 WorldFIP（World Factory Instrumentation Protocol）组织的 WorldFIP 总线、美国 ADtranz 公司（后被 Bombardier 公司收购）的 MICAS 总线和随后发展成为的 MVB（Multifunction Vehicle Bus）总线、美国 Datapoint 公司推出而被日本列车广泛采用的 ARCNET（Auxiliary Resource Computer Network）总线等，经过近 30 年的应用研究和实践积累，目前较成熟且真正应用于高速列车网络通信的列车网络主要是 TCN（Train Communication Network）和 ARCNET。

1. TCN

国际电工委员会（International Electron Engineers，IEC）和国际铁路联盟在各种列车通信网络基础上，联合制定了 TCN 列车通信网络标准 IEC61375-1 和 TCN 网络一致性测试标准 IEC61375-2。TCN 将整个列车连成一个整体，司机通过 TCN 实现对每个车辆单元的控制，也通过 TCN 了解每个车辆单元的工作状态及故障信息，保证整列车安全运行。我国铁路根据现阶段的具体国情，在 2002 年颁布的铁道部标准 TB/T3025-2002 也将 TCN 正式确立为列车通信网络标准，并在铁标 TB/T 中推荐使用 TCN 网络。

TCN 由多功能车辆总线 MVB 和绞线式列车总线（Wire Train Bus，WTB）组成（见图 4-2-34）。其中，MVB 主要用于车辆内部固定设备的互联，采用曼彻斯特码编，传输介质可以是电气短距离、电气中距离或光纤，传输速率为 1.5 Mbit/s，是专为快速的过程控制而提出的总线，能为实时性要求较高的列车控制提供所需的响应速度，适合用作车辆总线；WTB 主要用于车辆之间的重联通信，采用曼彻斯特码编码，传输介质采用屏蔽双绞线，数据传输速率为 1.0 Mbit/s，最大特点是具有列车初运行、动态配置和烧结（连接器触点去氧化）等功能，能自动识别车辆在列车编组中的位置和方向，从而满足开式列车需要频繁编组等的特殊要求。

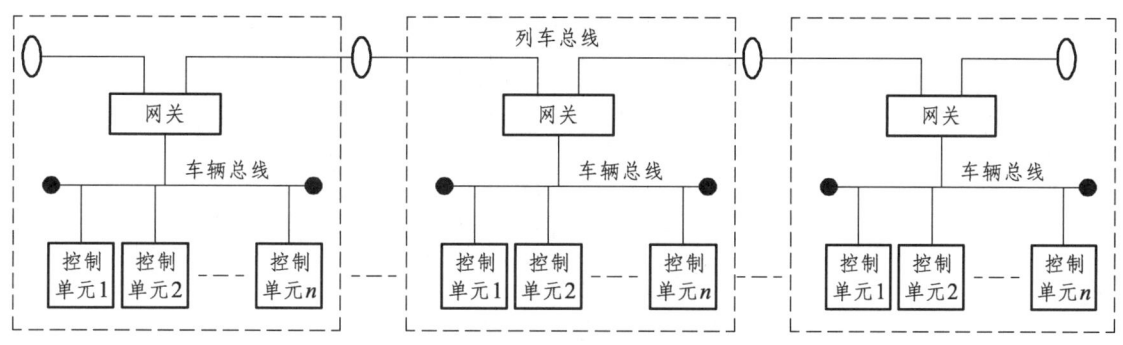

图 4-2-34 TCN 网络的结构

以 CRH380BL 型车为例，整车网络采用 TCN 标准，包括 WTB 和 MVB 两级总线，1 个动车组分为 2 个牵引单元，每个牵引单元包括 4 节车，配备各自的车辆总线 MVB，再通过 WTB 总线实现列车级的控制，两者通过网关（Gateway，GW）互联，如图 4-2-35 所示。

TCN 是专门针对轨道车辆制定的开放标准，没有知识产权的限制，所以应用在轨道车辆上有明显优势，逐渐在世界各国的各种车辆（包括高速列车、有轨电车、地铁、客车等）上普及推广，是当前国际上列车通信网络技术的主流。国外除一些大公司如 Bombardier、Siemens 等有成熟的 TCN 网络产品和技术外，一些中小公司如芬兰的 EKE、意大利的 Far-system、捷克的 Unicontrol 等也开发出了比较完整的 TCN 网络通信产品。

2．ARCNET

ARCNET 是 20 世纪 70 年代，由 Datapoint 公司作为办公自动化网络发展起来的一种局域网，是一种基于令牌传输协议的现场总线，由于其具有快速性、确定性、可扩展性和支持长距离传输等特点，非常适合过程控制，近年来被广泛地应用在各种自动化领域。ARCNET 拓扑结构支持总线型和星型，传输速率为 2.5 Mbit/s，物理层介质可以是同轴电缆、双绞线和光纤等；数据链路层采用令牌环机制，通过令牌的传递来协调网络上各节点对总线的占用。

以 CRH2A 型车为例，整车网络控制系统采用列车级和车辆级两级网络结构，其中，列车级网络为光纤环网，以列车运行控制为目的，连接各中央装置和终端装置，采用 ARCNET 协议；车辆级网络为连接车厢内设备的通信网络，采用点对点的通信方式，通信协议有多种，包括 20 mA 电流环、30 mA 电流环以及 HDLC 等，如图 4-2-36 所示。

ARCNET 协议以其可靠、高速、稳定的特点被广泛应用于许多工业领域，在列车通信网络中也占有一席之地。日本高速列车通信网络主要采用 ARCNET 网络。

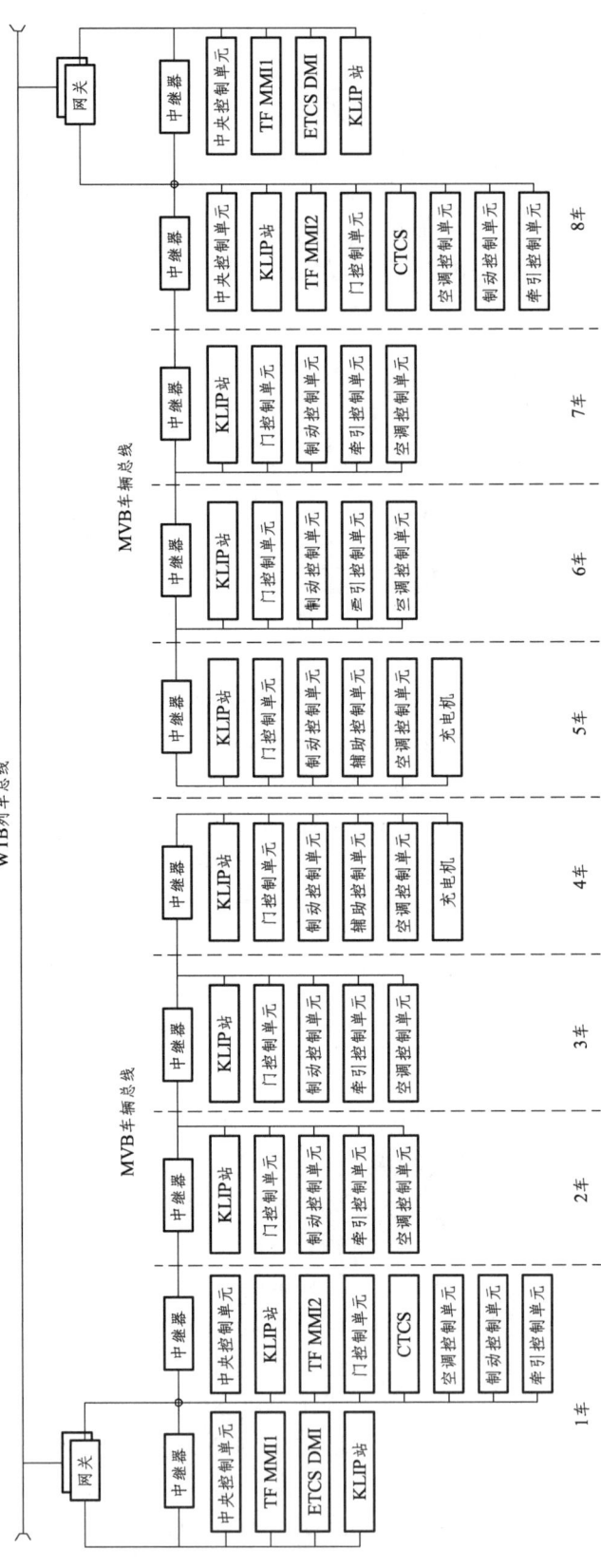

图 4-2-35 CRH380BL 动车组控制网络拓扑结构

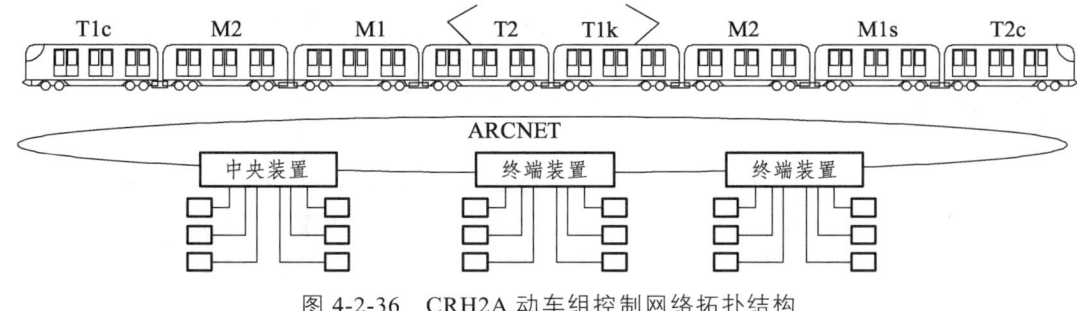

图 4-2-36　CRH2A 动车组控制网络拓扑结构

第三节　动车组维修制度及修程修制

一、维修思想与维修制度概论

1．维修思想

维修思想又称维修原理、维修理念或维修哲学。在一定的维修思想指导下，制定出的一套规定与制度维修计划、维修类别、维修方式、维修等级、维修组织和维修指标等）称为维修制度。

维修思想和维修制度大致可分为三个体系，即"事后维修"的维修思想、"以预防为主"的维修思想及其计划修的维修体系和"以可靠性为中心"的维修思想及其维修制度。

（1）"事后维修"的维修思想是在装备发生故障以后才进行维修保养。

（2）"以预防为主"的维修思想和计划预防维修的维修制度。"以预防为主"的维修思想是以磨损理论为基础，以浴盆曲线（故障率曲线）（见图 4-3-1）为维修指导。在设备及其零部件即将磨损到限或损坏之前，即进入耗损故障期（图 4-3-1 中的 a 点）之前进行更换、修理等维修工作。其具体实施可概括为"定期检查、按时保养、计划修理"。计划预防维修制度的关键是确定装备及其主要零部件的修理周期，即图中 a 点的位置，合理划分维修等级和维修周期结构，制定维修规则与规范。

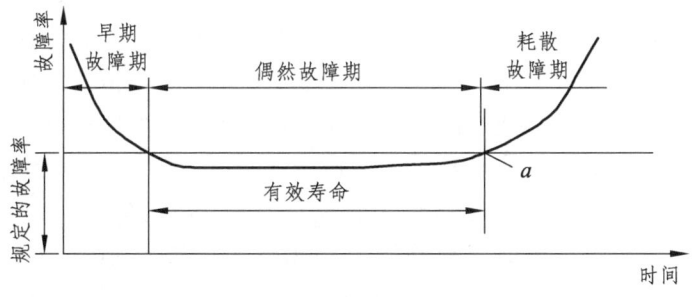

图 4-3-1　故障率的浴盆曲线

（3）"以可靠性为中心"的维修思想及维修制度是在"以预防为主"维修思想及计划预防维修制度的基础上发展起来的。认为装备的可靠性由设计、制造所确定，其可靠性与时间无关，维修归根结底是为保持和恢复装备的固有可靠性。在这种思想的指导下，所制定的维修制度就是根据装备及其零部件的可靠性状况，以最少的维修资源消耗，运用逻辑决断分析方法来确定所需的维修方式、维修类型、维修间隔期和维修等级，制定出维修大纲，从而达到优化维修的目的。

2．维修方式

维修方式的主要特性是对设备维修时机的控制。也就是说对维修时机的掌握是通过采用不同的维修方式来实现的。目前一般机械设备的维修方式有三种：定期维修（又称计划修）、视情维修（又称状态修）和事后维修（又称故障修）。

（1）定期维修是以使用时间作为维修期限，只要设备到了预先规定的时间，不管其技术状态如何，都要进行规定的维修工作，这是一种强制性的预防修理。定期维修方式的关键是如何确定维修周期。正确的维修时机应该是偶然故障阶段结束点，在故障率曲线急剧上升之前。定期维修方式的优点是容易掌握维修时机，维修计划、组织管理工作也较简单、明确。缺点是对磨损以外的故障模式，诸如疲劳、锈蚀以及因材质或使用维修等条件造成的故障没有考虑。另外定期维修中的大拆大卸方法也不利于发挥机件的固有可靠性。

（2）视情维修是按实际技术情况（状态）来确定维修时机，亦称状态修。它不对机件规定维修期限，不固定拆卸分解范围，而是在检查、测试其技术状况的基础上确定各机件的最佳维修时机。这种维修方式是靠不断定量分析和监测机件的某些参数和状态数据来决定维修时间和项目。显然这是一种按需维修的方式，可以充分发挥机件的工作能力，提高维修有效性，减少维修工作量和人为差错。但该方式费用高，需要一定的检测、诊断条件和较高的人员素质，因此适用于大型、贵重、关键的设备和危及安全的关键机件的维修。

（3）事后维修是在机件发生故障之后才进行修理，它不控制维修时机。实践证明，有些机件即便发生故障也不会危及安全、造成恶果，采用事后维修则更经济。对于一些采用了冗余技术的机件，虽一台出现故障另一台会自动接替工作，但也应采用事后维修方式。

由上述三种维修方式的特点可以看出，定期维修和视情维修属于预防性维修，而事后维修则是非预防性维修。三种维修方式各有特点，各有其适用范围，本身并没有先进落后之分，问题的关键是应该根据维修的具体情况，正确选择维修方式。在现代复杂技术设备上，往往三种维修方式并存，相互配合使用，以充分利用各个机件的固有可靠性。

在维修实践中，如何选择维修方式是十分重要的。选择维修方式应该从故障后果，即设备发生故障后对安全和经济性的影响这一角度来考虑。选择维修方式的步骤一般是首先确定复杂装备中哪些零部件是重要功能产品（即重要维修项目），这些零部件发生故障将会对整个装备产生什么严重后果（安全性、经济性和环境性等）。在选择分析时只分析这些重要功能的零部件，而没有必要对所有零部件进行逐一分析。确定重要维修项目和选择维修方式的方法通常采用可靠性工程中的故障模式、影响分析（FMFA）方法，如图4-3-2所示。

图4-3-2通常也被称为"维修方式逻辑分析决断图"，它就是通过对重要维修项目逐项分析其可靠性特点及发生功能性故障的影响来确定应采取哪种维修方式。即根据这些重要零部件的功能、条件和故障的可能形式（隐蔽性、潜在性）等来分析判断究竟是选择采用定期维修、视情维修还是事后维修。当然还可将维修方式进一步细分，例如定期维修还可细分为定期维护、定期拆卸和定期报废等。

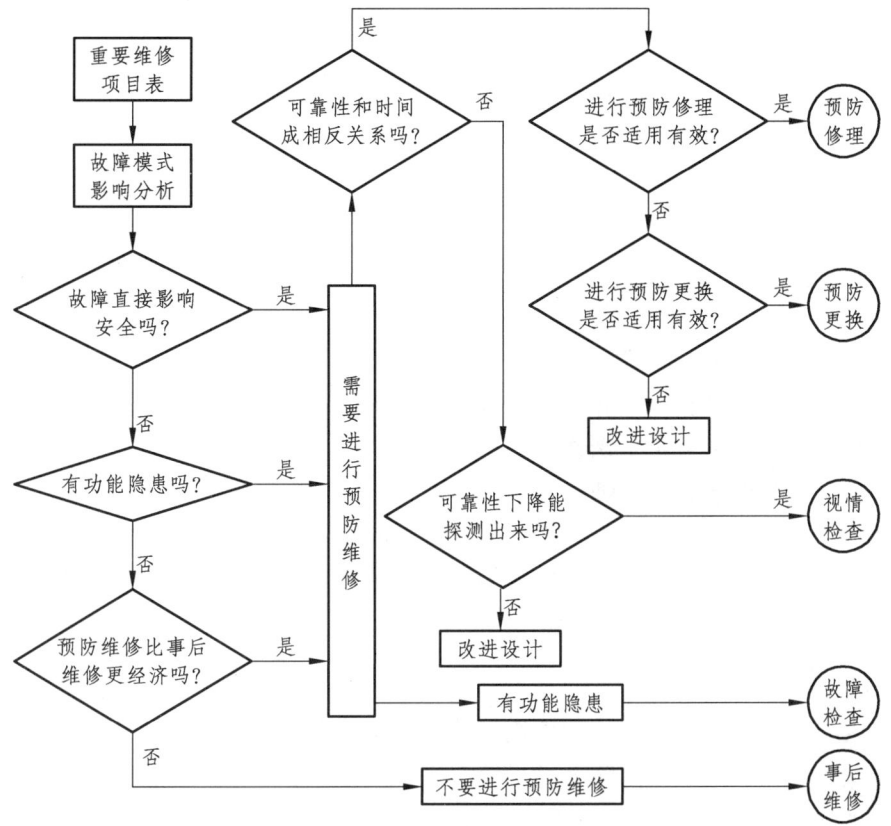

图 4-3-2 维修方式逻辑分析决断图

上述三种维修方式（即定期维修、视情维修和事后维修）各有特点，各有其适用范围，本身并没有先进落后之分，问题的关键是应该根据维修的具体情况，正确选择维修方式。在现代复杂技术设备上往往三种维修方式并存，相互配合使用，以充分利用各个机件的固有可靠性。

二、动车组的维修制度

动车组的修程修制包括检修规程、检修标准和检修细则（工艺）三项基本内容。

动车组的修程修制包括检修规程、检修标准和检修细则（工艺）三项基本内容。检修规程是有关于检查体系、检修周期和报废年限的规定；检修标准是各级修程下的检修范围、使用限度、标准值和调整值等的规定；检修细则（工艺）是在检修基地内作业流程（过程）的规定。

动车组修程修制的基本框架实际上就是指动车组的检修制度，一般可分为预防性检修和事后检修或更正性检修。预防性检修又可分成定期维修（又称计划修）和视情维修（又称状态修）两种，它们的主要区别体现在对于设备维修时机的掌握和控制上。具体示意图如图 4-3-3 所示。

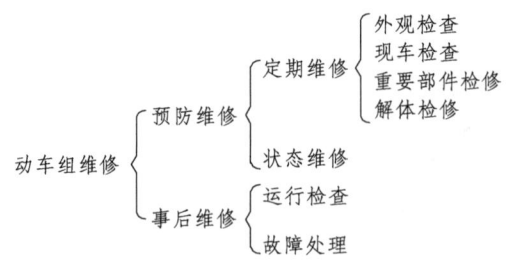

图 4-3-3　动车组修程修制的基本框架

动车组的定期维修也可以称作计划预防修，主要包括运用检修（外观检查、现车检查）、重要部件检修（转向架检修等）和解体检修。

视情维修（即状态修）是根据先进的车载故障检测和诊断设备实时监测动车组关键部件状态来决定是否需要检修及如何进行检修。

事后维修是部件出现故障并检查发现后才进行故障处理和检修。

目前，我国高速列车将修程修制统一划分为一至五级，其中，一至二级为运用检修，三级以上为定期检修。

1．一级检修

（1）完成动车组易损易耗部件的更换、调整和补充工作。

（2）通过人工目视和车载故障诊断系统对动车组技术状态和部分技术性能进行例行检查检测，特别是对车下悬吊件安装情况和转向架工作状况进行重点检查。

（3）处理临时发生的故障。

2．二级检修

（1）在一级检修的基础上，增加部分检修项目，同时提高检修程度，并通过车载故障诊断系统对车上所有设备进行检测和性能试验。

（2）按照相应检修周期，进行车轴超声波探伤、踏面修形、电气回路绝缘检测、牵引电机绝缘检测和车下电器过滤器类部件清扫除尘等专项检修。

二级检修是全面检修+专项检修"的模式。

3．三级检修

在完成二级检修项目的基础上，更换转向架，并对更换下来的转向架及其主要零部件进行分解检修。

4．四级检修

对动车组各主系统进行分解检修、特性试验，并进行车体的涂漆。

5．五级检修

在完成四级检修项目的基础上，对动车组全车进行分解检修，较大范围地更新零部件，并进行车体的涂漆。

四种 CRH 系列动车组检修周期暂行规定见表 4-3-2，各修程平均预防维修时间见表 4-3-3。

表 4-3-2　CRH 系列动车组检修周期

修　程	具体内容	检修周期/库停时间			
		CRH1	CRH2	CRH3	CRH5
一级修	日常检查	4 000 km 或 48 h	4 000 km 或 48 h	4 000 km 或 48 h	4 000 km 或 48 h
二级修	重点检查	1.25 万 km 或 15 d	3 万 km 或 30 d	2 万 km 或 10 d	6 万 km 或 15 d
三级修	转向架检查	120 万 km 或 10 d	60 万 km 或 15 d	120 万 km 或 15 d	120 万 km 或 15 d
四级修	系统分解检查	2 403 万 km 或 20 d	45 万 km 或 20 d	240 万 km	240 万 km
五级修	全面拆解大修	480 万 km	240 万 km 或 30 d	480 万 km	480 万 km

注：动车组检修周期以走行千米周期为主、时间周期为辅的检修模式，以先到的为准。

表 4-3-3　各修程平均预防维修时间

修　程	平均预防维修时间
一级修	1 h
二级修	4 h
三级修	2 d
四级修	4 d
五级修	20 d

三、动车组检修基地分布和设施

（一）检修机构等级分类

（1）高速铁路动车段（简称高速动车段）：配属动车组，承担动车组的整列运用、客运整备及存放作业，完成动车组的日常检查、各级修程（一二三级）的检修及临修作业等工作。

（2）高速铁路动车运用维修所（简称高速动车运用维修所）：派驻动车组，承担动车组的整列运用，客运整备以及存放作业，完成动车组的日常检查和一级检修作业，并根据需要完成动车组的部分临修作业。

（3）高速铁路动车所（简称高速动车运用所）：派驻少量动车组，承担动车组的客运整备以及存放作业。

（二）动车组检修点布置

设置在线路终端附近、多条线路交汇站附近及始发终到列车数量多的车站附近。根据铁路跨越式发展战略部署，依据路网布局及发展规划，结合我国动车组投放、配属和开行方案，国家决定在北京、上海、武汉、广州、沈阳、成都、福州、西安、郑州、哈尔滨、青岛、南京建立十二个动车检修基地-动车段（见表 4-3-4）。

动车段是开通动车达到一定数量后组成的铁路局直属生产站，一般设若干个动车所，负责动车组日常一二级检修。其中北京、武汉、广州、上海、沈阳、成都和西安等七个动车段，辐射东北、华北、华东、华中、华南等动车组密集地段，拥有三四级修的高级维修能力，负责动车组的定期检修。

表 4-3-4 动车检修基地设置

铁路局（集团公司）	动车段	动车所
上海铁路局（2段7所）	上海动车段、南京动车段	南翔动车所、虹桥动车所、上海南动车所、杭州动车所、南京动车所、南京南动车所、合肥南动车所
广州铁路（集团）公司（1段9所）	广州动车段	广州南动车所、广州东动车所、广珠动车所、长沙南动车所、深圳北动车所、三亚动车所、惠州动车所、佛山西动车所、长株潭动车所
南昌铁路局（1段6所）	福州动车段	南昌西动车所、南昌动车所、厦门北动车所、福州动车所、龙岩动车所、福州南动车所
北京铁路局（1段5所）	北京动车段	北京动车所、北京西动车所、北京南动车所、天津动车所、石家庄动车所
沈阳铁路局（1段5所）	沈阳动车段	沈阳动车所、沈阳南动车所、沈阳北动车所、大连北动车所、长春动车所
郑州铁路局（1段3所）	郑州动车段	郑州动车所、郑州东动车所、郑州南动车所
成都铁路局（1段3所）	成都动车段	成都东动车所、贵阳北动车所、重庆北动车所
济南铁路局（1段3所）	青岛动车段	济南西动车所、青岛北动车所、青岛动车所
武汉铁路局（1段2所）	武汉动车段	武汉动车所、汉口动车所
西安铁路局（1段2所）	西安动车段	西安动车所，西安北动车所
哈尔滨铁路局（1段2所）	哈尔滨动车段	哈尔滨西动车所、齐齐哈尔动车所

（三）动车组检修基地的主要功能和设备

我国铁路动车组检修基地应具有如下基本功能：① 基地应具有不同速度等级的动车组运用、存放、整备、检查，各级检修及生产管理、运用调度的功能，特别是应具有采用网络化、立体化作业方式进行快速整备、检查和检测的能力；② 基地应满足路网性和区域性的客运中心每日始发终到旅客列车密集到达和密集发车的需求，特别应具有高峰时段动车组密集到达和密集发车的功能；③ 基地应具有连接周边辐射全路的整体管理功能，对动车组使用、技术整备、检修试验及运行安全进行全面管理。通过信息中心的连接作用对动车组的调度、整备、运用维修、配件及设备管理进行有效管理；④ 基地应采用动车组运用检修管理信息系统，以便对生产组织、生产过程和人员调度进行全程实时监控，并应具有与高速铁路客运专线综合调度系统及信息化系统的接口，以确保动车组能安全可靠地运行。

根据以上基本功能要求分为以下几种。

（1）动车组管理功能。

动车组检修基地应具有管理基地、连接周边、辐射全路的整体管理功能，对动车组使用、技术整备、检修试验及运行安全进行全面管理。通过信息中心的连接作用对动车组调度、整备、运用维修、配件及设备管理进行有效管理。

（2）检查整备功能。

动车组检查整备功能包括整备与一、二级修和临修作业。

整备主要为运用技术整备及客运整备。其作业内容包含上水排水、润滑油脂补充、车厢内部清洁、密闭式厕所系统地面接收及处理系统、车体外皮清洗、车内垃圾收集及转运等。根据需要可进行上砂作业和餐饮或餐料供给。

一级修作业主要是对动车组进行检查、测试以及故障件的更换。

二级修作业包括关键部件状态检测、关键部件外观检查、内部检查、功能检查、解体检查及修理、列车控制装置状态检查。

临修作业：主要是处理动车组临修故障，对动车组主要零部件进行扣车修理及动车组不落轮旋旋轮和各级修程以外的主要设备、零部件的更换，包括转向架、轮对、受电弓、空调设施、主变流器、主变压器等。

（3）检修功能（运用所不含此项功能）。

动车组基地的检修方式采用以预防为主、检查为主、换件修为主、组装调试为主；以寿命管理方式对动车组进行管理；尽量减少在修时间、提高效率、提高可靠性、提高车辆利用率。动车组换下来的零部件采用由专业厂商专业化集中检修模式进行。

检修功能包括三、四、五级检修。

三级修作业在二级修基础上，整列（16辆）或8辆同时架车，更换转向架，对牵引电机、动力驱动装置、制动装置等主要部件解体后检查，转向架检查完毕后，在基地的试验线路上进行运行试验。

四级修作业在三级修基础上，增加对车体内部及连接部的检查及修理工作。车组分解成每一单节，车上、车内、车下所有设备下车检修，主要部件互换修。高压布线在车上做耐压试验、车体气密检查等。进行全列车的性能试验，基地内运行试验，最后上线试验。

五级修作业对车体进行全部解体检修，更换重要部件，车体气密检查；整车性能试验和运行试验等。

（4）零配件储备及配送功能。

基地应设立大型动车组零、配件及备品贮存设施，包括材料库、材料棚、备品库等。零配件及材料备品储备采用立体存储的方式，其信息管理纳入动车组信息化系统，并能根据维修信息自动进行配送管理。

（5）信息化管理功能。

信息支持系统包括生产调度指挥系统、动车组运行管理系统、现场作业监控系统、车辆配件寿命管理系统、车辆配件配送支持系统、入段检测管理信息系统和车载信息地面接收处理系统。各设备由广域网连接，实现统一管理和信息共享。

（6）排污处理功能。

检修基地设密闭式厕所系统地面接收及处理设施。

真空密闭式厕所系统的地面接收处理设施采用固定式。集便接收作业线应与日检作业线合并设置于库内。排污的主要设施置于检查库工作平台下，通过管道及快速接头可与车上排污口连接，并设移动式排污车。

三、动车组检修基地主要设施

1. 检修库

如图 4-3-4 所示，大修库设三层作业面立体大修线，库线间距为 12 m，库内外侧股道距离修车库侧墙轴线应不小于 6.5 m。大修作业采用整列架车方式，实行部件换件修。设贯通式天车起重设备，库内股道上方接触网可设置活动式刚性接触网侧移及控制设备。

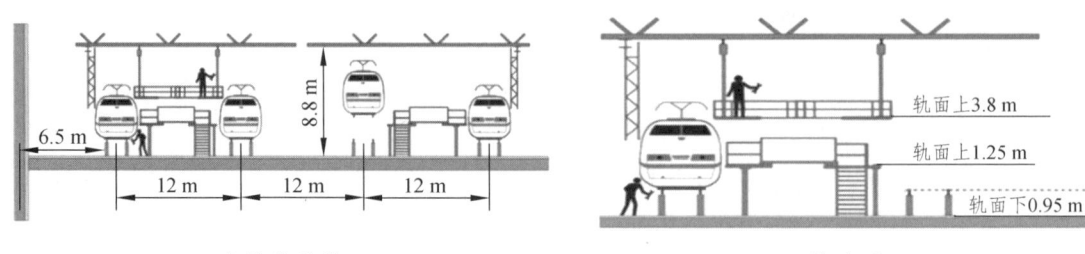

图 4-3-4 动车组检修库

为了进行并行作业，提高检修的效率，检修基地设置三层或四层作业面进行高速列车的维修。三层或四层作业面的第一层设在轨面以下 0.95 m 标高处，为基本作业平台，用于走行部及下部设施检查、维修和材料运输；第二层设在轨面以上 1.25 m 标高处，为车内及侧墙作业平台；第三层设在轨面以上 3.8 m 标高处，为车顶作业平台。无车顶作业平台一侧一般设置有防止车顶作业人员跌落的防护设施。

2. 轮对踏面检测设备

轮对踏面诊断装置是检修基地、运用所最重要的检修诊断设备，具有检测踏面裂纹和擦伤、测量踏面形状和几何尺寸、测量踏面擦伤和同心度等功能。该装置同时具备数据的采集和处理功能，并与段内通信计算机联网，完成数据的存储、显示、打印、传递等功能。该检测装置的准确度直接影响着整列车的检修效率。

图 4-3-5 轮对踏面检测设备

3. 轮对探伤和不落轮旋加工设施

检修基地和运用所设置轮对检测及加工设备，对动车组轮对空心轴和车轮踏面进行探伤检查，对落轮后的轮对进行全面探伤检查和尺寸检测，必要时进行旋轮加修和动平衡检测加工处理。

检修基地和运用所应设置不落轮旋轮库。库内设置不落轮旋轮设备。不落轮旋轮设备基础前后各设 30 m 的整体道床。不落轮旋轮线作业区段两端的曲线半径应不小于 400 m。

　　　　不落轮镟装置　　　　　　　　　超声波探伤设备

图 4-3-6　轮对探伤设备和不落轮旋装置

4．车体外部自动清洗设施

动车组外皮清洗设备是检修基地和运用所必不可少的整备设备，用于列车回库、进段时的外皮自动清洗，需用专门的清洗剂。为了满足环保、节能的要求，必须同时建立水循环处理设施。

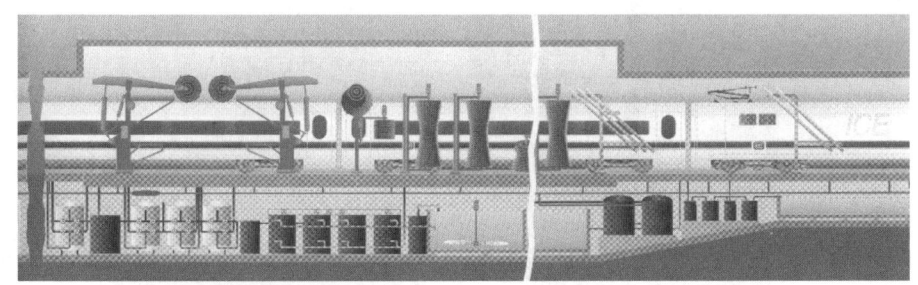

图 4-3-7　车体外部自动清洗设施

5．地面吸污设备

用于车辆整备。有两种工作方式。一种是检修基地设置污物处理车间，吸污后直接进行化学处理，这种方式需建设复杂的地下处理设施；另外一种是利用吸污设备吸入移动的污物车内，一次操作若干动车组，由污物车再转运至污物处理中心进行集中处理。

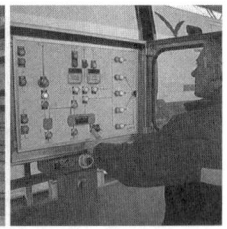

图 4-3-8　地面吸污设备

6．轮对及转向架更换设备

当高速列车的动车及拖车轮对和转向架出了故障时应进行更换。转向架更换设备是检修基地、运用所必不可少的重要设备，有两种不同的更换方式。活动轨道桥转向架下降方式及同步架车方式。

图 4-3-9　轮对及转向架更换设备

7．主要零部件配送中心

检修基地设置主要零部件配送中心。主要零部件配送中心设置在检修库较便利的地方，配送任务由信息化管理系统统筹协调管理，配送配件时应便于动车组在维修过程中能够将配件配送到实时更换的处所。零部件配送中心要根据动车组检修基地和运用所承担动车组检修任务进行建设，规模要满足需要。

8．动车组管理信息中心

实现动车组管理信息化是动车组检修基地现代化的重要标志。动车组管理信息化系统要以动车组技术管理、生产管理、物流管理、调度指挥、安全监控为主要内容，对动车组各项工作进行全面实时的信息化管理，通过信息的分散采集、远程诊断、网络传输、集中处理，对各类信息进行实时的汇总分析，使各级管理人员及时掌握动车组生产、安全、运行情况，进行有效管理，科学决策。各岗位工作人员通过信息共享，及时了解岗位工作内容和标准，开展工作，进行作业质量控制。

动车组信息化系统网络采用基地中心和生产单元两级组成的结构，中心与各生产单元由基地局域网和无线宽带接入连接。基地中心与上级指挥中心由宽带广域网连接。动车组信息系统应与铁路既有信息系统交换信息；满足地面诊断系统和动车组故障信息系统的信息传输、转存等要求；并及时为专业制造、检修厂商提供相关信息。信息中心设小型机，并采用双机热备的方式运行，采取存储备份、用户认证、安全防范等措施。

四、动车组主要检修模式

我国动车组的检修模式借鉴国外先进经验，在动车组检修资源共享、综合利用、统一管理方面得到了很大的发展。其主要方面是：动车组检修模式采用部件互换维修，动车组部件专业化集中修理，动车组使用、维护保养、检修合理分工，最终实现动车组和动车段多线共用等。这不仅可以大大提高动车组检修的效率和质量、降低动车组的检修技术，而且对提高高速铁路运营的经济效益和社会效益都具有重要的意义。

动车组检修采用了高效率的检修模式，其目的是大幅度提高动车组的安全性和可靠性，大幅度提高动车组的使用效率，大幅度压缩修车停留时分，提高检修单位的作业效率，实现修车方式制造化。动车组检修模式是建立在部件寿命管理系统的基础上，同时以先进的检修设备和设施及零部件制造工厂的配套检修服务作为条件和支撑。其主要形式是换件修、集中修、状态修和均衡修，其主要特点是高度的专业化、高度的集约化、高度的社会化、高度的程序化。

（一）换件修

采用部件互换修的动车组检修模式，是在动车组各级修程中发现部件故障，或在中、高级修程中需要检修或更换部件时，首先将待修动车组上的零部件分解或拆卸下来，然后直接换上由部件中心（或备品库）提供的全新的或已修缮的互换零部件，快速完成动车组检修。而拆下的零部件转交给专门的维修人员处理，修竣后可安装在同车型的任何动车组上。

采用部件互换修为主的动车组检修模式的优点是：（1）可以大大缩短动车组的检修停运时间，提高动车组的利用率；（2）为合理组织生产创造有利条件，从而有效地提高劳动生产率；（3）能提高动车组的检修质量，提升动车组运行的可靠性；（4）为动车组零部件检修的专业化，形成检修生产规模化创造有利条件；（5）动车组利用率的提高还会减少高速铁路工程的建设成本，降低运营成本。

（二）集中修

所谓集中修包含两层的意义，一是指检修地点集中，即动车组部件的检修主要集中在检修基地，运用所仅承担日常的例行检查和部分临修作业；二是指检修专业集中，对于可修复的主要零部件实行专业化集中修，即将它们送往专业化工厂、车间或工段，实行集中统一修理，则可提高维修质量，节约维修成本。

（三）状态修

所谓状态修是指依据动车组上先进的检测设备、故障诊断设备及与动车段联网的信息传输系统，可以准确预知动车组的设备工作状态和故障情况，有针对性地进行检修作业。

动车组内的服务性设施一般采取状态修，即随检随修，始终保持技术状态良好；同时部分设备或部件按照使用寿命的界定，在不能适应使用要求，即将发生故障前进行更换，采用监视型的状态修。

（四）均衡修

所谓均衡修是指将原来集中在某几个检修时间段内的检修工作分散到运用窗口或较低级

修程中进行，使整个检修工作分散而均衡，以平衡各级修程的休车（即停留）时间。特别是在动车组的大修修程中，为减少大修休车时间，通过换件的方式将部分部件的检修安排在运用过程中或其他较低级修程中进行，以减少大修时的工作量，尽可能压缩动车组在修时间。

复习思考题

1. 高速动车组按照动力配置的不同分为哪两类？各有何优缺点？
2. 什么是摆式动车组？它的优点是什么？
3. 高速动车组车体的技术特点有哪些？
4. 高速动车组转向架的技术特点是怎样的？有哪些典型型号？
5. 高速动车组钩缓装置需要满足哪些技术要求？其典型型号有哪些？
6. 高速动车组牵引系统的特点是什么？典型牵引系统由哪些主要部件组成？各部件及系统的功能与基本工作原理是怎样的？
7. 高速动车组制动系统的特点是什么？典型制动系统由哪些主要部件组成？各部件及系统的功能与基本工作原理是怎样的？
8. 高速动车组网络系统由哪些主要部件组成？各部件及系统的功能与基本工作原理是什么？
9. 高速动车组的车辆信息监控诊断装置的功能有哪些？
10. 什么是"以可靠性为中心"的维修体系？我国 CRH 系列动车组的运用检修概况是怎样的？

第五章 高速铁路信号与通信系统

第一节 概 述

高速铁路信号系统是保证我国铁路提速线路和客运专线列车运行安全、提高列车运行效率的重要技术设备,它以有效可靠的技术手段对列车运行速度、追踪间隔距离进行实时监控和超速防护,同时能够减轻司机劳动强度、改善工作条件、提高旅客舒适度。

高速铁路信号系统主要由信号基础设备、计算机联锁系统、列车运行控制系统、行车调度指挥系统、信号集中监测系统等构成。

一、高速铁路对铁路信号的要求

(一)对列车信号设备的要求

在高速铁路上,由于列车运行速度高,司机辨认地面信号非常困难,依靠司机驾驶列车以保证安全已不可能,必须强化列车速度控制系统。

在高速列车运行中,机车信号提供的速度等级是直接指挥列车运行的命令,因此必须高可靠、高安全,不受环境因素影响,具有很高的抗干扰能力,作为主体信号使用,确保接收信息在整个列车运行中的正确率达 100%。在硬、软件设计上,应考虑故障弱化和故障-安全技术,应尽量避免在设备发生故障时由最高速度等级发出停车指令,使列车造成不必要的紧急制动而危及行车安全。

(二)对车站联锁设备的要求

车站联锁设备应采用计算机联锁,为适应高速行车安全的需要,必须采用侧向通过速度在 160 km/h 或 200 km/h 以上的大号码道岔,解决道岔转换设备的转换力、密贴、锁闭等关键问题。

为适应高密度行车的需要,进路控制必须自动化,尽量摆脱人员的参与。为使车站联锁设备在列车通过时能顺利解锁,可采用一次解锁电路。

车站应采用与区间相同制式的轨道电路,以连续不断地向列车发送信息。

(三)对行车指挥自动化系统的要求

为提高运营效率、优化管理和减轻调度员的劳动强度,必须采用行车指挥自动化系统,它必须具有自动排列进路、自动编制运行图、自动运行调整、旅客向导服务等功能。

此外，还应有信息管理系统，包括车辆管理、建筑设施管理、电气设备管理、旅客运输和运行管理等，它以提高运营效率为目标，是保证高速铁路稳定运行、进行维护管理和强化维修的支持系统。

行车指挥自动化系统应设置运营、行车、车辆、电务和电力等调度的综合调度所，把各部门的管理及调度工作集中在一起，便于在异常情况下向现场单位及列车及时发出处理指令，减少异常的时间，提高运输效率。

（四）对安全设备支持系统的要求

安全设备支持系统是对列车运行控制系统的补充设施，它包括检测、报警、故障诊断等。主要包括地面信号设备和车载设备的检测。地面信号设备检测包括对区间设备、车站设备、道岔密贴等的检测和报警；车载设备的检测包括车载信号、列车速度控制系统、热轴检测和制动系统的检测。列车运行记录系统用来检测操纵列车和实际运行的状况并对其进行存储。自然灾害预报分析处理系统是在地震、塌方、泥石流、暴风雨等自然灾害预报后对其进行分析处理，做出是否对高速铁路有影响的判断，以便采取对策，防止行车事故的发生。

二、中国高速铁路对于信号系统的主要规定

中国高速铁路信号系统主要包括计算机联锁系统、列车运行控制系统、调度集中系统和信号集中监测系统等。危及行车安全的信息应采用不同物理径路的冗余配置专用通道。

高速铁路的信号系统应具有一定的兼容性，既能适应本线最高运行速度列车的运行，还能兼顾跨线列车的运行。

信号系统设计应采用先进、成熟、经济、适用、安全、可靠的技术和设备，并符合现行国家标准《轨道交通可靠性、可用性、可维修性和安全性规范及示例》的相关规定。

涉及行车安全的信号系统及电路设计，必须符合故障-安全的要求，故障后不允许出现进路错误解锁、道岔错误转换或错误表示、信号错误开放或升级显示，故障应能及时被发现或最迟应于下一次使用过程中被发现，否则应考虑按故障积累原则重新设计电路。同时，设计电路还应考虑最低限度能防止一次故障与一次错误办理同时存在的情况下，可能产生危及行车安全的可能性。

（一）计算机联锁

高速铁路信息化程度高，系统接口复杂，作为基础信息源的车站联锁设备要采用计算机联锁，所以车站、线路所、动车段（所）应采用计算机联锁设备，而且应采用硬件安全冗余结构。对于具有多个车场的大型车站，为减少故障面以及因设备改造而对运输产生的影响，按车场分别设置计算机联锁设备更为合理，计算机联锁设备可与其他信号系统设备集成为一体化结构，也可单独设置。

（二）列车运行控制系统

1. 列车运行控制系统的选用

高速铁路应采用中国列车运行控制系统（CTCS），300 km/h 及以上的线路，地面应按

CTCS-3 级列控系统设计；对于速度虽然超过 250 km/h，但是行车密度较低的线路，经计算确保轨道电路信息量足够使用以及满足统一的信息定义的情况下，经技术经济比选后可按 CTCS-2 级标准设计；250 km/h 的线路，地面应按 CTCS-2 级列控系统设计；对于线下工程预留大于 250 km/h 而线上工程按照 250 km/h 标准进行设计的情况，列控系统仍然按照 CTCS-2 级标准进行设计，但是工程设计中对站内轨道电路的长度和区间闭塞分区的划分还要考虑预留 250 km/h 以上的设计条件。

2．自动闭塞

双线区段自动闭塞具备正方向自动闭塞、反方向自动站间闭塞的行车功能。信号系统设计应符合规定的列车追踪运行间隔时分的要求，CTCS-3 级列控系统满足运营速度 350 km/h，最小追踪间隔 3 min 的要求。

闭塞分区的划分应满足动车组列控车载设备按照目标距离模式控车和按四显示自动闭塞行车的要求。

反方向运行区间轨道电路应按追踪码序贯通发码，并采用与正方向相同的发码原则。反方向运行满足车载设备完全监控模式运行的要求。

3．列控中心

CTCS-2 级和 CTCS-3 级线路的车站、区间中继站、线路所、动车段（所）均设置有列控中心。

列控中心应具备与车站联锁系统、临时限速服务器、轨道电路、地面电子单元（LEU）、CTC/TDCS 车站设备、信号集中监测及相邻列控中心的接口。

动车组在 CTCS-2 级区段由 CTCS-2 级列控车载设备控车；在 CTCS-0/1 级区段和列控车载设备故障（机车信号故障除外）、列控地面设备故障情况下的 CTCS-2 级区段，可由 LKJ 控车。

4．列车运行监控记录装置（LKJ）

采用 CTCS-2 级列控系统的线路，车载设备应配备 LKJ，由 CTCS-2 级列控车载设备控车时，LKJ 具备线路数据、运行状态和司机操纵等显示记录功能。

动车组由 LKJ 控车时，列车最高运行速度 160 km/h，列车高于允许速度 2 km/h 时报警、高于允许速度 5 km/h 触发常用制动、高于允许速度 10 km/h 触发紧急制动。

5．无线闭塞中心（RBC）

采用 CTCS-3 级列控系统的线路，必须设置无线闭塞中心（RBC），无线闭塞中心硬件采用冗余安全结构。无线闭塞中心具备与计算机联锁、CTC、临时限速服务器、信号集中监测系统、GSM-R 网络及相邻无线闭塞中心等的接口能力。

无线闭塞中心应满足所管辖范围内控制列车数量的要求，列车在各无线闭塞中心（RBC）管辖区之间的切换自动实现。

6．临时限速服务器（TSRS）

临时限速服务器集中管理客运专线的临时限速命令，具备全线临时限速命令的存储、校验、撤销、拆分、设置、取消及临时限速设置时机的辅助提示功能。

临时限速服务器具备与无线闭塞中心（在采用 CTCS-3 级列控系统时）、不同型号的列控中心、CTC 和相邻临时限速服务器的接口能力，安全信息传输采用冗余配置的专用传输通道。

（三）调度集中

调度所、车站、线路所应采用 CTC 系统实现列车调度指挥的自动化。

为方便调度对动车组进出动车段（所）的集中管理，动车走行线及动车段（所）靠近走行线的咽喉区需要纳入高速铁路的 CTC 系统进行统一监控，其进、出动车走行线的进路排列由 CTC 系统自动控制。由于动车段（所）的站场规模较大，生产作业流程复杂，存在大量的接发车作业及转场调车作业，这些作业与动车检修作业结合紧密，因此要实现动车段（所）的高效管理及运转，动车段（所）除了装备 CTC 及其他信号设备外，还需要新增动车组调车辅助管理系统。

（四）信号集中监测系统

高速铁路应设置信号集中监测系统，信号集中监测系统应全程联网，实现远程诊断和故障报警功能。

信号主要系统设备（含车载设备）应具有自诊断、报警、信息储存、状态再现等功能，并符合高速铁路技术的特点和运营维护的要求。

信号集中监测系统应由段级主机、站级分机、终端以及数据传输网络等部分组成，段级主机应具备与综合维修管理信息系统联网的接口条件。

信号集中监测系统应与 CTC、RBC、列控中心、计算机联锁、信号安全数据网网管服务器、区间轨道电路、智能电源屏、智能灯丝报警单元等系统接口，采集相应的监测信息。

第二节　高速铁路信号系统

一、高速铁路信号系统基础设备

高速铁路信号基础设备，包括信号机、轨道电路、转辙设备、应答器等。这些设备大部分与既有线的信号基础设备是相同的，主要是根据高速铁路的运营需要进行针对性设计，体现高速铁路对于高安全性和高可靠性的要求。

（一）高速铁路信号机

高速铁路采用与普速铁路相同的信号机，但是根据不同的情况，信号机的设置不尽相同。

1. 色灯信号机

色灯信号机以其灯光的颜色、数目和亮灯状态来表示信号，原多采用透镜式色灯信号机，其结构简单，安全方便，现采用的组合式色灯信号机则是为提高在曲线上的显示距离而研制的新型信号机。

组合式信号机每个机构只有一个灯室，使用时根据信号显示要求分别组装成二显示、三显示及单显示机构，故称为组合式。灯室间无窜光的可能。

2．信号机的设置

（1）车站信号机的设置。

车站（含区间无配线站）应设进站、出站信号机，根据需要作业量较大的车站可设进路信号机、调车信号机和复示信号机，作业较为单一的中间站、越行站列车进路上可不设调车信号机。

进站信号机的设置位置应符合现行《铁路技术管理规程》的相关规定，进站信号机及接车进路信号机应采用现行的进站信号机机构，桥、隧地段信号机以及高柱信号机构外缘与接触网带电部分不符合安全距离要求时可采用七灯位矮型信号机。

出站信号机及发车进路信号机采用"红、绿、白"三灯位矮型信号机，与传统的出站信号机不同，增加了引导信号，可以在因发车进路轨道电路故障或出站信号机允许灯光断丝情况下，以引导方式将列车发至区间。出站信号机必须在要求地面信号机点灯的情况下才能开放引导信号，点亮红色和月白色灯光。

调车信号机应采用现行规定的矮型调车信号机，尽头到发线上阻挡列车运行的调车信号机采用出站信号机机构，并封闭绿色灯光。

（2）动车段（所）信号机的设置。

动车段（所）宜设进站、出站及调车信号机，动车段（所）与相关车站较远时，动车组按照列车方式进出动车段（所），动车段（所）需要设置进出站信号机，但遇到动车运用所与相关车站较近且采用调车方式能满足能力需要时，动车运用所不设置进出站信号机，全部设置调车信号机。

（3）线路所信号机的设置。

线路所设通过信号机，其信号机构与进站信号机相同，高速铁路线路所通过信号机较传统铁路增加了引导信号，在因发车进路轨道电路故障或通过信号机允许灯光断丝情况下，以引导方式将列车发至区间。点亮引导灯光必须在要求地面信号机点灯的情况下进行，开放引导信号时，点亮红色灯光和月白色灯光。

（4）停车标志牌的设置。

在无货运列车的高速铁路区间不设地面信号机，在区间闭塞分区分界点的线路左侧设停车标志，为安装方便，标志牌首选安装在接触网支柱上，根据现场情况也可安装在路基或防护墙上，标志牌不应设置在电分相区及附近一定范围内。

（5）预告牌的设置。

车站进站信号机及防护区间道岔的通过信号机不设预告信号机，但设置有预告标志牌，由于启用地面信号机时是按照站间闭塞行车的，所以无论正向运行还是反向运行都要设置预告牌。预告标志牌按照技规规定成组设置在进站信号机及防护区间道岔的通过信号机外方 900 m、1 000 m、1 100 m 处，对于距离较短无法成组设置预告牌的区间，不设置预告牌，预告标志牌宜就近安装在接触网支柱上。

3．信号显示

在既有线提速区段，其信号机的设置与显示仍采用原来的方式，在兼顾货运的 200～250 km/h 高速铁路，其信号机的设置与显示同既有线，在不兼顾货运的 200～250 km/h 高速铁路和 300～350 km/h 高速铁路，区间不设通过信号机，车站的进、出站信号机平时灭灯。

（1）常态灭灯与常态点灯。

ATP 车载设备正常工作时，司机以车载信号行车，地面信号机开放已无意义，所以车站及线路所列车信号机应常态灭灯不显示，仅起停车位置作用。仅运行动车组的高速铁路，遇列车未装设列控设备（可能包括维修车、轨道车等）或列控设备停用时，相应的列车信号机应经人工确认后转为点灯状态。

常态灭灯的车站（含无配线车站）出站信号机和防护区间道岔的通过信号机开放允许信号时应检查站间空闲条件。

（2）地面信号机显示。

地面信号机显示允许信号时，仅表示允许列车或车列越过该信号机，出站信号不区分进路方向。

进站、进路信号机显示含义：一个黄色闪光和一个黄色灯光表示准许列车按限速要求越过该信号机，经道岔侧向位置进入站内准备停车；一个红色灯光和一个月白色灯光表示准许列车在该信号机前方不停车，以不超过 40 km/h 的速度进站或通过接车进路，并须准备随时停车；其他信号显示符合《技规》的规定。

出站信号机显示含义：一个绿色灯光表示准许列车由车站以站间闭塞方式出发，前方站间空闲；一个红色灯光和一个月白色灯光表示准许列车由车站以站间闭塞方式出发，发车进路列车速度不超过 40 km/h，并须准备随时停车；其他信号显示符合《技规》的规定。

调车信号机及动车段（所）列车信号机应常态点灯。

区间不设置通过信号机的高速铁路与区间设置通过信号机的高速铁路的衔接车站，应按照股道的主要接发车方向分别设置信号机构。

（二）高速铁路轨道电路

轨道电路在高速铁路中的作用，一是监督列车的占用；二是传递行车信息。在既有线提速区段，区间采用 ZPW-2000A 型无绝缘轨道电路，站内采用 25 Hz 相敏轨道电路。

在新修高速铁路，区间采用 ZPW-2000A/K 型无绝缘轨道电路，用于列车占用检查和向列车提供前方闭塞分区空闲信息。站内正线原则上采用与区间同制式的有绝缘轨道电路（又称一体化轨道电路），中间站、越行站站内咽喉区比较简单，为减少站内轨道电路制式、简化工程设计，站内其他轨道区段也采用了与正线同制式的有绝缘轨道电路。大站的正线及到发线采用与区间同制式的有绝缘轨道电路，只有大站的站内其他轨道电路区段才采用 25 Hz 相敏轨道电路。

1．客专 ZPW-2000A 轨道电路技术特点

站内采用与区间同制式的客专 ZPW-2000A 轨道电路；站内道岔区段的弯股采用与直股并联的一送一受轨道电路结构，轨道电路在大秦线站内 ZPW-2000A 轨道电路的基础上，使道岔分支长度由小于等于 30 m 延长到的 160 m，提高了机车信号车载设备在站内使用的安全性、灵活性，方便了设计。

2．站内 ZPW-2000A 轨道电路结构

ZPW-2000A 轨道电路结构如图 5-2-1 所示。站内轨道电路的特点如下。

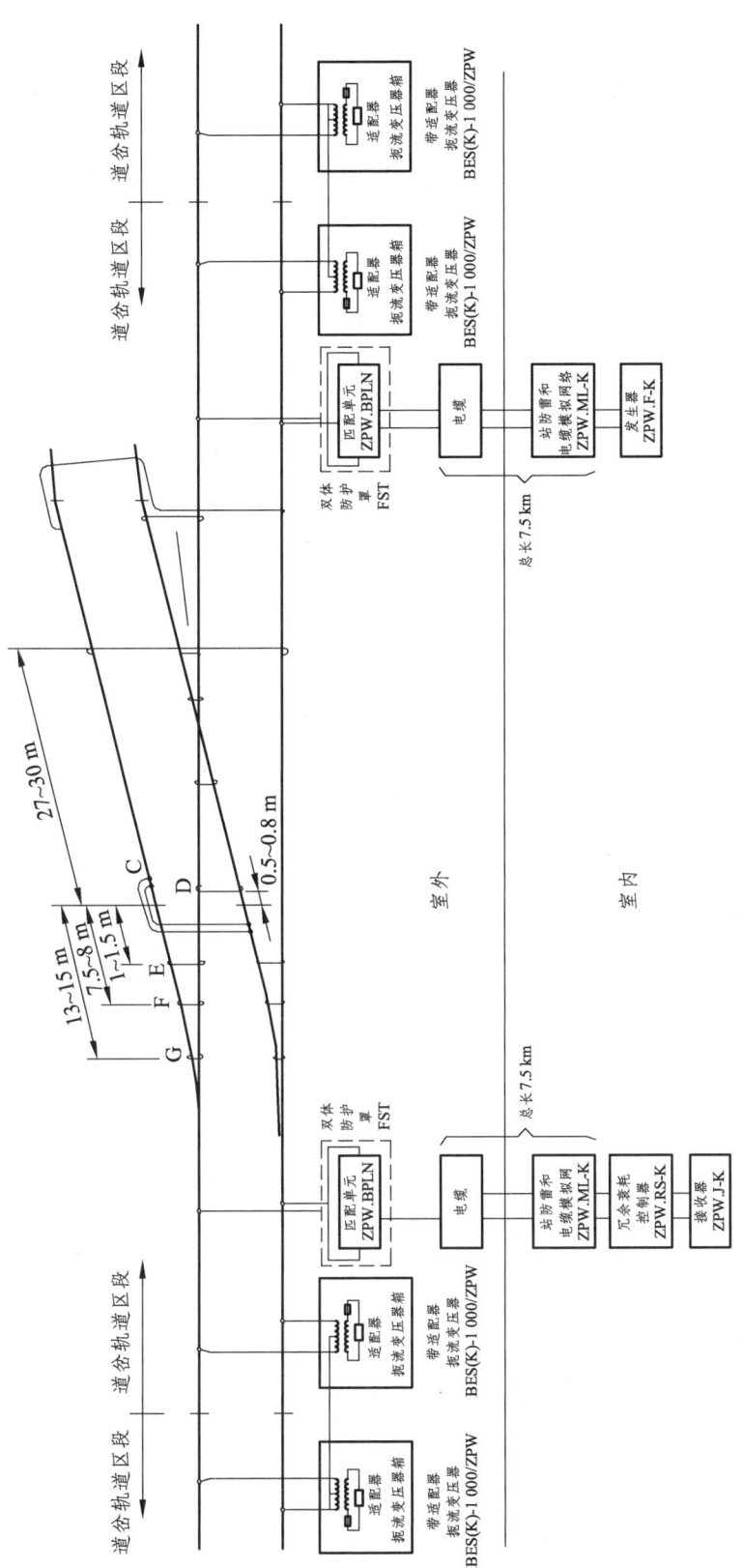

图 5-2-1 ZPW-2000A 轨道电路结构示意图

站内道岔区段轨道电路采用"分支并联"一送一受轨道电路结构,以实现道岔弯股的分路检查防护和车载信号信息的连续性传输。具体如下。

(1)加跳线和绝缘节。

(2)带适配器的扼流变压器的作用有两个:降低不平衡牵引电流在扼流变压器两端产生的 50 Hz 电压,使其不大于 2.4 V;导通钢轨内的牵引电流,使其畅通无阻。

(3)为了消除列车车载信号的接收"盲区",在道岔绝缘节处采用"跳线换位"和在轨道电路收发端处采用轨道电路钢轨引接线迂回的方法。

(三)道岔转辙设备

转辙设备包括转辙机、外锁闭装置、密贴检查器、下拉装置和融雪设备,用来对道岔进行转换和锁闭,并给出道岔表示。

1. 转辙机的设置

一组道岔由一台转辙机牵引的称为单机牵引,由两台转辙机牵引的称为双机牵引,由两台以上转辙机牵引的称为多机牵引,一组道岔设置多少台转辙机,要区别不同情况。

在既有线提速区段,正线采用 12# 提速道岔,在高速铁路,正线采用 18# 提速道岔,联络线路采用 30#、38# 或 42#、62# 道岔。提速道岔均采用外锁闭方式,由交流转辙机牵引,有 S700K 型、ZYJ7 型、ZDJ9 型,必须多点牵引多点检查。其他道岔采用 ZD6 系列电动转辙机。

转辙机的数量要视道岔号码、固定辙岔还是可动心轨、S700K 型转辙机还是 ZYJ7 型转辙机而定。

2. S700K 型电动转辙机

S700K 型电动转辙机是由于提速需要,从德国西门子公司引进设备和技术,经消化吸收和改进后,迅速在全路主要干线推广运用的转辙机。

S700K 型电动转辙机的产品代号来自德文"Simens-700-Kugelgewinde",其含义为西门子具有 6 860 N(700 kgf)保持力带有滚珠丝杠 km/h 的电动转辙机。

(1)S700K 型电动转辙机分类。

S700K 型电动转辙机规格齐全,不仅能满足道岔尖轨、可动心轨的单机牵引,而且也能满足双机、多机牵引的需要。

根据安装方式不同,每一种类又分为左装、右装两种。不同种类的 S700K 型电动转辙机不能通用。

(2)S700K 型电动转辙机结构。

S700K 型电动转辙机主要由外壳、动力传动机构、检测和锁闭机构、安全装置、配线接口五大部分组成,其结构如图 5-2-2 所示。

第五章 高速铁路信号与通信系统

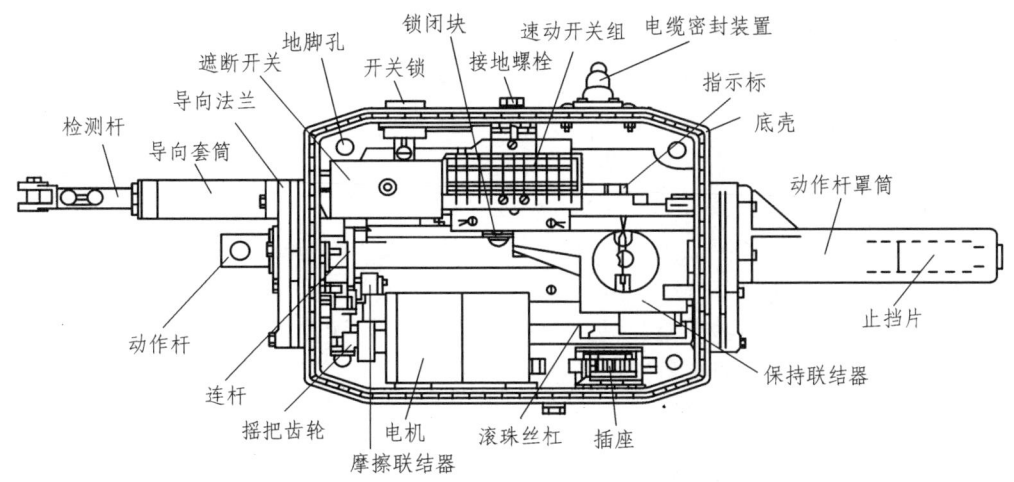

图 5-2-2　S700K 型电动转辙机结构图

（四）应答器

应答器是 CTCS-2 级列控系统中车地信息传输的主要设备之一。随着列车运行速度的不断提高，仅依靠轨道电路发送闭塞信息，在信息量方面已经不能满足列车安全高速行驶的要求，需增加应答器向列控车载设备提供大量固定信息和可变信息。

地面应答器设备包括：无源应答器、有源应答器、应答器地面电子单元（LEU）以及应答器读写工具等。为实现系统功能，列控地面设备通过车站列控中心与车站联锁系统、CTC/TDCS 车站分机连接。

1．应答器的功能

应答器向列控车载设备传送以下信息。

（1）线路基本参数。

如线路坡度、轨道区段长度等参数。

（2）线路速度信息。

如线路最大允许速度、列车最大允许速度等。

（3）临时限速信息。

当由于施工等原因引起的对列车运行速度进行限制时，向列车提供临时限速信息。

（4）车站进路信息。

根据车站接发车进路，向列车提供"线路坡度""线路速度""轨道区段"等线路参数。

（5）道岔信息。

给出前方道岔侧向允许列车运行的速度。

（6）特殊定位信息。

如升降弓、进出隧道、鸣笛、列车定位等。

（7）其他信息。

固定障碍物信息、列车运行目标数据、链接数据等。生成"列车通过"信号。

2. 应答器的分类

根据应答器所传输报文是否可变，应答器分为固定信息应答器（无源应答器）和可变信息应答器（有源应答器）。

每个无源应答器预先固定写入一条应答器报文，列车经过该应答器时，固定发送预先写入的报文。

无源应答器用于发送固定不变的数据。无源应答器设于闭塞分区入口和车站进、出口处，用于向列控车载设备传输闭塞分区长度、线路速度、线路坡度、列车定位等静态信息。

有源应答器设置于车站进、出口处，通过专用的应答器电缆与 LEU 连接，根据 LEU 设备所发送的报文，变化地向列车传送应答器报文信息，主要是进路信息和临时限速信息。

3. 应答器的工作原理

应答器系统是一种采用电磁感应原理构成的高速点式数据传输设备，用于在特定地点实现地面与列车间的相互通信。车载天线与应答器之间按电感耦合的原理进行工作。

安装于两根钢轨中心枕木上的地面应答器不要求外加电源，平时处于休眠状态。当车载天线接近应答器时，应答器的耦合线圈感应到 27 MHz 的磁场，能量接收电路将其转化为电能，从而建立起应答器工作所需要的电源，应答器开始工作，把存储的 1023 位数据报文循环发送出去，直至电能消失。车载天线将接收到的数据报文传送给应答器传输模块（BTM），经过滤波、放大、解调后，对接收到的数据报文进行解码，还原得到用户报文，然后发给车载列控设备。

通过无线读写工具可以向地面无源应答器写入数据报文；列控中心、车站联锁等设备可通过接口给地面电子单元（LEU）提供列车可变信息，LEU 将对应的传输报文发送给地面有源应答器。

4. 地面应答器的安装位置

在车站进站口和出站口处设置有源应答器。有源应答器按双向传输信息设计。在车站进站口和出站口处、区间运行正方向每隔 3~5 km 设置一组无源应答器（一般按每隔三个闭塞分区设置一组）。无源应答器均按单向传输信息设计。应答器的正线线路参数应交叉覆盖，以实现信息冗余。

应答器设置在线路中心线上，如图 5-2-3 所示。

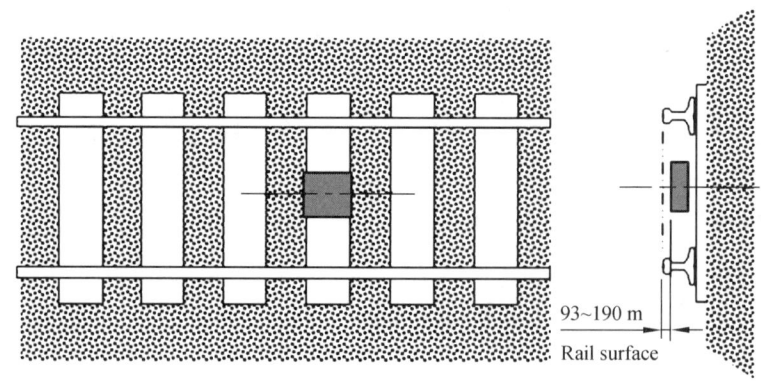

图 5-2-3　应答器在线路上的布局

5．应答器编号和名称

每个应答器（组）都有一个编号，并且该编号在全国铁路范围是唯一的。

应答器编号图如图 5-2-4 所示。

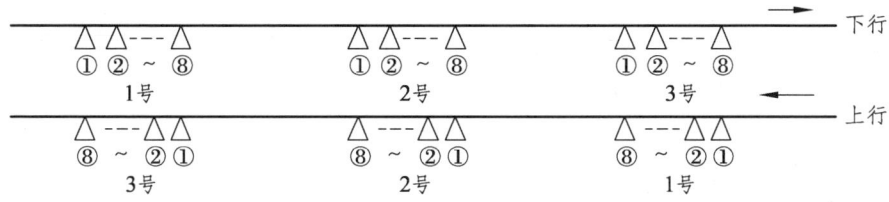

图 5-2-4　应答器编号图

应答器编号规则如下：

① 每个应答器（组）的编号由车站编号+应答器（组）编号共同构成，车站编号与 ETCS 系统车站编号规则相同，每个车站编码在全国是唯一的。

② 应答器编号以每个应答器（组）为一个基本单元进行编写，编号顺序以列车正运行方向为参照，按从小到大的原则进行编排。

③ 每个应答器组可由 1~8 个应答器组成，以列车正运行方向为参照，列车首先通过的应答器其位置为①，其他以此类推。

二、高速铁路计算机联锁系统

计算机联锁系统是确保车站行车的技术设备，是高速铁路信号最重要的系统之一。高速铁路必须采用安全、可靠的计算机联锁系统。计算机联锁系统和列车运行控制系统、调度集中系统相结合，构成完备的高速铁路信号系统。

（一）计算机联锁概述

随着计算机技术的迅速发展，尤其是对于可靠性技术和容错技术的深入研究，出现了计算机联锁，正渐趋成熟。

计算机联锁采用通用的工业控制微机，由专用软件来实现车站信号、进路、道岔间的联锁关系，进行联锁关系的逻辑运算和判断。系统自动采集、处理信号机、道岔、轨道电路的信息，把行车控制命令和现场的各种信息输入计算机，再根据计算机内固化的条件，进行联锁关系的处理，然后输出动作信息至执行单元，实现对车站信号设备的控制和监督。

计算机联锁保留了继电集中联锁的室外设备、电源屏；室内保留了室外分线盘、道岔启动电路、信号点灯电路、轨道电路，联锁网络、选岔网络均由计算机联锁取代。

（二）高速铁路的计算机联锁

高速铁路的车站、线路所、动车段（所）应采用计算机联锁，为保证计算机联锁系统的可靠性，车站、线路所采用 2 乘 2 取 2 计算机联锁，动车段（所）可采用双机热备计算机联锁。

在高速铁路，计算机联锁系统必须具备与调度集中或列车调度指挥系统（CTC/TDCS）、无线闭塞中心（在采用 CTCS-3 级列控系统时）、列控中心 TCC、信号集中监测等设备的接口能力。计算机联锁完成车站联锁功能，并接收和执行 CTC 的命令。

2 乘 2 取 2 计算联锁系统的联锁机有两套，每套内有双 CPU，满足"故障-安全"要求、目前有北京交大微联科技有限公司研发的 EI32-JD 型计算机联锁、北京全路通号信号研究设计院研发的 DS6-K5B 型计算机联锁、卡斯柯信号有限公司研发的 iLOCK 型计算机联锁和铁道科学研究院通号所研发的 TYJL-ADX 型计算机联锁为 2 乘 2 取 2 型计算联锁系统。以上类型在我国高速铁路均有采用。

其中 DS6-K5B 型计算机联锁是北京全路通号信号研究设计院与日本京三制作所联合开发的一套用于车站信号联锁控制的系统。该系统的核心硬件联锁机和输入输出电路采用京三公司的 K5B 型产品。该产品所有涉及安全信息处理和传输的部件均按照"故障-安全"原则采取了 2 重系结构设计。

DS6-K5B 型计算机联锁具备 K5B 的高可靠、高安全的性能，在联锁功能方面满足我国铁路技术条件的要求。DS6-K5B 系统与双机热备系统相比，安全可靠性上升到一个新水平。

下面介绍 DS6-K5B 系统的结构。

1．系统结构

DS6-K5B 计算机联锁系统由控制台、电务维护台、联锁机、输入输出接口、继电器接口电路和电源组成，系统结构如图 5-2-5 所示。

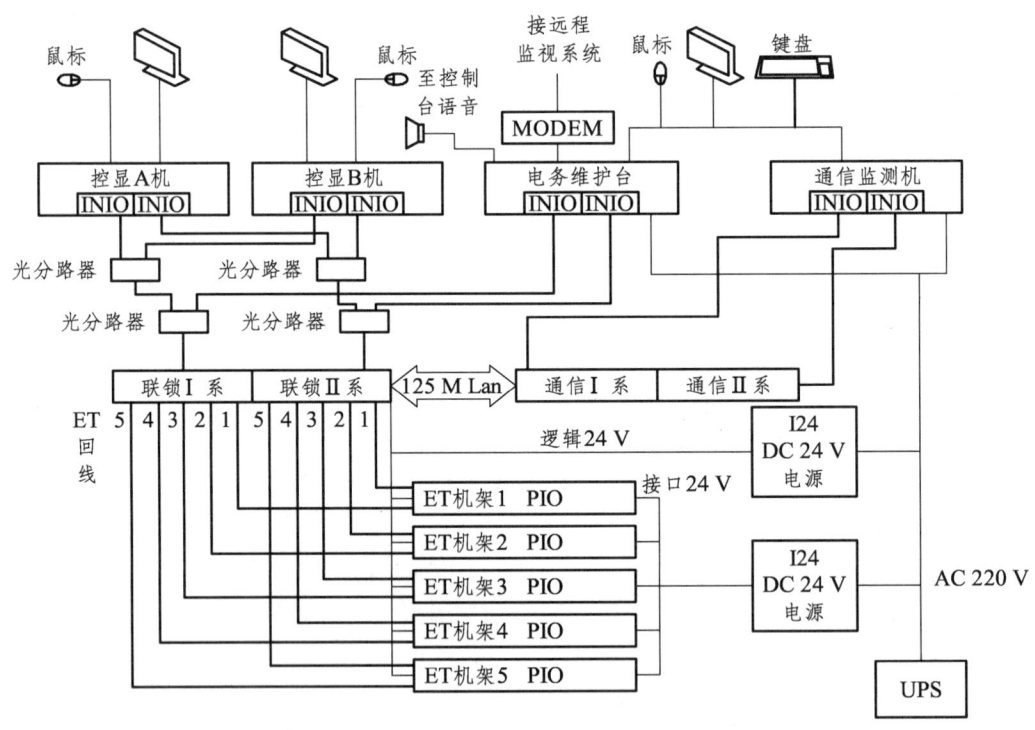

图 5-2-5　DS6-K5B 计算机联锁系统结构

DS6-K5B 计算机联锁系统由人机界面层、联锁逻辑层、执行层组成。

人机界面层包括控制台和电务维护台。控制台由控显双机和车站值班员办理行车作业的操作、表示设备等组成，实现控制台操作、站场图形显示。电务维护台包括电务维修机、通信监测机、键盘、显示器、KVM 切换器，实现系统设备故障监视等功能。

联锁逻辑层为联锁机，联锁机包括联锁逻辑部和前置通信机。联锁逻辑部实现联锁逻辑运算、输入输出控制、诊断信息处理及二重系管理等。前置通信机（这是为运用高速铁路的计算机联锁新加的）实现与外部接口（无线闭塞中心、列控中心系统及邻站计算机联锁）的通信功能。

执行层为输入输出接口，实现驱动现场设备、采集现场设备状态。

DS6-K5B 计算机联锁设备分别安装在联锁机柜、电子终端柜、计算机电源柜内，另设监控柜。在联锁机柜内安装联锁计算机和前置通信机，它们的二重系安装在一个机架内。在联锁机柜和电子终端柜内总共可安装 5 个电子终端机架。各站根据站场规模大小决定实际使用多少个电子终端架，和电子终端架是否采用级连方式。

2．计算机联锁与外部系统接口

DS6-K5B 计算机联锁系统与室外信号设备之间的结合，采用继电器电路。主要有信号点灯电路、道岔控制电路、轨道电路、自动闭塞电路以及其他结合电路。

DS6-K5B 联锁系统与 TCC、RBC、CTC、信号集中监测系统接口，联锁与外部接口连接示意图如图 5-2-6 所示。

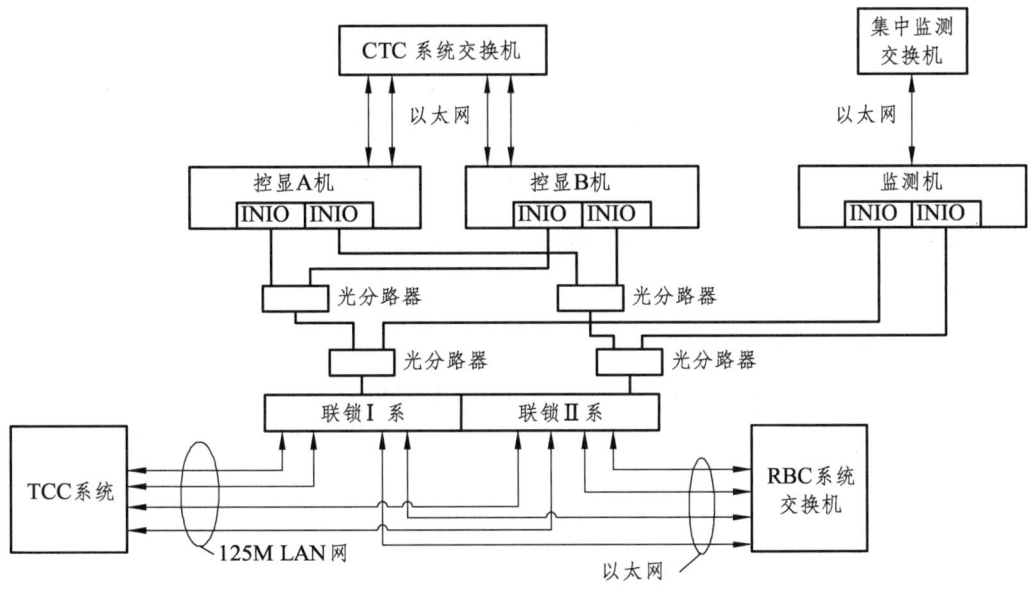

图 5-2-6　DS6-K5B 联锁系统与外部系统接口连接示意图

（1）与 TCC 接口。

DS6-K5B 联锁系统使用前置通信机上的 LAN 板（VHSC6）与 TCC 设备的 LAN 板通过光纤进行双重冗余连接，用于和 TCC 进行数据信息的交换。

（2）与 RBC 接口。

DS6-K5B 联锁通过前置通信机上的以太网接口板（Z2ETH）与 RBC 建立安全网络通道进行连接，接收并发送与 RBC 有关的信息。

（3）与CTC接口。

DS6-K5B联锁系统通过控显机上加装的以太网卡与CTC连接，用于与CTC进行数据通信。

（4）与信号集中监测系统接口。

DS6-K5B联锁系统通过联锁维修机将联锁采集到的开关量信息根据协议，通过专用以太网传送给集中监测系统。

三、高速铁路列车运行控制系统

列车运行控制系统是我国铁路提速线路和高速铁路保证列车行车安全、提高列车运行效率的重要技术装备，以有效的技术手段对列车运行速度、运行间隔进行实时监控和超速防护，同时能够减轻司机劳动强度、改善工作条件，提高乘客舒适度。CTCS是（Chinese Train Control System）的英文缩写，为中国列车运行控制系统。CTCS系统有两个子系统，即车载子系统和地面子系统，CTCS根据功能要求和配置划分应用等级，分为0~4级。

（一）CTCS应用等级

CTCS根据功能要求和设备配置划分为5个应用等级，分别为CTCS-0级、CTCS-1级、CTCS-2级、CTCS-3级、CTCS-4级。

1．CTCS-0级

CTCS-0级为即有线的现状，由通用机车信号和运行监控记录装置构成。

2．CTCS-1级

CTCS-1由主体机车信号和增强型列车运行监控记录装置组成，面向160 km/h以下的区段。

3．CTCS-2级

CTCS-2级是基于轨道电路和点式信息设备传输信息的列车运行控制系统。CTCS-2级列控系统面向提速干线和客运专线，适用于各种线路速度区段，采用车-地一体化设计，地面可不设通过信号机。它是一种点-连式的列车运行控制系统，功能比较齐全，比较符合我国国情。2007年第六次大提速，第一次在速度为200 km/h区段装备CTCS-2级列控系统。

4．CTCS-3级

CTCS-3级列控系统是基于GSM-R无线通信实现车-地信息双向传输，无线闭塞中心生成行车许可，轨道电路实现列车占用检查，应答器实现列车定位，并具备CTCS-2级功能的列车运行控制系统。

5．CTCS-4级

CTCS-4级是完全基于无线（GSM-R）传输信息的列车运行控制系统，地面可取消轨道电路，由地面无线闭塞中心（RBC）和列控车载设备完成列车占用检测及完整性检查，点式信息设备提供列车用于测距修正的定位基准信息，实现虚拟闭塞和移动闭塞。CTCS-4级采取目标距离控制模式，列车按照移动闭塞或虚拟闭塞的方式运行。CTCS-4 级列控系统是未来的发展方向，目前尚未使用。

（二）CTCS-2 级列控系统

CTCS-2 级列控系统面向提速干线和高速新线，是基于轨道电路和点式信息设备传输信息的列车运行控制系统，适用于各种限速区段，地面可不设通过信号机。CTCS-2 级列控系统是一种点连式列车运行控制系统，功能比较齐全，并适合我国国情，司机凭车载信号行车。轨道电路完成列车占用检测及完整性检查，连续向列车传送控制信息，点式信息设备传输定位信息、进路参数、线路参数、限速和停车信息。采用目标距离模式曲线监控列车安全运行。采用准移动闭塞方式，其追踪运行间隔比固定闭塞小。

CTCS-2 级列控系统的主要技术原则如下。

（1）CTCS-2 级列控系统能够满足运营速度 300 km/h 的需求。

（2）近期兼顾货运的高速铁路，CTCS-2 级列控系统适应客车 4 min、货车 5 min 的追踪间隔要求。仅开行动车组的高速铁路，CTCS-2 级列控系统应满足正向运行追踪间隔 3 min 的要求。

（3）CTCS-2 级立刻系统采用统一的设备配置和运用原则，具备互联互通运行条件。

（4）CTCS-2 级列控系统满足正向按自动闭塞追踪运行，反方向按自动站间闭塞运行的要求，

（5）CTCS-2 级列控系统满足跨线运行的运营要求。

（6）CTCS-2 级列控系统车载设备采用目标-距离连续速度控制模式、设备制动优先的方式监控列车安全运行。

（7）CTCS-2 级列控系统作为 CTCS-3 级列控系统的后备系统。

（8）CTCS-2 级列控系统统一接口标准，涉及安全的信息采用满足 IEC62280 标准要求的安全通信协议。

（9）CTCS-2 级列控系统安全性、可靠性、可用性、可维护性满足 IEC62278 等相关标准的要求，关键设备冗余配置。

速度 200～250 km/h 动车组，同时装备 CTCS-2 级列控车载设备和 LKJ，实现两者的有机结合和系统集成。在安装 CTCS-2 级、CTCS-3 级列控系统地面设备的区段，具备 CTCS-2 级控车条件，采用列控车载设备控车方式，在停车后通过司机操作，进行列控车载设备、LKJ 控车模式的转换。在 CTCS-0、CTCS-1 级区段采用 LKJ 控车方式，最高速度 160 km/h。

CTCS-2 级列控系统由车载设备和地面设备两大部分组成。结构如图 5-2-7 所示。

（1）地面设备。

地面设备由有源应答器、无源应答器、地面电子单元（LEU）、ZPW2000 轨道电路、车站列控中心（TCC）、临时限速服务器。

① 应答器。

应答器向车载设备传输线路定位、级间转换等信息，向具有 CTCS-2 级功能的车载设备传送线路参数、临时限速等信息。

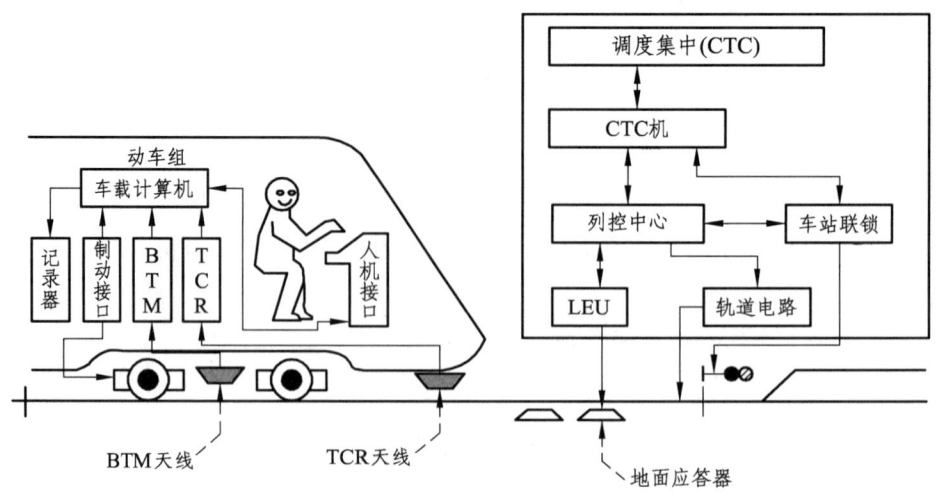

图 5-2-7　CTCS-2 级列控系统结构

② 轨旁电子单元（LEU）。

LEU 接收来自其他控制设备（如 TCC）的数据信息，完成向有源应答器发送可变的信号数据。

③ ZPW-2000 轨道电路。

ZPW-2000 轨道电路实现列车占用及完整性检查，连续向具有 CTCS-2 级功能的列车传送空闲闭塞分区数量等信息。

④ 列控中心（TCC）。

TCC 具有轨道电路编码、应答器报文产生与发送功能，根据轨道电路、进路状态及临时限速等信息产生 CTCS-2 级列控系统的行车许可，通过轨道电路及有源应答器将行车许可传送给 CTCS-2 级列控系统的车载设备。

⑤ 临时限速服务器（TSRS）。

临时限速服务器集中管理临时限速命令，具备全线临时限速命令的存储、校验、撤销、拆分、设置、取消及临时限速设置时机的辅助提示功能。

（2）车载设备。

车载设备由安全计算机（VC）、轨道电路天线、轨道电路信息读取器（TCR）、应答器接收天线、应答器信息接收模块（BTM）、人机界面（DMI）、列车接口单元（TIU）、测速测距单元、运行记录单元（DRU）等组成。

① 安全计算机（VC）。

安全计算机根据地面连续式和点式设备传输的控车信息、线路数据以及列车参数，生成连续式速度监控曲线，监控列车的安全运行。

② 轨道电路信息读取器（TCR）及天线。

轨道电路信息读取器（TCR）是轨道电路信息的解码器，通过轨道电路接收天线读取轨道电路信号，经过处理获得轨道电路的载频信息和低频信息。TCR 天线用于接收轨道电路信息，安装在动车组头部第一轮对前钢轨的正上方。

③ 应答器传输模块及应答器天线。

应答器传输模块通过应答器天线不断向地面发送信号，当列车经过地面应答器时，地面应答器被激活并将存储的报文发送给应答器传输模块。BTM 天线安装在动车组头部距离车头一定范围内，车体底部的横向中心线上，其周围一定范围内保证无金属或磁性材料。BTM 天线经过应答器上方时接收地面应答器的信息，并将解码得到的应答器报文提供给车载安全计算机。

④ 人机界面。

人机界面是车载设备的显示和操作装置，根据车载主控单元的命令显示列车速度、距离、工作状态及线路条件等信息，并实现声光报警、司机操作等功能。

⑤ 列车接口单元。

与动车组接口宜采用继电器接口方式。

与动车组采用继电器接口时，车载设备通过数字输入/输出单元采集从列车输入的开关量信息，并通过控制继电器的输出实现与列车之间接口，紧急制动与最大常用制动均采用失电制动逻辑。

与动车组采用 MVB 接口时，车载设备通过 MVB 总线采集列车的接口信息及发送列车接口命令，紧急制动仍采用继电器接口并采用失电触发的控制逻辑。

⑥ 测速测距单元。

测速测距单元采集来自各速度传感器的信号并进行安全处理，计算列车的速度、走行距离和识别运行方向，并将相关信息传送给车载主控单元。

⑦ 运行记录单元。

司法记录器应仅用于记录与列车运行安全有关的数据，并在需要时下载进行数据分析。司法/数据记录单元故障时不应影响车载设备运行。

车载设备存在司机制动优先和设备制动优先两种制动方式。司机制动优先模式：司机按照模式曲线控制列车速度，设备不干涉司机正常驾驶，只有当列车超速时，设备采取有效的减速措施，保证列车运行安全。设备制动的缓解需设备允许和司机操作确认。设备制动优先模式：设备能够按照模式曲线自动控制列车减速并保证列车运行安全设备常用制动后，一旦满足缓解条件将及时自动缓解。

（3）车载设备的主要功能如下。

① 车载设备测速测距及速度监控满足列车最高运行速度 300 km/h 的要求。② 车载设备能够通过输出常用制动和紧急制动来监督列车运行。

③ 车载设备能防止列车无行车许可时运行。

④ 车载设备在监控到列车超速后执行自动防护。

⑤ 车载设备输出的紧急制动仅能在停车后人工缓解。

⑥ 车载设备在测速测距系统综合测量误差不大于 2%。

（4）CTCS-2 级列控系统主要工作模式。

CTCS-2 级列控系统车载设备的主要工作模式包括 8 种：待机模式、部分监控模式、完全监控模式、引导模式、目视行车模式、调车模式、机车信号模式、隔离模式。

① 待机模式。

列控车载设备默认等级设置为 CTCS-2 的情况下，上电/唤醒时，执行自检和外部设备测试正确后自动处于待机模式；在待机模式下，列控车载设备应保持接收轨道电路信息功能有效，无条件施加最大常用制动并进行溜逸防护。

② 部分监控模式（PS）。

当车载设备接收到轨道电路允许行车信息，而由于应答器提供的线路数据时，列控车载设备产生一定范围内的固定限制速度，监控列车安全运行。

③ 完全监控模式（FS）。

当车载设备具备列控所需的全部基本数据（包括列车位置、轨道电路信息、应答器的线路信息、车载设备预置的列车参数）时，列控车载设备生成目标距离连续速度模式曲线，并进入完全监控模式。

④ 引导模式。

车站办理引导进路时，轨道电路发 HB 码，列控车载设备接收到 HB 码，在列车速度降至 40 km/h 的允许速度运行。

⑤ 目视行车模式（OS）。

要越过停止信号时，可在停车时按下"目视"键进入目视行车模式。OS 模式下，车载设备负责列车以 40 km/h 为顶棚速度运行并对列车走行距离和时间进行监控，司机需要对列车其他行车安全负责。司机每运行一定距离（300 m）或一定时间（60 s），司机便需确认一次。

⑥ 调车模式（SH）。

要进行调车作业时，停车后司机按下"调车"键，则列控车载设备进入调车模式。该模式下，车载设备监控列车以 40 km/h 顶棚速度运行，且在收到前进方向上的调车危险信息时输出紧急制动。

⑦ 隔离模式（IS）。

当列控车载设备停用时，需在停车情况下，经操作隔离列控车载设备的制动功能。隔离开关转入"隔离"位，制动输出被隔离后，列控车载设备转入 IS 模式。在该模式下，车载设备不具备安全监控功能，司机控制列车运行并对运行安全负责，列控车载设备应能够监测隔离开关状态。

⑧ 机车信号模式（CS）。

CTCS-2 级以外区段，以及运行在 CTCS-2 级区段但列控车载设备发生某些故障时，用 LKJ 进行控制，列控车载设备工作在机车信号状态，向 LKJ 提供机车信号信息，不输出制动。

（5）目标距离速度控制的原理。

CTCS-2 级列控系统采用目标距离速度控制模式，由车载计算机绘制出一条速度监控曲线，目标距离模式曲线是以目标速度、目标距离、线路条件、列车特性为基础生成的保证列车安全运行的一次制动模式曲线，提供至目标点的行车许可，可实现一次制动。其中目标距离由轨道电路提供空闲闭塞分区的数量，应答器提供线路长度和线路的允许速度，由车载计算机综合计算出目标距离。列车在走行的过程中，车载计算机在同一坐标系中，根据列车的运行位置和运行速度也会绘制出一条实际的驾驶曲线，当实际的驾驶曲线碰到速度监控曲线，列车就会发出报警，同时会自动触发常用制动或紧急制动，强制要求列车减速，当速度降低到监控曲线以下时列车自动缓解制动，恢复正常行驶。

CTCS-0 和 CTCS-2 级的相互切换，中途不需要列车停车。需要在地面 CTCS-2 级和 CTCS-0 级区段边界增设特殊用途级间切换应答器，设置三组固定信息应答器，分别为正向预告点应答器、切换执行点应答器、反向预告点应答器。每两个应答器之间通常间隔 240 m。为保证控车权的可靠平稳交接，级间切换时若列车已触发制动，则保持制动作用完成，直至停车或列车发出缓解指令后，再自动切换，若切换失败，司机可根据列控车载设备指示，手动进行级间切换。在 CTCS-2 级线路采用 C2 的 ATP 控车，CTCS-0 阶段采用列车运行监控记录装置 LKJ2000 控车。

（三）CTCS-3 级列控系统

CTCS-3 级列控系统是基于 GSM-R 无线通信实现车-地信息双向传输，无线闭塞中心（RBC）生成行车许可，轨道电路实现列车占用检查，应答器实现列车定位，并具备 CTCS-2 级功能的列车运行控制系统。

CTCS-3 级列控系统在 CTCS-2 列控系统的基础上，通过增加地面无线闭塞中心（RBC）构建 CTCS-3 级列控地面系统；车载设备在技术引进的基础上集成客专 CTCS-2 级列车控制模块，实现速度 350 km/h 高速列车的下线兼容；实现了列控系统与 GSM-R 无线通信平台的集成。

（1）CTCS-3 主要技术原则。

① CTCS-3 级列控系统满足运营速度 350 km/h、最小追踪间隔 3 min 的要求。

② CTCS-3 级列控系统满足正向按自动闭塞追踪运行，反向按自动站间闭塞运行的要求。

③ CTCS-3 级列控系统满足互联互通的运营要求。

④ CTCS-3 级列控系统车载设备采用目标距离连续速度控制模式、设备制动优先的方式来监控列车安全运行。

⑤ CTCS-2 级作为 CTCS-3 级的后备系统。无线闭塞中心或无线通信故障时，CTCS-2 级列控系统控制列车运行。

⑥ 全线无线闭塞中心（RBC）设备可集中也可分散设置。

⑦ GSM-R 无线通信覆盖包括大站在内的全线所有车站。

⑧ 动车段及联络线均安装有 CTCS-2 级列控系统地面设备。

⑨ 300 km/h 及以上动车组不装设列车运行监控装置（LKJ）。

⑩ 在 300 km/h 及以上线路，CTCS-3 级列控系统车载设备速度容限规定为超速 2 km/h 报警、超速 5 km/h 触发常用制动、超速 15 km/h 触发紧急制动。

⑪ 无线闭塞中心（RBC）向装备 C3 车载设备的列车、应答器向装备 C2 车载设备的列车分别发送分相点信息，实现自动过分相。

⑫ CTCS-3 级列控系统统一接口标准，涉及安全的信息采用满足 IEC62280 标准要求的安全通信协议。

⑬ CTCS-3 级列控系统安全性、可靠性、可用性、可维护性满足 IEC62278 等相关标准的要求，关键设备冗余配置。

（2）CTCS-3 列控系统结构。

CTCS-3 列控系统由车载设备和地面设备组成，如图 5-2-8 所示。

① 地面设备。

CTCS-3 级列控系统地面设备由应答器、轨旁电子单元（LEU）、轨道电路、无线闭塞中心（RBC）、车站列控中心（TCC）、临时限速服务器等组成地面设备结构（见图 5-2-9），各地面设备的主要功能如下。

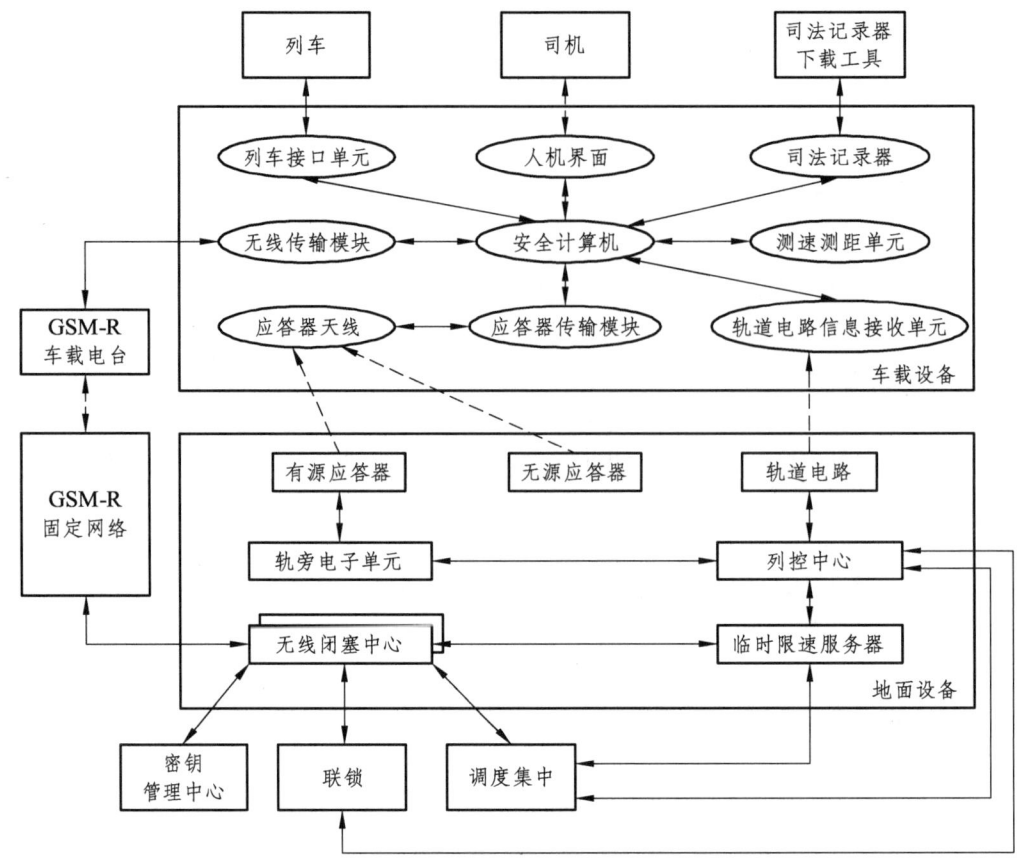

图 5-2-8 CTCS-3 总体结构框图

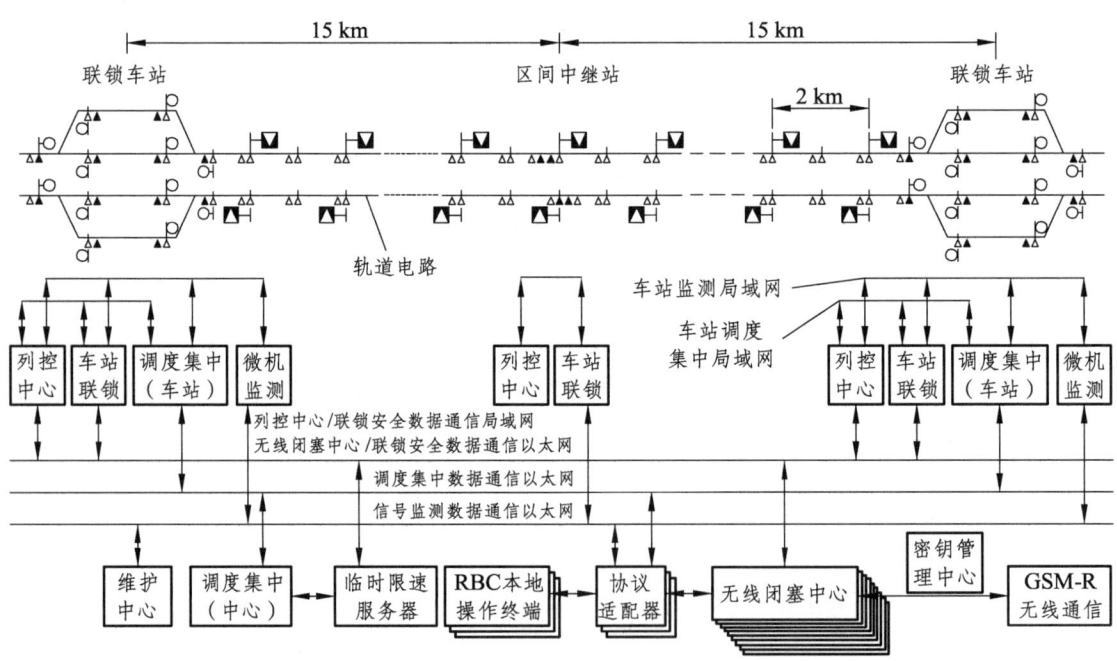

图 5-2-9 CTCS-3 地面设备结构图

a. 应答器。

应答器是向车载设备传送报文的点式传输设备。

b. 轨旁电子单元（LEU）。

LEU 是根据地面设备提供的信息来生成应答器所要传输报文的电子设备。

c. 轨道电路：轨道电路实现列车占用检查；轨道电路为 CTCS-3 级后备系统提供前方空闲间隔信息。

d. 无线闭塞中心（RBC）。

RBC 根据外部地面设备提供的信息以及与车载设备交互的信息生成发送给列车的消息。这些消息的主要目的是提供行车许可，使列车在 RBC 的管辖范围内的线路上安全运行，RBC 通过车地无线通信系统向其控制范围内列车的车载设备传送行车许可及线路描述等信息。

e. 列控中心（TCC）。

TCC 实现轨道电路编码功能，并向 RBC 传送列车占用信息；TCC 应能通过 LEU 及有源应答器向 CTCS-3 级后备系统（CTCS-2 级）传送临时限速信息和进路信息。

f. 临时限速服务器。

临时限速服务器集中管理临时限速命令；临时限速服务器分别向 RBC、TCC 传递临时限速信息。

g. 信号安全数据网。

客运专线信号系统安全数据网用于传输 CTCS-2 级和 CTCS-3 级列控系统，因而需要保证很高的安全性及可靠性。在数据网的组网结构上，由工业级以太网交换机设备（后简称交换机设备）构成冗余双环网，双环网间物理隔离，交换机设备间采用专用单模光纤连接。网络中包括工业级以太网交换机、路由器、光纤、ODF 架、专用的网管系统以及列控系统的通信设备，信号系统通过安全数据网连接，如图 5-2-10 所示。

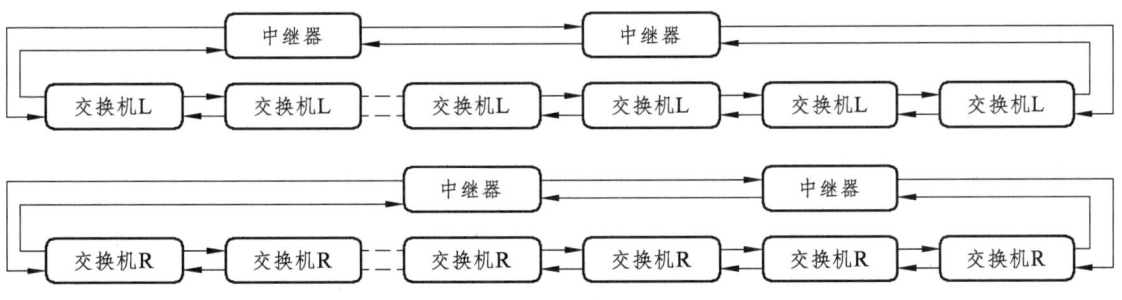

图 5-2-10 信号系统安全数据网连接示意图

双冗余环网由车站、线路所、中继站，及 RBC 机房中的交换机构成，列控中心、联锁、RBC 和 TSR 服务器接入到以太网中，设备间采用以太网通信。全线所有车站的以太网交换机作为网络数据通信接入点，为信号安全设备提供网络接入。

② 车载设备。

车载设备：安全计算机（VC）、轨道电路信息读取器（TCR）、应答器传输模块（BTM）及应答器天线、无线传输模块（RTM）、GSM-R 车载电台、人机界面（DMI）、列车接口单元（TIU）、测速测距单元、司法记录器（JRU），车载设备结构图如图 5-2-10 所示。

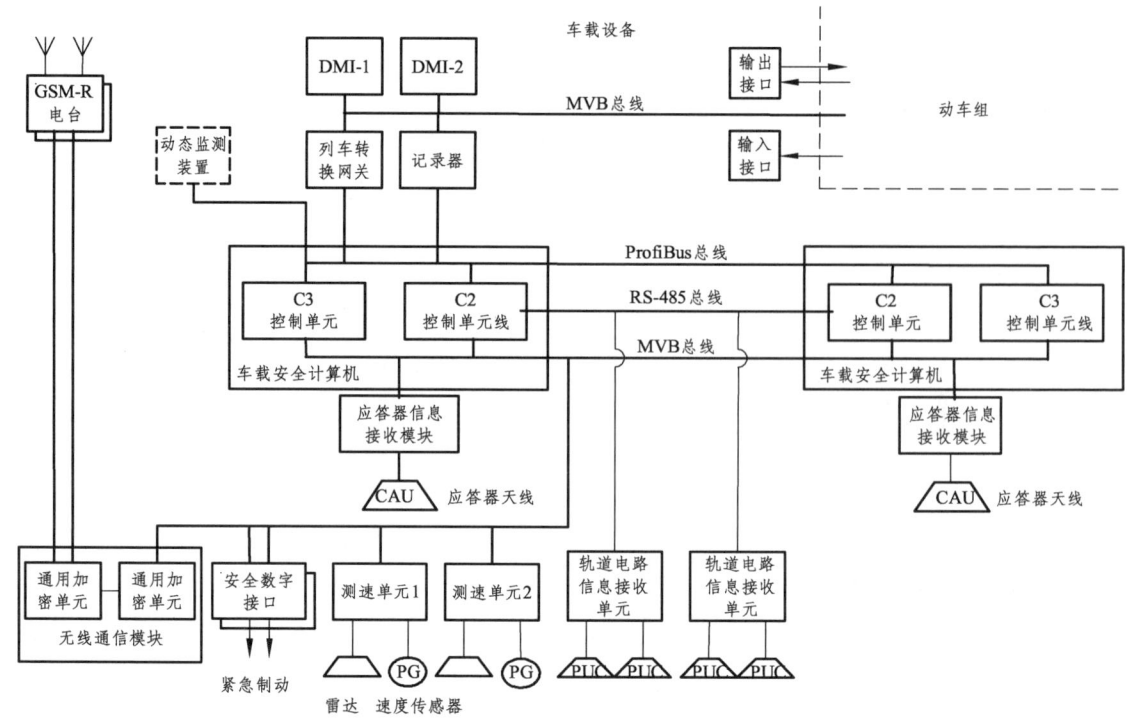

图 5-2-11 CTCS-3 车载设备结构图

各单元的主要功能如下：

a. 安全计算机（VC）。

根据与地面设备交换的信息来监控列车安全运行。

b. 轨道电路信息读取器。

接收轨道电路的信息。

c. 应答器传输模块及应答器天线。

应答器传输模块通过与应答器天线连接，接收地面应答器的信息。

d. 无线传输模块。

通过与 GSM-R 车载电台连接，实现车-地双向信息传输。

e. 人机界面。

人机界面实现司机与车载设备之间的信息交互。

f. 列车接口单元。

提供安全计算机与列车相关设备之间的接口。

g. 测速测距单元。

接收测速传感器等设备的信号，测量列车运行速度和运行距离。

h. 记录器单元。

用于记录与列车运行安全有关的数据，并在需要时下载进行数据分析。

i. GSM-R 车载电台。

实现 GSM-R 网络规定的 U_m 接口协议栈，完成 GSM-R 网络定义的移动终端（MT）设备功能。

（3）CTCS-3 级列控系统的主要工作模式。

CTCS-3 级列控系统的主要工作模式通用的模式有：安全监控模式、目视行车模式、引导模式、调车模式、隔离模式、待机模式和休眠模式等 7 种。仅适用 CTCS-2 级的模式有部分监控模式和机车信号模式。

① 完全监控模式（FS）。

当车载设备具备列控所需的全部基本数据（包括列车数据、行车许可和线路数据等）时，列控车载设备生成目标距离连续速度模式曲线，监控列车的安全运行；并通过人机界面（DMI）显示列车运行速度、允许速度、目标速度和目标距离等信息。

② 目视行车模式（OS）。

列控车载设备显示禁止信号、列车停车后又需继续运行时，根据行车管理办法（含调度命令），经司机操作并确认后，列控车载设备按固定限制速度 40 km/h 监控列车运行，司机每确认一次列车可运行一定距离（300 m）或一定时间（60 s）。

③ 引导模式（CO）。

当锁闭进路中存在不能检查列车占用的轨道区段时，车载设备根据地面设备提供的行车许可生成目标距离连续速度模式曲线，并通过人机界面（DMI）显示列车运行速度、允许速度、目标速度和目标距离等，监控列车运行，司机负责在列车运行时检查轨道占用情况。

④ 调车模式（SH）。

调车作业时，牵引运行限制速度 40 km/h。车载设备可采用自动转换或人工转换方式进入调车模式。当工作在 CTCS-3 级时，经 RBC 同意，列控车载设备转入调车模式后与 RBC 断开连接，退出调车模式后再重新与 RBC 连接。

⑤ 隔离模式（IS）。

在停车情况下，经操作使列控车载设备制动功能停用，在该模式下，车载设备不承担任何行车安全责任。列控车载设备正常工作时应能监测隔离开关状态。

⑥ 待机模式（SB）。

当列控车载设备上电/唤醒时，执行自检和外部设备测试正确后自动处于待机模式，设备监控列车不允许移动。当司机开启驾驶台时，处于待机模式的列控车载设备可通过人机界面（DMI）、GSM-R 无线通信、轨道电路、应答器传送列控信息。

⑦ 休眠模式（SL）。

非本务车载设备的工作模式。在模式下，车载设备不负责列车安全防护功能，但执行列车定位、级间转换、测速测距记录等级转换及 RBC 切换信息等功能。 列车立折，非本务端升为本务端后，车载设备可自动进入正常工作状态。

⑧ 部分监控模式（PS）。

CTCS-2 级后备系统使用的模式。当车载设备接收到轨道电路允许行车信息，而缺少应答器提供的线路数据时，列控车载设备产生一定范围内的固定限制速度，监控列车安全运行。

⑨ 机车信号模式（CS）。

当列车运行到地面未安装 CTCS-3 级/CTCS-2 级列控系统设备的区段时，根据行车管理办法（含调度命令），经司机操作后，列控车载设备生成固定限制速度 80 km/h，并显示机车信号。当列车越过禁止信号时触发紧急制动。

（4）CTCS-3 级列控系统的运营场景。

正常状况下的运营场景包含：注册与启动、注销、进出动车段、等级转换、行车许可、RBC 切换、自动过分相。

① 注册与启动。

注册包括以下过程：设备上电、列车唤醒、列车注册、列车数据输入、准备发车、启动列车。

② 注销。

注销描述了列车停车后，从注销列车信息至关闭列控车载设备电源的工作过程。

③ 进出动车段。

进入动车段，当列车驶离高速铁路并进入动车走行线后，通过等级转换功能将 CTCS-3 级系统转换为 CTCS-2 级系统的工作原理如图 5-2-12 所示。

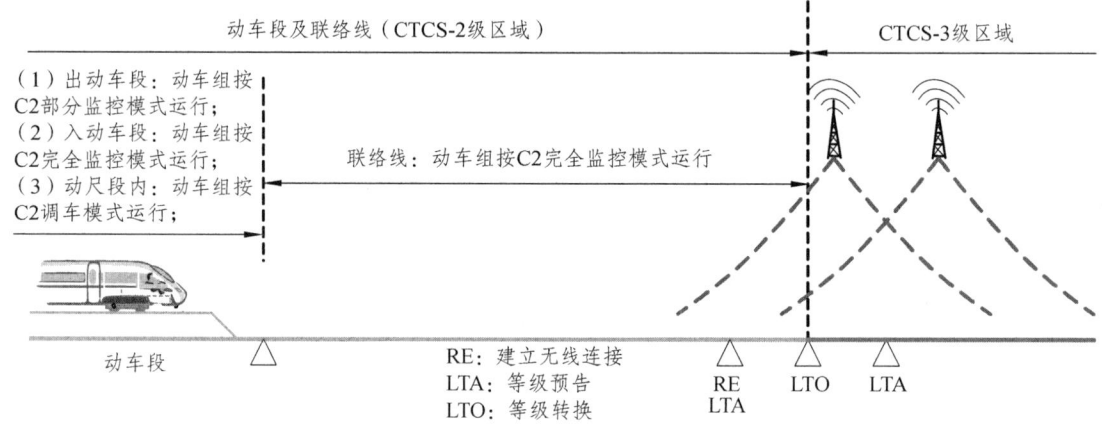

图 5-2-12　动车组进出动车段示意图

驶出动车段：在动车段内按 CTCS-2 级的部分监控模式运行，通过出站口的应答器组并得到相应的信息后，在联络线按 CTCS-2 级的完全监控模式运行。

动车段内移动：在动车段内按 CTCS-2 级调车模式运行。

④ 等级转换。

等级转换描述了列车在 CTCS-3 级和 CTCS-2 级区段边界，列控系统应遵守的原则和列控车载设备等级转换过程，列控系统遵循的原则如下。

a. 正常的级间转换在固定地点的转换区域自动进行；特殊情况下，停车后由司机进行级间转换。

b. 在等级转换时，车载设备 CTCS-2 级控制单元与 CTCS-3 级控制单元应相互通信，确保不因转换触发制动。

CTCS-2 级进入 CTCS-3 级。

CTCS-2 级列控系统进入 CTCS-3 级列控系统转换前首先要列车建立与 GSM-R 网络的连接，然后与 RBC 建立连接，在转换预告点接收到 CTCS-3 级列控系统的行车许可 MA 等级转换命令。等级转换命令由 RBC 通过 GSM-R 发送给列车（见图 5-2-13）。

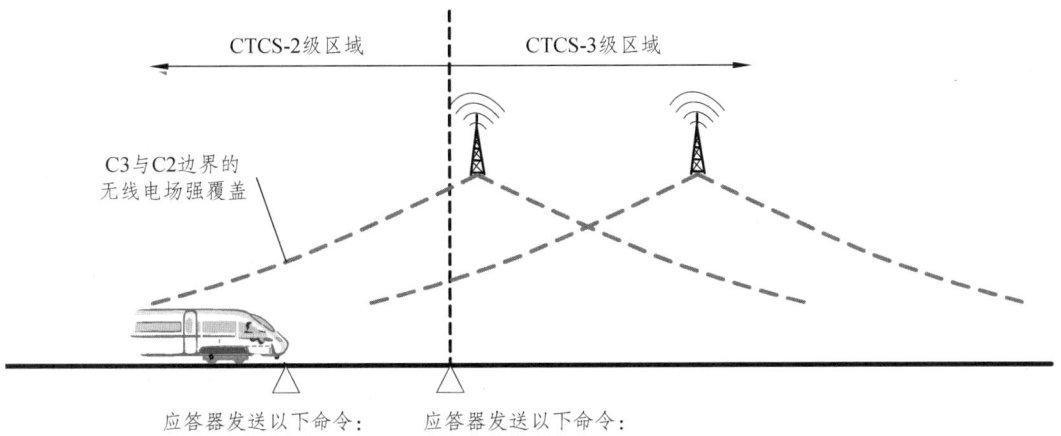

图 5-2-13　CTCS-2 级转换到 CTCS-3 级列控系统示意图

CTCS-3 级转换到 CTCS-2 级。

RBC 提前一定距离开始给列车发送等级转换预告信息，同时在转换分界点设置应答器组发送无条件等级转换命令，强制车载设备在通过分界点后转换为 CTCS-2 级控车（见图 5-2-14）。

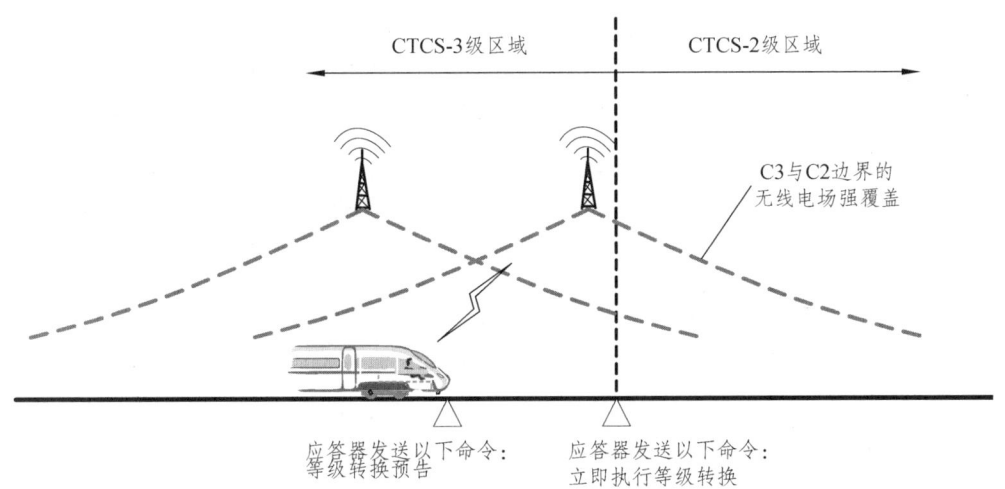

图 5-2-14　CTCS-2 级转换到 CTCS-3 级列控系统示意图

从等级转换预告应答器接收转换信息，做好 CTCS-2 级控车准备，通过分界处的切换应答器后，车载设备切换到 CTCS-2 级方式控车，中断与 RBC 的连接。

⑤ 行车许可。

行车许可 MA——列车安全运行的行车凭证。单个 MA 包括多个连续的锁闭进路。

⑥ RBC 的切换。

RBC 切换是指在 RBC 边界处，实现列车在相邻两个 RBC 间行车许可控制的安全切换过程，为了保证列车不降速运行，相邻的 RBC 以接力的方式不间断地为车载设备提供移动授权。RBC 的切换过程如图 5-2-15 所示。

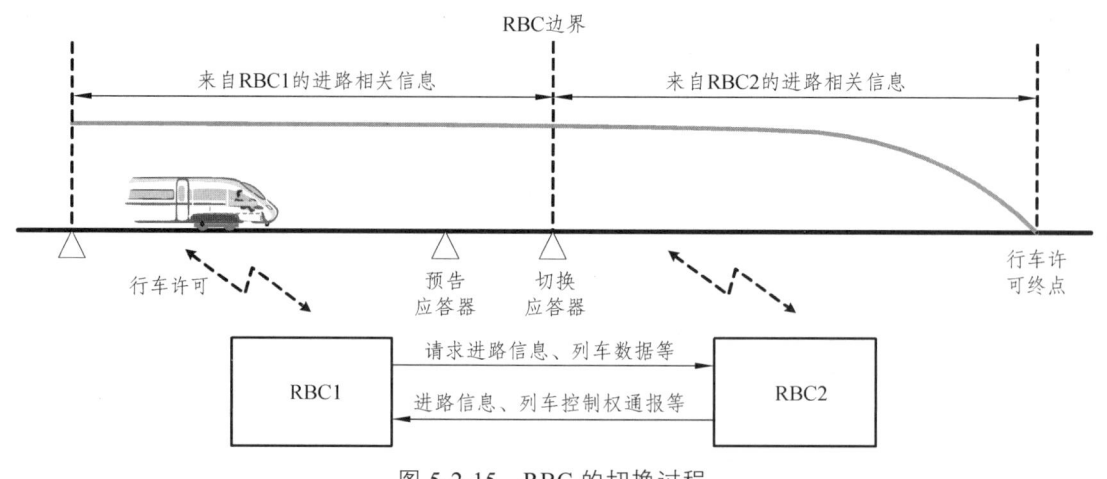

图 5-2-15 RBC 的切换过程

⑦ 自动过分相。

自动过分相描述了列控车载设备根据地面设备提供的分相区信息，在适当位置给动车组过分相装置发送指令，实现自动过分相。

特殊情况下的运营场景包括：重联与摘解、临时限速、调车作业、人工解锁进路。

（5）CTCS-3 列车运行控制系统与通信系统之间的关系。

① 承载 CTCS-3 列控业务的信号安全数据网由通信光缆承载，站与站之间、站与中心之间的网络利用了通信光纤或数字传输电路。

② CTCS-3 级列控系统的核心设备 RBC 与通信 GSM-R 交换机以 PRI 方式直连，由车载列控设备主动发起呼叫连接，车地列控消息通过电路域 CSD 业务进行交互；当车载列控设备、交换网、无线网或者互联电路出现问题时，通信中断超过一定时限（一般为 18s）会导致 CTCS-3 降级至 CTCS-2。对此类问题，通信专业设置了接口监测设备以记录、分析相关问题，统计运用质量。当发生 C3 降级时，通信信号应密切配合、查明原因、及时处理。

（6）CTCS-3 级与 CTCS-2 级列控系统比较。

在系统结构上 CTCS-3 级在 CTCS-2 级的基础地面设备增加了无线闭塞中心（RBC），车载设备增加无线传输模块（RTM）和 GSM-R 车载电台和天线。

CTCS-3 级与 CTCS-2 级列控系统主要存在以下几个方面的相同之处。

① 运行方式。

满足正线双线双方向运行，正向按自动闭塞追踪运行，反向按自动站间闭塞运行的要求，为固定自动闭塞方式。

② 速度控制原理。

以目标-距离连续速度控制模式、设备制动优先的方式监控列车安全运行。

③ 配套系统。

用于高速铁路的 CTCS-3 级和 CTCS-2 级列控系统必须配套调度集中、计算机联锁、信号集中监测系统。

④ 列车定位。

车载设备依据地面应答器收到的信息并以此为基准点通过测速单元等设备测量列车运行距离来获得列车位置。

⑤ 轨道电路。

由轨道电路实现列车的占用检查。除复杂大站的其他区段采用 25 Hz 轨道电路外，复杂大站的正线、股道区段以及一般车站（线路所）全站都采用列控中心编码控制的 ZPW-2000 系统有绝缘轨道电路。

CTCS-3 级与 CTCS-2 级列控系统主要存在以下几个方面的不同之处。

① 车-地控车信息传输方式不同。

CTCS-3 级列控系统采用 GSM-R 无线通信系统，实现车-地信息的双向实时传输。

CTCS-2 级列控系统采用轨道电路和应答器方式，进行车地控车信息的单向传输。

② 行车许可 MA（MA）的生成方法不同。

CTCS-3 级列控系统，由 RBC 根据列车位置、轨道电路状态及进路信息生成 MA，并将 MA 与线路静态速度曲线、坡度和临时限速等信息一起传送给列控车载设备。

CTCS-2 级列控系统，则由列控车载设备根据接收的轨道电路的编码和应答器信息生成 MA。

③ 列控车载设备工作模式不同。

CTCS-3 级列控系统列控车载设备的工作模式有安全监控模式（FS）、引导（CO）、目视行车（OS）、待机（SB）、调车（SH）、隔离（IS）和休眠模式（SL），而部分监控模式（PS）和机车信号模式（CS）则是 CTCS-2 级列控系统特有的工作模式。

部分监控模式（PS）是列控车载设备接收到轨道电路允许行车信息，而缺少应答器提供的线路数据或限速数据时使用的模式。

机车信号模式（CS）是装备 CTCS-2 级列控车载设备的动车组在 CTCS-0/1 级区段运行时使用的模式，经司机操作后，转为最高限速 80 km/h 控车模式，在该模式下，地面信号显示为行车凭证。

④ 临时限速传输途径不同。

CTCS-3 级列控系统，临时限速命令由 RBC 发送给列控车载设备。

CTCS-2 级列控系统，临时限速命令由 TCC 通过有源应答器发送给列控车载设备。

⑤ 后备系统不同。

CTCS-3 级列控系统的后备系统为 CTCS-2 级，在一个车载安全计算机内同时集成了 CTCS-3 级和 CTCS-2 级两个控车模块，当无线通信系统超时或由 CTCS-3 级区段进入 CTCS-2 级区段等级转换后，由 CTCS-2 级列控系统监控列车运行。

CTCS-2 级列控系统的后备系统为 CTCS-0 级，由列车运行监控记录装置（LKJ）控车，CTCS-2 级车载设备与 LKJ 是两套独立的设备，当 CTCS-2 级列控车载设备故障或由 CTCS-2 级区段进入 CTCS-0/1 级区段等级转换后，由 LKJ 监控列车运行。

四、高速铁路行车调度指挥系统

调度集中（CTC）系统是我国铁路保证行车安全、提高运输效率的基础装备。调度集中系统的主要功能是控制中心（调度员）对所辖区段内的信号设备进行集中控制，对列车运行进行直接指挥、管理。

（一）调度集中（CTC）系统概述

调度集中（CTC）系统（以下简称 CTC 系统）是我国铁路保证行车安全、提高运输效率的基础装备。调度集中系统的主要功能是控制中心（调度员）对所辖区段内的信号设备进行集中控制，对列车运行进行直接指挥、管理。

CTC 系统将列车运行调整计划由调度指挥中心下传到各个车站自律机中自主自动执行；在列车运行调整计划的基础上，能解决列车作业与调车作业在时间与空间上的冲突，实现列车和调车作业的统一控制。

CTC 系统设有分散自律控制和非常站控两种模式，适用于不同牵引动力、运行速度、运量、线路类型的区段与枢纽地区。

（二）CTC 系统的设备构成

CTC 系统由中心设备、车站设备和网络设备组成，CTC 系统基本结构如图 5-2-16 所示。

1．高速铁路调度中心

高速铁路调度中心系统包括调度中心应用系统、总机房设备、维修子系统，调度所 CTC 系统结构如图 5-2-17 所示。

分散自律调度集中系统控制中心一般设在铁路局调度所，负责控制整个调度区段列车的运行。控制中心主要由数据库服务器、应用服务器、通信前置服务器、大屏显示系统、行调工作站、助理调度员工作站、综合维修工作站、CTC 维护工作站、网管工作站、打印、远程维护接入、TMIS 接口计算机以及局域网等设备组成。

2．车站子系统

客运专线 CTC 车站系统是客专调度集中系统的重要组成部分，它是整个网络系统的基本功能节点。车站系统根据列车运行调整计划完成进路选排、冲突检测、控制输出和状态显示等核心功能。

车站系统主要包含车务终端（值班员工作站、信号员工作站）、CTC 电务维护机、自律机、网络设备、电源设备和防雷设备等。车站机械室放置客专 CTC 分机设备。车站运转室放置车务终端设备，用于线路状态的显示和排列进路等。

客运专线根据客专车站大小及控制方式的不同而设置为两种类型。一种是车站规模较大，作业量较大的车站，在这种类型车站设置的车务终端包括值班员终端及信号员终端，车站结构如图 5-2-18 所示。另一种车站规模较小，且有可能控制方式为无人站，只保留车站值班员终端，不再设置车站信号员终端。

3．CTC 数据网

CTC 系统独立组网，采用双网结构如图 5-2-19 所示。CTC 数据通信以太网采用 E1 专用数字通道，用于 CTC 调度中心与车站分机之间的信息传输。

CTC 系统独立组网被设计为双层网，包括调度中心的双局域网、车站的双局域网及相互间的双 E1 专用数字通道网络等，组网关系如图 5-2-20 所示。

第五章 高速铁路信号与通信系统

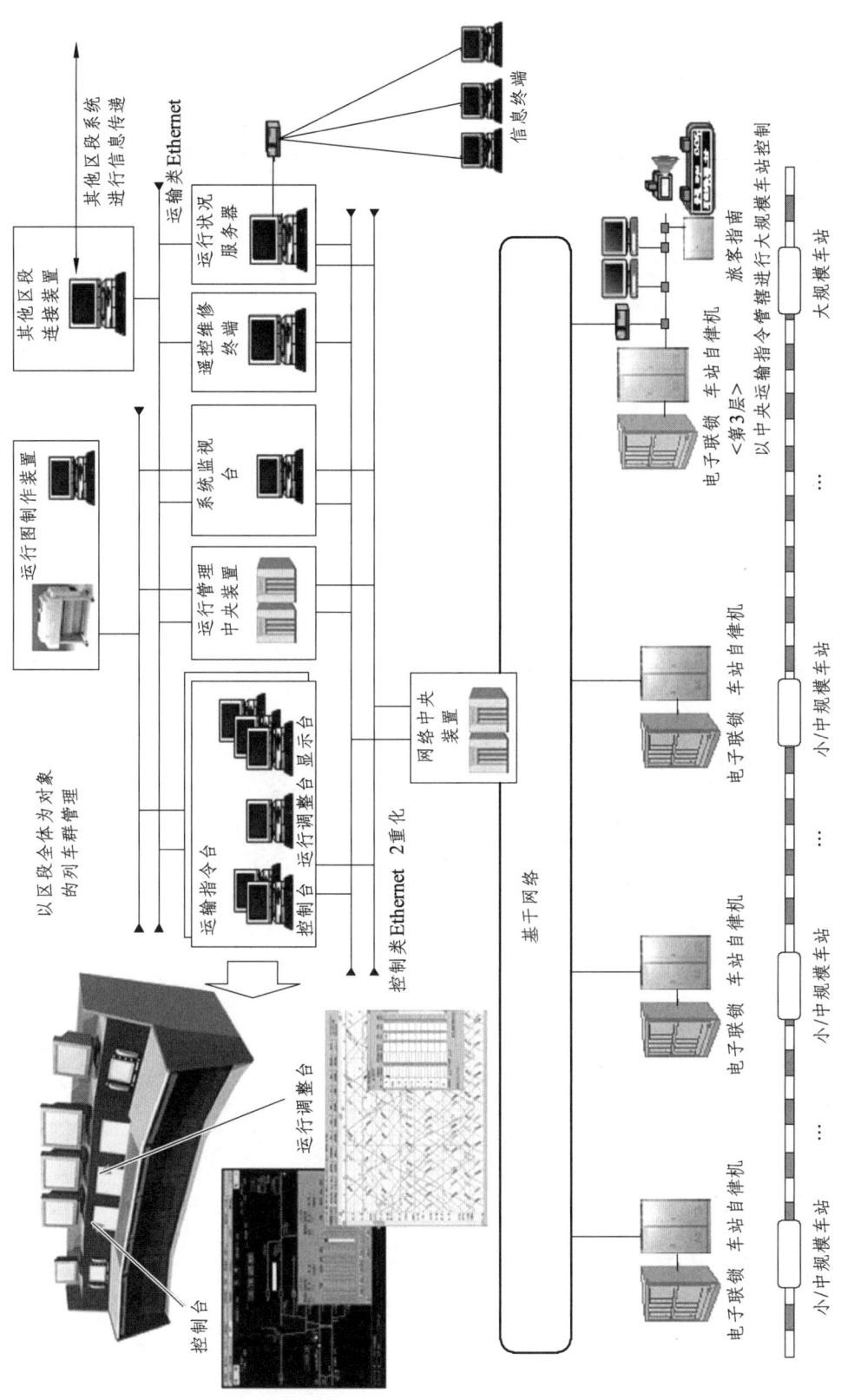

图 5-2-16 CTC 系统基本结构示意图

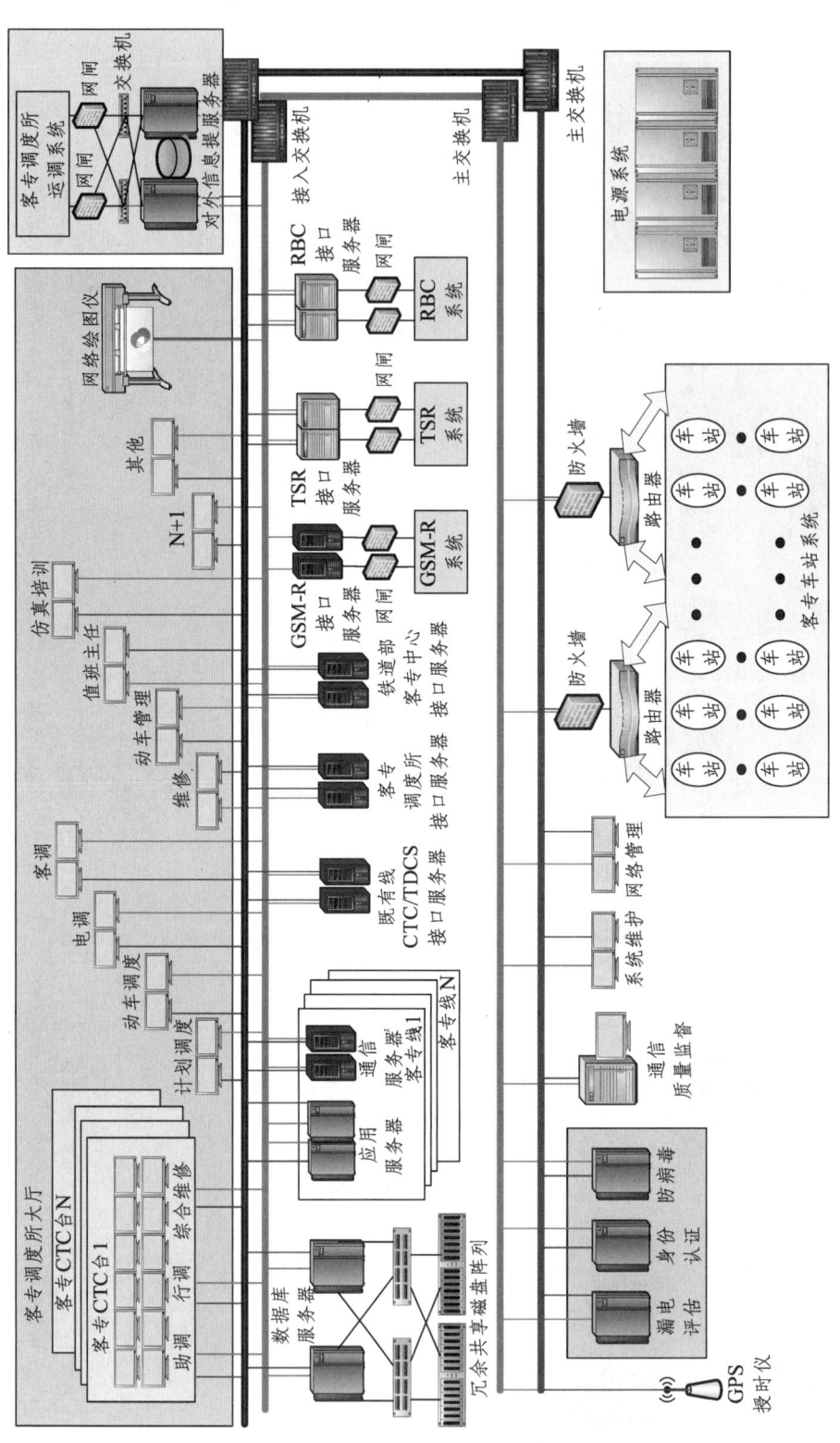

图 5-2-17 调度所 CTC 系统结构图

第五章 高速铁路信号与通信系统

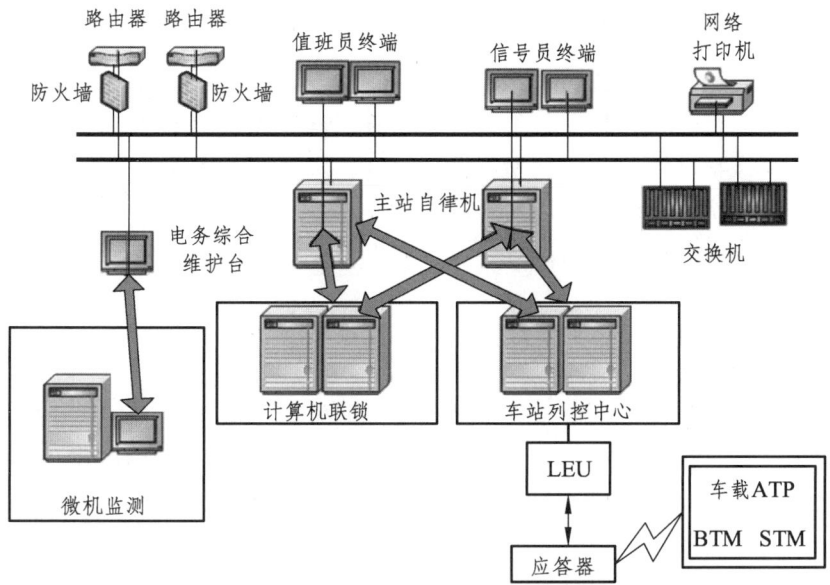

图 5-2-18 客运专线 CTC 车站结构图

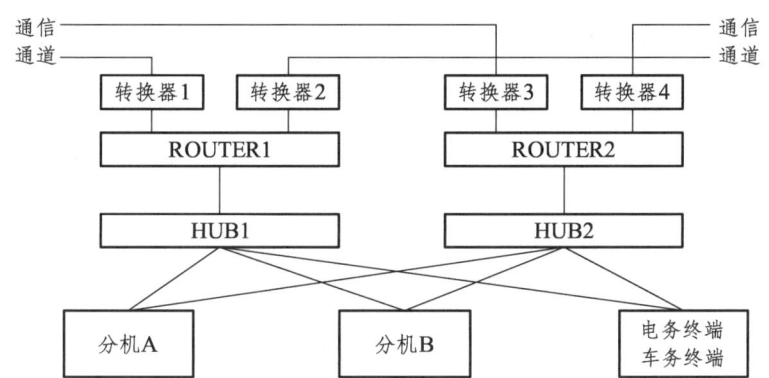

图 5-2-19 车站网络系统拓扑图

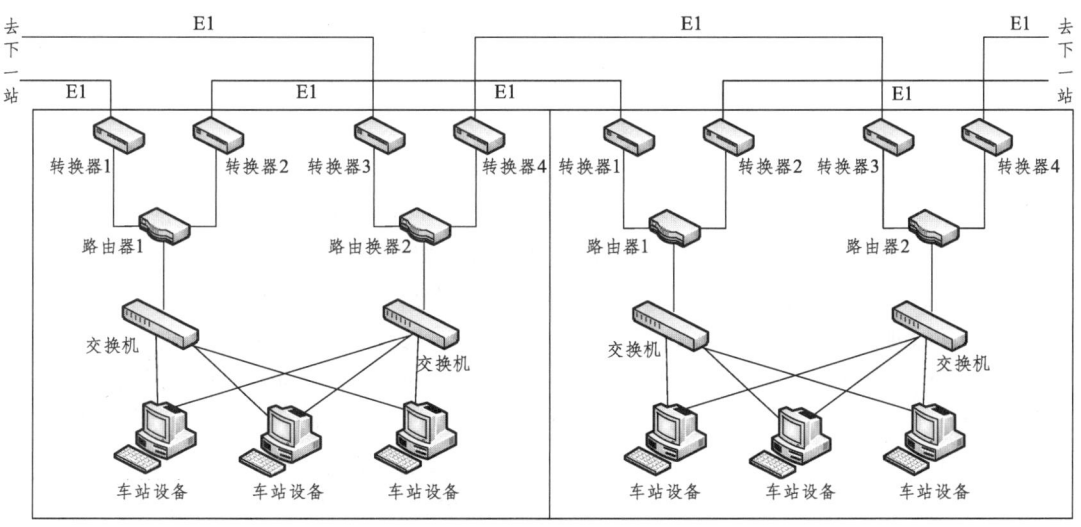

图 5-2-20 两个相邻车站 CTC 组网关系

（三）CTC系统基本功能

（1）实时监视站场信号设备和列车运行状态，实现站间和区段透明显示。

（2）追踪列车运行位置和到发时刻，自动描绘列车实迹运行图。

（3）利用计算机辅助编制和调整列车运行计划，实现调度指挥计算机化。

（4）通过系统网络向车站下达计划和调度命令。

（5）通过系统网络和无线通信向机车下达调度命令、调车作业单、行车凭证和接车进路预告等信息。

（6）自动编制车站行车日志，生成运统2和3报表。

（7）追踪列车编组状态。

（8）远程控制所有联锁设备按钮，具备列车、调车和非正常作业人工遥控功能。

（9）按照列车运行计划和车站《站细》，由自律机自动、自主控制列车进路。

（10）按照调车作业计划，由自律机根据机车请求和列车运行状况，自动自主控制调车进路并对调车状况进行监控和报警。

（11）实现维修作业的综合管理和远程登、销记。

（12）具有完备的网络安全防护功能。

（13）实现TMIS和TDCS的结合和信息交换。

（四）GSM-R区段CTC与通信相关的业务功能

（1）CTC系统广域网由通信承载，站与站之间、站与中心之间的网络利用了通信E1数字电路；当CTC网络物理电路出现单层网或单E1传输电路（或光纤）中断的时候，原则上不影响业务，通信与信号专业应密切配合、及时处理；当CTC网络物理电路出现双层网E1传输电路（或光纤）全部中断的时候，会影响CTC业务，通信应配合信号专业立即进行故障处理。

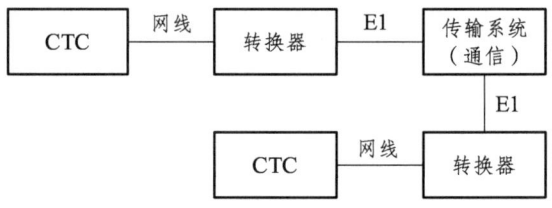

图 5-2-21　CTC与通信系统连接结构图

（2）CTC系统三个业务功能的实现依托通信GSM-R系统提供车地通信的传输，包括了无线调度命令、无线进路预告和无线车次校核。

① 无线调度命令：可以实现调度命令的自动回执和人工签收。

② 无线进路预告：当列车接车进路已办理，该列车驶入后方站区间内，且该列车至本车站的区间内无其他列车就可自动发送接车进路排列情况至机车。

③ 无线车次校核：列车运行过程中，GSM-R无线通信系统会周期地（如速度5 km/h以上时每隔30 s发送两次，两次间隔3~5 s）向分散自律调度集中系统主动发送无线车次信息；分散自律调度集中收到无线车次信息后，根据其中的公里标检索列车位置，然后发送到相应的车站自律机，车站自律机比较两种车次号信息（GSM-R车次号和自动跟踪车次号），完成车次号校核功能。

五、高速铁路信号集中监测系统

高速铁路信号集中监测系统是铁路运输的重要行车安全设备，信号集中监测是电务安全的"黑匣子"，是信号设备实现"状态修"的必要手段，也是信号技术向高安全、高可靠和网络化、数字化合智能化发展的重要标志之一。

信号集中监测系统具有自诊断功能，能在信号设备运行的全部时间内监测运行状态和质量特性，全天候实时或定时对主体设备进行参数测试、存储、打印、查询、再现；能监测信号设备主要电气性能，当电气特性偏离预定界限时及时报警；能发现信号故障和故障预兆，为防止事故、实现信号设备预防维修提供可靠信息。进行实时监测、数据处理、故障诊断，从而大幅度提高了信号系统安全性。

信号集中监测系统具有自记忆功能，记忆、存储信号设备的运行过程，并通过逻辑智能判断，有利于捕捉瞬间故障和间歇故障，克服"疑难杂症"，提高信号系统的可靠性；通过历史回放，为进行事故分析提供重要的手段和依据。

信号集中监测系统的主要作用体现在以下几个方面：

为信号设备状态修提供可靠的依据；

帮助维修人员缩短故障延时；

有利于分清故障责任；

维修管理和信息共享；

使集中维修成为可能；

便于和其他专用系统结合。

（一）信号微机监测系统的功能

1．测试部分

测试部分主要包括模拟量实时值，报表曲线等功能

（1）电源屏电压的实时值、日报表、日曲线、月曲线、年趋势。

（2）轨道电压的实时值、日报表、日曲线、月曲线、年趋势、残压报表。

（3）道岔的启动电流曲线、动作次数。

（4）绝缘的测试值表格、历史报表、曲线显示。

（5）漏流的测时值表格、历史报表、曲线显示。

（6）区间点发送电压、接受电压的实时值、日报表、日曲线、年趋势。

（7）电码化电压、电流的实时值、日报表、月曲线、年趋势。

（8）设置的参数修改、标准工具栏、状态工具条、状态条。

（9）站机软件版本信息。

2．监视部分

监视部分主要包括对电务、车务、电力、工务的各种数据进行事后查询和报警查询功能、系统管理功能等。

（1）电务部门的存储监测信息、再现监测信息、次数统计、开关量变化历史数据、模拟量测试历史数据。

（2）车务部门的破封按钮使用统计、破封按钮使用记录、控制台操作按钮使用记录。

"破封按钮动作记录"对话框。"发生时刻"表示按钮按下时刻,"恢复时刻"表示按钮恢复时刻。"控制台操作按钮使用记录"与其基本相同。它记录了值班员在控制台的所有操作,并将记录按照时间顺序排列。

（3）电力部门的外电网断电、三相电源断电、三项电源错序。

外电网断电、三相电源断相、三相电源错序的对话框。

（4）工务部门的道岔启动电流、道岔动作次数统计、道岔缺口报警。

启动电流曲线功能；道岔动作次数功能。

（5）所有报警显示。

熔丝断丝报警对话框：序号表示此条信息表中的位置；"发生时刻"表示报警时刻；"恢复时刻"表示报警恢复时刻；"延迟"表示报警延续的时间。在下方按钮区,选择"打印",则提示输入起始序号和结束序号,在打印机上输出所选数据。道岔位置与表示不一致、稽查报警、区间信号电故障、列车信号主灯丝断丝、外电网断电、三相电源断相、三项电源错序、电器特性超限、2DQJ采集报警、锁闭继电器封连、信号分正常关闭报警,操作方式和对话框功能与熔丝断丝报警基本相同。

（6）系统工作日志、CAN网络管理、WAN网络管理、报表浏览记录。

（二）信号集中监测的内容包含模拟量和开关量的监测

模拟量是指自然界大量出现的,在时间上和数值上均作连续变化的物理量。如压力、重量、温度、密度、流量、转速、位移、电压、电流等。

（三）信号集中监测的报警

监测系统根据设备故障性质产生三类报警和预警。

1．一级报警

涉及行车安全的信息报警。报警方式：声光报警,人工确认后停止报警,并通过网络上传到各级终端。

2．二级报警

影响行车或设备正常工作的信息报警。报警方式：声光报警,报警后延时适当时间自动停报,并通过网络上传到各级终端。

3．三级报警

电气特性超限或其他报警。报警方式：红色显示报警,电气特性恢复正常后自动停报,可通过网络上传到车间/工区终端。

4．预警

根据电气特性变化趋势,设备状态及运用趋势等进行逻辑判断并预警。报警方式：预警显示为蓝色。预警可通过网络上传到车间/工区终端。

（四）信号集中监测系统结构

信号集中监测系统结构部分采用基于 TCP/IP 协议的广域网模式，由国铁集团电务监测中心、铁路局电务监测中心、电务段监测中心、车站监测网以及广域网数据传输系统组成。

1．国铁集团电务监测中心

国铁集团电务监测中心配置有通信管理机和国铁集团监测终端。

国铁集团监测终端可以调看全路的联网车站，实时查看车站信号设备的工作状态，回放站场存储信息和报表信息，显示车站的报警信息。

2．铁路局电务监测中心

铁路局监测终端可以调看全局的联网车站，实时查看车站信号设备的工作状态，回放站场存储信息和报表信息，显示车站的报警信息。

3．电务段监测中心

电务段监测中心是网络系统的中枢部分，是电务段管内各站的微机监测数据和网络通信的管理中心。整个监测系统以电务段监测中心为集中管理、监控的中心。它包括采用双机冗余备份技术应用服务器、监测终端和维护工作站。

4．车站系统

车站系统是信号集中监测网络系统的基础部分，负责数据的采集、分类、处理和存储，实现车站信号设备、区间信号设备的实时监测、故障分析、诊断和人机对话、显示与查看。

（五）信号集中监测系统网络

信号集中监测系统的组网是采用基于 TCP/IP 协议的广域网模式，由车站采集系统、电务段中心服务器管理系统、上层网络终端（包括车间机、电务段监测终端、铁路局监测终端、国铁集团监测终端等）及广域网数据传输系统组成。

第三节　高速铁路通信系统

一、高速铁路通信系统概述

高速铁路通信系统是传递行车调度指挥自动化信息、列车运行控制信息、无线闭塞信息和其他行车设备监控信息，提供行车调度指挥电话、公务联络电话、专业电话、电视电话会议、IP 数据、视频监控、应急通信等通信业务，是保证行车安全、提高运输效率、实现管理信息化的重要基础装置。

（一）高速铁路通信的作用

在正常情况下，通信系统为高速铁路运营管理、行车调度指挥、行车设备监控、防灾报警等系统提供语音、数据、图像等各种信息的传输。在非正常情况下，通信系统可作为抢险救灾的通信手段。

（二）高速铁路对通信的要求

高速铁路对通信系统要求能迅速、准确、可靠地传递和交换各种信息。

（1）对行车组织，通信系统应能保证将各站的客流情况、工作状况、线路上各列车运行状况等信息准确、迅速地传输到控制中心。同时，将控制中心发布的调度命令与控制信号及时、可靠地传送到各个车站及行进中的列车上。

（2）对于高速铁路运行的组织管理，通信系统应能保证各部分之间、上下级之间保持畅通、有效、可靠的信息交流与联系。

（3）通信系统应保证本系统与外部系统之间便捷、畅通的联系。

（4）通信系统主要设备和模块应具有自检功能，并采取适当的冗余配置，故障时能自动切换和报警，控制中心可监测和采集各车站设备运行和检测的结果。

（三）高速铁路的通信基础平台

高速铁路通信网络由光缆和电缆线路、同步数字体系 SDH 传送网、GSM-R 数字移动无线通信网、区段通信网、电话交换网、IP 数据网、用户接入网以及支撑网等所组成。

（四）高速铁路通信系统承载业务介绍

高速铁路通信系统一般由传输系统、公务通信系统、专用通信系统（调度电话、专用电话、视频监控、广播、无线、时钟、电源等）等子系统组成，构成传送语音、数据、图像等各种信息的综合业务数字网。

1. 有关行车安全与提高效率的通信系统

（1）列车运行控制系统通信。

列车运行控制系统通信用来传送列车运行控制系统信息，由光纤和工业以太网交换机构成安全数据通信网，是由 GSM-R 移动通信网和车载 ATP 设备构成的。

（2）列车调度集中系统（CTC）。

列车调度集中系统（CTC）是连接调度所与沿线行车监控室的信息传输系统，用以进行调度集中控制、安排沿线各车站的列车进路、传送调度命令。

（3）列车运行调度电话。

列车运行调度电话是调度员与各车站值班员之间、调度员与列车司机之间的运转调度电话，是能进行全呼、组呼或个别选呼的职能专用电话。由 FAS（数字调度系统）与 GSM-R 数字移动通信系统提供业务。

（4）站间行车专用电话。

站间行车专用电话是列车调度集中系统（CTC）、列车运行控制系统等发生故障、实行代用闭塞方式行车时，所使用的直通电话。由 FAS（数字调度系统）提供业务。

（5）风速、雨量监视用的通信。

高速列车在穿过复杂的地形时，需对当地的气象进行观测，以保证行车安全。在河流和峡谷的桥梁上需安装风速计，在暴风雨时向调度所报警，故需要有风速、雨量监视用的通信系统。

（6）变电所遥控用的通信。

电力 SCADA 系统作为能量管理系统一个最主要的子系统，有着信息完整、提高效率、正确掌握系统运行状态、加速决策、参与快速诊断系统故障状态等优势，现已经成为电力调度不可缺少的工具。

2．为旅客服务的通信系统

（1）客票预售通信。

是票务中心与各站客票预售窗口所用设备之间联系的通信。

（2）站内旅客向导通信。

车站所用的表示列车到达时间、停靠站台号码等信息显示及广播设备用的通信。

（3）公用电话。

是旅客在列车上与市内电话用户之间的通信。

3．设备维修及运营管理用的通信系统

（1）专用调度电话。

工务、供电、信号等专业调度员与沿线维护机构之间业务联系的专用调度电话，是能进行全呼、组呼或个别选呼的职能专用电话。由 FAS/数字调度系统提供业务。

（2）公务联络电话。

是铁路工作人员公务联络用的电话通信系统。由铁路固定电话网、用户电话接入网、GSM-R 数字移动通信系统提供业务。

（五）铁路数字移动通信系统（GSM-R）

GSM-R（GSM for Railway）是基于 GSM 技术，专为铁路通信设计的数字移动通信系统，为铁路应用提供综合通信服务的平台，不仅实现了无线列车调度、铁路区间移动通信等语音功能，同时还承担了车次号校核信息、调度命令、列控信息传送等无线数据通信任务，在铁路安全生产中发挥着重要作用。

1．GSM-R 发展概述

欧洲 GSM-R 的成功运用，为我国铁路移动通信技术发展提供了良好的技术借鉴。我国从 1994 年就开始对专用移动通信技术跟踪研究，并认为 GSM-R 具有适应铁路运输特点的功能优势和成熟的技术优势，符合通信信号一体化技术发展的需要，因此 2000 年年底正式确定将 GSM-R 作为我国铁路移动通信的发展方向。目前，GSM-R 技术已在我国多条铁路干线和高铁、客运专线上得到推广使用。

2．GSM-R 网络结构及业务应用

（1）GSM-R 网络结构。

GSM-R 系统由若干个功能实体组成，这些功能实体所实现的功能的集合就是网络能够提供给用户的所有基本业务和补充业务，并完成对用户数据和移动性的操作和管理。GSM-R 移动通信系统的基本结构如图 5-3-1 所示。

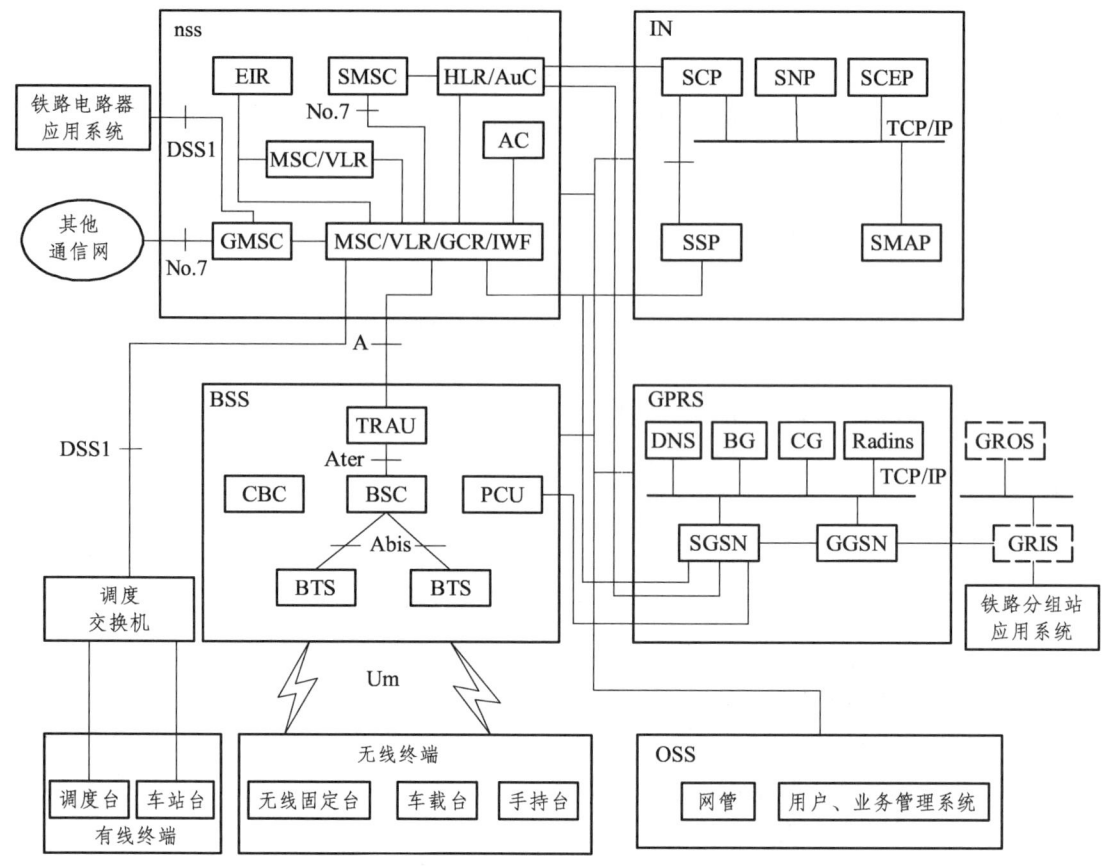

图 5-3-1 GSM-R 网络结构图

GSM-R 通信系统主要由网络交换子系统（NSS）、基站子系统（BSS）、运行和维护子系统（OSS）、智能网子系统（IN）、通用分组无线业务子系统（GPRS）以及 GSM-R 无线终端等部分组成。

① GSM-R 无线终端。

GSM-R 无线终端是接入 GSM-R 网络的用户设备，包括移动终端（ME）、终端设备（TE）或通过终端适配器与 ME 连接的 TE。

② 基站子系统（BSS）。

基站子系统（BSS）由一个基站控制器（BSC）和若干个基站收发信机（BTS）组成，BTS 主要负责与一定覆盖区域内的移动台（MS）进行通信，并对空中接口进行管理。BSC 用来管理 BTS 与 MSC 间的信息流。

③ 网络交换子系统（NSS）。

网络交换子系统（NSS）建立在移动交换中心（MSC）上，负责端到端的呼叫、用户数据管理、移动性管理和与固定网络的连接。

④ 智能网子系统（IN）。

智能网子系统（IN）是一种附加在移动交换网基础之上的业务网，智能网采用全新的"控制与交换相分离"的思想，即新业务的提供、修改以及管理等功能全部集中于智能网，交换机仅具备提供交换的基本功能而与业务提供无直接关联。

⑤ 通用分组无线业务子系统（GPRS）。

通用分组无线业务子系统（GPRS）是在 GSM 技术的基础上提供的一种端到端分组交换业务。GSM-R 网络引入 GPRS 是为了解决频率资源紧张的问题，提高数据的传输速率。

⑥ 运行和维护子系统（OSS）。

运行和维护子系统（OSS）是相对独立的子系统，主要为 GSM-R 网络提供移动用户管理、移动设备管理、网络操作和控制三类功能。

（2）GSM-R 业务应用。

我国 GSM-R 网络能够提供的主要业务类型如图 5-3-2 所示。

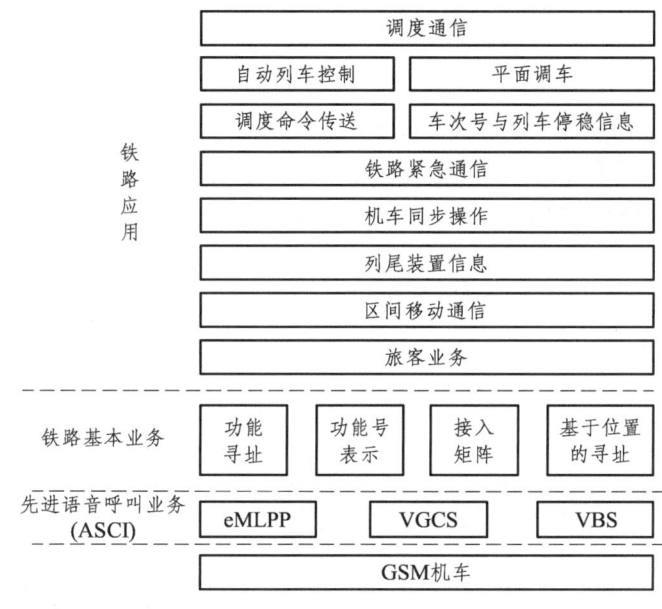

图 5-3-2　GSM-R 业务模型图

（3）铁路实际应用形式。

① 调度通信。

调度通信系统业务包括列车调度通信、货车调度通信、牵引变电调度通信、其他调度及专用通信、应急通信、施工养护通信和道口通信等。目前，铁路调度通信网络主要是 GSM-R+FAS（固定用户接入交换机）的无线/有线混合网络，实现调度区段内点对点的通信、语音组呼、语音广播和多方通信等调度业务通信。

② 车次号传输与列车停稳信息传送。

GSM-R 车次号传输与列车停稳信息传送系统由 GSM-R 网络 GPRS、监控数据采集处理装置、GSM-R 机车综合通信设备、TDCS/CTC 设备组成，系统通过 GSM-R 网络实现车次号校核信息、列车停稳信息无线传送。

③ 调度命令传送。

调度命令系统由 GSM-R 网络 GPRS、GSM-R 机车综合通信设备（含操作显示终端、打印设备）、TDCS 设备等组成。系统通过车次号信息建立运行区段记车号对应的 IP 地址档案，当调车员和车站值班员发送调度命令时，TDCS 根据调度命令中的记车号查找相对应的目的 IP 地址并将调度命令发送过去。

④ 列尾装置信息传送。

列尾装置信息传送主要是在车头的司机查询器和车尾的风压检测器上分别安装 GSM-R 通信模块，两者利用 GSM-R 电路交换的数据通信功能，实现尾部风压数据传输。

⑤ 调车机车信号和监控信息系统传输。

调车机车信号和监控信息传输系统主要是提供调车机车信号和监测信息传输通道，实现地面设备和多台车载设备间的数据传输，并能够存储进入和退出调车模式的相关信息。

⑥ 机车同步控制传输。

在多机车牵引模式下，利用 GSM-R 网络提供可靠的数据传输通道，实现机车间的同步操作控制，如各机车同时启动、加速、减速、制动等。

⑦ 列车控制信息传送。

采用 GSM-R 实现车地间双向无线数据传输，代替目前使用的轨道电路来传输色灯信号的指令，是基于通信技术的列车控制系统的关键技术，提供车地之间双向安全数据传输通道，满足列车控制响应时间的要求。

⑧ 区间移动公（工）务通信。

在区间作业的水电、工务、信号、通信、供电、桥梁守护等部门利用 GSM-R 作业手持台实现内部通信，在需要时可与车站值班员、各部门调度员或自动电话用户联系。紧急情况下，作业人员还可以与司机建立联系。

⑨ 应急指挥通信话音和数据业务。

通过 GSM-R 网络在现场和指挥中心之间建立语音、图像、数据通信系统。应急指挥话音业务被设置为高优先级，以保障通信的快捷畅通。

⑩ 旅客列车移动信息服务通道。

通过车地数据传输系统（基于 GSM-R 电路交换），实现旅客列车移动信息服务，如购票服务、预订服务、时刻表信息等。

（六）调度通信系统

调度通信系统是铁路行车指挥的神经枢纽，是直接为铁路运输生产服务的重要通信设施。为保证列车畅通无阻、安全高速，调度通信系统必须提供迅速、准确、安全、可靠的通信服务。

1．调度通信系统概述

FAS（固定用户接入）系统就是针对调度通信的新需求而研制开发的新一代铁路调度通信系统，主要负责调度员、车站值班员和其他用户间的通信。FAS 调度通信系统构成如图 5-3-3 所示。

2．调度通信系统的基本原理、网络结构及业务功能

（1）基本原理。

FAS 系统主要是采用数字交换技术，首先将模拟的话音信号变为数字信号，即话音信号数字化，其次是将数字化的语音信号进行交换，并实现数字共线和数字交叉连接。

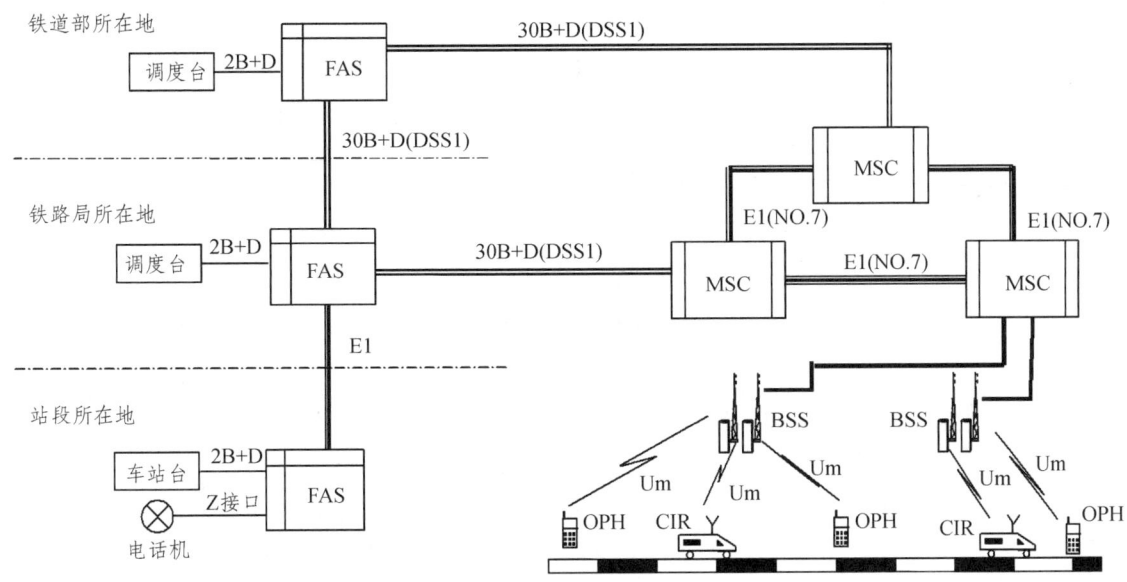

图 5-3-3 调度通信系统构成示意图

（2）网络结构。

FAS 系统由调度所 FAS、车站 FAS、调度台、值班台、其他各类固定终端及网管终端构成。调度所 FAS 设置在铁道部和铁路局等调度机械室；车站 FAS 设置在车站和用户相对集中的通信机械室；调度台设置在各类调度员所在地；值班台设置在车站值班员等用户所在地。

（3）业务功能。

a. 列调。

- 列车调度员以单呼（车次号功能寻址/MSISDN 号码方式）、组呼、广播方式呼叫调度辖区内的机车司机。
- 列车调度员以单呼、组呼方式呼叫调度辖区内的车站值班员。
- 列车调度员组呼调度辖区范围内的机务段（折返段）运转、列车段（车务段、客运段）、电力牵引变电所等值班员并通话。
- 列车调度员向调度辖区范围内的车站值班员、机车司机、助理值班员、运转车长、工务人员、道口人员发起紧急组呼。
- 机车司机按位置寻址/ISDN 号码方式个别呼叫当前所在调度辖区的列车调度员并通话。
- 机车司机按位置寻址/ISDN 号码方式个别呼叫本站/前方站/后方站值班员并通话。
- 机车司机向所属调度辖区的调度员以及相邻的车站值班员、机车司机、助理值班员、运转车长、工务人员、道口人员发起铁路紧急呼叫。

b. 电调。

- 牵引供电调度员应按个别呼叫、组呼等方式呼叫调度辖区范围内相关的所属用户并通话。
- 牵引供电调度员接收所属用户的个别呼叫并通话。

c. 站场通信。

站场通信实现以车站值班员（调度员）、助理值班员、客运值班员等为中心的通信，其用户包括机车司机、车站外勤值班员、站内道口、值班（工务、信号、通信、电力、接触网等）工区、客运作业人员等。

d. 站间通信。

站间通信实现（相邻）两车站值班员之间进行语音联络的点对点通信。

复习思考题

1. 简述高速铁路信号基础设备有哪些。
2. 简述高速铁路信号系统有哪些。
3. 简述列车运行控制系统的分级情况。
4. 简述高速铁路行车调度指挥系统的结构及作用。
5. 简述 CTCS-3 级与 CTCS-2 级列控系统的异同。
6. 简述高速铁路的通信系统业务有哪些。
7. 简述 GSM-R 在铁路的业务应用。
8. 简述 GSM-R 系统的网络结构。
9. 调度系统的业务有哪些？
10. 简述调度系统的基本原理。
11. 简述接入网的作用及分类。
12. 简述接入网的主要接口。

第六章 高速铁路运输组织

第一节 概 述

高速铁路是现代经济社会发展和运输市场竞争的产物,其出现和发展促进了国家、地区经济的发展以及城市一体化进程,在经济发达、人口密集的地区,其经济效益和社会效益显得尤为突出。高速铁路的运输组织是根据高速铁路的特点,研究一些有别于普通铁路运输组织中的一些技术问题。高速铁路的运输组织涉及高速铁路的技术经济优势能否充分发挥,能否最大限度地吸引客流,能否获得最佳的经济、社会效益的软件环境,是高速铁路技术的重要组成部分。在我国修建高速铁路有着很大的优势:首先,修建高速铁路是适合我国国情的;其次,将会提高客运服务质量,最后,修建高速铁路有利于促进我国铁路装备水平的提高和科学技术的进步。在制定运输组织模式时,不仅要充分考虑铁路运输需求、网络现状以及技术、资金水平等实际情况,也要从旅客的角度出发,分析客流特征,合理有效地设计高速列车开行模式或者中转换乘模式。

一、高速铁路客流与列车种类

(一)客流

1. 客流的概念

客流是指不同的旅客由于生产、工作和生活的需要,在一定时期一定空间范围内,根据旅行目的以及旅行距离的远近,选用一定的运输方式在通道内沿某一方向作有目的的移动的社会经济现象,在此,客流主要指所有借助于运输工具经由运输通道的人。客流这个概念属于经济范畴,包含着流量、流向、流时、流距和结构五个基本要素。

2. 客流分类

(1)按旅客身份分类。

可分为工人、农民、商人、公务员、学生、军人、教师等客流。

(2)按旅客出行目的分类。

可分为开会、出差客流;探亲、访友客流;购、售物品客流;参观、旅游客流等。

(3)从空间范围分类。

从客流流动的范围上,根据其始发终到是否在通道上,通道上的客流又可分为本线客流和跨线客流。

本线客流和跨线客流的主要区别就在于客流 OD 点是否处于高速铁路线上。

① 本线客流。

如果 OD 点都在本线上，那么这样的客流就叫作本线客流，武广高铁线如图 6-1-1 所示，当客流 OD 点都属于武广线路上的站点时，OD 点间的客流就是本线客流。

② 跨线客流。

跨线客流指部分或全部跨越本通道的客流，分为以下三种情况。

a. 始发站在通道以外，到达本通道的客流。

b. 始发站在通道上而终到站在通道以外的客流。

c. 始发站和终到站均在通道外但经本通道输送的客流。

（4）从客流组成分

从客流的组成上分，高速铁路通道上的客流可分为基本客流、诱发客流及转移客流三类。

① 基本客流。

基本客流由既有线上符合高速条件的客流转移而来，它是高速铁路承担的主要客流，也是修建高速铁路的主要依据。

② 诱发客流。

诱发客流是由于通道运能的扩大、运输质量的提高以及运输环境的改善，促使人们增加出行而产生的客流。

③ 转移客流。

转移客流是指由于运输通道内各种运输方式间的竞争，使得旅客由一种运输方式转到另一种运输方式，从而产生的客流。高速铁路在其有利的运距范围内，会将原来属于其他运输方式的客流吸引过来一定的比例；相反的，由于旅客选择的多层次性，也有一部分客流因高速列车停站少等因素而转向其他运输方式。双向转移体现了高速铁路在客运市场中的竞争力。

（5）按跨线客流输送方式分类。

如果单独分析跨线客流输送方式，可将其分为直达客流和换乘客流两类。

① 直达客流。

由跨线运行的高速列车承担的下高速线客流（高速直达客流），无须中途换乘。

② 换乘客流。

在高速线与既有线的接轨站换乘后到达目的地客流，根据换乘方向的不同，可分为普速列车换乘高速列车客流和高速列车换乘普速列车客流。

（6）按旅客的乘车距离和铁路局管辖范围分类。

① 直通客流。

旅行距离跨两个及以上铁路公司或客运专线公司的客流；运距长、旅时长，对服务标准及舒适度有较高要求；高速铁路在直通客流上占有很大优势。

② 管内客流。

旅行距离在一个铁路公司范围以内的客流。

（7）按客流地点。

① 断面客流：通过线路各区间的客流。

② 车站客流：在车站上下车换乘的客流。

（8）从其他层面分。

① 从客流流量上分，通道上的客流可分为大客流、中客流、小客流。

② 从客流流向上分，通道上的客流可分为上行客流、下行客流等。

③ 从客流流时上分，通道上的客流可分为高峰客流、平峰客流、低峰客流。

④ 从客流流程上分，通道上的客流可分为长途客流、中途客流、短途客流；一般运行距离 800 km 以上的归为长途客流，200 km 以内的为短途客流，200～800 km 为中途客流。

3．影响客流变化的主要因素

（1）社会政治、经济、文化的发展。

（2）生产力布局的改变，经济区的开发，地方工业及乡镇企业的兴办和发展。

（3）国家或地区一定时期内方针政策的变化。

（4）人口的自然增长。

（5）国家和地区性的团体活动。

（6）现有铁路技术改造，新线修建，客流吸引范围的扩大或缩小。

（7）各种现代化交通运输工具的发展和合理分工的变化。

（8）不同交通工具客运票价的变化。

（9）自然灾害和季节、气候变化。

（10）旅游业的发展变化。

（二）高速列车的种类

针对不同的需求所产生的不同的客流以及不同的线路设备条件，高速铁路开行不同等级的高速列车，以适应不同的需要。根据铁路列车运行图的规定，高速旅客列车分为以下几种（见表 6-1-1）。

表 6-1-1　列车车次编码方案表

顺号	列车分类		车次范围
1	高速动车组旅客列车		G1—G9998
	其中	跨局	G1—G5998（G4001—G4998 为临客预留）
		管内	G6001—G9998（G9001—G9998 为临客预留）
2	城际动车组旅客列车		C1—C9998
	其中	跨局	C1—C1998
		管内	C2001—C9998（C9001—C9998 为临客预留）
3	动车组旅客列车		D1—D9998
	其中	跨局	D1—D4998（D4001—D4998 为临客预留）
		管内	D5001—D9998（D9001—D9998 为临客预留）
4	动车组检测列车		DJ1—DJ1998
	其中	300 km/h 检测列车	DJ1—DJ998
		250 km/h 检测列	DJ1001—DJ1998
5	动车组确认列车		DJ5001—DJ8998
	其中	直通确认列车	DJ5001—DJ6998
		管内确认列车	DJ7001—DJ8998
6	试运转列车		G55001—G56998
	其中	300 km/h 以上动车组	G55001—G55998
		250 km/h 动车组	D56001—D56998
7	回送出入厂动车组车底		001—00298　"00" 均为数字

(三)高速旅客列车的车次

1. 定义

为了区别不同方向、不同种类、不同区段和不同时刻的列车,需要为每一列车编定一个标识码,这就是车次。

2. 上、下行方向确定规则

(1)上行方向。

① 开往北京方向。

② 支线开往干线方向。

③ 被指定为上行方向的。

(2)下行方向。

① 背离北京方向。

② 干线开往干支线方向。

③ 被指定为下行方向的。

3. 车次编写规则

(1)上行方向均编为双数车次。

(2)下行方向均编为单数车次。

二、高速铁路的服务对象

(一)客运市场需求分析

高速铁路客运市场客流中各种职务,各种收入,各种旅行目的的旅客都有,按旅客出行目的可以分为公务性旅行和个人旅行两大类,行管人员、企业管理人员和科技人员旅行的主要目的是出差和开会,是公务性旅行的客源;个体经商人员旅行主要是为了做生意,农民旅行主要是去务工,学生旅行主要是探亲,离退休人员旅行主要是旅游,这些则是个人自费旅行客源。

京沪通道铁路客流在各种出行距离所占的比例如表 6-1-2 所示。由表 6-1-2 可知,铁路在中、长距离的运输方式竞争中占绝对优势;但对行程在 200 km 以内的、量大的短途客流也很有竞争性,几乎可与公路平分秋色。这说明铁路适合于各种距离的旅客运输。

表 6-1-2 京沪通道旅客出行距离别分布表   单位:%

距离/km 方式	<100	100~300	300~500	500~700	700~900	900~1 100	1 100~1 300	1 300~1 500	>1 500
铁路	43.44	48.87	50.43	61.91	77.72	77.34	68.05	89.81	89.29
公路	56.56	51.13	48.99	26.72	17.09	9.05	1.33	0	0
民航	0	0	0.58	11.37	5.19	13.15	30.62	10.19	10.71
合计	100	100	100	100	100	100	100	100	100

(二)旅客出行方式及服务属性的选择

旅客出行一般都选择自己最喜欢的交通运输方式,而交通运输方式的选择又受各自认为最重要的供给属性(即服务属性)的影响。供给属性包括安全性、运输速度、舒适性、方便性以及交通费用等。根据调查分析的结果,旅客对出行方式及服务属性的选择意向如表6-1-3和表6-1-4。

表 6-1-3　旅客出行方式及服务属性选择　　　　　　　　　　　单位:%

项目 旅客	首选交通运输方式			首选服务属性				
	铁路	公路	民航	安全	速度	舒适	直达*	费用
全部旅客	70.05	23.64	6.31	60.38	16.02	9.23	7.44	6.93
铁路旅客				62.81	13.94	9.55	6.63	7.07
公费旅客	69.12	22.65	8.23	61.93	18.04	9.67	5.93	4.43
自费旅客	71.14	24.09	4.77	58.9	14.42	8.9	8.73	9.05

* 本表以直达(不换乘)代表方便性。

表 6-1-4　不同收入水平的旅客对出行方式及服务属性的选择

项目 月收入(元)	首选交通运输方式/%			首选服务属性/%				
	铁路	公路	民航	安全	速度	舒适	直达*	费用
<500	57.43	39.7	2.87	51.27	13.49	7.39	6.72	21.13
500~1 000	58.06	37.47	4.92	61.29	13.97	9.83	7.69	7.22
1 000~1 500	73.30	16.89	9.18	62.63	16.24	8.43	8.57	4.13
1 500~2 500	57.94	9.51	32.55	62.26	17.6	8.67	7.6	3.87
>2 500	52.75	7.14	40.11	59.25	19.68	11.24	5.39	4.44

* 本表以直达(不换乘)代表方便性。

上述统计分析可看出,各种不同收入水平的旅客,无论是自费出行还是公费出行,首选铁路者占大多数。旅行费用及收入水平不同的旅客对服务属性重要度的选择也有所不同。对各种旅客来说,最为关心的是安全,仅次于安全的要素是速度。票价被选择为第一重要因素的比例最低,可见随着收入的提高旅费不再是控制因素。

高级管理人员,以开会、出差、经商为旅行目的者,公费旅行者选择速度快为第一重要因素比例相对较高,收入越高者对速度越重视,近距离和远距离出行者均认为速度快重要。

工人、农民,月均收入较低者,旅行目的为务工,旅费来源为自费,旅行距离在900~1 500 km时,选择费用低的作为第一重要因素的比例相对较高。

离退休人员则以旅游为主要旅行目的,旅行距离在1 300 km以上的,选择舒适为第一重要因素比例相对较高。

（三）高速铁路的市场定位

高速铁路一般都是客运专线，其服务对象是旅客，由于列车运行速度比较高，其服务范围比较广，尤其是高速铁路所具有的一系列技术经济优势如服务频率高、便捷舒适、安全可靠，全天候服务等，使其在运输市场中具有强劲的竞争能力，服务范围几乎不受所谓（时间因素上的）优势距离的限制。但为保持较高的旅行速度，高速铁路一般设站都比较少，因而不能吸纳沿线小城镇到发的零星客流。高速铁路的市场定位，即主要服务对象是要求缩短旅途时间的中、长途客流和要求随时提供服务量大的短途客流。

随着人们生活水平提高，消费结构产生变化，消费结构升级开始显现，居民消费水平的提高，特别是旅游消费旺盛期的来临，将带动消费性旅行需求不断增加，非公务性自费旅客比例将逐渐增大。未来的客流构成中，以自费旅游、打工求职、探亲访友等出行目的旅客还会不断提高。旅游消费将逐渐成为一种大众消费方式，旅游客流将逐渐发展成为庞大的运输市场。此外，大型博览会、商品交易会、体育比赛的频繁举行是客运市场广阔的发展空间，这些客流在速度上都有较高的要求，是高速铁路的重要潜在客源。

随着区域通道的综合运输网络日臻完善，各种运输方式互补性日益增强，市场容量继续扩大，同时，各种运输方式的竞争程度也日趋激烈，运输方式间可替代性提高，追求运输质量的倾向性需求将更加突出，旅客将选择最经济、合理、服务质量高的运输方式。

经济和社会的发展改变了人们的生活习惯及工作方式，同时也改变了对运输需求的概念，生活质量的提高，国民收入的增加，使得旅客经济承受能力明显增强，消费观念也随之改变，人们的旅行生活在数量得到满足的基础上，将更加注重舒适性、安全性、便捷程度及服务水平，生活节奏的加快，时间价值的增加，使得旅客对提高旅行速度的需求愈加强烈，将更青睐于高速交通方式。

可以预见未来人们对改善旅行条件、缩短旅途时间、提高服务水平等运输质量方面的需求将会与日俱增，旅客运输将向提供多层次、多元化服务和多功能的方向发展，高速铁路优势明显，客源充足。

旅客有各种不同层次，要求提供服务的随意性较强，以最少的消耗、一流的管理、优质的服务，安全、正点地输送旅客，最大限度地吸引客流，获得最大的经济效益和社会效益，是高速铁路运输组织的根本任务。

三、高速铁路运输组织特点

高速铁路无论在技术装备、运输服务还是在运输组织上都与常规铁路有着显著的差别。纵观世界各国的高速铁路，基本上都会根据本国具体情况，在运输组织工作上采用不同的运输组织模式，其基本特点如下。

（1）运输服务系统覆盖旅客旅行服务的全过程，最大限度地满足不同层次的旅客出行需求。

（2）高速铁路运输组织要适应客流变化，制定运输计划和旅客列车开行方案。高速铁路主要为满足旅客快速旅行需求服务，因此列车运行图规定的列车种类、数量、始发终到和途中停靠车站及其停站时分，都要从最大限度满足不同层次的旅客出行需求出发，统筹兼顾、合理安排、做到以下几点。

① 认真调研并确定高速铁路网沿线范围内的基本旅客群体及其出行的"黄金时间带",在该时间带提供高频率、高质量的列车服务。

② 调整和优化列车开行方案。除开行适应季度客流、星期客流和日间客流变化规律的国内和管内各类不同速度、不同行程和不同停站的高速列车外,还发展了高速线与既有线以及国际高速铁路之间的联程运输,甚至开行挂有运送小轿车的专门车辆的高速穿梭旅行列车。

③ 重视与既有铁路和其他交通方式的协调配合,方便旅客换乘。

除上述共性之外,各主要国家的高速铁路列车开行方案也具有各自的特性:日本高速铁路与既有线不联轨,高速铁路的列车开行方案具有统筹优化高速铁路与既有线、高速铁路与其他交通方式在各换乘地点和时间配合的特点。

(3) 建立在以高新技术为基础的安全保障体系。

高速列车速度的提高和行车密度的增大,对技术设备提出了更高的安全要求,如轨道稳定性、车辆结构与材料、制动技术、电力牵引供电系统的检测、监控和保护装置以及正线布置等。特别是建立了以人为核心的人-机-环检测、控制和管理系统,包括列车控制与行车指挥自动化系统,技术设备的检测、控制、整备与维修系统,故障自动诊断、报警和防护系统,环境检测与报警,事故和灾害的应变、救援和恢复系统,自然灾害的预报、监测、告警、防护与减灾等。高速安全技术是与一系列高新技术互相融合、彼此渗透、不可分割的前导技术和综合集成技术,是铁路现代化的标志。

(4) 建立在以调度中心为中枢的运营管理总体系统。

高速铁路调度指挥系统是组织高速铁路日常运输活动的管理中枢,又是对运输过程进行实时监督调整的指挥中心。它在协调各部门工作、提高列车运行质量、确保行车安全、保持运输系统整体有序运行等方面起着重要的核心作用。高速铁路调度指挥系统的主要任务是制定和执行运输工作日常计划,进行实时的生产调度指挥工作。

为了提高生产的有序性、实现多部门间联合生产的协同性以及对外界干扰的适调性,调度指挥系统具有约束控制、协调配合和应变调整三项基本功能。而要充分发挥这三项基本功能,必须在调度指挥工作中坚持集中领导和统一指挥的基本原则,并构建与之相适应的组织机构。

四、高速铁路运输组织的流程

高速铁路运输组织的目的是在高效使用铁路固定设备、活动设备和人力资源的基础上满足旅客的运输需求,并保持良好的运输秩序和运营效果,为此,高速铁路运输组织的一般流程如图 6-1-1 所示。

首先,通过客流调查,正确分析、预测旅客运输市场需求;其次,综合考虑铁路线路、车站、信号、动车组等技术设备条件,计算、确定列车运行的各种参数,根据运输系统自身的实际情况和市场需求情况确定经营方针、经营策略;最后,基于客流预测、设备条件、经营策略具体编制旅客输送的框架计划,即列车开行方案,对列车开行的起讫点、种类、数量、途经车站的停车方案等做出具体的规定。

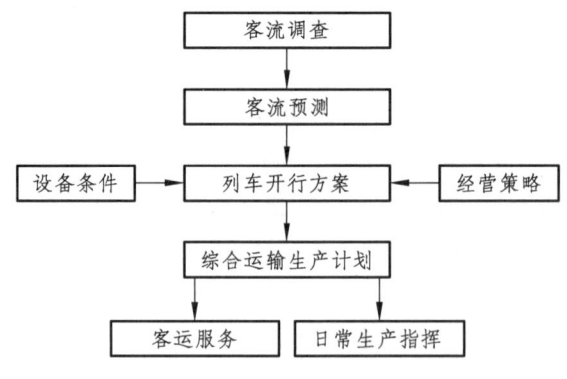

图 6-1-1 运输组织的一般流程

具体的运输组织工作通过综合运输计划进行安排，高速铁路的综合运输计划主要包括列车运行图、动车组运用计划、乘务员运用计划。列车运行图详细规定了所有列车在各站的到达、通过、出发时刻和途中运行时分；动车组运用计划规定了动车组交路；乘务员运用计划规定了司机值乘安排。因此，高速铁路列车运行质量主要由综合运输计划决定。

日常运输组织过程中，高速铁路各部门严格按照综合运输计划规定的时间、内容进行工作，当列车的运行偏离列车运行图时，由日常调度指挥部门制订调度调整方案并指挥相关部门和人员，尽可能使列车运行恢复到按列车运行图运行，以减少对旅客和运行秩序产生的影响。因此，建立一套设备先进、安全可靠、功能丰富、使用方便的高速铁路调度指挥系统，是保证高速铁路运输质量的关键。

第二节 高速铁路运输组织模式

一、高速铁路运输组织模式

高速铁路运输组织模式是指在一定社会经济和科技发展水平、路网功能结构以及运营管理体制条件下，高速铁路所承担的列车组织形式和方法，主要是解决在高速铁路不同发展阶段、不同客流特点与路网条件以及高速铁路与既有线合理分工的原则下，高速线路上开行的列车种类、列车速度、列车开行比例以及跨线客流组织和跨线列车运行方式选择等问题。

运输组织模式是决定高速铁路主要技术方案与技术标准的前提和基础，它是在一定的管理体制下形成的，受到国情、路情、技术水平、人文地理环境、经济环境等条件的限制，当这些限制条件变化时，高速铁路运输组织模式也将发生改变。此外，高速铁路的客流构成、市场定位、路网布局、客运枢纽布局、动车段分布、调度中心设置以及换乘体系完善程度等情况也对高速铁路运输组织模式有一定的影响。因此，我们在铁路规划设计阶段就必须首先解决运输组织模式的选择问题，它决定了客运专线与既有路网的结构关系、车站设置、列车种类及数量、运行图的铺画形式、旅客换乘方式等其他重要问题。

二、世界各国高速铁路运输组织模式

迄今为止，高速铁路已在世界上许多国家得到发展，建设高速铁路已成为世界各国铁路发展的方向。由于各国的国情不同，采用的运输组织模式也有所不同。如法国、日本、中国的高速铁路均为纯高速型的客运专线，而德国、意大利、西班牙则为客货混合型的高速铁路。

（一）"全高速-换乘"模式

所谓"全高速-换乘"模式，就是高速铁路线路上只运行高速列车，无跨线列车运行，直通客流大，如果旅客需要跨线，就必须换乘，且高速列车白天行车，夜间维修。这种模式适用于自成体系的高速客运专线。

日本新干线采用"全高速-换乘"模式，其主要优点在于列车开行速度快，列车之间跟踪运行时间短，运输组织相对来说比较简单，方便管理，运输量大。但这种模式的缺点在于因跨线客流要全部在衔接作业站进行一次或多次换乘，将延长旅客旅行时间，降低旅客出行速度，给旅客的出行带来了不便和困难，部分客流可能会转向其他交通工具，从而也影响了高速铁路的运行效益。

（二）"全高速-下线运行"模式

所谓"全高速-下线运行"模式，就是高速线上既运行本线高速列车又运行跨线高速列车，跨线高速列车在高速线上按规定的速度运行，下高速线后按普通线路允许的速度运行，该模式用于与普通线路相衔接的客运专线。

法国高速铁路基本上都是采用这种模式，由于高速列车在线路上运行时速度基本相同，因此就不会存在低速列车对高速列车产生扣除系数，可以按照列车平行运行图来运行，这会大大增加区间通过能力；同时高速列车可以下既有线运行，增加了高速列车的通行网络和运行距离，扩大了高速线路的服务范围，能吸引更多客流，提高高速线的利用率，减少旅客换乘，较好地解决跨线旅客运输问题。法国铁路的运输组织一般根据客流量大小配备相应的列车对数，在一天的不同时段内根据客流量的大小，开行不同数量的列车，这种模式适应了市场需求，能够保证高速铁路及整个路网的整体可靠性，列车的满员率较高，停站较少，从而使列车起停站时间缩短，列车平均速度较高，因此获得良好的整体经济效益。

这种模式的缺点在于列车的运行间隔不规律。同时为了满足最大运输能力的要求，必须增加列车的数量和存车场的规模，沿线检修段的数量也必须相应增加，以减少列车回空空驶，对铁路经营者来说，总投资规模增加，但线路利用率的下降，使投资回收期也相应地延长。此外，对高速客运专线和既有线的兼容性有很大的条件要求。

（三）"客货混线，分时运行"模式

所谓"客货混线，分时运行"模式，就是在高速铁路线上会存在两种类型的列车，一种

是高速旅客列车，另一种就是运行速度较低的货物列车，也就是客货共线。一般来说这种线路模式是由改造的旧线（最高速度 200 km/h）和新建高速线（最高速度 250~300 km/h）混合组成的。采用"客货混线，分时运行"的运输方式，在高速线路上既要运行高速列车，也要运行货物列车，还要开行地区和短途旅客列车。该模式的优点是为大多数旅客全天提供均衡的列车，节拍时间容易记忆，便于旅客对车次进行选择。对铁路经营者来说，所需列车，数量比较少，运行有规律，减少运营过程中的不规则性。此外，优化的检修程序减少了列车回空，固定发车间隔的列车运行图使得其他交通工具易于与之衔接，便于旅客换乘，缩短了旅客在站停留的时间，同时线路工程投资小，兼顾了客运和快速货运的需求。但是缺点也很明显，线路上由于运行的客货列车速差大（客车的速度一般为 200 km/h，货车的速度一般为 100 km/h），客车的扣除系数大，通过能力较小，列车的运行组织复杂，客车的最高速度也受到限制，一般只能达到 160~200 km/h，速度降低，延长了旅客的旅行时间。此外，运行速度必须与列车运行图相适应，结果是平均列车运行速度降低，在间隔较小的情况下不可能客货共线运行。

德国的 ICE 采取基于运输能力的运输模式，其以固定的时间间隔组织列车运行。我国的武合高铁现阶段也采用此模式。

（四）"混合运输"模式

"混合运输"模式是按高速旅客列车、常速旅客列车及高速货物列车客货混运设计施工运营的，主要行驶中、长途高速列车，在这些高速列车中，有些列车只在高速线上行驶，而另外一些高速列车则要下高速线，延伸到一些不在高速线上的大城市。非高速旅客列车也可上高速线，普通货物列车不上高速线，一些运送鲜活、易腐货物的快速货物列车可在高速线上运行。此外，在高速线上，白天还可以开行非高速的 IC 列车和 EC（欧洲城际）列车。

西班牙的马德里—塞维利亚高速铁路也是按满足高、中速旅客列车混跑的运营需要设计的，其运输组织模式类似于法国，采取客运专用的运输组织模式。

（五）我国客运专线运输组织模式

我国客运专线大体上可以分为三种类型：速度在 300 km 及以上的纯客运专线、城际客运专线、速度为 200~250 km 的客货混跑型客运专线。一般将速度 300 km/h 及以上的旅客列车称为 A 类列车，200~250 km/h 速度旅客列车称为 B 类列车。

我国高速铁路的运输组织模式可以概括为"不同性质列车共线运行"。

1. 不同速度列车共线运行

高速客运专线上运行有两种及其以上速度的动车组列车，随着乘客需求的转变和铁路线路技术设备条件的改善，在有条件时，逐步加大 A 类列车的数量和运行范围，减少跨线列车中 B 类列车的比例，最终实行高速铁路的全高速车运行。

2. 本线和跨线列车共线运行

高速客运专线上除了运行有本线列车外还运行跨线列车。我国客运专线在建设的初期采用本线列车和跨线列车共线运行、本线列车全部采用 A 类列车、跨线列车由 A 类列车和 B 类列车相结合的多种速度组合的运输组织模式。

3．不同停站方案列车共线运行

高速客运专线区段上开行不同停站方案的列车。

4．客货列车共线运行

高速铁路上动车组列车与普通旅客列车、货物列车混合运行。

第三节　高速铁路旅客列车开行方案

一、高速铁路旅客列车开行方案

（一）基本概念

高速铁路旅客列车开行方案是以客运量为基础，以客流性质、特点和规律为依据，科学合理地安排包括旅客列车等级、种类、起讫点、数量、经由线路、编组内容、停站方案、列车客座利用率、车底运用等内容，是从客流到列车流的组织方案。

高速铁路旅客列车开行方案是旅客运输组织的重要基础，列车开行方案须较好地反映高速铁路旅客运输的经营策略和服务质量，并有利于高速铁路运输组织。

（二）作用与意义

（1）旅客列车运营组织工作的重要组成部分，是高速铁路列车运行图和动车组运用计划编制的基础，是旅客运输组织的核心问题。

（2）反映了铁路旅客运输的经营策略和服务质量，有利于提高铁路旅客运输的经营效益和竞争实力。

（3）高速铁路旅客列车开行方案的编制质量直接关系到高速铁路运输服务水平和运输企业经济效益的高低，对于高速铁路客流的安全高效输送、列车运行图的完整编制、高速动车组的合理运用、运输组织的协调、高速铁路客运产品规划、客运工作效率和服务质量的提高等都具有十分重要的作用和意义。

二、高速铁路旅客列车开行方案构成要素

（一）列车等级与种类

由于高速车底不断更新，有些高速线上同时运行几种速度的高速列车，此时等级的划分主要根据最高运行速度，速度越高，等级也越高。当只运行一种最高运行速度的高速列车时，主要是根据其中途停站的多少划分，停站越少，等级越高。

开行的列车种类是指为了满足不同旅客出行需求而开行不同类型的列车，我国目前运营的高速列车根据型号可以分为 CRH1 型、CRH2 型、CRH3 型、CRH5 型、CRH380 型、CRH6 型、复兴号 CR400 型七种，不同型号之间运营速度、编组数量等技术特性也有区别。

组织不同种类的列车上线运行可以为旅客提供多样化的客运产品，满足各个阶层的旅客

需求。合理确定不同列车种类占比对提高铁路企业的经济、社会效益有着重大意义。

（二）列车起讫点

起讫点即为始发站和终到站，一般是由城市所处的政治、经济、文化背景、旅游资源等因素决定。列车的起讫点一般应设置在具有大量客流流动并具有办理始发终到列车业务条件的或预留为起讫点的车站、中转换乘枢纽车站等。对于客流比较集中的短途客流，一般应安排短途列车，早晚密集到发。

高速列车起讫点的选择除根据客流结构外，还应兼顾高速车底的运用，高速车底的运用能力取决于车站接发车能力、区间通过能力、车底整备、动车组折返等。旅客列车不只是为始发站与终到站间的旅客服务，还应为沿途上、下的旅客服务，不能机械地根据预测的OD流，只要两点间够一列就开一列。

（三）列车运行区段

列车运行区段的确定则是以线路里程最短为原则，高速铁路旅客列车运行区段包含了列车运行的起讫点与运行径路两部分内容，运行路径指列车在运行过程中走行的线路，运行径路通常设置为起讫点之间的最短径路，为了满足沿线旅客的出行需求，应根据线路实际运行情况为列车选择合适的运行径路，还有途经特定车站的特定径路、起分流作用的分流径路，需根据具体情况确定。

（四）旅客列车开行数量

旅客列车开行数量是指以一定运量为基础，在合理编组情况下，按照客流量、旅客上座率和旅客出行波动系数，为满足某一方向上或区段内旅客出行的需求在一昼夜开行的旅客列车数目，是根据其区段内客流密度确定的。因为在旅客列车运行过程中，上下行列车的数目是一样的，所以一般把某一个方向或区段内的列车开行数量称为开行对数，其对数主要由客流计划决定，开行对数的确定就是将客流转化为列车流的过程。

通常来讲列车开行对数确定的合理性，也就是说设计的列车开行方案是否合理，是检测开行质量是否达标的条件之一。合理的列车开行对数能够在满足客流的基础上提高铁路运输效率，降低铁路运输企业运输成本，确保良好的运输服务质量，保证铁路运输企业运营效益，提高市场竞争力，也是列车开行方案制定的重要环节。

（五）列车开行频率

列车开行频率指某一方向，一日内提供给每位旅客乘车选择的车次次数。开行频率是列车开行方案确定的重要内容，是运力资源配置的关键指标，列车开行频率越高，一日内提供给旅客选择的列车（车次）越多，旅客乘车就越方便，等待时间就越短。当列车开行频率超过18趟后，运量随列车开行频率增加而增大的幅度很小；同时短途客流对服务频率特别敏感，说明应加大短途高速列车的密度。

（六）列车停站方案

列车停站方案是指在列车径路、类别、编组辆数、开行频率确定后，根据客流需求和列车协调配合情况确定各列车的停站序列，是列车中途停靠站点的集合。列车途中停站是为了满足中途旅客上、下车的需要，旅客到发较少的中间站，主要靠通过列车停站的方式达到输送旅客的目的。

列车的种类会对列车的停站方案有影响，高等级的列车为了保证旅行时间，其停站次数相对来说较少，低等级的列车为了满足周边客流的需求，停站次数相对较多。列车停靠站车次越多，越有利旅客的上、下车，但列车停靠站一定要合理，因为列车停站次数的增加必然会造成旅行速度的降低，旅客旅行时间拉长，在列车开行费用增多的前提下，运行线路的通过能力也将随之减弱。

我国高速铁路有多种停站方案，同时运行多种速度（如 300 km/h 及其以上或 250 km/h 左右）的高速列车。这与日本东海道及山阳新干线很相似。日本将其划分为"希望号""光号"和"回声号"三种，计 90 种停站模式，每天开行 450 多列车。

（七）停站时间

停站时间为列车从车门开启到车门关闭这一过程所用的时间。高速列车停站时间是决定线路客运能力的重要因素，也是列车运行调整的重要控制量，列车停站时间跟车站等级、车站设备运用效率、客流量、乘客上下车的速率等因素密切相关。

（八）列车编组内容与定员

列车编组与旅客经济水平、需求层次、列车在途时间及节假日客流波动、列车性质、客流性质等因素有关。

在确定列车编组数目的时候要综合考虑车站组织能力和客流量的大小，使得旅客在站等待时间尽可能的小，列车编组数量的多少则是根据其运行的距离长短的列车性质所决定的，高速线上开行的短途列车一般通过采用短编组、大密度的方式提高车次选择数量从而达到吸引旅客的目的；长途列车则采用长编组，按一定时间间隔开行，充分运用区间通过能力，在确定列车编组方案时，应根据客流统计情况，结合车辆技术参数、线路情况等因素，进行合理编组。

列车定员就是确定出一列车的总共可用席位数，列车定员是多种因素决定的，列车定员过高，不但降低了服务频率，在速度一定的情况还要求有较大的列车牵引总功率，如果过低，有时不能完成预测的运量。

列车编组和定员的设置是否合理将直接影响列车开行方案的可行性和运行质量。

（九）动车组需求数

确定动车组数量的影响因素：动车组途中旅行时间与技术作业时间标准、运行图铺画方案、动车组套用方式。

（十）列车开车范围

列车开车范围指列车开车时间范围，客运专线旅客列车开车范围应本着方便旅客出行的原则，在符合始发、终到时刻要求，综合考虑途中主要大站到站时间、车底折返时间、综合维修天窗时段等因素的基础上合理制定。

三、高速铁路旅客列车开行方案的影响因素

高速铁路列车开行方案的影响因素可以从需求和供给两大方面来考虑,高速铁路客运服务的主要任务是满足旅客空间位移的需求,因而客流必然是开行方案的影响因素之一;从供给的角度出发,供给是有限的,不可能无限制地提供客运产品去满足需求,因此开行方案的制定必须考虑到现有的各项设备能力。

(一)客流量与客流性质

旅客是铁路企业客运服务的主要面向对象,客流量与客流性质反映了旅客的出行需求,是制定旅客列车开行方案和铁路客运工作的前提和基础,即"按流开车"。开行方案中列车开行数量、开行区段的确定同两地间客流量直接相关,不同等级列车的占比同各个消费层次的旅客数量相关,停站方案的设计关系到平衡在车旅客与乘降旅客的利益,可以看出,客运组织工作的方方面面均与客流相关。制定开行方案之前,务必要尽可能准确地了解客流的流量、流程、流向、流时和流速以及特定时期的波动情况,以求做到以流定车,以车带流。

以流定车,实际情况下,客流具有一定的不确定性,会随着地区经济、运输供给等因素的变化而变化,因此,要求铁路企业的计划制定部门充分了解区段的社会经济发展情况,根据调查与数据分析手段,对有可能购买铁路客运产品的旅客进行统计和预测,再考虑到数据分析的方法本身也存在误差,科学预测和推算客流。客流与开行方案存在动态反馈的关系,开行方案根据客流来制定,而根据开行方案生产的客运产品最终将同旅客产生互动,根据开行方案质量的好坏可能会发生两种互动,好的开行方案可以提升旅客满意度,直接增加铁路企业的社会效益,提升高速铁路客运产品的口碑,远期可以吸引更多客流,进而转化为直接经济效益,形成良性循环;反之,则会对铁路企业造成极为恶劣的影响。

(二)各项设备的能力限制

开行方案的制定必须考虑到设备的能力限制,否则,脱离实际的工作不具有使用的价值。

1. 车站能力

车站能力包括车站接发车能力、车站通过能力,由于车站基础设施设备能力在一定时间内,只能办理一定作业量,这将影响列车开行方案要素中的起讫点方案和停站方案,以及开行频率的确定。

2. 区间通过能力

区间通过能力是指由于列车为满足一定安全间隔和区间作业时分,单位时间内所能通过的最多列车数。这将影响到列车开行方案要素中的列车开行频率和途经线路。

在采用一定的机车车辆和一定的行车组织方法条件下,区间的各种固定设备,在单位时间内(通常指一昼夜)所能通过的最多列车数或对数的大小主要决定于区间正线数、区间长度、线路纵断面、机车类型、信号、联锁、闭塞设备的种类。在最小列车追踪间隔时间的条件下,区间具有最大的通过能力。一般情况下,为了适应运输需求的波动、列车日常运行调整、线路维修、改造等要求,区间通过能力利用水平往往被限制了上限,即限制了在一定时间内区间所能通过的最多列车数或对数。

3．动车段维修能力和保有量

动车段维修能力指的是高速列车由于安全运行要求，在完成运输任务后都需进行检修作业，动车段（所）在单位时间内所能完成列车检修数量，动车组保有量表示相应动车段（所）拥有的高速列车数量。这些将影响到列车开行方案要素中的终到车站和开行频率，一般以车站办理终到作业能力来表示。

4．配餐能力

配餐能力指相应车站在单位时间内所能完成配餐的列车数量。由于高速列车无法在车上进行实时的供餐作业，因此，配餐能力往往也极大地影响了列车的运行，主要影响列车开行方案要素中的始发车站、停站方案和开行频率。

5．排污能力

指相应车站在单位时间内所能完成排污作业的列车数量。高速列车不同于既有车辆，其排污作业必须由车站内的专业设备完成。该约束主要影响列车开行方案要素中的停站、终到车站方案和开行频率。

其他服务能力，指的是高速列车在运营过程中，车站需要为其提供相应服务的能力。

（三）旅客列车的开行效益

主要包括社会效益、市场效益、经济效益等三种基本类型，在市场培育的前提下，社会效益、市场效益两种类型将会慢慢地发展成经济效益，所以，如果需要确定列车的具体开行方案，相关工作人员不仅仅需要充分考虑到铁路企业自身的运营效益，而且还需要将旅客的出行效益和旅客的出行成本放在所考虑的范围内，这样的做法有利于更好地增加列车开行方案的社会效益以及市场效益。

（四）旅客出行成本

经济成本和旅行时间成本是旅客出行成本的重要组成部分，对列车开行方案中的诸多方面均会产生影响，是制定列车开行方案需要考虑的重要因素。为了减少旅客的旅行时间，提高旅客的满意度，需要对影响旅客出行的车票费用和旅客旅行时间消耗等因素进行统筹考虑。旅客的旅行时间消耗主要分为候车时间消耗、途中停站时间消耗、列车运行时间消耗、换乘时间消耗四部分。

当然，可同时考虑旅客出行成本和运营成本，尽量使乘客出行成本最小化使铁路效益最大化，铁路效益与企业运营成本有着明显效益背反的关系，即虽然开行列车数量越多，成本越大，但是相对的收益也会越多，综合考虑两方面的因素。它也一般是旅客开行方案决策中的重要内容。综上所述，高速铁路开行方案中，需要综合考虑旅客出行成本和企业运营成本两方面的内容。

四、高速铁路旅客列车开行方案制定

高速铁路旅客列车开行方案的制定不仅是高速铁路运输组织的核心问题，而且涉及客流到列车流组织方案的全过程。

首先是开行方案的准备过程，通过客流预测方法预测 OD 间的客流，统计出客流数据，并对已经统计好的客流特征进行综合分析，接着总结出客流具体的变化规律，同时对其客流进行一个合理的推断，进而下达客流计划，完成"按流开车"，这整个的过程才是开行方案制定的基础。

其次，是开行方案的制定，根据预测的客流量，结合实际情况对客流进行调整，结合列车编组、速度、客座利用率及区间能力等因素建立数学模型，分析求解列车具体的开行数量、停站方案等开行方案要素。

最后，是开行方案的实施过程。具体的旅客列车开行方案的制定流程图如图 6-3-2 所示。

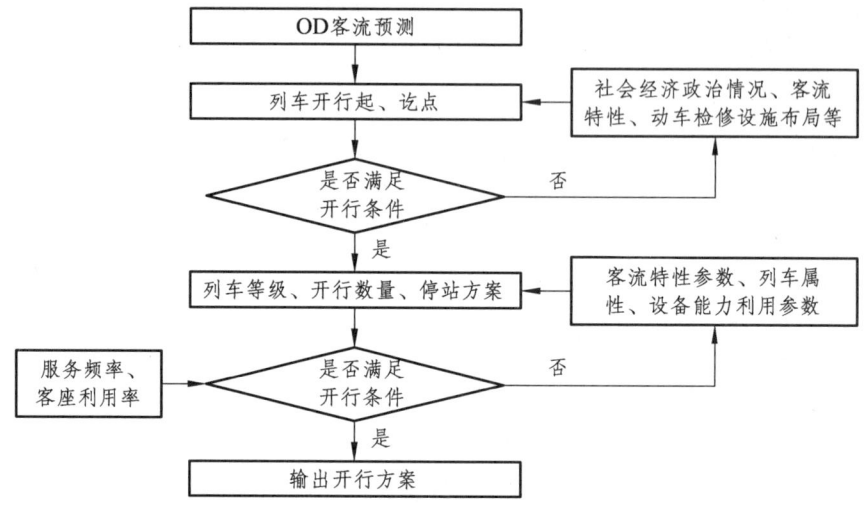

图 6-3-2 旅客列车开行方案的制定流程图

制定旅客列车开行方案的过程涉及方方面面的因素，一些原则性问题尤其值得注意。"按流开车"是完成开行方案优先考虑的基本原则，当然还要充分考虑到应尽可能地方便旅客出行、减少旅客换乘以及在途时间等。

总之，旅客列车的正常开行是在完成旅客列车开行方案的基础上实现的，我们既要做到提高经济效益，也要做到提高社会效益，这是编制和优化旅客列车开行方案最基本的条件，也是制定和优化旅客列车开行方案的依据。

五、高速铁路列车开行方案的编制流程

开行方案的编制过程大体可以分为以下四个阶段。

（一）运行区段的确定

运行区段包含两大要素：起讫点和运行径路。

起讫点的确定首先要求必须具有充足的客流需求，其次必须具有动车等高速列车技术设备的保障，如果有特殊社会或经济意义的城市，即使客流量不足也应当设置为列车开行的起讫点。运行径路通常按照运行区段间的最短径路确定，但是不排除为了途经特定车站而绕行非最短径路的情况。

(二) 开行数量、列车等级的确定

运行区段确定之后，需要根据区段间的总客流量、不同消费层次的客流占比来确定列车的开行数量和列车等级。动车组一般为 8 辆编组，定员 600，根据铁路局的要求，区段间客流量必须达到一定的基本载客下限时，才允许列车运行，同时，起讫点车站的能力和区段间客流总量限制了发车数的上限，在开行方案制定的过程中，需要根据上下限合理确定列车的开行数量。不同等级的列车为旅客提供了多样化的产品服务，愿意以高票价为代价追求缩短运行时间的旅客可以选择高等级高速列车，对于运行时间要求不高的旅客，可以选择低等级高速列车。

(三) 停站方案的确定

停站方案确定是一个复杂的组合优化问题，其既牵涉到铁路与旅客之间的博弈，还牵涉到在车旅客和中转乘降旅客的利益冲突。学者对停站方案进行了大量的研究，通常将停站方案优化模型的目标设置为两方面：第一、实现旅客出行总效益最大，通过将直达旅客和中转乘降旅客的利益统筹考虑，寻找两者利益的平衡点；第二、实现铁路企业效益最大化，停站次数的设置关系到列车运行成本与沿途吸流的效果，二者对铁路企业的经济社会效益均有很大影响。停站次数设置在合理的值域中时，停站方案既可以产生较好的沿途吸流效果又不会过多地增加成本；否则对二者均产生不利的影响。

(四) 客流分配

开行方案的质量必须要交给旅客来检验。基于制定完毕的开行方案所确定的客运产品，通过旅客出行效用理论与用户均衡原理进行旅客选择的模拟，对整个路网的客运产品进行客流分配，根据客流分配的结果，可以得出各个列车的上座率，铁路企业总收益、旅客总出行费用等指标的满足情况，最终对开行方案的质量进行评价与反馈调整，列车开行方案的流程图如图 6-3-4 所示。

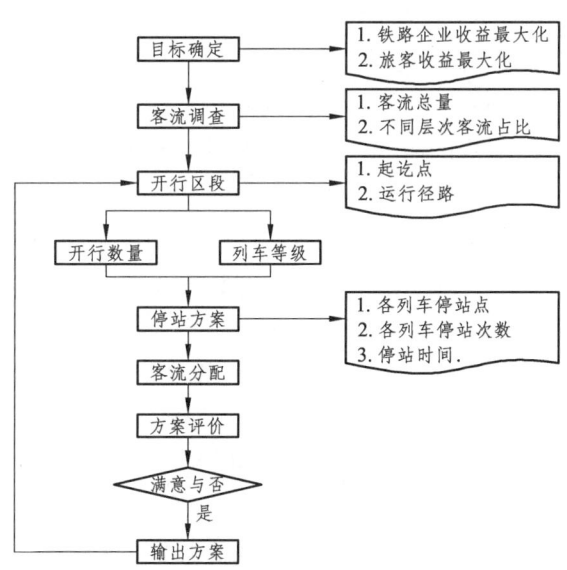

图 6-3-4 旅客列车开行方案的制定流程图

第四节　高速铁路运行图和通过能力

一、高速铁路列车运行图

(一) 高速铁路列车运行图定义

高速铁路列车运行图是利用坐标原理来表示高速列车运行情况的一种图解形式，用以表示列车在高速铁路区间运行及在车站到发或通过时刻的技术文件，它规定了各次列车占用高速铁路区间的先后顺序，反映出列车从始发站始发至终到站终到，列车在每个车站的到达和出发（或通过）时刻，列车在高速铁路区间的运行时分，列车在车站停站时间以及动车组交路、列车重量和长度等，是高速铁路组织运输生产和产品供应销售的综合计划和行车组织工作的基础，是铁路运输生产联结社会生活的纽带。

在高速铁路列车运行图上，将横轴按一定比例用竖线划成等分，竖线代表一昼夜的小时和分钟；将纵轴按一定比例用横线加以划分，横线代表车站的中心线；这样便构成了高速铁路列车运行图的基本格式。高速铁路列车运行图上的列车运行线（斜线）与车站中心线（横线）的交点，即为列车到、发或通过车站的时刻。

(二) 高速铁路列车运行图的作用

高速铁路列车运行图是行车组织工作的基础，是行车调度员指挥列车运行的基本依据，高速铁路车站按列车运行图安排接发列车、组织客运工作，对运营企业的生产效率和经济效益有着直接、决定性的影响。

（1）高速铁路列车运行图是运营企业内部使用的列车运行的技术文件，是运营企业组织运输生产和产品供应销售的综合计划。

① 高速铁路列车运行图是一个生产计划：规定了线路、站场、动车组等设备的运用，使得运输生产活动有条不紊地进行。

② 高速铁路运行图是产品供应计划：高速铁路运行图中运行线代表开行的各种速度等级的高速列车及相应运输产品展现的服务质量，高速铁路旅客列车时刻表就是高速铁路运输产品的目录。

（2）列车运行图也是维持运行秩序、保证行车安全和协调铁路各部门工作的综合性工作计划，是各部门、各单位行车工作人员相互配合协调的主要依据。

① 行车调度部门按列车运行图指挥列车运行。

② 动车段根据列车运行图确定每天需要的车组数和运行时刻，制定车组的检修和乘务司机的值乘制度。

③ 供电、通信信号、机电、工务等部门根据列车运行图的规定时刻编制施工计划和检修计划。

正确地编制列车运行图，对保证行车安全、加速动车组周转、提高运输效率和运输能力、完成或超额完成客运任务，具有重要的意义。

(三)高速铁路列车运行图的组成要素

1. 高速列车区间运行时间

高速列车区间运行时间是指高速列车在两相邻车站之间的运行时间标准,它由动车组部门通过牵引计算和实际试验相结合的方法进行查定。

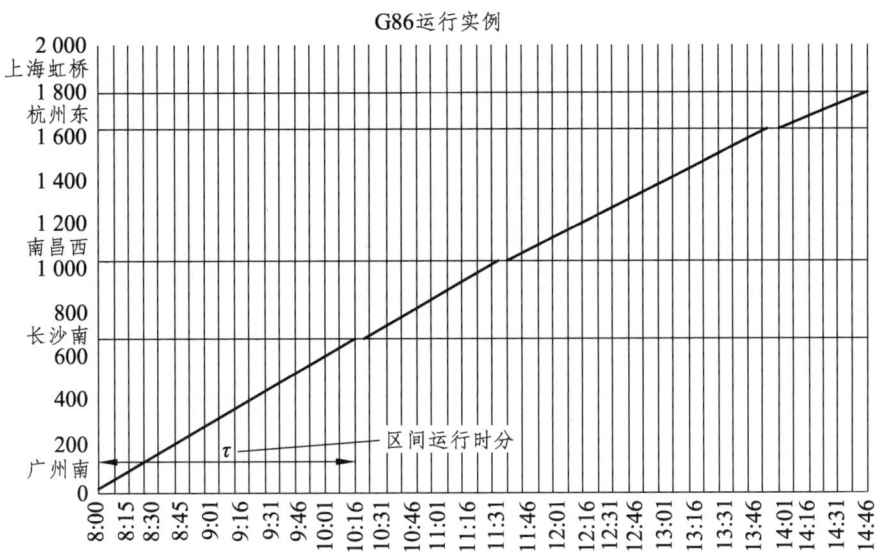

图 6-4-1 高速列车区间运行时间

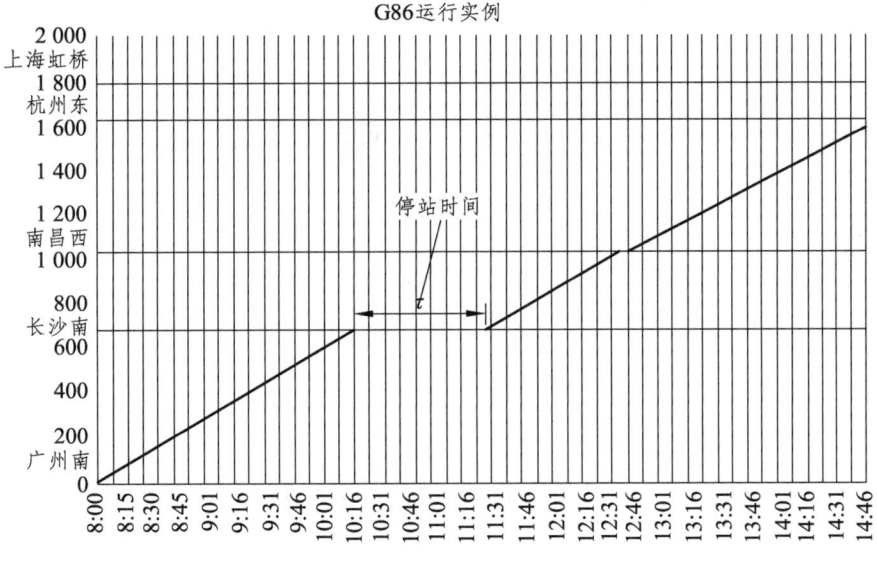

图 6-4-2 高速列车停站时间

2. 高速列车停站时间

高速列车停站时间是高速列车在站进行必要的技术作业、客运作业、会车和越行所需的时间。

3．高速动车组交路

（1）肩回运转制交路。

动车组担当与基本段相邻区段的列车牵引任务。除需进行折返段整备外，动车组每次返回基本段所在站时，也需要入段作业。

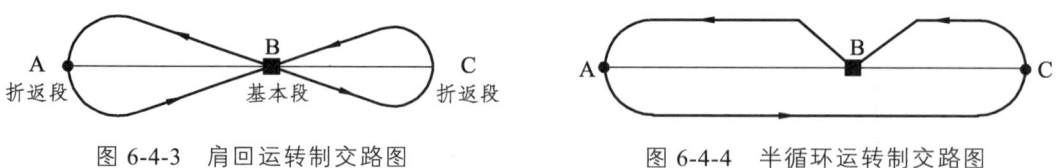

图 6-4-3　肩回运转制交路图　　　　图 6-4-4　半循环运转制交路图

（2）半循环运转制交路。

动车组担当与基本段相邻两个区段的列车牵引任务，除需进折返段整备外，动车组第一次返回基本段所在站时不入段，继续牵引列车向前方区段运行，到第二次返回基本段所在站时，才入段进行整备作业。

（3）循环运转制交路。

动车组担当与基本段相邻两个区段的列车牵引任务，除需进行折返段整备及因中间技术检查需入基本段外，每次返回基本段所在站，都在车站上进行整备作业。

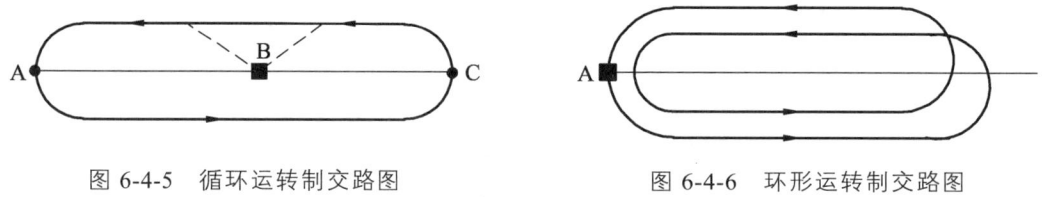

图 6-4-5　循环运转制交路图　　　　图 6-4-6　环形运转制交路图

（4）环形运转制交路。

动车组在一个区段或枢纽内担当两个及以上往返的列车牵引任务之后，才入段进行整备作业，机车不需要转向。

4．高速动车组在基本段和折返段所在站的停留时间标准

指高速动车组列车到达终点站或在区间站进行折返作业的时间总和。包括确认信号时间、出入折返线时间、办理进路时间、司机走行或换岗时间等。

$$t_{折} = t_{到达} + t_{入段} + t_{整备} + t_{出段} + t_{出发} \quad (\min) \tag{式6-1}$$

5．高速车站列车间隔时间

指在高速车站上办理两列车到发或通过作业所需要的最小间隔时间。

6．追踪列车间隔时间

在自动闭塞区段，一个站间区间内同方向可有两列或两列以上列车，以闭塞分区间隔运行，称为追踪运行，追踪运行列车之间最小间隔时间，称为追踪列车间隔时间 I。

7．动车组在段停留时间

动车组因整备作业所需要的最小时间。

(四)高速铁路列车运行图的主要特点

由于高速铁路在行车组织、列车运行速度、天窗设置等方面与非高速铁路有很大区别,高速列车运行线的铺划方法与双线非高速列车运行图相比也有较大差别。国外高速列车运行图具有开行时刻规律(采用周期式列车运行图)、充分考虑客流波动等特点,主要表现如下特点。

1. 高峰时段更加突出

高速铁路的列车运行图其列车运行线的安排必须满足旅客出行规律的要求。高速铁路应对其高峰时段运输能力(如到发线通过能力)及供电能力进行检算,应按高峰时段检算动车组需要量。

2. 严格的旅行速度限制

在高速铁路上运行时,旅客列车都应有一定的旅行速度要求,在一定技术条件下,列车旅行速度与停站次数和停站时间有关。

3. 高弹性的运行线安排

为保证列车的高正点率,列车运行图须要有足够的应变能力,即具有高度的弹性。

4. 有效时间带的出现

高速铁路一般零点至六点都作为"天窗"时间,一来供线路及牵引供电设备养护维修用,二来在高速铁路未成网前,高速列车的运行时间都比较短,零点至六点无人乘车。由于"天窗"多采用矩形,列车又只能在六点钟及其以后出发,零点及其以前到达,因此,对不同运行距离的列车就形成了有效时间带。

5. 一体化设计思想

与列车开行方案的一体化设计思想一致,西欧一些国家开发的计算机编图软件,能够在一个运行图方案设计出来后,清楚地显示客流分布在各次列车上的情况。如果发现列车超员或上座率很低,或一、二等车厢客流分布不当,便及时调整列车运行图,重新计算,直到得出一个既能满足客流需要、经济效益又较好的方案为止。

6. 根据运营质量要求与实际运营条件确定运行图参数

西欧高速铁路列车正点率高,与运行图的设计有关。一方面运行图上留有足够的冗余时间,另一方面列车在运行图上的运行时刻是按照列车实际的运行时间严格确定的,而不是按照标尺(平均值)设置的。

7. 运行图的编制直接面对客户

国外运行图编制工作一般设在营销部门,以便于把运行图出售给客户。运行图编制人员的一项重要工作就是接待客户,跟客户结算,根据客户要求反复修改运行图、协调各客户间的关系,因此,他们的工作与财务关系密切,直接决定公司的收入状况。

(五)高速铁路列车运行图的编制

高速铁路与普速铁路相比有很大的不同,可以概括为高速度、高舒适性、高安全性和高密度。为了保证高质量的运营，编制高速铁路和普速铁路的列车运行图时有较多的不同，特别是采用高速线上 200 km/h 的中速车的组织模式下，产生了许多新的特点。比如运行图铺画目标不同，线路上运行的列车属性和种类不同，运行图编制顺序不同，运行图的铺画策略不同，运行图的优化调整策略不同，运行图可铺画运行线的时间段不同，旅客列车合理始发、终到时间范围不同，运行图的编制方法不同等。

二、高速铁路通过能力

（一）定义

是指在某一高速铁路线路、方向或区段，根据现有的各种技术设备（如区间正线数量、区间长度、线路纵断面、车站、动车组运用设备、信号、联锁、闭塞方式、列车运行图的类型及电气化铁路线的供电设备等），在采用一定数量和类型的动车组及一定的行车组织方法条件下，单位时间内（通常指一小时或一昼夜）所能通过基准列车的最多列车数或对数。其中基准列车指在通过能力考察区段内开行的速度最高且在沿途中不进行停车作业的列车。

通过能力在一定程度上取决于行车组织水平和铁路固定设备、动车组的合理运用，它不是一成不变的，它会随着技术设备和行车组织方法的改善而提高。

计算通过能力，一般是先计算平行运行图的通过能力，然后在此基础上再计算非平行运行图的通过能力。

（二）高速铁路通过能力利用和计算的特点

高速铁路由其在列车运行组织等方面与一般的常规铁路有着明显的不同，因而在通过能力的利用和计算上有着自身的特点。

（1）昼夜能力利用的不均衡性。

高速铁路主要为客运服务，旅客出行活动在始发站一般都发生在昼间。一年之内，不同季节之间客流生成和变化规律有所不同；一周之内，工作日与双休日的客流特点不同；一日之内，旅客出行的频率也不同，往往形成旅客出行活动的高峰和低谷。白天和夜间能力不均衡，昼间能力也不均衡。

（2）理论计算能力与实际可利用能力差距较大。

客流特点和昼夜能力不均衡使得实际吸引完成的客运量与预测存在差异。故需较大能力后备。尽管理论上可以在高速铁路运行图上铺画较多的列车运行线，而实际上，各条运行线由于所处的实际时段不同，所能吸引并完成的旅客输送量却大不相同。

（3）B 类列车产生的能力扣除也是通过能力计算的一个重要组成部分。

当采用不同速度列车共线运行的运输组织模式时，在高速客运专线上开行的 B 类列车，由于列车运行速度较 A 类列车低，而且停站办理的次数也可能较多，因而占用列车运行图的时间较长，亦即开行 B 类列车将对通过能力产生不利影响。在高速铁路通过能力计算中，若采用扣除系数怯，这一影响可用中速列车扣除系数表示。因此，在研究高速铁路通过能力扣除系数计算法时，还应通过采用分析方法或模拟方法，确定中速列车扣除系数。

（4）长线能力相对不足与短线能力相对富余并存。

（5）客运专线能力计算具有一定的复杂性和某种不确定性。

客运专线的能力计算必须首先以方向上的高速列车运程可达的最大客流区段为基础，从大到小确定其所包含的各个客流区段可能的各种长线和短线能力；因此将形成满足不同客流需求，各具特色的长、短线能力组合方案。

（6）高速客运专线以客流区段为单位计算客流区段别的通过能力。

若以客运站为客流的主要始发和终到站，并将客流主要始发站与终到站之间的铁路区段定义为客流区段，则旅客列车通常应以客流区段为单位制定开行方案，亦即在高速客运专线上通常只开行客运站间的旅客列车，因此应该以客流区段为单位计算客流区段别通过能力。

（7）速度较低的列车对能力产生扣除。

在高速铁路上开行运行速度较低的列车，停站次数较多，占用列车运行图时间较长，将对通过能力产生不利影响。因此，与既有铁路能力扣除不同，在高速铁路上以较低速度等级的列车对高等级的列车进行扣除。在客运专线上，客车停站时分加上起停车附加时分所造成的影响一般已超追踪间隔时间的影响，因停站而产生的能力扣除已经成为能力计算中的重要组成部分。在一个客流区段内，高速列车也可能在途中停车办理客运业务，与不停车高速列车比较，它将产生额外的占用列车运行图的时间，对通过能力产生不利影响。

（8）天窗的设置对运行图和能力造成较大影响。

为使高速铁路技术设备经常处于质量良好的使用状态，以确保行车安全，在高速铁路列车运行图中，一般应为设备日常维修和养护预留出必要时间的"天窗"。"天窗"不仅缩短了可供列车运行的时间段，而且人为地将列车运行图分割为两个隔开的时间段，致使在列车运行图上不能组织列车 24 h 循环运行，对通过能力造成了相当大的影响。

（9）通过能力具有明显的时段特性。

高速铁路上运行的旅客列车，因市场需求和旅客出行习惯，使得列车运行线不是均匀分布，往往一个时段密集开行，而另一个时段则相对稀疏，使高速铁路通过能力具有明显的时段特征。在编制列车运行图时应尽可能规定适宜的旅客列车始发终到时刻。高速客运专线一般规定在六点至二十四点间在客流区段内到发。受这一到发时间的限制，在列车运行图中除"天窗"时间之外，还将产生一定的被称为无效时间的时间段，它对通过能力也有一定影响。

（三）影响高速铁路通过能力的主要因素

（1）不同运输组织模式对通过能力的影响不同。

（2）高速铁路线上各种列车运行的速差及停站时间。

一是不同高速列车之间因停站次数及其停站时间不同而产生相互间的能力扣除；二是旅行速度不同的列车之间因速度（本质上是区间运行时分）差异而产生相互间的能力扣除，速差越大，能力扣除越大。

（3）客运专线列车运行图的铺画方式。

采用不同列车分区集中铺画方式：相同速度的列车间可以集中地平行铺画；不同速度的列车在占用区间能力上的相互影响较小，采用均衡铺画方式时，情况正好相反。

阶段均衡铺画方式：是介于两者之间的一种阶段均衡铺画方式，是随不同种类列车的数量比例和速度差异而进行合理选择的结果。

从中可以看出不同种类列车在运行图中的时空分布及运行线间的交错关系的这样一种铺画方式。这种铺画方式，较能够适应客运专线不同发展阶段的能力。

（4）站间距离及区间的不均等性、车站数量。

在不同列车的速度差异比较大的时候，影响会很大。一般来说，在保证一定的高速能力条件下缩小站间距，会提高较低速度列车的通过能力。

（5）综合维修"天窗"。

一是长达 4~6 h 的天窗时间行车中断产生直接的能力损失，二是这种天窗方式在运行图四个边角时空上产生特殊的三角区，使全线能力利用有了"长线"和"短线"之分。而且线路里程越长，长线能力越小。这使客运专线的方向通过能力与其所包含的各区段通过能力随线路里程的增大，差别越来越大。

（6）旅客列车在始发终到站的有效到发时段。

（四）高速铁路通过能力的计算方法

1．平行运行图通过能力计算

公式如下：$N = \dfrac{1440 - T_w}{I} - \dfrac{60S}{VI}$ （式 6-2）

式中：N——平行运行图的通过能力（对数或列数）；

T_w——维修天窗时间（分）；

I——列车最小追踪间隔时间（分）；

S——客运区段长度（km）；

V——旅客列车平均运行速度（km/h）。

2．非平行运行图通过能力计算法

非平行运行图的通过能力是指：在不同速度旅客列车数量既定条件下，该区段一昼夜所能通过的基准列车的最多对数（或列数）。

对于采用多种列车共线运行的运输组织模式的高速铁路，通过能力比较复杂，没有一个十分精确又简单的计算方法，计算方法需要更新。

综上所述，高速铁路通过能力的计算方法主要有以下三种。

（1）图解法。

按照运行图的铺画顺序和原则，先铺画给定数量的非基准列车运行线，然后在列车间隔内铺画基准列车运行线（速度最高，不停站）。在运行图上所能最大限度铺画的基准列车数量和非基准列车数量的总和即为该高速铁路区段的非平行运行图通过能力，图解法比较精确，但较繁琐，故只在特殊需要时采用。

（2）分析计算法。

主要是把各种情况下列车的能力占用归为一定的模式，如果是规格化运行图，这种方法较为简单直观，但实际的运行图其停站比、越行模式可能非常灵活，如果要归纳为各种模式，组合方案会太多，对于不同的运行图结构，该方法的适用性必然受到限制，只能近似地计算非平行运行图的通过能力。越行与待避过多的铺画如图 6-4-7 所示。

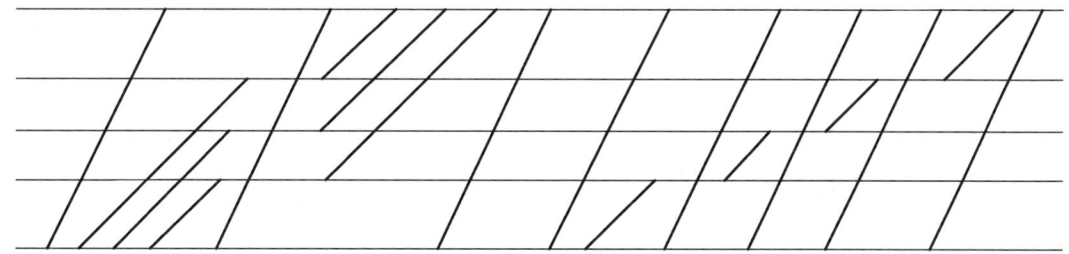

图 6-4-7 越行与待避过多的铺画

根据计算的原理不同,分为扣除系数法和平均最小间隔法。

① 扣除系数计算法。

扣除系数是指因铺画一对或一列停站高速列车、较低速度列车、跨线列车、货物列车等,需从平行运行图上扣除的基准列车的对数或列数。是低等级、低速度列车对该线路区段运行最高速度等级列车的能力扣除。

扣除系数计算法属于静态的确定型的计算方法,它只有在严格"按图行车"、设备无故障、工作不中断、列车占用时间均等及运行无延误的条件下才是正确的。用该方法计算的通过能力一般偏大,很难实现,其所取得的通过能力增加也是以牺牲客货运输质量为代价的。

② 平均最小列车间隔法。

平均最小列车间隔时间计算法,属动态的不确定型的计算方法,它是在分析研究各区段当前实际列车运行状态的基础上,依据列车晚点概率、列车平均晚点时间和平均最小列车间隔时间,按给定反映列车运行工作质量要求水平的允许列车后效晚点时间总值等条件计算区间通过能力。

这种方法注重服务质量,与扣除系数法相比,它相对比较能在实际中使用,不需要理想条件,解决了分布不均匀、弹性较弱等方面的缺点。考虑到晚点时间,具有一定的可调节性等条件下得出的通过能力,在运输市场更具有竞争力。

(3) 计算机模拟法。

计算机模拟法是由计算机模拟人工铺图,严格按铺图标尺,通过紧密铺画 A、B 类列车运行线,进而精确确定高速铁路区段或全线通过能力的方法。

计算机模拟法对区间或全线通过能力的确定,都是在某种条件下进行的,都是根据某种原则,在固定某些种类列车数量的前提下,通过计算机模拟人工铺画满表运行图。

用计算机模拟法确定高速铁路区段或全线通过能力的计算过程如图 6-4-8 所示。

由于满足铺图标尺约束条件的可行方案数量巨大,因此方案的比选和优化算法相当复杂。此类问题属于非结构化或半结构化问题,一般只能应用专家系统方法或借助人机对话的方式进行,寻求问题的近似最优解或满意解。

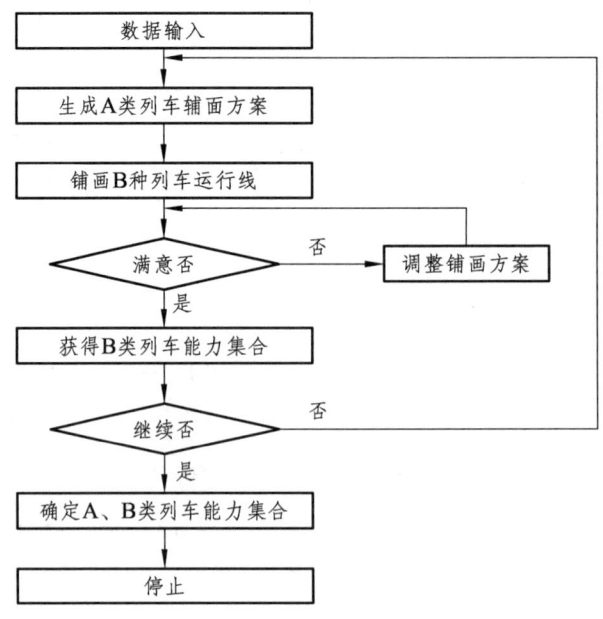

图 6-4-8　计算机模拟法计算过程

第五节　高速铁路综合维修天窗和动车组运用管理

一、天窗

（一）定义

为了保证各项设备状态良好，列车安全平稳运行，对区间或者车站正线规定的一段不放行列车的时间，即在列车运行图上不铺画运行线或调整、抽减列车运行线预留的用于施工和维修作业所需要的行车"空隙"时间称为天窗。

（二）天窗开设方式及其特点

1．垂直矩形天窗

在整个区段内，列车运行图中一个或几个区段内的上下行均形成空白作为维修时间，上、下行同时开行垂直天窗，封锁夜间 0:00—6:00 全区段的两条线路，形成垂直矩形天窗。在运行图中安排其中一个区段为空白（在路网中铺画运行图时，优先安排跨线普通列车），使跨线普通列车避开高速客运专线维修天窗，确保上下行线均停电进行综合维修。垂直天窗示意图如图 6-5-1 所示。

2．V 型天窗

在整个区段内，按上下行分别形成运行图空白，一条线维修施工时，另一条线组织双向行车。V 型天窗示意图见图 6-5-2 所示。

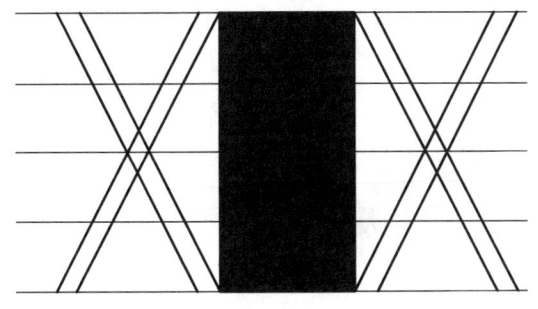

图 6-5-1 垂直天窗示意图

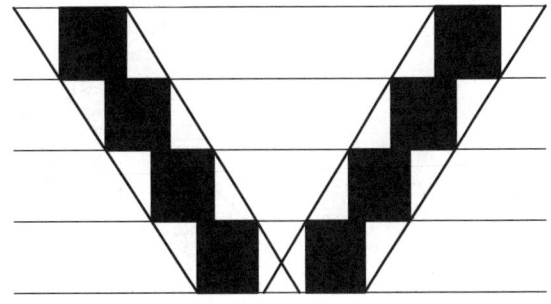

图 6-5-2 "V" 型天窗示意图

3．Y 型天窗

整个区段分两段分别开设矩形天窗和 V 型天窗，即矩形式的上下行部分重合天窗，此天窗主要在既有线上采用，如图 6-5-3 所示。

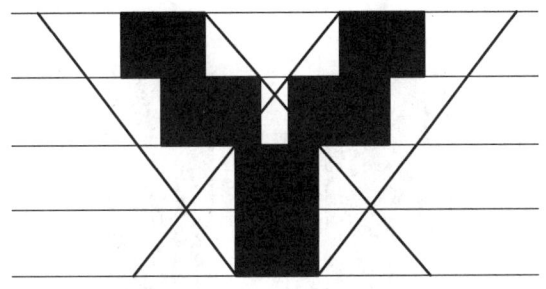

图 6-5-3 Y 型天窗示意图

4．r 型天窗

在整个区段内，按上下行分别设置天窗，一方向上设为矩形天窗，另一方向设为底部重合的阶梯形。此天窗在既有线上采用如图 6-5-4 所示。

图 6-5-4 "r" 型天窗示意图

5．X 型天窗

在某时段内，对于高速客运专线上的某个区段或是全线分为两段，各自开设 V 型天窗，它同时具有 V 型天窗的优点和缺点，但另一方面它比 V 型天窗所占用的相邻天窗开设时段的范围要小，比较适合在较长的线路或区段上采用，如图 6-5-5 所示。

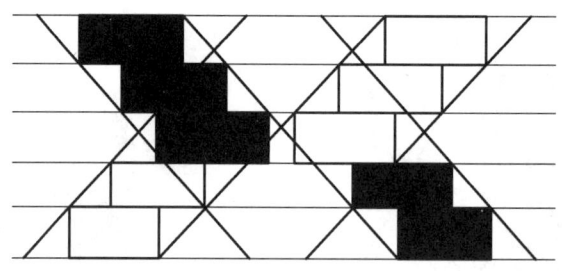

图 6-5-5 "X"型天窗示意图

6．平行矩形天窗

在某时段内，某区段分上、下行分别形成两个不相互重合的矩形天窗，如图 6-5-6 所示。虽然它可以解决跨线列车运行线铺画的问题，在全天内都可以运行列车，但是由于两个矩形分别设置占用了较多的日间发车时段，不利于日间本线列车的运输组织。而且在维修施工时，两条线路的维修作业与行车作业均受到一定的影响，且不能较好地解决渡线检修问题。

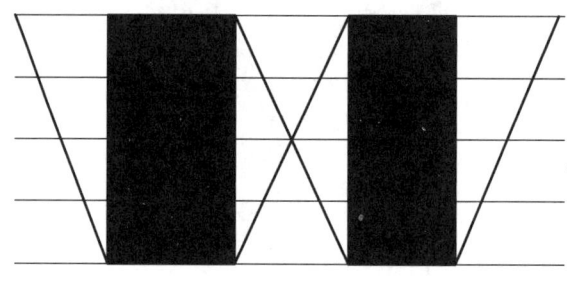

图 6-5-6 平行矩形天窗示意图

7．单线隔日矩形天窗

在 0:00—6:00 夜间的时段内，运行图按上、下行分单、双日安排一线维修天窗，另一线在天窗时间内，按单线组织列车运行。可以看到，此种天窗形式，同时具有矩形天窗和平行矩形天窗的优点。此种天窗解决了平行矩形天窗由于天窗时段范围开行太大而造成对发车时段影响的问题，使其控制在夜间 0:00—6:00。同时，因为组织另一线反向行车，也解决了跨线列车运行图铺画的问题。但是，仍然存在有维修作业与邻线行车之间的相互干扰问题，且不能较好地解决渡线检修问题。

8．双向分隔式矩形天窗

在 0:00—6:00 夜间的时段内，运行图上、下行线路同时设置"双向分隔式矩形天窗"，即在 0:00—6:00 间上下行均给出 1 h 时间安排需要在天窗内运行通过的列车运行，其余时间用于综合维修作业。可以看到，此种天窗形式，同时具有矩形天窗和 V 形天窗的特点。解决了 V 形天窗由于天窗时段范围开行太大而造成对发车时段产生影响的问题，同时也解决了跨线列车运行线的铺画的问题，使其控制在夜间 0:00—6:00。因为组织一线施工，另一线行车，也解决了跨线列车运行图的铺画的问题。但是，仍然存在有维修作业与邻线行车之间的相互干扰的问题，而且行车带的开设对列车的到达分布有较高的要求。

（三）综合维修天窗

综合维修天窗是指工务、电务、供电等生产部门按照铁路施工维修的需求，对线路设备、信号设备、供电设备等固定设备进行检修和日常维护而禁止列车运行预留的时间，它是解决列车运行与设备维修施工之间矛盾的技术措施。在高速度、高密度的行车条件下，综合维修天窗开设形式和维修时间的确定，对高速铁路的通过能力，行车组织方式影响很大。

综合维修天窗的内容一般包括：工务设施维修、信号设备的维护和检修、接触供电设备进行检查维修、站场和线路技术改造等。客运专线应为其设备检修共同开设 4~6 h 的综合维修天窗，接触网维修时间一般为 90~180 min。

考虑客运专线列车开行和综合维修"天窗"时间对线路通过能力影响，客运专线综合维修"天窗"安排在 0:00—6:00 为宜。无砟轨道客运专线的综合维修天窗时间不大于 2 h 来实现为高速铁路提供更多的运营时间。

二、高速铁路动车组的运用与管理

（一）动车组运用与管理体制

1．国铁集团统一购买，各客运专线公司统一租用动车组

特点：

（1）高效节约，统一调度且列车实行自动控制系统；

（2）备用动车组数量减少，利于统一购置检修设备和维修调度；

（3）客运专线公司无足够车辆运用自主权，经营活动的积极性和效率降低；

（4）租用国铁集团动车组，会增加费用结算环节。

2．客运专线公司自购，安排担当本公司列车运行线

特点：

（1）利于实现运力和公司其他资源最佳匹配，提高公司运营的积极性；

（2）自购动车组成本昂贵，易引发投资风险，增加公司经营压力；

（3）面临维修困境，自建维修基地，购置维修设备，投资成本高且浪费资源，若外委维修则会增加结算手续和成本；

（4）购置不同型号和制式的动车组，易造成全路列车标准不统一，与外公司协调困难，甚至引发安全事故。

3．国铁集团购置和客运专线公司自购相结合

客运专线公司只负责购买本公司需要的动车组，对于跨线列车，由国铁集团购车，这种方式体现出了前两者的优点，并弥补了各自的缺点。

（二）动车组运用与管理特点

1．提高了运营效率

缩短了换挂机车的作业时间，既利于提高列车旅行速度，又减少了工作环节，提高了工

作效率；牵引动力（机车）和运输载体（客车车底）的管理合二为一，减少了管理机构和相应的管理人员，同样也提高了运营效率。

超出了常规铁路机车的长交路，形成了所谓的联程交路运用方案。

2．革新了整备和维修体系

动车组采用新的整备和维修体系，提高了整备和维修作业质量、缩短了整备和维修作业时间，保证了动车组能够高质量、高可靠、高效率运营。

3．实现了动车组的运用与整备、维修的一体化

动车组的运用和整备、维修计划是统一编制、统筹安排的，使运载设备的运用和管理从常规铁路的分散化走向集中化，改变了客车车底固定运用方案模式，使运用方案更高效。

根据运用期间的所有动车组数量、设备状态、所在位置、累计运营里程和定检期限，安排滚动式运用方案，在保证完成运输任务和按期进段检修的前提下，使动车组的利用效率达到最高。

（三）动车组运用管理的主要内容

1．动车组运用方式

动车组运用方式指动车组在线路上担当列车运行区段的运行组织方式，确定了动车组能担当哪些区段的列车运行任务，动车组运用方式是影响列车接续的因素之一。动车组主要有三种运用方式，即固定区段使用方式、不固定区段使用方式和半固定运行区段使用方式。

（1）固定运行区段的使用方式。

固定运行区段的使用方式如图 6-5-7 所示，动车组在给定线路上运行并且其运行区段固定，又分为固定周转方式和两区段套跑周转方式。

动车组从动车段出来承担某个区段的列车运输任务，除因到达修程规定时间才检修入段外，其余每次返回动车段所在站时，只在车站进行整备作业。

① 优点。

a. 利于动车组管理，可根据客流变化采用不同的车辆编组方案；

b. 动车组运用组织简单。尤其适于区段内有大量径路相同且到发时刻均衡的高速铁路。

② 缺点。

不利于高速动车组的、检修和动车组运用效率的提高，具体表现在：

a. 动车组检修期间需一定量的备用车组代替，若备用车组由各区段分别配置，则备用动车组数量较大且利用率不高；

b. 动车组维修技术复杂，设备昂贵，只能集中于维修中心进行维修，对与维修中心不相邻的区段，需维修的动车组必须专程送检，事后又需专程回送。

（2）不固定运行区段的使用方式。

如图 6-5-8 所示，在假定各动车组无差别的前提下，不固定各动车组的运行区段，动车组完成一次列车任务后，对下一次所担当列车的运行区段没有限制，一组动车组多车次套用，原则上长短编组独立套用。

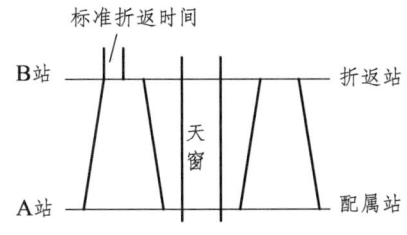

图 6-5-7　固定运行区段使用方式

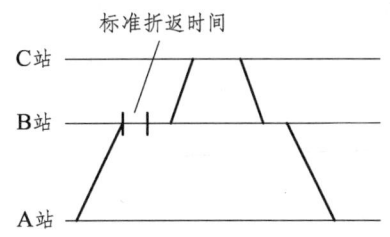

图 6-5-8　不固定运行区段的使用方式

① 优点。

a. 根据运行状态，对须维修动车组预先安排一条终到维修中心的运行线，灵活地解决运行与维修的配合问题。

b. 只要满足接续时间要求，动车组就可担当不同运行线的运输任务，从而提高动车组的使用效率，减少动车组的使用数量。

② 缺点。

a. 动车组接续安排紧密，运行受干扰时，对动车组运用影响大；

b. 动车组编组无法根据不同区段的客流特点而调整，从而造成输送能力虚糜和浪费。

③ 半固定运行区段的使用方式。

半固定区段运用方式是指一些动车组采用固定区段运用方式，而其余动车组采用不固定区段运用方式。它介于上述两种方式之间，同时具有上述两种方式的优缺点。

2．动车组的检修

（1）动车组的修程与修制。

在铁路运输生产中，必须对动车组进行及时检修和维护才能保持动车组的运行状态良好，保证动车组安全高效地完成运输任务。动车组是将牵引动力装置和载客装置固定为一体的特殊车底，其检修模式与我国目前旅客列车的机车和车辆检修作业不同，需要对动车组的检修制定新的、适合车底运用特点的检修模式。

（2）动车组检修设施布局。

为适应动车组的运用维护和定期检修的需要，必须设置动车段、动车组运用所等运用检修设施，主要分工如下：

动车组运用所派驻动车组，承担动车组的整列运用、客运整备以及存放作业，完成动车组的一、二级检修作业，根据需要完成动车组的部分临修作业。动车段配属动车组，主要承担动车组的整列运用、客运整备及存放作业，完成动车组的三四级检修及临修作业。动车段（所）应合理布局。若动车检修基地设置过少，动车组不能及时得到检修，或者为了检修而增加额外的空车走行和回送现象，从而降低动车组的运用效率；若动车检修基地设置过多，又会造成相应的人员和设备的浪费，从而带来运营成本的增加。因此，检修基地布局和检修能力应该与动车组的运用合理匹配，以达到总体优化。

（四）动车组运用状态

（1）运用动车组：指担当旅客运输（含确认列车）或试验任务的动车组和热备动车组，即以旅客列车车次开行的动车组。

（2）热备动车组指停放在动车基地或动车存放点内、技术状态良好、作为应急备用、随时可以上线运行的动车组。

（3）备用动车组：指停放在动车基地等动车停放点内、不上线运行的动车组。

（4）检修动车组：指正在实施一到五级检修、临修、技术改造及待修的动车组。

（五）动车组需要量的计算

影响动车组需要量的主要因素有：动车组运用的作业时间标准及途中旅行时间，行车量，列车铺画方案和运行线的位置，动车组长、短途套用程度等。

动车组需要量 $N_{车底}$ 可以用图解法和分析计算法两种方法确定，在运行方案不详的情况下，可用分析计算法进行计算。

（1）对于相同类型列车所需的动车组数，按下式计算：

$$N_{车底} = \theta_{车底} \times K_h \tag{式6-3}$$

式中　K_h——每小时平均发出列车数。

（2）对于不同类型列车所需的动车组数，按下式计算：

$$N_{车底i} = \theta_{车底i} \times n_i \tag{式6-4}$$

式中　$\theta_{车底i}$——第 i 类动车组周转时间，h；

n_i——单位时间内发出 i 类列车的数量，列。

（3）动车组配属数量的确定：

$$N_{配属} = N_{运用} + N_{检修} + N_{备用} \tag{式6-5}$$

其中运用动车组、检修动车组按下式确定：

$$N_{运用} = \frac{T_{总}}{T_{有效}} \tag{式6-6}$$

式中　$T_{有效}$——动车组有效运行时间。

$$N_{检修} = N_{二级修} + N_{三级修} + N_{大修} \tag{式6-7}$$

备用动车组主要有两个用途，一个是当运输波动需要加开列车时，承担加开列车的运输任务；另一个是列车运行调整时承担一些临时变化的运行任务。一般按下式确定：

$$N_{备用} = 0.06 N_{运用} \tag{5-2-8}$$

通过适当调整列车始发或终到时刻，压缩列车在基本段或折返段的停留时间，组织长、短途列车间的套跑运行等都可能减少动车组需要数。

（六）动车组乘务组织

1．动车组乘务组的组成

动车组列车乘务组由动车组司机、客运乘务人员、客车检车员、列车乘警、随车保洁和餐饮服务人员组成，简称"六乘人员"，六乘人员必须在列车长的统一领导下（除行车救援指挥外），分工协作，共同做好旅客服务工作。

2．动车组乘务员值乘制度

动车组乘务员的值乘制度有包乘制和轮乘制。

（1）轮乘制。

轮乘制是指在高速旅客列车密度大，且列车种类和编组又基本相同的区段，为了紧凑组织乘务交路和班次，采用乘务组互相套用，不固定动车乘务组服务于某一列车，乘务组不包车底，乘务员不包车厢，而是按出乘顺序，轮流担当旅客列车的乘务工作，各乘务机班可以在任一动车组上值乘的乘务制度。

优点：乘务员单班作业，一般在本公司内值乘，对线路、客流及交通地理等情况熟悉，联系工作方便，乘务中也不需宿营车，从而节省了运能。轮乘制有利于提高动车组的使用效率，减少配属站数量和动车组购置费，也有利于提高日车公里与乘务司机的劳动效率。

缺点：增加了乘务员之间的交接手续，不利于车辆保养和服务设施维护，对服务质量有所影响。

（2）包乘制。

包乘制是指按列车行驶区段和车次将列车乘务组和客车底固定起来，即两个乘务组包乘一组客车底，各司其责，其实质为乘务组包车底制、乘务员包车厢制。根据车底使用情况不同可分为包车底制和包车次制。

包车底制指乘务组不仅固定区段、车次而且固定包乘某一车底（长途列车乘务组分成两班轮流服务）。

优点：① 有利于加强列车驾驶员对动车组运用和保养的责任心，便于列车驾驶员熟悉动车组性能特征，掌握动车组的状态，有利于车辆设备及备品的保养；

② 乘务人员可以熟悉该列车的运行情况，掌握沿途乘车旅客的性质和乘降规律，便于乘务组班次的安排和合理分配作息时间，从而有利于提高服务质量。

缺点是在检修期间对设备利用与培训资源是一种浪费，包乘制使动车组运用受到限制，动车组运行时间不能充分利用，从而降低了动车组运用效率和列车驾驶员的劳动生产率。

包车次制指一个车次（通常叫线路）几个乘务组包干值乘，但不包车底。

其优点是乘务工时易保证，乘务员熟悉沿途情况和旅客乘降规律，便于管理，可保证服务质量；缺点是不利于备品和设备的管理，不利于车底保养，交接手续复杂，时间较长。目前国外的高速铁路线路中，绝大部分都不采用这种低效率的包乘制度。

三、动车组运用计划的编制

（一）动车组运用计划

1. 动车组运用计划的定义

列车运行图规定了各次列车的始发、终到车站和始发、终到时刻等，而这些列车的运行任务都必须由具体的动车组来负责。动车组运用计划是动车组周转接续和维修的综合计划，也就是根据给定的列车运行图、有关动车组检修修程的规章制度及检修基地条件等，对动车组的到始时刻、始发车站、担当车次、检修时间、检修地点、检修类型等做出具体安排，以确保用状态良好的动车组实现列车运行图，最终高效完成运输任务。

在调整列车运行图的同时，动车组运用计划也将做相应的调整。

2. 动车组运用计划的种类

（1）平日运用计划与假日运用计划。

（2）单基地与多基地动车组运用计划。

列车运行图由一个动车组基地配属的动车组担当，所对应的运用计划为单基地动车组运用计划。如果列车运行图由两个以上基地配属的动车组担当，相应的计划为多基地动车组运用计划。

（3）单车种和多车种动车组运用计划。

列车运行图上的列车采用同一种类型的动车组担当，所对应的计划为单车种动车组运用计划；列车运行图上的列车由不同种类的动车组担当，所对应的计划为多车种动车组运用计划。

3. 动车组运用计划的构成

动车组运用计划主要由动车组周转计划、动车组分配计划和动车组检修计划组成。

（1）周转计划：主要规定了按什么顺序担当列车运行任务，但并不规定具体的动车组。

（2）分配计划：指定具体的动车组担当周转计划中的具体交路，保证每个交路由状态良好的动车组完成。动车组周转计划中对列车周转计划的接续进行了安排，形成了周转交路，但没有指定具体的动车组。动车组分配计划要充分考虑动车组的位置、累计走行公里、已进行过的各类检修情况等条件，一般是在模拟未来使用计划的基础上编制而成的。

（3）检修计划：规定了动车组在基地检修的时间、内容、检修线等具体内容，供动车组基地检修使用。

动车组检修计划根据交路计划、车辆分配计划、动车设备履历、修程、修制、动车走行统计数据和列车故障情况、检修基地作业能力等实际情况编制而成。动车组检修计划的主要依据为：动车组检修的长期规划、检修基地的检修能力、动车组的实际状态。动车组检修分配计划的编制结果必须以适当的形式表示，并明确动车组编号、检修项目、检修地点、检修时间等内容。

动车组运用计划的评价主要包括使用的动车组数、回送列车的次数和里程、定期检修次数和日常检修次数等因素。一是完成同样的列车运行图，所使用的动车组数量越少越好；

二是回送列车开行的次数越少越好，因为回送列车不能运送旅客，不仅不能直接带来运营收入，还会耗费人力、电力等资源；三是定期检修和日常检修在满足法规规定的要求下越少越好。

（二）动车组运用计划编制管理模式

动车组运用方式的描述扩展到全路客运专线动车组运用方式，则固定区段使用方式表示动车组在固定的线路上担当列车运行任务，动车组可以根据实际编制需要在全路内套用不固定区段使用方式。但动车组按其中任何一种方式运用时，担当的列车还需要满足该列车是属于该动车组所属的权限范围之内的，因此在编制动车组运用计划时，需要确定动车组使用范围的动车组使用管理模式。

动车组运用计划以列车运行图为基础进行编制，两者紧密相关，因此动车组运用计划管理模式与运行图管理模式应保持一致，动车组运用计划编制的时段性也应与列车运行图保持一致。不同的动车组运用不同的管理体制，对应的动车组运用计划编制的管理模式也将不同。

1．全路集中管理动车组运用计划编制模式

全路集中管理动车组运用计划编制模式是以动车组由国铁集团统一订购和统一运用的条件为基础的。由于动车组归国铁集团统一调配使用，各客运专线公司对编制动车组运用计划只有建议权力，没有决定权力。国铁集团结合全路客运专线列车开行计划，并在考虑社会效益的基础上集中编制动车组运用计划，实现动车组的各线路间穿插接续，并将最终结果下发各公司进行讨论修改，直至最后确定方案。

2．客专公司管理动车组运用计划编制模式

客专公司自行购买动车组，将动车组指派给本公司开行的列车车次，客专公司仅是管理本公司动车组，与其他公司没有重合和交接部分，故公司根据本公司列车开行计划编制动车组运用计划。

3．全路集中与客专公司各自管理相结合管理模式

实行该种模式时国铁集团购置和客运公司自购相结合，则国铁集团和客专公司均有购车，均有列车开行计划，将动车运用计划编制只放在任何一方都不合理。

借鉴现行国铁集团、铁路局两级机构编制列车运行图模式，可考虑在国铁集团设置动车运用计划编制中心，主要编制跨公司列车动车运用计划，在跨公司列车动车运用计划的基础上编制完成各客专公司动车运用计划，国铁集团所属的动车组担当跨公司列车运行线，客运公司动车担当本公司管辖范围内开行的列车运行线，采用客运线间穿插套用和本线循环套用的方式。

此模式能很好发挥第一种和第二种管理模式的优点，同时避免了上述模式的缺点。

（三）动车组运用计划编制流程

国铁集团和各客运专线公司根据客流预测以及发展战略制订动车组购置计划，并在此基础上编制动车组运用计划。高速铁路动车组运用计划编制流程为：

（1）国铁集团和客运专线公司（铁路局）动车运用部门与动车段、所沟通，确定检修模式、体制、分工及检修标准，并签订相关协议。

（2）各客运专线公司（铁路局）上报国铁集团本公司的列车运行图相关资料，并由国铁集团整理分析。

（3）各单位提报可用动车组数、备用动用组数及动车组型号和配置。

（4）国铁集团集中各客运专线公司（相关路局）动车运用人员、各动车段（所）调度人员编制跨公司列车动车运用计划草案，公布、讨论、调整、通过并下发至各公司。

（5）各客运专线公司（铁路局）动车运用人员在国铁集团方案基础上编制本公司（铁路局）动车运用方案并上报国铁集团。

（6）国铁集团汇总各客运专线公司方案并分发至调度部门、各客运专线公司（铁路局）以及动车段，公布并予以实施，同时赋予其法定效力。在各客运专线公司平常的运营中，动车组运用方案若有微调，自行调整后于实施前报国铁集团调度部门和检修部门备案。跨客运专线公司动车组运用调整仍需按上述流程进行。对于相对独立的城际客运专线系统，其动车组运用计划编制流程相对简单，具体如下：

① 公司动车运用部门与动车段（所）沟通，确定检修模式、体制、分工及检修标准，并签订相关协议。

② 公司收集动车运用计划编制所需的运行图资料。

③ 编制动车运用计划草案，组织本公司与有关人员讨论通过。

④ 本公司动车组运用方案上报国铁集团，抄送相关公司、路局备案。

⑤ 动车运用方案分发给调度部门、动车段（所）并实施。

四、动车组乘务计划的编制

高速列车的乘务员包括动力车乘务员（即司机）和列车乘务员（即列车员）。

动车组乘务运用计划是动车组乘务员（组）的综合乘务计划，它根据给定的列车运行图、有关乘务员乘务规程、乘务基地条件等，对乘务员（组）在何时何地出乘、何时担当哪次列车、何时何地退乘等做出具体安排，以确保列车开行计划的实现。

乘务计划主要分为乘务日计划及月度计划。日计划由全体乘务交路构成，表示完成一日的运行图任务需要的乘务员数量及各乘务员担当的乘务交路。乘务交路是指一名乘务员一日的工作计划，运行图中每一行是一个乘务交路，线段上的字符表示车次。

（一）动车组乘务运用的定义

动车组乘务计划是动车组乘务员（组）的综合乘务计划，即根据给定的列车运行图、有关乘务员乘务规程、乘务基地条件等，对乘务员（组）在什么时间和什么地点出乘、在什么时刻担当哪次列车、在什么时间和什么地点退乘等做出具体安排，以确保列车开行计划的实现。

（二）动车组乘务运用的分类

乘务交路：一个乘务员（组）一日的工作计划，每一行是一个乘务交路，每条线段上的字符表示车次。

乘务计划：主要分为乘务日计划及月度计划。

日计划：由全体乘务交路构成，表示完成一日的运行图任务需要的乘务员数量及每乘务员担当的乘务交路。

月度计划：各乘务员（组）在指定月度中各日担当的乘务交路及休息计划。

（三）乘务运用计划编制主要流程

1．基础数据的准备

准备工作包括：确定乘务员基地（乘务员所属部门，一般为有大量列车始发、终到作业的地区）及换乘的车站（或乘务折返地）及其服务范围、给定列车运行图和动车组周转图、给定乘务工作时间标准等乘务规则、确定各乘务员基地的任务（将运行图分解给各乘务基地）。

2．乘务片断的划分

由于乘务作时间过长或出于其他乘务组织的考虑，一般以乘务员可能换乘的车站为分割点，将运行图中的所有运行线分割成乘务片段，所谓的可能换乘站是指一些规定的车站，在这些车站列车的停站时间大于乘务员换乘所需时间。

3．乘务交路的制定

按照乘务员一次乘务总时间、乘务折返接续时间、连续乘务时间等乘务规则，将各乘务片断组合成不同的可行乘务交路，作为最终乘务交路的备选方案。

4．确定乘务交路选择的优化评价准则

根据总乘务时间、纯乘务时间、连续乘务时间和乘务时间间隔的理想值和实际值的偏差，建立乘务交路选择的优化评价准则。

5．比选确定优化的乘务交路

根据上述优化评价标准，选择相对优化的乘务交路作为乘务组一次乘务工作内容。所有被选择的乘务交路集合，须完全覆盖全部乘务片段，乘务交路的数量就是每天所需要的乘务组数。乘组每一次工作就是完成一个乘务交路。

6．确定可行的乘务交路方案集合

在乘务交路中不能中断或中途更换乘务组的约束下，乘务组与乘务交路的不同组合方式，构成各种可行的乘务交路计划方案。

7．确定月度乘务员运用计划

在乘务交路方案中，各个乘务组之间的乘务时间、在外驻留待班的次数等数值并不均衡，需在较长时间内调整乘务组和乘务交路的组合关系，尽可能均衡各乘务组的劳动时间和外驻次数，并满足月度总乘务时间等乘务规定和有关劳动条例的规定。通常获得满意的编制结果要对上的4、5、6三个过程进行多次迭代，通过比较分析，放弃较差的交路，重新生成新的交路集合，再经过全面比选和调整，最后形成月度乘务计划。

第六节　高速铁路车站工作组织

一、高速铁路车站

高速铁路车站是办理高速列车接发、通过、中转和始发终到作业的场所，是协调与高速列车运行有关的行车、工务、电务等部门生产活动的基层生产单位，同时也是高速铁路与旅客之间联系的纽带，车站设有旅客运输设备及与列车运行有关的各项技术设备，并配备了客运、行车指挥等方面的工作人员，高铁车站在高速铁路旅客运输生产过程中起着重要的作用。

二、高速铁路车站的分类

我国高速铁路的运营模式根据线路状况有不同选择，高速线上既要开行高速列车，又可能要开行中速列车，高中速列车可在高速铁路和既有线间跨线运行。因此，我国高速铁路车站主要分为以下四类。

（一）越行站

越行站是中国高速铁路特有的，设于站间距离较长的区间，办理高速列车越行作业的车站。一般不办理客运业务，仅设两股到发线和一座为值班员用的小站台。日本、法国等国设有兼办越行作业和客运业务的车站，没有纯粹的越行站。

越行站（见图 6-6-1）在高速线上的布局，应根据不同速度列车的比例、列车开行方案、高速线需要的通过能力等因素来决定。

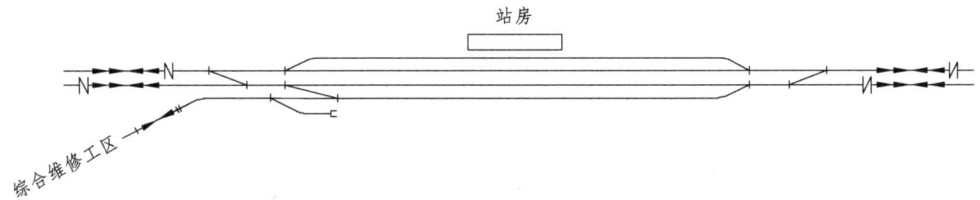

图 6-6-1　越行站布局

其中，正线主要办理高速列车通过，到发线主要办理列车待避作业，站台供值班员用。

（二）有客运作业中间站

有客运作业中间站一般位于高速铁路中间，办理停站列车的到发作业和不停站列车的通过作业，以及办理旅客上、下车，换乘，少量始发、终到或立即折返作业的车站，不办理列车始发终到作业。

中间站的基本图型有以下两种。

1．对应式图型

对应式图型如图 6-6-2 所示，中间站台设在到发线外侧或在到发线之间，站台不靠正线。两个站台夹 4 条线，考虑到办理四交会的可能，故设两条停车待避用的到发线，适用于正线通过列车多、停站列车相对较少的中间站。

优点是：站台不靠近正线，高速列车自正线通过时，不影响站台上旅客的安全，站台安全退避距离不必加宽，对应式列车通过与旅客乘降互不干扰，不影响列车追踪，保证列车通过能力。缺点是：岛式对旅客安全和列车通过能力有一定影响，接发旅客能力相对较小。

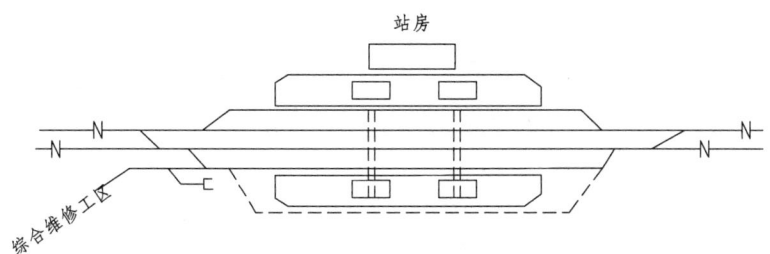

图 6-6-2　高速铁路对应式中间站布置图

2．岛式图型

岛式图型如图 6-6-3 所示，中间站台设在正线和到发线之间，站台一侧靠正线，另一侧靠到发线。正线为高速列车通过线，到发线为待避线，适用于当停站旅客列车较多的情况，便于充分利用站台。

其优点为岛式各线均可进行乘降作业，接发旅客能力大。缺点是当有列车在正线停靠站台时，会影响后续追踪列车通过，降低区间的通过能力；高速列车通过时受列车风的影响，站台安全退避距离需要加宽以保证旅客的安全，并需设置防护栅栏。

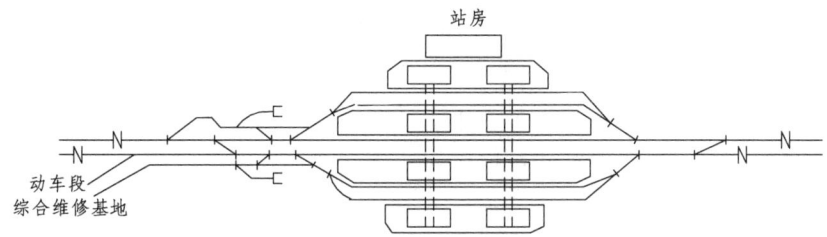

图 6-6-3　高速铁路岛式中间站布置图

（三）枢纽站

枢纽站一般位于高速铁路沿线大、中城市铁路枢纽或省会、直辖市，有大量的列车始发和终到作业，但不办理动车组的日检等技术作业，一般都有普通铁路干线或支线与之接轨，以办理通过的旅客列车作业为主，兼办部分始发、终到的高速列车。如南京站。

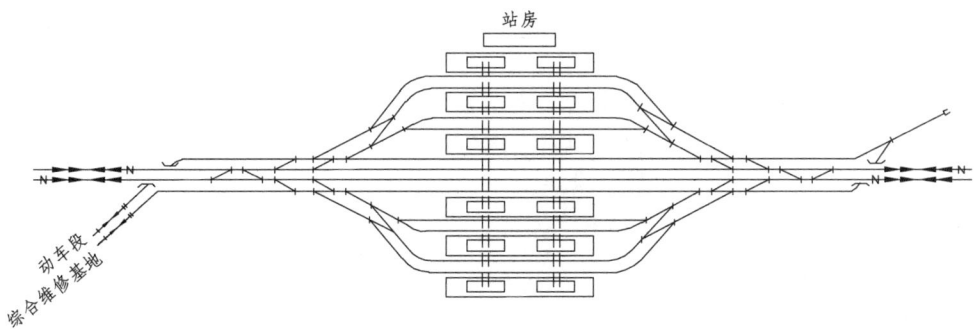

图 6-6-4　高速铁路始发、终到站布置图

(四)始发、终到站

设在特大城市的铁路枢纽,办理始发终到列车到发作业,具有全线最大的客运量,为全线高速列车主要检修基地和运营指挥机构所在地的车站,一般设有高速列车动车段和管理机构等。始发、终到站位于高速铁路起终点,有大量列车始发终到作业和动车组的技术作业,需考虑大量旅客的换乘作业,如北京南站。

对于车站类型划分方法的另一种观点是划分为三类,即将中间站和枢纽站合称为中间站,在此基础上增加通过站的划分种类。

此外,对于石太线等客货混跑的高速铁路车站还可能办理少量货运作业,其作业与既有线相似。

根据与既有线车站的关系,车站的类型还可以划分为新建高速站、与既有线紧靠或并列设置的高速站、高架于既有线车站之上的高速站、利用既有线的高速站等类型。考虑的因素主要是方便换乘和充分利用既有线能力。我国由于土地资源较为紧张,既有站附近地域拆迁费用较大,故较多地采用了新建高速站的模式。

三、高速铁路车站的技术设备

高速铁路车站的技术设备主要由站前广场、站房和站场三大部分组成,并拥有行车指挥、运营管理、生活服务等方面的设施设备和工作人员。

(一)高速车站站场

车站站场布置众多专门用途的线路,用于接发、停靠列车和进行客运作业和技术作业。站场内应设置站线、旅客站台、雨棚、跨线设备等设施。

1. 站线

根据作业需要,车站站场内应设正线、列车到发线、联络线、走行线、段(所、区)及其他岔线等。

(1)正线。

站内正线一般采用上下行全部平行顺直与两端区间连接,只有个别采用正线外包式。但因外包正线在进出站址形成反向曲线影响速度,且站场横向占地,一般已不主张采用。

(2)到发线。

旅客列车到发线供旅客列车接发和停靠,与正线平行。根据车站的类别,到发线数量遵循以下原则。

① 越行站和中间站到发线的数量为 2 股。

② 中间站的到发线一般为 2 股,如果客运量较大,每年达 500 万人次及以上,或者有立即折返始发终到作业,可设到发线 3~4 股。

始发终到站的到发线数量由车站最终承担的旅客列车对数及其性质、列车开行方案、引入线路数量和车站技术作业等因素决定,并应满足高峰时段列车密集到发的需要。

(3)联络线。

在既有线车站引入高速线并设置高速车场的车站,为了增加高速列车和常速列车作业之间的协调性，要求相应设备具有互换性和灵活性，可以在两系统间设置联络线。

（4）走行线。

动车段与车站之间的走行线应尽量布置在正线两侧，其中一条以立交穿越正线。

（5）段区所连线。

其他的动车运用维修所、运用所以及综合维修管理区都可以根据其自身的特点设置，一般最好使用立交连接。

2．旅客站台

站台（见图6-6-5）是旅客乘降的必须设备，站台的合理设置有利于提高旅客的乘降速度。

图6-6-5　高铁车站站台

（1）站台的宽度。

决定站台宽度的因素，除了有高速列车通过正线一侧的站台外，基本上与普通铁路相同，高速铁路客车密度大，每列车上下的旅客人数少于普通铁路，故与普通铁路站台宽度差别不大。

旅客基本站台的宽度，特等、一等车站应不少于20 m，二等车站及县城所在地车站应不少于12 m，其他车站应不少于6 m。不同等级城市不同站台的宽度如表6-6-1所示。

一般情况下，安全标线距站台边1 000 mm，白线宽100 mm。列车通过速度不超过120 km/h，1 000 mm；列车通过速度120～160 km/h时，1 500 mm；列车通过速度160～200 km/h时，2 000 mm，也可在站台边缘1 m处设栅栏。

表6-6-1　不同等级城市不同站台宽度要求

	省会城市	地级市	县城站
岛式站台	12.0～12.5	10.0～11.0	8.0～9.0
侧式站台	11.0～11.5	10.0～11.0 高架桥站9.0	8.0～9.0
侧式站台（靠正线）	9.0	7.5	6.0
侧式站台（不靠正线）	8.0	7.0	6.0

（2）旅客站台的长度。

旅客站台的长度是按旅客列车的长度来确定的，包括动车组的总长。虽然高速列车的总长比普通列车要短一些，站台长度可参考普通站台规定标准，即旅客站台长度应为 550 m 设置。只停留 8 辆编组动车组的车站站台长度按 230 m 设置，困难条件下不应小于 220 m。如果是仅供高速列车使用的到发线的站台长度参考具体的列车长度标准。

（3）旅客站台的高度。

按站台与线路钢轨顶面的高差值，可分为三种：低站台高差为 300 mm；一般站台高差为 500 mm，站台平面大致与列车最低阶梯的踏板等高；高站台高差为 1 100 mm，站台与列车车厢底平面相同；高铁车站站台高差为 1 250 mm。

3．雨棚和跨线设备

（1）雨棚（见图 6-6-6）。

为了保证向旅客提供优质的服务，旅客站台上必须设置雨棚。其长度和宽度应该与站台的长度和宽度一致，对于客运量较小的县城站，雨棚的长度可以减少到 200~300 m。

（2）跨线设备。

① 站房与站台之间或站台与站台之间来往通道。

② 平过道是最简便的跨线设备。

③ 立体跨线设备中最常见的有人行天桥和地道。中型车站一般应该设立体跨线设备；大型以上的车站，需要设置两个立体跨线设备。天桥和地道的宽度一般不应小于 4 m。特、一等车站应设有专门运输行包、邮件的地方。

特、大型高铁站天桥，地道宽度不小于 10 m，高度不低于 3.6 m。中、小型高铁站天桥、地道宽度不小于 6 m、高度不低于 3 m。高铁站站台天桥格局如图 6-6-7 所示。

图 6-6-6　由站台天桥望站台雨篷

图 6-6-7　高铁站台天桥

图 6-6-8　检票口

(二)高速铁路的站房和站前广场

1. 站房

高速铁路运营组织将使旅客的行为模式发生较大变化,作为直接为旅客服务的客运站房其最能体现高速铁路的形象,充分体现高效、安全、方便、快捷的特点,在功能和形式上都能体现高速铁路全新风貌,以"功能性、系统性、先进性、文化性、经济性"为原则进行设计和设备布置。

高速铁路站房设计应放在更大范围内与车站内旅客活动平台、站台、雨棚、跨线设施、相关功能用房综合考虑,形成以客运服务为主的车站建筑,并与周边的广场、城市交通设施、主要建筑相协调,使之成为铁路与城市的有机结合点,体现所在城市的地域特色和文化。

站房是客运站的主体,其设置位置一般是根据线路的布置、地形地质条件及城市综合规划等条件综合考虑确定的。包括:直接为旅客服务用的房室,是旅客站房的主体,主要由出入口、售票处、行包房、候车室、综合大厅和检票口组成。各房室的布置应考虑旅客在站内的流线畅通,使走行距离较短为依据。

(1)候车室。

候车室应有为旅客服务的卫生间、饮水处等服务设施,并配备安检设备、列车信息显示屏、座椅、空调、照明、消防等设备,高架候车室还应配备自动扶梯,根据需要设置贵宾座、软席候车室以及母婴、军人候车室。

高铁车站候车室除一般服务设备外,应配备自动检票机、自动查票机、电子显示屏等服务设备。

(2)售票处。

售票处是为旅客办理售票、退票、改签手续的场所。中、小型客站的售票处应设在进站口一侧,这样可以使进、出站旅客不发生交叉。大型客站的售票处应设在进站流线的前端,直通站前广场。

随着售票系统的完善,车站售票厅购票已不再是获取车票的主要途径,原来作为站房的主要组成部分的售票大厅功能弱化,售票窗口主要服务于直接购票者和部分换乘的旅客,以当天票和自动售票为主。考虑到铁路运输的时段性高峰,还应设置有临时售票点。

(3)综合大厅。

高速铁路一般不办理行包业务,不再设置行包房。客运用房主要由综合大厅和候车室组成,传统车站内综合大厅仅仅起着分配人流的作用,是过渡性空间,旅客在此基本不做停留。高速铁路强调服务,综合大厅不仅有分配作用,而且集多功能为一体,在保证旅客通行的前提下,可设置售票、寄存、邮电、银行、商务中心、商业、报刊、休息等多种功能区,大大提高了空间的使用效率,是车站建筑的核心。旅客在综合大厅可以选择快速通过,也可以办理手续和进行商务活动或休闲购物。

(4)检票口。

是站房与站台之间的连接点,是旅客进出站的必经之路,也是旅客流线组织的重要一环。

检票口的布置应力求以缩短旅客检票后的步行距离为目的。检票口的数量应根据通过该处检票进站（出站）的旅客人数及其检票口通过能力来确定。

高速客运站的检票口的检票作业方式与常规检票方式已有较大区别，配备的先进设备可以部分或全部地取代目前的人工检票。从而大大加快了检票的速度，提高了检票口的通过能力。并且随着高速铁路的发展，最终将全部取消检票口。

2．站前广场

站前广场（见图 6-6-9）应具备旅客和各种车辆集散、停留的场所旅客活动地带和相应的绿化区域，并考虑远期规划用地，站前广场由以下三部分组成。

（1）各种车辆停车场。

（2）旅客活动地带，包括人形通道、交通安全岛和旅客活动平台。

（3）旅客服务设施，包括旅馆、商店、邮政、汽车站、厕所等。

图 6-6-9　南京南站站前广场

图 6-6-10　高铁商业区

高铁车站商业物业开发是随着高铁不断发展而逐步形成的，利用的是车站宽大地下层和候车室夹层，主要以餐饮、百货及食品等项目为主。

四、高速铁路车站客运工作组织

（一）工作组织内容

高速铁路车站很大程度上将改革传统的客运组织模式，形成售票、候车、检票、上下车、进出站以及在途服务等全过程的客运组织新模式，最大限度提升旅客出行的便捷性和舒适性。

在实际工作中，充分借鉴地铁和国外铁路客运站的先进经验，在现有铁路计算机客票发售及预订系统广泛应用的基础上，通过应用自动售检票系统（AFC）、旅客自动查询系统、车站自动引导揭示系统等先进的信息管理系统，改变目前以候车厅为中心的组织格局，建立以综合大厅为中心的新格局；改"等候式"为"通过式"；改革现有"售票→候车室候车→人工检票进站→上车→在途服务→下车→人工检票出站"的客运组织模式，实行"自动售票→自动检票进站→站台或候车室候车→上车→在途服务→下车→自动检票出站"的模式，引导旅客快捷进出车站，简化进站流程，缩短在站停留时间。

可以根据车站客运量的大小,在车站配备一定数量的自动售票机和自动识别检票口、车站信息发布和客流导向系统等,以方便旅客购票、乘车,缩短旅客排队购票、进出站的时间。

乘客进出车站均需通过检票机检票,从而杜绝了人工检票时的漏检、逃票、以售代检、以检代售等问题的发生,并可因此取消困扰旅客多年的车上验票制度。自动售检票系统通过对客流量、客票收入等综合业务信息的汇总分析,可以增强企业客流分析预测能力,合理地调配车辆,为运营管理提供实时准确的统计分析报告和决策依据。

应设置自进站至站台候车全程醒目清晰的旅客引导电子设备和多处一定时间段内各次列车电子信息告示牌。旅客到站台后能方便地找到与车票相同的车厢号的停车车门位置,旅客能自己"对门上车、对号入座",消除旅客在站台上寻找车厢门的时间。这就要求站台上有准确、醒目的停车车号车门位置的标志,高速列车应通过列控系统或司机操纵准确无误地停在与站台标志一致的位置上。这样旅客能以最短的时间上车。据介绍,日本东海道新干线列车的停车位置误差仅为 5 cm。

快速组织完成折返列车清洁、废物处理、上水和物品供应工作。

(二)售检票工作组织

1. 售票工作

按国外情况看,高速铁路客票售票途径普遍丰富多样,旅客可以通过人工售票窗口、旅客自助购票机、车上手持终端、电话、互联网、旅行公司系统、航空公司等多种方式,以现金或信用卡为支付手段购买或预订铁路车票。车站售票工作仅承担其中少量任务。高速车站的售票系统自动化程度相当高,与强大的接发列车能力相匹配,适应了大流量、高密度、客流快速集散的需要。车站售票以自动售票为主,人工为辅。通过自动售票机,旅客可以方便地查询各次列车的售票情况,选择乘坐车次、座别、不同运输产品车等。不同客运公司间售票点都相互代售对方的车票,并通过售出车票取得对方的代售费用。

售票窗口和自动售票机数量配置方面,要考虑旅客的消费习惯和适应能力,初期应设有较多的售票窗口和少量的自动售票机,伴随着售票机购票旅客数量的增加而逐步增加售票机的数量,保持售票机排队旅客数量较窗口少或除高峰期外其他时段没有旅客排队,以引导旅客逐步接受自动售票设备。由于高速铁路的服务特性,建议在整个售票点的数量方面保留一定的弹性,控制好旅客排队的队长,尽最大可能降低旅客的排队时间。

售票点的位置应尽量靠近综合大厅,并可考虑在综合大厅、旅客通道两侧、城际列车所在站台、与其他交通方式衔接位置上布设适量的自动售票机,以分担集中售票点的售票压力,并可以达到更好地为旅客服务的效果。如采用以换乘为主的组织方式,则在换乘站台或大厅也应设置自动售票机和少量的售票窗口。

高速铁路车票品种多样,在售票窗口和自动售票机的功能设计方面要能保障不同的功能需求,如长期票的签证、已订票的取票等。

2. 检票工作

高速铁路检票大多采用自动检票系统,检票机的类型包括以下几种。

(1)转杆式。

这种检票机通行流量比较小,容易造成拥堵和事故(见图 6-6-11)。

图 6-6-11　转杆式检票机

（2）扇门式。

可以达到迅速安全疏散人流的目的，不会出现转杆式闸机那样的拥堵与事故。但人性化的闸机也引来了小麻烦，由于停滞时间相对较长，往往出现一些不遵守规律的乘客在出闸门时漏刷或者逃票（见图 6-6-12）。

（3）拍打式。

适合于大流通量或大件行李及残障车，须配合监控人员使用（见图 6-6-13）。

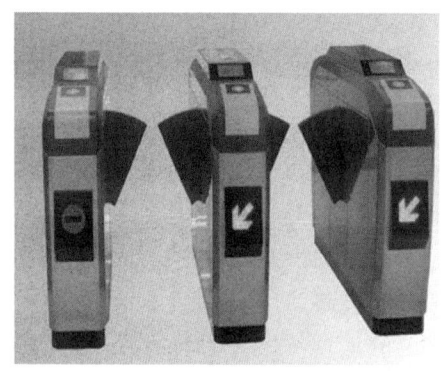　　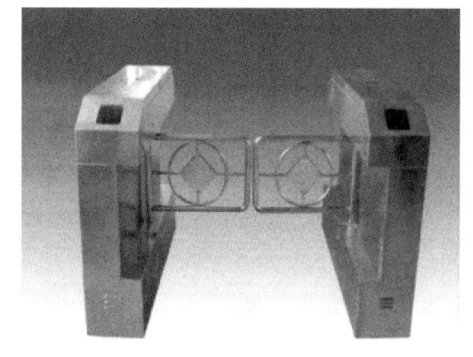

图 6-6-12　扇门式检票机　　　　　　　　图 6-6-13　拍打式检票机

检票机通道的设置地点有两种：一是在进站口，二是在候车室与站台间。传统铁路因送站旅客较多和出于对安全的考虑而较多采用了第二种；而国外的高速站普遍采用第一种，有的国家甚至未设检票作业设备。我国高速站检票机通道设置地点在不同线路车站的设计方案中两者都有采用，但从高速铁路服务特性和客流特点角度分析，建议采用第二种。

由于我国高速铁路客流量较大且候车室往往采取高架设计，进出站口一般应该分别设置。出站是否需要设置自动检票通道进口检票机尚无明确结论。国外出站多不检票，利于大流量的到达流的尽快疏散。我国高速铁路的情况有所不同，是否设置需要进一步深入研究。

检票机通道的数量上应留有一定富余，保证高峰小时客流的通畅。如检票机通道采用拍打式，为节约服务人员数量，在非高峰时段应关闭部分通道。

（三）高速铁路车站乘降工作组织

高速铁路车站由于大多采用了进站检票、候车室和候车站台间没有障碍等原因相对既有线简单，组织的主要内容大致包括正确引导旅客上下车和站台候车管理等。

正确引导旅客组织主要依靠自动化的旅客导向系统（指示设备）。旅客导向系统主要从调度系统提取信息结合人工录入的方式，在车站加工处理形成信息源，以音频和视频的方式发布给旅客。导向系统主要分为四部分：站外信息服务、站内信息服务、车上信息服务和网上服务系统。通过这些服务旅客可以了解到各次列车的发到时间、始发站/经停站/终到站、列车编组、客票发售、列车运行（列车正在运行区间、列车正晚点、列车晚点原因）等列车运行信息，以及候车地点、服务地点、进出站走行路径、城市交通信息等站内服务信息。还可以考虑提供部分服务电脑供旅客查询其他相关信息并可直接进行有关操作，如预订车票、预订旅馆等业务。

旅客导向系统广泛分布于各个进出站口、交换大厅、售票大厅、地上地下电梯处，各种固定引导标记和电子显示应十分醒目、清晰。每个进站、出站闸口，最好设有摄像机，密切监视着乘客的情况，一旦发现异情，工作人员能立即出动，快速处置。

站台候车主要依靠设备而一般不需要专门的客运员进行管理，如不同线路的列车分别采用不同的颜色标进行区分，以鲜艳的颜色标出候车安全线，站台地面上设有明显的各种车型车门位置的标记，设置排队标志等，引导乘客排队上车。可以考虑在站台设置客运值班员对候车情况进行监视，以保证候车的安全。我国既有铁路的CRH动车组目前还在各车门处设专门的检票人员以解决逃票问题，高速铁路不宜沿用。

第七节　高速铁路调度指挥系统

一、高速铁路调度指挥系统的特点

高速铁路无论在技术装备、运输服务还是在运输组织工作方面都与常规铁路有着显著差别，高速铁路运输组织的目标是高速度、高安全、高密度、高正点率、高质量服务、高市场占有率及高社会经济效益。为提高生产有序性、实现多部门间联合生产的协同性以及对外界干扰的适调性，调度指挥系统具有约束控制、协调配合和应变调整三项基本功能，而要充分发挥这三项基本功能，必须在调度指挥工作中坚持集中领导和统一指挥的基本原则，并构建与之相适应的组织机构。

高速铁路调度指挥系统既是高速铁路运输管理和日常列车运行控制的中枢，又是对运输过程进行实时监督调整的指挥中心。它在协调各部门工作，提高列车运行质量，确保行车安全，保持运输系统整体有序运行方面起着重要的核心作用。是高速铁路高新技术的集中体现，也是高速铁路运营管理现代化、自动化、安全高效的标志。它根据机车车辆配备和动力特性、车站配备及作业、沿线线路和设备状态、人员配备、相邻线路列车运行状态等，统筹编制列车运行计划、集中指挥列车运行和协调铁路运输各部门的工作。因此，只有一个高效率、现代化的运营调度信息管理系统，才能充分发挥高速铁路本身所具有的运输能力，确保高速铁路的运行安全和优质服务。

高速铁路运营调度指挥系统具有如下特点。

（1）作业简单、规律性强、有利于集中控制。

(2)高安全、高速度。
(3)高密度。
(4)高正点率。
(5)人性化的旅客服务。
(6)实行综合维修。

高速铁路"高安全、高速度、高密度、高正点率、高质量服务、综合维修"的特点是高速铁路运输调度指挥工作的前提与核心,也应该成为高速铁路运输调度指挥系统重点考虑的问题。

二、高速铁路调度指挥的作用

(1)高速铁路运营管理和列车运行控制的中枢,担负组织高速铁路列车运行和日常生产活动的重要任务。

(2)能准确辨识各类影响调度指挥决策及行车安全的风险因素,具有风险预警与控制、智能化决策和管理能力。

(3)是充分发挥高速铁路运输效能,协调运输各部门工作以确保高速铁路行车安全和优质服务的基本保证。

(4)是保证高速铁路安全、正点、高效运行的现代铁路控制与管理系统,是一个复杂的包括实时控制和信息传输等功能的综合系统。

三、国外高速铁路调度指挥系统

国外高速铁路调度指挥模式基本划分为三种类型。

第一类是以日本为代表,通过构建各专业综合调度系统以适应高速客运专线的特点和需求,按照新的思路构成的综合型调度指挥系统,简称"综合型"系统。

第二类为德国模式,其调度系统是以地区为中心建立调度控制中心,而不是以高速线为中心。

第三类是以法国和西班牙为代表,线路为目标建立控制中心,基本沿袭既有铁路的传统模式。

(一)日本高速铁路调度指挥系统

1. 日本高速铁路调度指挥系统的发展

1964年,东海道新干线开通,采用调度集中(CTC)的行车指挥方式;

1972年,日本国铁将计算机辅助运行控制系统COMTRAC(Computer aided Traffic Control System)投入使用,此后又不断地改进设备扩充功能。形成现在的系统,管理总长为1 100 km的东海道和山阳新干线。

日本高速铁路列车的运行密度、运量、安全性、正点率和方便性居世界领先位置。采用综合调度系统,保证了世界客运铁路最高运营密度和行车的安全正点。

1996年阪神大地震以后,JR东海与JR西日本铁路公司在大阪建设了COMTRAC备用中心。

1999 年，JR 九州铁路公司将原有的七个既有线调度所合并，采用 COMTRAC 系统，建设了九州综合调度中心，管理 2 000 余千米的既有铁路。

在 COMTRAC 基础上，JR 东日本铁路公司开发了新型综合调度集中系统 COSMOS（Computerized Safety Maintenance and Operation System），1995 年投入运营的 COSMOS 系统是集行车控制、电力控制、车辆运用管理、运行图生成及变更、信息系统（灾害信息、旅客信息等）、维修作业管理、车站作业管理等功能于一体的综合性运营管理信息系统，它通过信息共享结构，将运行本部的 8 个计划、管理部门与作业现场（车站、乘务员区所、车辆基地等）有效地连接在一起。

COSMOS 调度中心设在东京，集中管理东北、上越、北陆等新干线，总长达到 900 余千米。COSMOS 系统（见图 6-7-1）由运输计划、行车控制、维修作业管理、设备管理、电力监控、车辆管理、维修基地管理 8 个子系统构成。

COSMOS 系统与 COMTRAC 相比扩大了管理和控制范围，增强了功能，约 500 台计算机构成广域自律分散系统，确保系统故障或中断时仍能维持铁路正常运输秩序。COSMOS 系统采用了 90 年代最新的计算机和通信技术，实现了运输业务管理的综合系统化。

2．日本高速综合调度系统特点

（1）日本新干线按线（东海道山阳）和区域（东日本公司）分别设置单独的调度指挥系统，无国家级统一调度指挥中心；东海道山阳新干线与既有线完全独立，调度系统完全独立，并设立了备用中心；东日本公司的部分高速列车下到既有线运行（既有线需要改造，其上列车运行速度较低），高速列车在既有线运行时需与既有线调度指挥系统间进行相互协调。

（2）充分考虑了高速行车所伴随的高风险性及行车安全对调度系统的依赖性，突出了安全的重要地位。

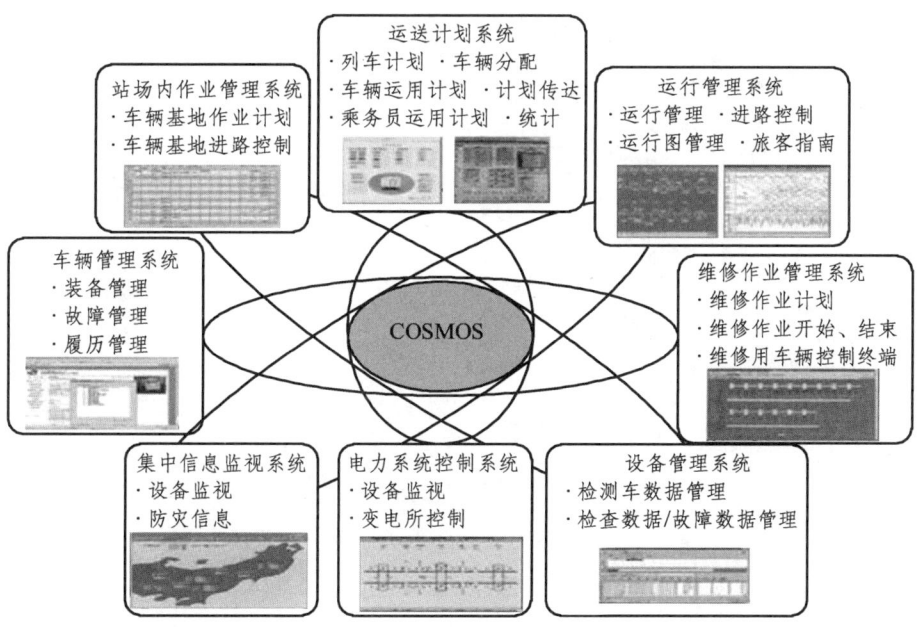

图 6-7-1　COSMOS 系统构成图

（3）基于对可靠性、实时性、安全性等不同要求，各子系统采用不同网络通道相连接，从广义的运输系统概念出发，即将运输系统视为包含多部门的庞大复杂的人-机-环境动态系统，以保证运输安全和稳定有序为首要目标，构建信息化、集成化和智能化的综合调度指挥系统。

（4）基于管辖范围设计系统，容量有一定限制，不利于扩充，基于日本技术条件、技术标准开发，通用性较差。

（5）以运行计划为基础、以列车运行管理（调度）为核心、以良好的设备状态为保障，系统具有高度的综合性，功能强大。

日本新干线的综合调度中心所设置的职能结构、业务范围，除传统的各种调度业务以外，还设立有关线路设备管理、维修、保养、供电系统的监视、遥控、通信信号设备的监控、检修以及发生灾害、事故抢修处理等业务调度。

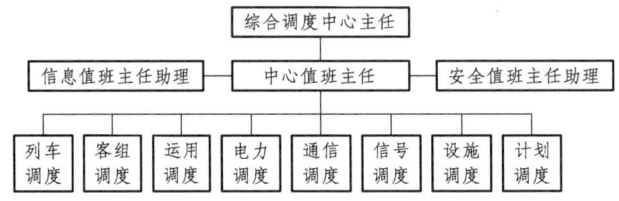

图 6-7-2　综合调度中心职能结构示意图

综合型系统是以现代化新技术为支撑条件的信息化、集成化和智能化的先进系统。日本的综合调度中心，在采用调度集中 CTC 的基础上，开发配置了计算机管理系统，形成了以行车指挥自动化系统 COMTRAC 和新干线信息系统 SMIS 为中枢的，集成了一系列自动化程度很高的移动数据通信、设备监控、列车运行自动控制、事故预警、防灾、售票服务、事务管理等功能综合的、统一的运营管理总体系统。

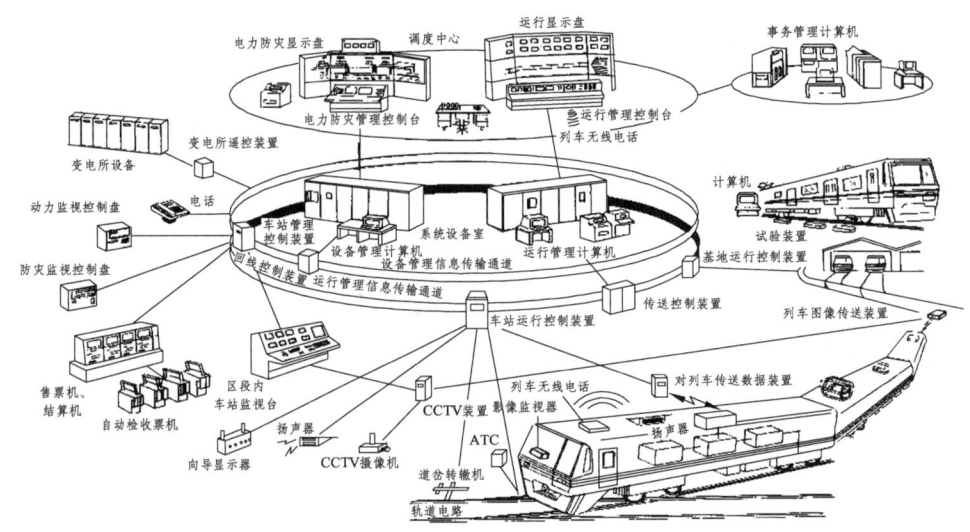

图 6-7-3　统一的运营管理总体系统示意图

（二）德国调度指挥系统

（1）高速铁路调度指挥系统纳入既有线调度系统，路网调度与客货调度协调工作量较大，运行图协调难度大。

（2）铁路调度中心分别设在柏林、汉诺威、杜伊斯堡、卡尔斯鲁厄、莱比锡、法兰克福、慕尼黑7个大枢纽地区，其中法兰克福调度指挥中心属于国家监控中心（NLZ），负责协调和监控整个路网调度指挥，主要监控客运和货运列车同邻国铁路的国际列车连接，对地区和中央路网问题监控，为理事会做中央日程报告、流程分析及优化路网交通。法兰克福调度指挥中心实行总部—地区调度所—基层车站值班员三级管理；调度人员实行2班倒，每班12 h。

（3）在硬件方面，沿用了既有线的显示模式、运行环境等，二者得到了较好的衔接与联系。

（4）采用集中控制列车运营，基本配置如下
① 在柏林和美茵茨各设一个调度中心协调各区域控制中心的调度工作。
② 全国路网设七个区域控制中心。
③ 由遥控中心和车站信号设备组成基层控制系统。

高速铁路不专设调度中心，而是将高速铁路调度纳入所在区域的既有调度系统，仅增加供高速线调度使用的工作台。德国铁路采用BZ2000调度系统，包括计划系统、信息系统、故障处理系统、调监显示和进路控制（人工）系统等。BZ2000系统功能主要包括运行图编制、运行冲突预测和检查、运行图自动调整、列车运行状态监视、列车车次追踪和列车定位、列车进路自动设置、设备故障监视、安全防灾信息监视、各种信息的接收和发布等功能。

（三）法国高速铁路调度指挥系统

（1）设有相对独立的高速铁路调度指挥系统。
（2）采用二级或三级结构进行调度指挥，即：国家调度中心、分局调度中心（二级结构无）和CTC指挥中心。
（3）按区域设置分局作为管理机构。
（4）客运专线的调度系统与既有线调度系统之间，尤其在上下线站有密切的联系和数据交换，包括列车运行、设备运用信息等。
（5）高速线列车运行由国家调度中心和按高速线设置的调度机构集中指挥。

四、中国客运专线调度指挥系统

（一）客运专线综合调度中心建立的目标和原则

1. 客运专线调度指挥系统的指导思想

以科学发展观为指导，按照跨越式发展战略的总体部署及"一流管理、一流技术、一流服务"的要求，遵循"以人为本、服务运输、强本减末、系统优化、着眼发展"建设理念，以路网完整性和运输调度集中统一指挥为主线，以保障安全、提高效率和服务质量为重点，以现代信息技术为手段，实现运营管理、调度指挥及技术装备现代化。

2. 客运专线综合调度系统的建设原则

（1）先进性。
采用国内外先进、成熟技术，学习、借鉴、消化、吸收国外高速铁路运营管理先进理念并进行再创新。

（2）实用性。

最大限度满足各层次工作需要以及系统可扩充性、可维护性要求。

（3）系统性。

坚持路网完整性和调度集中性，保证与既有线运营协调一致。坚持统一领导、统一规划、统一标准、统一建设、统一管理、分步实施，保证体系完整和运作高效。

（4）经济性。

综合考虑建设和运营成本，合理规划、精心设计，充分利用既有资源，降低投资成本、减少投资风险。

（5）开发与引进并重、研究与工程并举。

加大科技投入，立足自主开发，引进关键技术，形成具有自主知识产权的综合调度系统，确保工期和工程质量。

3．客运专线综合调度系统的建设目标

实现"一流的工程质量，一流的装备水平、一流的运营管理"的客运专线建设总体目标。采用现代信息技术装备，以列车运行指挥为核心，综合集成运输计划、行车指挥、动车运用、基础设施、旅客服务、安全监控等功能，为满足客运专线运营管理和优化运力资源提供技术手段，建成适应国情路情、技术先进、功能完善、结构合理、经济适用、安全可靠、具有世界一流水平的综合调度系统。客运专线运营调度系统构成及功能覆盖范围如图 6-7-4 所示。

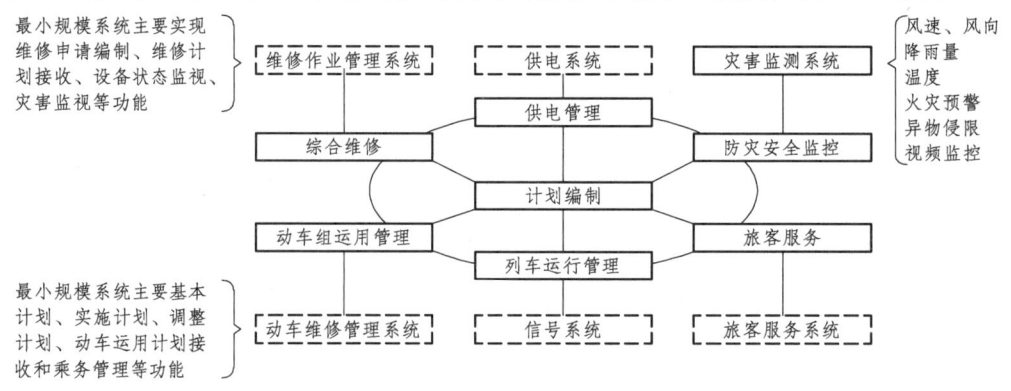

图 6-7-4　客运专线运营调度系统构成及功能覆盖范围图

（二）中国高速铁路调度指挥特点

1．调度指挥集中化

（1）设立两级行车调度指挥系统。在国铁集团设立高铁调度指挥中心，统一协调指挥全路高铁列车运行。各铁路局负责管内高速铁路线路的调度指挥。

（2）针对高铁列车进路地面信号由 CTC 系统自动触发和控制的特点，由列车调度员直接指挥和办理列车作业。车站不设行车人员，列车司机根据信号系统直接开车。遇非正常情况需现场准备进路时，由现场应急人员负责。

2．调度指挥综合化

建立全线行车、动车组、客服、供电、施工应急"六位一体"指挥体系，通过远程监视、信息共享和远程控制等信息化手段，实行行车指令统一下达和全线信息的集中汇集与传递。

3．调度指挥自动化

采用先进的运营调度系统，实现计划编制、运行管理、动车管理、客运服务、供电管理、综合维修、客货营销等功能协调联动。

4．调度指挥精细化

实现高密度运行，运行正点要求高。运力配置基本透明，由调度直接掌握。

我国高速铁路调度指挥采用属地化管理区域集中二级调度指挥系统架构。

高速铁路调度指挥人员包括高铁值班副主任、计划调度员、列车调度员（助理调度员）、动车调度员、动车司机调度员、供电调度员、客服调度员、综合设施调度员，各调度工种业务实行专业化管理。

动车调度由车辆处，动车司机调度由机务处，供电调度由供电处，客服调度由客运处，综合设施调度由工务处、电务处进行专业指导和专业培训，并对其专业管理负责。

（三）我国高速铁路运营调度系统组成

1．调度系统物理结构

高速铁路运营调度系统根据客运专线实际实行分级管理、集中统一指挥的原则。我国运营调度组织机构采用两级管理模式，即在国铁集团设客运专线调度指挥中心，在北京、上海、武汉、广州设4个客运专线调度所。北京调度所管辖京哈、京沪及环渤海湾城际等客运专线；上海调度所管辖长三角城际、浙赣、陇海等客运专线；武汉调度所管辖京广、沪汉蓉等客运专线；广州调度所管辖泛珠三角城际、东南沿海等客运专线。

根据国外高速铁路运营调度系统的情况和发展趋势，我国高速铁路将采用综合调度指挥系统模式，调度系统的物理结构示意图如图 6-7-5 所示。

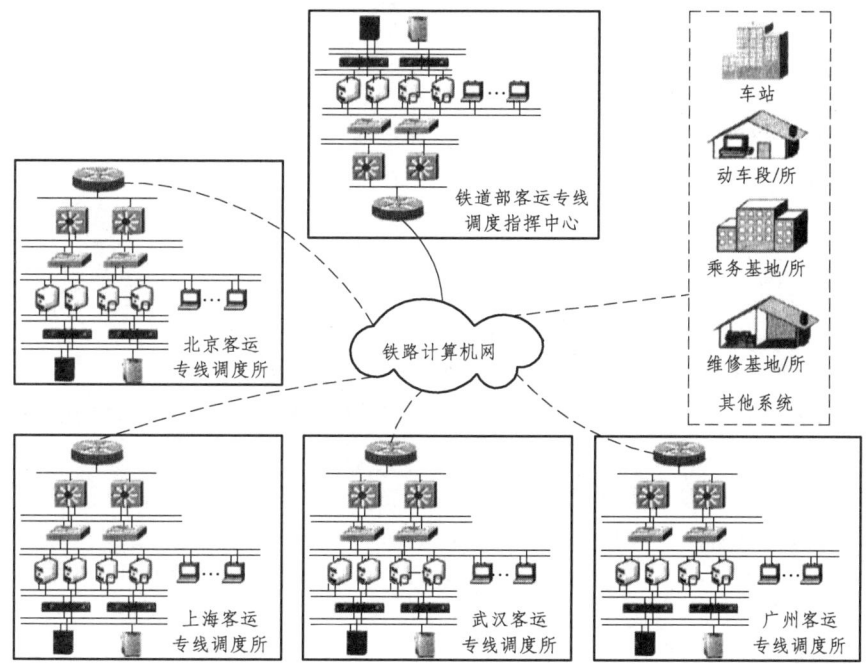

图 6-7-5　调度系统物理结构示意图

2. 调度系统功能结构

从功能上可将调度系统分成如下六个功能子系统：运输计划、运行管理、车辆管理、综合维修、客运服务、供电管理等。我国高速铁路运营调度系统功能结构如图 6-7-6 所示。

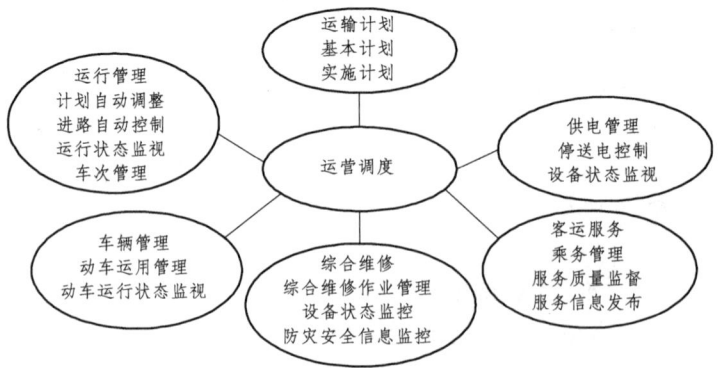

图 6-7-6 调度系统功能结构示意图

3. 调度系统层次关系结构

调度中心与调度所、动车基地、乘务基地、维修基地等之间的层次关系如图 6-7-7 所示，各部门之间通过专用网络连接，传递各种生产所需的信息。调度所直接指挥列车的运行，动车基地、乘务基地、维修基地等为受控部门，按调度所的安排进行工作。调度中心一般情况下只监视各调度所的工作，对跨调度所的业务进行协调，特殊情况下调度中心也可以按管调度所的工作，对列车运行进行直接的指挥。

复习思考题

1. 简述高速铁路运输组织的流程。
2. 简述高速铁路运输组织模式种类及各自特点。
3. 我国客运专线的运输组织模式宜选择何种模式？分析其原因。
4. 我国高速铁路列车开行方案的特点有哪些？
5. 国外高速铁路列车运行图的主要特点有哪些？
6. 设计通过能力、现有通过能力和需要通过能力三者有何不同？
7. 什么叫作动车组运用计划？
8. 什么叫作乘务运用计划？轮乘制和包乘制有何区别？
9. 说明高速铁路的动车段（所、场）和综合维修基地的设置原则。
10. 根据技术作业性质不同，高速铁路车站可划分为哪几种类型？说明其图型特征和作业特点。
11. 高速站与既有站合设具有哪些优点？
12. 说明高速站与既有站合设各方案的特点。
13. 高速铁路引入既有枢纽的方式有哪几种？说明其特点，并比较其优缺点。
14. 说明高速铁路的动车段（所、场）和综合维修基地的设置原则。
15. 高速铁路车站作业和服务的特点有哪些？
16. 我国高速铁路运营调度系统由哪几部分组成？各子系统的功能是什么？

第六章 高速铁路运输组织

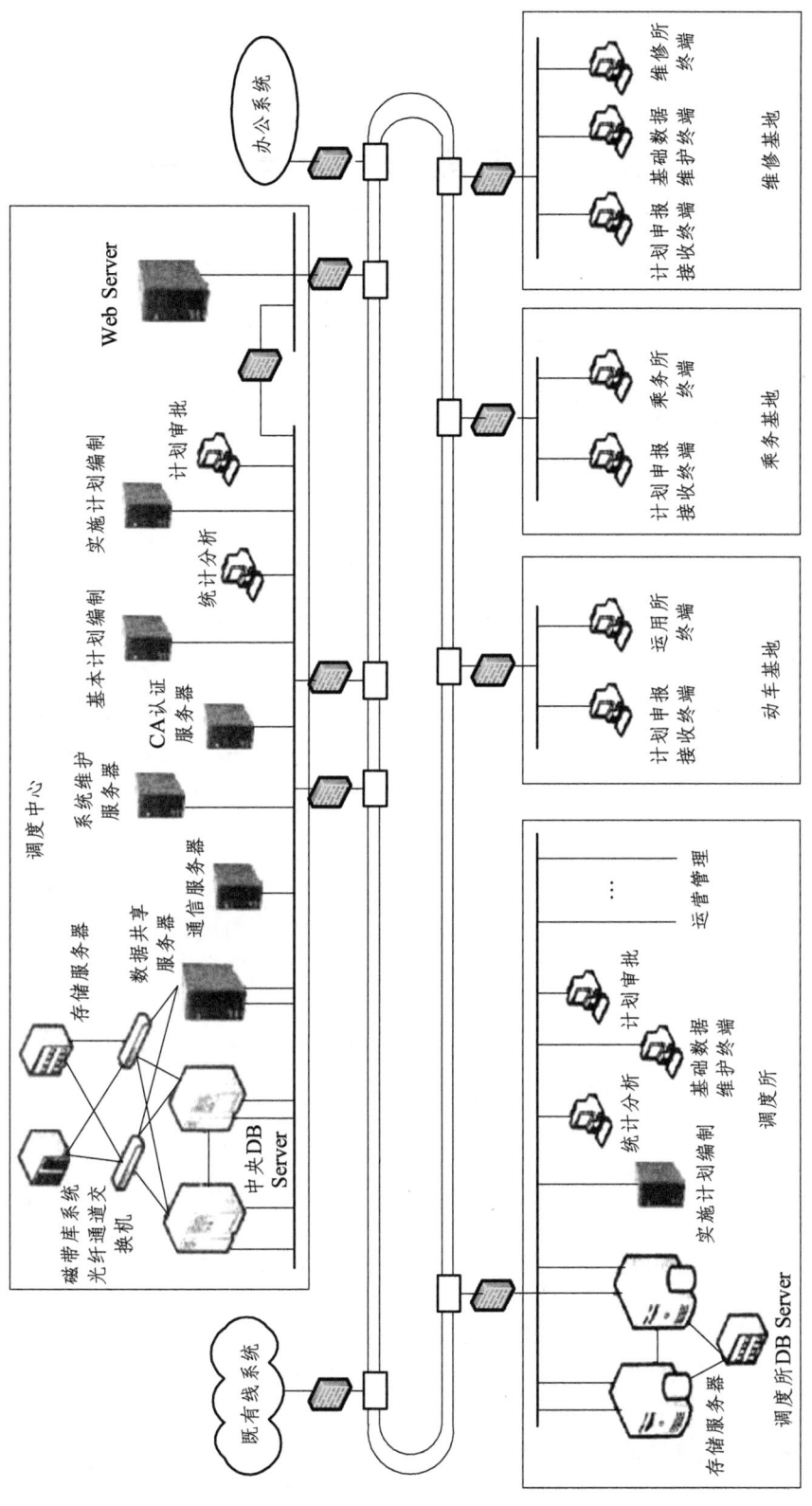

图 6-7-7 调度系统层次关系结构图

第七章 高速铁路客运服务

第一节 概　述

一、高速铁路客运的特点

1．车上服务要求较高

选择高铁出行的乘客一般他们的时间价值非常高，而且其经济承受力较强，他们除了对乘车舒适性有较高要求外，还会对列车上的娱乐、餐饮和通信等相关服务提出很高要求。因而，高速列车上需要配置齐全的服务设施。

2．人们乘降车的时间较短

高铁列车具有停站时间短、起停车速度快的特点，少的仅需要 0.5 min，多的也只有 2～3 min，所以人们乘降车的时间大为缩短。为此要求铁路站台上要有明显、清晰的乘降车指示标志。若标志模糊不清，乘客在站台上就不易找到通道或车厢，从而延误列车运行，降低运输效率，给乘客造成不便。

3．旅客集结的时间较短

实际上，高速铁路可通过高效合理的运输组织，完全实现"旅客不用在车站候车太久和随到随走"的目标。旅客进出高铁车站必须更快捷，程序要更简便。同时，高速铁路的到发车次比较频繁，致使单位时间内进出车站的旅客人数大量增加。如果进出车站的程序和手续繁杂、通道不顺畅，必然将降低高铁车站的服务水平，并会影响到高速铁路的运营效率及其声誉。

基于上述高速铁路的主要特点，有关国家在推动高铁技术发展的同时，还在进一步开发与完善可以满足旅客要求的高铁客运服务系统，达到为旅客提供方便快捷的运输服务，全面提升高铁客运的竞争力的目标。

二、高速铁路基层客运服务工作的内容及岗位设置

高速铁路客运服务工作是高速铁路运输生产中的重要组成部分，高速铁路旅客运输过程是一个多部门、多岗位相互协调和联动的过程，车站和列车作为铁路客运的主要部门在客运服务方面扮演着重要的角色。高速铁路客运基层岗位的设置与高速铁路旅客运输的基本作业流程相关。旅客接受高速铁路客运服务通常由发送、途中及到达三个环节构成，具体流程如图 7-1-1 所示。

第七章 高速铁路客运服务

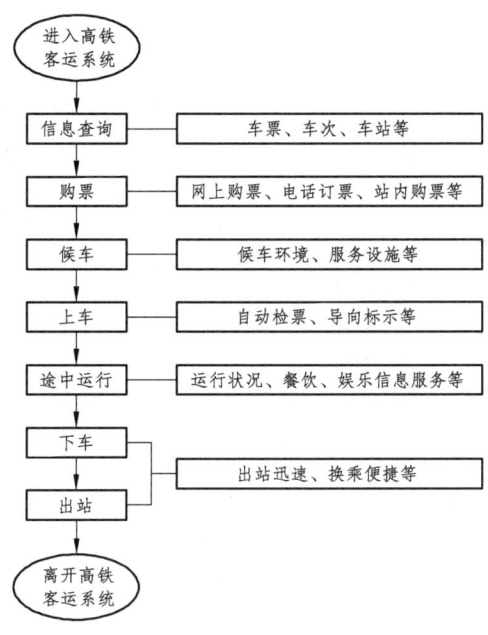

图 7-1-1 高速铁路客运服务流程

（1）发送作业包括：问询、售票、候车室服务、检票、上车作业等。
（2）途中作业包括：中转签证、列车服务工作等。
（3）到达作业包括：下车作业、验票等。

图 7-1-1 中的相关流程由许多不同岗位的客运人员来完成，主要包括基层的操作岗位和管理岗位，其中，操作岗位包括：铁路客运员、综控室客运员、客运计划员、进款员、票据管理员、售票员、给水员、行李员、行李计划员、行李安全员、列车员、列车广播员、列车值班员、餐车长、列车配餐员、列车行李员等。管理岗位包括：客运值班员、售票值班员、给水值班员、行李值班员、列车长等。高速铁路客运基层岗位结构如图 7-1-2 所示。

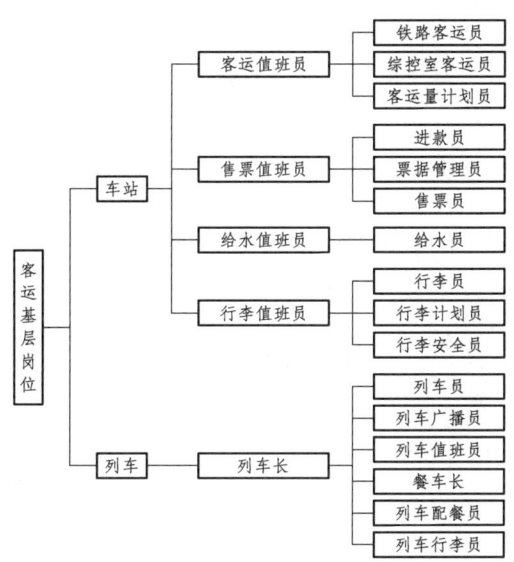

图 7-1-2 高速铁路客运基层岗位结构图

三、高速铁路客运服务质量

高速铁路客运服务质量指高速铁路客运服务部门提供的服务满足旅客规定需求和潜在需求的程度。其中,规定需求指已经在技术规范或服务规范中作出规定的旅客要求,如在列车到站前应及时通告(广播或电子显示屏)站名、到发时刻、停站时间等,并提前组织重点旅客到车门口等候下车。潜在需求指虽然没有在技术规范或服务规范中作出规定,但旅客在接受客运服务时实际存在的需求,即旅客意会而难以明确表达或不言自明的需求以及某些特殊旅客的特殊需求,如盲人旅客需要的语言导向和无障碍通行服务等。

从旅客感知角度来看,高速铁路客运服务质量可以归纳为两个方面:一方面是通过消费服务究竟得到了什么,即服务的结果,通常称之为服务的技术质量;另一方面是旅客如何在运输过程中消费服务,即服务的过程,通常称之为服务的功能质量。高速铁路客运服务质量既是运输服务品质与功能的统一,也是运输服务过程和结果的统一,如图 7-1-3 所示。

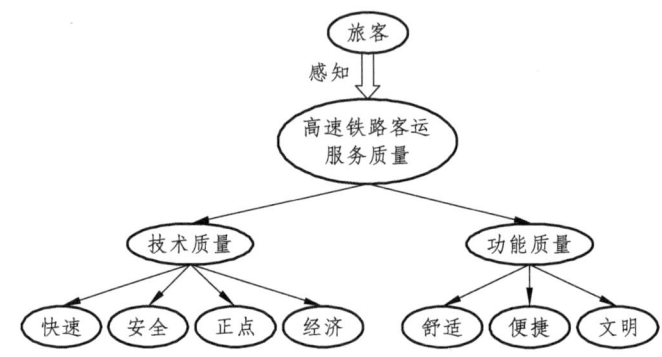

图 7-1-3 旅客感知的高速铁路客运服务质量

由图 7-1-3 可知,高速铁路客运服务的技术质量主要体现在快速、安全、正点、经济四个方面。快速要求高速铁路列车应按照技术标准提供较高的运行速度,为旅客节省旅途时间,同时也包括便捷、高效的服务过程;安全要求旅客在高速铁路车站买票、候车以及在列车高速运行过程中,自身的精神、身体和物品不受到伤害;正点要求旅客可以在票面规定的时间内到达目的地,避免晚点;经济则要求以经济的价格,让旅客获得优质的服务。技术质量一般可以用某种形式的指标来度量,如高速铁路列车正点情况可用运行时间和列车出发、到达的正点率等指标来度量。

高速铁路客运服务的功能质量主要体现在舒适、便捷、文明三个方面。舒适要求高速铁路满足旅客对舒适性的要求,使旅客获得热情周到、文明礼貌的服务,达到提高旅行质量的目的;便捷要求高速铁路运输企业为旅客提供方便、快捷的服务,缩短旅客在运输前后的时间损失,满足旅客节省时间的要求;文明要求高速铁路运输企业在为旅客提供服务的过程中,满足旅客的精神需求。

一般来说,旅客对技术质量是十分关心的,如旅客乘坐的高速列车是否正点到达目的地,行李是否受损等。但旅客对功能质量亦非常敏感。如果旅客在旅行过程中发生了不愉快的事情,给旅客留下不佳的印象,那么,即使高速列车安全正点抵达目的地,旅客对服务质量的总体评价也会相应较低。

由此可见，高速铁路客运服务技术质量是客观存在的，而功能质量是主观的，是旅客对整个旅行所得到服务的主观感知。目前大部分客运服务企业将高速铁路客运服务技术质量视为服务质量的核心，集中组织运输资源并提高服务的技术质量，并以此作为参与竞争的主要因素。但随着高新技术转移和扩散速度的加快，新服务产品的技术质量可以很快被竞争对手效仿或超越，优势难以维持。所以，作为一个拥有高新技术的运输方式，高速铁路应该更加重视服务的营销策略，提高服务的功能质量，增强竞争优势。

四、高速铁路客运服务礼仪

礼仪，简单地说，就是"礼节"和"仪式"。是人们在社会交往中受历史传统、风俗习惯、宗教信仰、时代潮流等因素的影响而形成的，既为人们所认同，又为人们所遵守，是以建立和谐关系为目的的各种符合礼的精神及要求的行为准则和规范的总和。

高速铁路客运服务礼仪是指高速铁路客运服务人员在高速铁路车站、动车组服务工作中向旅客表示敬意的仪式和礼节，是高速铁路客运服务礼仪、礼貌、规范的总称，是高速铁路客运服务人员必须遵循的服务规范和岗位要求。

高速铁路客运服务礼仪是铁路客运服务工作中不可缺少的一部分，它渗透到客运工作的各个方面，贯穿于客运服务的始终。塑造现代铁路礼仪风范，不仅是高速铁路客运服务人员的工作需要，也是塑造良好铁路企业形象的需要。高速铁路客运服务礼仪的示例如图 7-1-4 所示。

图 7-1-4　迎客

1．形象礼仪

形象主要体现在仪容、仪表、仪态。其中，仪容指人的容貌，它是由发型、面容及人体所有未被服饰遮掩的肌肤（如手部、颈部）等构成的。仪表是容貌、服饰、姿态等多个方面的整体感觉，是一个人的静态形象，仪态则是一个人的动态形象。在交往过程中，仪表、仪态会引起交往对象的特别关注并影响到交往对象对自己的整体评价。高速铁路客运服务人员要在工作中具备良好的形象，必须树立仪容美的意识并在实际工作中运用优美的站姿、坐姿、走势、蹲姿、手势、鞠躬等礼仪为旅客服务。高速铁路客运服务人员仪容仪表示例如图 7-1-5 所示。仪态示例如图 7-1-6 所示。

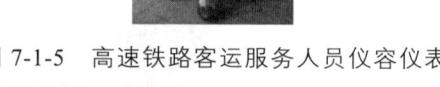

图 7-1-5　高速铁路客运服务人员仪容仪表

人员标注说明（男）：
- 头发需勤洗，无头皮屑，且梳理整齐。不染发、不光头、不留长发，以前不掩额、侧不盖耳、后不触衣领为宜
- 忌留胡须，养成每天修面剃须的良好习惯；面部保持清洁，眼角不可留有分泌物，如戴眼镜，应保持镜片的清洁；保持鼻孔清洁，平视时鼻毛不得露于孔外
- 保持口腔清洁，不留异味，不饮酒或含有酒精的饮料
- 保持手部的清洁，指甲不得长于1 mm
- 领带紧贴领口正中，长度以在皮带扣上下缘之间为宜
- 衬衫下摆须束在裤内
- 西裤裤脚的长度以穿鞋后距地面1 cm为宜
- 穿黑、深蓝、深灰色等深色薄棉袜
- 着黑色系带皮鞋，皮鞋要保持光亮、清洁

人员标注说明（女）：
- 头发需勤洗，无头皮屑，不染发，且梳理整齐；长发需挽起并用统一头饰固定在脑勺后；短发要合拢在耳后
- 工作时要化淡妆，以淡雅清新、自然为宜
- 保持口腔清洁，不留异味，不饮酒或含有酒精的饮料
- 保持手部的清洁，指甲不得长于2 m，可适当涂无色指甲油
- 佩戴耳钉数量不得超过一对，式样以素色耳针为主
- 服装及领带要熨烫整齐，不得有污损
- 衬衫下摆须束在裙内或裤内
- 穿裙装时，必须穿连裤丝袜，不穿着挑丝、有洞或补过的袜子，颜色以肉色为宜，忌光脚穿鞋
- 着黑色中跟皮鞋，不得穿露趾鞋和休闲鞋，保持鞋面光亮、清洁

图 7-1-6　高速铁路客运服务人员仪态（方向指引）

为客户指示方向时，上身略向前倾，手臂伸直，五指自然并拢，掌心稍稍向上，目光面向客户方向以肘关节为支点，指向目标方向

2．语言礼仪

俗话说"良言一句三冬暖，恶语伤人六月寒"，可见语言对人际交往的影响特别大。语言是人们表达意思、交流思想的工具，语言表达是一种技能，也是一门艺术，语言不仅能衡量一个人的业务能力水平，而且可以反映一个人的思想、道德、修养水平。对高速铁路客运服

务人员来说,掌握良好的语言礼仪是实现优质服务的必备条件之一。高速铁路客运服务人员说话的水平,直接影响到服务的水平和铁路部门的声誉。因此高速铁路客运服务人员必须遵循语言礼仪要求,注重语言的规范性、礼节性、完整性、准确性、逻辑性、策略性,说话的声调要温和、亲切、谦逊,切不可说脏话、粗话、怪话,更不可用粗野庸俗的话语来刺激、侮辱旅客。

第二节 高速铁路站车服务

一、高速铁路车站服务

(一)高速铁路车站客运岗位

高铁站客运工作岗位包括站长、车站主任、值班主任、客运值班员和车站客运员,其中直接为旅客提供服务的工作人员为车站客运员。通常在大中型高铁站,与旅客直接有正面接触的客运部门有售票车间、客运车间和安检车间,直接接触旅客的岗位主要有:窗口售票员、检票口客运员、站台客运员、出站口客运员、问讯处客运员、贵宾室客运员、安检客运员。安检客运员又可分为:安检引导员、安检值机员、安检身检员和安检处置员。

(二)高速铁路车站客运服务流程

1. 售票作业流程

售票作业要严格执行相关作业标准("六字售票法"),即:问、输、收、做、核、交。

(1)问。

问清旅客购票方式、乘车日期、车次、发到站、票种、席别、张数、支付方式(使用现金还是银行卡或微信支付宝等支付)。

(2)输。

输入旅客乘车日期、车次、选择发到站、票种、席别及张数。

(3)收。

收取旅客票款后认真清点并与旅客认真核对票面信息(乘车日期核对采用24小时制)。

(4)做。

打印车票,如果旅客选择银行卡购票,则按"Ctrl+F4"键后进行银行卡支付操作。

(5)核。

核对票面上的上、下票号是否一致和价格是否正确,发现票号不一致的车票或证件号码错误应及时改正。

(6)交。

将旅客购票使用的证件、车票、余款(银行卡、POS机凭条的持卡人联)一起交给旅客。

2. 检票作业流程

(1)检票口客运员在列车开车前20 min列队到达检票口,每组闸机2人,检查检票闸机、自动感应门、扶梯、检票显示屏设备的状态。

（2）检票口客运员利用区域广播向旅客介绍检票闸机、自动扶梯等设备的使用方法和安全注意事项，引导持软质车票和磁介质车票的旅客分别排队，引导重点旅客到队列前方优先检票进站。

（3）旅客服务系统在列车开车前 18 min，广播播放检票准备信息，检票显示屏显示准备检票信息。

（4）列车开车前 15 min，旅客服务系统播放开始检票广播，每 5 min 循环播报一次，检票显示屏显示开始检票信息，客运值班员核对检票闸机操作终端是否处于检票状态。

（5）检票口客运员利用对讲机通知站台客运员检票开始，用语："×站台，××次列车开始检票"，站台客运员回答："××次列车开始检票，×站台明白"。

（6）检票口客运员进行检票作业，引导旅客正确使用检票闸机，推荐携带大件行李的旅客经大件行李闸机检票进站；引导持软质车票旅客经人工检票口检票进站，核对票面信息后加剪。

（7）列车开车前 3 min，旅客服务系统播放停止检票广播。检票口客运员核实检票闸机处于关闭状态、检票显示屏显示停检信息，对人工检票口进行加锁后，停止该次列车检票作业。

（8）停检后，检票口客运员在检票口值守，对当日当次未上车旅客，阻止其进站，并引导其到售票处办理改签或退票手续。

（9）检票口客运员接到站台列车开车的通知后，检查设备设施状态，通知保洁人员对相关区域的环境卫生进行清理，列队退岗。

3．站台作业流程

（1）始发列车站台作业流程。

① 列车开车前 20 min，站台客运员携带对讲机、扩音器、口笛出场，出场的站台客运员不少于 2 人（具体出场位置由各站自定）。

② 站台客运员出场后，检查线路、站台、扶梯有无异状，站台显示屏、时钟显示是否正确，及时消除安全隐患。

③ 列车发车前 15 min，检票口客运员通知站台客运员开始检票，站台客运员站在指定地点立岗引导旅客。

④ 站台客运员对搭乘扶梯的旅客进行宣传，引导旅客前往相应的车厢位置。

⑤ 就重点旅客和重点工作与列车长办理交接。

⑥ 接到检票口客运员停止检票的通知后，站台客运员提醒还未上车的旅客及时上车，通知列车长本次列车停止检票。

⑦ 有上水作业和高铁快件运输作业的列车，站台客运员在确认作业完毕后，通知列车长相关作业完毕。

⑧ 列车关闭车门后，站台客运员足踏安全白线，面向列车，发现异状，及时处置。

⑨ 列车开车后，站台客运员身体随列车运行方向转动，目送列车出站。确认列车驶出站台后通知客运值班员、检票口客运员该次列车已经开出。

⑩ 列车驶出站台端部后，站台客运员对站台进行巡视，清理站内滞留人员，列队退岗。

（2）终到列车站台作业流程。

① 站台客运员于列车到达前 10 min 出场，准备接车。

② 站台客运员出场后，检查线路、站台、扶梯有无异状，站台显示屏、时钟显示是否正确，及时消除安全隐患。

③ 列车进站后，利用对讲机通知综控室值班员列车到达时间，通知出站口客运员做好出站检票的准备。

④ 与到达列车列车长办理交接。

⑤ 引导旅客经由出站流线出站，对重点旅客重点照顾。

⑥ 确认旅客全部离开站台后，利用对讲机通知出站口客运员。

⑦ 清理站台。

4．出站口验票作业流程

（1）列车到站前 5 min，出站口客运员检查检票闸机、自动感应门、扶梯等设备设施情况，核对出站口显示屏内容是否正确，及时消除安全隐患。

（2）接到站台客运员通告的列车进站信息后，出站口客运员在指定位置立岗迎接旅客出站。

（3）旅客出站时，出站口客运员向持磁介质车票的旅客宣传检票闸机的使用方法，引导旅客通知检票闸机验票出站，对持软质车票的旅客引导其经由人工验票口出站并仔细查验车票。

（4）对无票人员和旅客违章携带物品输补票、补费手续。办理补票、补费手续时，通知客运值班员安排人员替岗。

（5）出站口客运员在验票的同时要关注检票闸机的使用状态，发现问题及时处理，个人无法处理的问题，立即向综控室值班员报告。

（6）出站口客运员接到站台客运员发出的下车旅客已全部离开站台的通知后，组织全部旅客验票出站，将出站口进行锁闭。及时通知保洁人员对出站口进行清扫。

5．问讯处接待重点旅客作业流程

（1）问讯处客运员接到重点旅客接待任务后，及时掌握重点旅客所乘列车车次，需要帮助情况等信息并向客运值班员报告。

（2）重点旅客需要使用轮椅时，问讯处客运员要及时登记，提供轮椅（有送站人员时按规定办理相关手续，收到身份证或押金）并按客运值班员的指示将重点旅客安排到指定地点候车，重点监控，做好服务。

（3）问讯处客运员掌握重点旅客所乘列车的运行情况，提前协助家属将重点旅客引导到检票口。

（4）检票口客运员与站台客运员进行沟通，经站台客运员同意后提前组织重点旅客检票进站，同时做好防护工作，保证旅客乘降安全。

（5）站台客运员就重点旅客与列车长进行重点交接。站车交接认真仔细，不漏项，手续齐全，互有签字。

（6）办理站车交接后，站台客运员将轮椅收回，无接发列车作业时送回问讯处。

6．贵宾室接待服务作业流程

（1）客运值班主任接到贵宾接待任务通知后，通知贵宾室客运员提前开展准备工作。贵宾室客运员着装整齐规范，举止大方，表情自然，女性贵宾室客运员化淡妆上岗，笑迎笑送，手势引导标准。

（2）贵宾室客运员提前立岗（三级专运提前 1 h 上岗、二级专运提前 1 h 30 min 上岗、一级专运提前 2 h 上岗）。对贵宾室进行彻底清扫，消除死角，做到窗明地净，四壁无尘。确保贵宾室灯光明亮（如有灯具损坏，迅速报修）。贵宾室卫生间可喷洒少量空气清新剂，贵宾用的毛巾要进行消毒。贵宾室客运员要提前将灯、空调、电视打开，备足开水、泡好茶。

（3）贵宾室客运员要确保相关备品齐全，使用状态良好，迎接、引导贵宾进入贵宾室后进行供水服务。

（4）贵宾室客运员要随时关注危险品隐患，做好普通旅客的引导工作，防止普通旅客的行进路线与贵宾的行进路线产生交叉，警惕一切可疑情况。

（5）贵宾室客运员要及时掌握列车运行情况，随时答复贵宾提出的与列车运行相关的问题。按贵宾指示，不需要工作人员在室内时，可关门后到门口立岗。

（6）接待任务结束后，贵宾室客运员立岗恭送贵宾，客运值班主任将贵宾送到站台乘车。

（7）贵宾室客运员检查有无贵宾遗留的物品并通知保洁人员清理环境卫生。

7．安检作业流程

（1）安检引导员负责对进站旅客所持的车票及证件进行实名制审核，查验"票、证、人"是否相符。若相符，请旅客接受安全检查；若不相符，则拒绝其进站并告知旅客相关的政策规定。

（2）安检引导员引导旅客将携带品自行摆放在传送带中间以接受安全检查，向旅客宣传安全常识及携带危险品进站上车的危害性，确保旅客在接受检查时不堵塞安检通道。

（3）旅客通过安全门发生报警时，安检身检员使用手持式金属探测器对旅客进行身体的全方位探查，手持式金属探测器报警时对应的部位要进行触摸检查，防止旅客携带（藏匿）危险品或违禁品，身检作业要严格遵守"男不检女"的规定。

（4）安检身检员自上而下、从左至右、从前至后采取仪器与手工相结合的方式进行身体检查，采取眼睛观察和手触摸的方法排除疑点。对肩胛、胸部、腋下、腰部、臀部、裆部、大小腿内侧、脚踝以及上、下衣口袋、裤兜等部位进行重点检查。

（5）检查完毕后，对没有携带危险品和违禁品的旅客给予放行；对检查发现的携带危险品及违禁品的旅客，应当区别情况处理；对明显存在藏匿、夹带危险品和违禁品意图的旅客，应当视为故意藏匿，交公安民警依法处理；属于其他非故意情况的，进行宣传教育。

（6）安检值机员通过安检仪，准确甄别旅客携带包裹内的物品，对危险品、违禁品和管制器具等物品进行辨别，发现可疑物或疑似危险品时，立即通知安检处置员进行开包检查。

（7）安检处置员要对疑似装有危险品、违禁品的包裹进行开包检查。手工开包检查时，一般由旅客自己打开包裹，安检处置员查看包裹内的物品是否属于危险品或违禁品，无法判明性质时或可拒绝旅客携带不明性质的物品进站上车。

（8）在检查中严格执行"手工开包、女包女检"的规定，手工开包检查要从外到内、从上到下，逐一检查每件物品，以排除疑点。包裹内的物品要轻拿轻放，检查完毕后逐个复原。

（9）安检处置员对查出的危险品进行处置时，要认真填写危险品检查登记簿和暂存危险品登记簿，详细登记危险品的发现时间、地点、查获人的姓名、旅客的姓名、性别、联系电话、查获物品的品名等相关信息，由旅客签字确认放弃后，在物品上粘贴便笺（便笺记载查获人的姓名、发现时间、旅客的姓名等信息）。要妥善保存危险品检查登记簿、暂存危险品登记簿。

（10）对查出的管制器具等危险品，立即交由公安人员进行处理，同时填写违禁品收缴单。

二、高速铁路动车组列车服务

高速铁路动车组乘务工作的内容复杂多样。由于高速铁路动车组的运行速度快，每个环节的作业质量都有很高的要求，因此要认真研究动车组列车的乘务作业流程及要求，以便高质量地完成每一个环节。

（一）动车组列车乘务组及人员要求

1．乘务组

动车组列车乘务组由列车长、列车员、乘警和随车机械师组成。当动车组列车上的保洁、餐饮由社会专业公司承担时，其员工视同为列车乘务组成员。列车乘务组人员应当各司其职，在为旅客服务方面，接受列车长的统一领导。动车组列车上实行列车长领导下的各工种分工负责制。

2．人员配置

动车组乘务组根据交路实际需要采用轮乘制或包乘制。动车组乘务组由1名列车长、2名列车员、2名配餐员组成。根据需要有些动车组还在车上配备有售货员和保洁人员，动车组重联时，按两个乘务组配备，但只设一名列车长，例如编组16辆的动车组按1名列车长和4名列车员配备。对运行时间较长的动车组可适当增加客运乘务人员。动车组司机实行单司机值乘制，客车检车员（随车机械师）按每组1人配备，不设运转车长。乘务人员预备率为7%。

3．乘务组职责

动车组乘务组承担服务旅客，处理票务，检查列车保洁、餐饮工作质量等工作。发生危害旅客安全的问题时，客运乘务组应当立即采取有效措施，保护旅客安全。

4．列车广播

运行时间在3 h以内的列车，一般只播迎送词、服务设备介绍、安全提示、站名和背景音乐。运行时间超过3 h的列车，可在不干扰旅客休息的前提下，适当增加播放内容。列车旅客信息服务及影音播放系统播放的内容应由客运部门提供，由车辆部门录入。

动车组列车采用中英文广播，动车组列车在始发前5 min播放安全提示，始发后5 min内播放欢迎词、安全提示及背景音乐，终到站前5 min播放终到告别词。广播内容由客运段提供，铁路局宣传部、客运处审定，车辆部门录入，始发前由随车机械师按规定操作自动广播装置。自动广播发生故障时，由客运乘务人员进行人工广播。

（二）动车组列车乘务工作具体内容

1．出乘前准备

（1）列车长的准备。

① 到派班室报告或通过电话联系派班室值班员，接受命令、指示，确认当日担当乘务情况，填写乘务报告，按时出乘。出乘前准确记录命令、指示，无遗漏，乘务任务明确。

② 检查通信设备、乘务资料等物品的携带情况。乘务资料包括电报、客运记录、票务处理的必要资料。确保资料携带齐全，设备状态良好。

③ 列车开车前 40 min 在站台接车，召开出乘会，检查乘务员仪容仪表、着装，布置乘务任务，做到准时接收列车，仪容达标、备品齐全，命令传达准确，任务布置清楚。

④ 全面巡视车厢，检查车内保洁情况，检查备品和饮用水的配置情况，督促保洁人员完善车内卫生并做好记录，做到按照保洁质量标准验收检查，确保保洁质量达标，饮用水充足。

⑤ 与司机、随车机械师核对时间，沟通有关事宜，做到设备状况清楚。

（2）列车员的准备。

① 整理仪容仪表，检查对讲机等设备、资料的携带情况，确保仪容着装达标，资料携带齐全，设备状态良好。

② 列车开车前 40 min 在站台接车，参加出乘会，接受列车长的命令、指示，做到准时接受列车，明确乘务任务。

③ 全面巡视车厢，检查车内保洁和备品配置情况，督促保洁人员完善车内卫生，按照保洁质量标准检查验收，检查结果报告列车长。

2．乘务工作

（1）开车前。

① 列车长在指定位置立岗，以在随车机械师值乘位置（CRH_5 型动车组随车机械师监控室在 6 号车，CRH_2 型动车组随车机械师监控室在 7 号车，CRH_1 型动车组和 CRH_3 型动车组随车机械师监控室在 5 号车）附近为宜，与车站客运值班员办理交接，掌握售票情况，做到交接清楚，掌握重点。

② 列车长检查餐饮供应准备情况。做到餐饮服务人员仪容仪表整齐，商品、餐料充足并按规定位置摆放，明码标价，卫生达标。

③ 列车长引导重点旅客；做好开车前 5 min 广播通告，做到引导有序，妥善安排，通告及时；与乘务员联系，确认旅客乘降完毕，通知司机关闭车门（部分动车组由随车机械师关闭），做到准确无误，通知及时。

④ 列车员在与列车长所在位置相对应的列车另一端引导旅客，做到引导有序，妥善安排重点旅客；旅客乘降完毕后向列车长汇报，做到准确、及时汇报。

（2）途中运行。

① 列车长在开车后 10 min 内播放完欢迎词及相关内容（通报站名、服务设施介绍、安全提示等），随后可播放背景音乐，做到按时播报，音量适宜。

② 列车长巡视车厢，查验车票，检查行李摆放情况，提醒旅客将大件行李及铁器、锐器等不适宜放在行李架上的物品放在指定位置并自行看管，做到行李物品摆放平稳，通道保持畅通。

③ 列车长巡视车厢时要掌握车内动态，处理列车运行过程中的各类问题，做到耐心解答旅客问询，做好解释工作；哪些是重点旅客要心中有数，主动提供帮助；特殊情况妥善处理，汇报准确及时。

④ 列车长检查途中保洁作业质量，检查结果有记录。

⑤ 列车长做好开车后和到站前的广播通告工作，遇有列车晚点超过 15 min 的情况，通过广播向旅客致歉；组织中途停站旅客乘降，做到通告准确，乘降有序。

⑥ 途中停站，列车长与车站客运值班员办理交接，做到交接清楚，手续完备。

⑦ 列车员巡视车厢，掌握车内动态，处理服务过程中的各类问题，做到耐心解答旅客问询，做好解释工作；对哪些是重点旅客要心中有数，主动提供帮助；特殊情况妥善处理，做到处理违章态度和蔼，执行规章熟练准确，减少对旅客的干扰。

⑧ 列车员与保洁人员做好车厢内的卫生清洁工作，保证车厢内干净整洁，卫生达标。

⑨ 列车员协助列车长做好到站前 5 min 广播工作，通报站名、到开时刻，提醒旅客做好在列车运行前方车门下车的准备。开车后 5min 内广播预告前方停车站及相关内容（通报站名、服务设施介绍、安全提示等）。

⑩ 终到前后，列车长征求旅客意见、建议，做到态度诚恳，记录详细；到站广播通报站名，致道别词，提醒旅客做好下车准备，请旅客配合尽快下车；列车到站后，向旅客道别，协助重点旅客下车，做到用语统一，微笑致意，主动热情，帮助重点。

⑪ 列车长待旅客下车完毕，开始巡视车厢，检查有无旅客遗失物品。做到动作迅速，检查仔细，发现问题，按章处理。在规定位置与车站客运值班员办理重点旅客、遗失物品等业务交接，做到交接清楚，手续完备。

⑫ 终到前后列车员协助列车长提醒旅客做好下车准备，请旅客配合尽快下车。列车到站后，向旅客道别，协助重点旅客下车，做到用语统一，微笑致意。旅客下车完毕，检查有无旅客遗失物品，发现问题报告列车长，做到动作迅速，检查仔细，报告及时。

3．退乘阶段

（1）列车长召开退乘会，讲评当日工作，填写乘务报告，做到讲评全面，记录详实。

（2）列车长对随车保洁情况做出鉴定，鉴定结果准确。

（3）列车长带领乘务组退乘，做到着装整齐，列队退乘。需要解款时到规定地点缴款，由乘警护送（无乘警时，列车员协助），账款相符解缴。

（4）列车员参加退乘会，汇报当日乘务工作情况，做到汇报简明扼要，准确无误，必要时协助列车长到指定地点缴款。

4．动车组保洁工作

列车保洁工作由与铁路局签订保洁合同的专业保洁公司承担。为动车组列车提供保洁服务的企业应当通过 ISO9000 质量认证。

保洁人员作业时应当爱护车辆设备，使用的清洁剂类用品应当是经过认证机构认证的产品，铁路运输有关部门应当对保洁工作中涉及的环境卫生质量和爱护车辆设备等方面进行检查指导。

列车要通过广播、图形标志、电子显示屏、文字提示等形式向旅客广泛宣传环境保护和禁止吸烟的规定，提示旅客不得随意丢弃杂物。

第三节　高速铁路客运服务系统

一、高速铁路客运服务系统概述

为旅客服务是高速铁路企业的根本目的。世界各国高速铁路企业都全方位地运用高科技手段为旅客提供全程服务，充分体现以人为本、以旅客为本的服务意识和理念。从购票前的营销策略到订票购票，从旅客到站后的信息揭示引导到有困难时车站的及时救助以及车站的旅客快速疏散，从乘车前的自动检票到上车后的服务，处处体现着高速铁路在为旅客服务方面所下的功夫。

高速铁路客运服务系统是在现代高速铁路管理思想、服务理念和当今最新信息技术基础上，建立起的信息高度共享、资源高效利用、运行安全可靠的综合完整的服务系统。中国高速铁路客运服务系统要为铁路旅客提供出行前、进站、候车、登乘、中转、出站和换乘等各环节中查询、订票、购票、旅行指南等全过程、全方位、层次化的信息服务。客运服务系统由票务子系统、旅客服务子系统、呼叫中心子系统、互联网服务子系统构成。

二、高速铁路客运服务系统

（一）票务子系统

票务系统是以席位管理和交易处理为核心，建立广泛的销售渠道，适应多种售票方式、多种支付方式、灵活的营销策略，包含自助式销售和自动检票的实时交易系统。

1．票价体系

各国高速铁路票价体系都是根据本国铁路发展状况与客运市场竞争情况建立的。它既要满足旅客的出行需求、便于铁路的运输组织，又要符合经济规律和适应市场竞争需要，因此，各国高速铁路票价体系都有各自的特点。

（1）国外高铁票价体系。

1987年，日本铁路民营化后，成立了JR东海、JR西日本、JR九州、JR北海道、JR四国和JR东日本6个铁路客运公司和1个JR货运公司，其中JR东海、JR西日本、JR东日本和JR九州铁路公司拥有新干线。日本新干线旅客票价由基本票价和附加费两部分组成。其中，基本票价是日本既有铁路按运营里程计算的普通旅客票价，附加费则是对新干线的额外收费，主要是考虑新干线缩短的旅行时间以及服务质量的提高等方面。

法国高速铁路票价由两部分组成：基本票价和加价部分。其构成如表7-3-1所示。基本票价是由基本票价率和运输里程计算得到的，且随着价格指数的变化而变化。加价部分与运输里程无关，与提升服务质量、旅客自身选择、相应的折扣有关。法国国家铁路公司（SNCF）根据市场的供求变化、客流的组成及变化规律，来制定不同种类的票价策略以吸引客流。

表 7-3-1　日本新干线、法国 TGV 票价构成

国别	日本新干线	法国 TGV
基本票价	按运营里程计算	按运营里程计算
加价	旅行时间缩短、服务质量提高	运行时间，服务质量，旅客流量，同区间航空、公路运价

相较日本、法国参照运营里程的传统计价方式，德国高速铁路票价的制定更为复杂。德国高速铁路旅客票价的制定不同于按运营里程计价的传统方式，而是结合各种高速列车的运营特点，充分考虑节省旅行时间、改善乘坐舒适程度，以及其他运输方式的竞争等多种因素，综合加以确定。为吸引旅客，德国铁路股份公司（DB）也制定了铁路优惠卡、针对地域的通票、针对群体等相应的优惠措施。

上述三个国家高速铁路票价体系在灵活定价方面的共同点是：① 为经常在一定时间内多次出行的乘客提供通票，如德国和日本的铁路通票；② 根据不同乘客的需求，将顾客分为不同的群体，提供不同的折扣，比较常见的是儿童、学生、老人、工作人员等；③ 若提前计划，乘坐的车次确定时，提前预订车票，会享受一定的折扣；④ 不同时期的客流不同，会影响票价的变化，如旅游淡旺季的票价、周末票等；⑤ 当乘客数目较多时，可以随时关注团购票价，寻求较大的折扣优惠；家庭出行时，有父母陪同的孩子可享受一定的折扣；⑥ 高速铁路公司与公共交通，酒店、旅游公司等会有合作关系，购买火车票不仅享受票价优惠，还可以享受其他便民优惠。虽然不同国家的票价策略各不相同，且种类繁杂，但可以发现每个国家或地区的铁路票价制定部门都会根据乘客的需求，为乘客制定一系列可选的票价优惠。

（2）我国高铁票价体系。

我国铁路自中华人民共和国成立以来更多承担了一定的公益性运输任务，一直实行低运价政策。长期以来采用政府指导定价的票价策略和相对固定的席位分配方式，无论客流情况如何，列车票价基本维持不变。高速铁路票价遵循按速度等级、席别、运价里程计费，但票价淡旺季无差别，造成淡季运输能力虚糜、上座率低等情况时常出现，影响铁路运营部门收入。2013 年 3 月，我国铁路实行政企分开改革。政企分开后，国铁集团的经营自主性增强，放松运价管制、实施灵活的运价策略成为客观要求。国家发改委宣布从 2016 年起放开高速铁路动车票价，改由国铁集团自行定价，并给予国铁集团根据市场竞争状况和客流分布等因素实行一定的折扣票价的权利。

现行的铁路客运票价体系是以普速旅客列车硬座票价率为基准，在此基础上针对不同席别、列车速度等级、车型，考虑旅客的出行距离，按照"递远递减"的计价原则制定具体票价。随着我国高速铁路的建成投产，在已有普速旅客列车票价制定基础上，高速铁路按照列车速度等级#席别等制定了新的计费标准。目前我国时速 200～250 km 高速列车二等座基准票价率为 0.35 元/人·km，时速 300～350 km 高速列车二等座基准票价率为 0.45 元/人·km，各高速铁路、城际客运专线在此单公里运价基础之上进行一定幅度的灵活调整。

根据当前情况，我国高速铁路票价改革的合理方案可总结为浮动票价、以线带面、里程激励、逐步放开等特点。

① 浮动票价。

纵观世界各国高速铁路，票价的浮动机制是应对运输市场需求变化、提高运输企业经营

效益的重要手段。由于我国铁路的公益性质，国铁集团在制定票价时并不能以企业收益最大化为目标，基础票价仍将在长时间内维持现状。高速铁路的单位运输成本较低，在淡季客流下降、运力虚糜时，应考虑进行适当的票价下浮吸引乘客，只要保证票价不低于乘客运输成本，在一定范围内的票价下浮仍将对总收益产生贡献。

② 以线带面。

由于我国高速铁路收入分配较为复杂，进行票价改革应首先从部分在单一铁路局范围内的中短途城际、区域高速铁路开始。通过给予各铁路局一定的票价制定权利，使各铁路局根据市场实际需求及反馈，科学、合理地制定票价，待相关票价制定策略较为成熟后，再行推广至路网范围。

③ 里程激励。

目前我国高速铁路售票未考虑乘客购票总里程的激励机制，欧洲、日本等高速铁路运营市场化较早的地区，已经形成了一类按乘客乘车里程折扣相应费用的总里程激励机制，在运输市场开放程度高的市场竞争中起到了很好的效果。我国实行实名制购票，在此基础上对各乘客的总乘车里程进行统计，根据里程予以相应折扣或购票补贴，对吸引其他交通方式乘客、培养乘客选择忠诚度等方面将产生显著效果。

④ 逐步放开。

我国铁路路网规模大，日常运输生产需衔接的部门众多，高速铁路票价制定不仅在技术层面是复杂的决策问题，更有一定的社会政策属性，因此其制定策略较为敏感，应遵循循序渐进、逐步放开的方针，必要时可对部分线路先行试点，逐步探索适合我国国情的高速铁路票价制定策略。

2．客票销售渠道

高速铁路主要售票渠道有：车站窗口售票、自动售票机售票、因特网（如 12306 平台、微信及相关 APP 等）上售票、电话订票、代售车票、上车补票。

（二）旅客服务子系统

旅客服务系统以为旅客提供全方位信息服务为目标，实现车站信息自动广播、导向揭示、信息服务、监控等功能，并提供互联网、呼叫中心、无线局域通信等多种途径的信息服务，运用多样化的服务手段为旅客提供优质的服务，实现旅客服务的信息化。

旅客服务系统的设置旨在体现以人为本的理念，在旅客出行前、进站、候车乘车、换乘、出站等各环节上提供全方位的信息服务，通过引导、揭示、广播、监控、查询、求助、应急投诉、寄存、站台票发售、残障旅客服务和延伸服务等多种服务手段，形成统一的旅客服务平台。

旅客服务系统主要包括：导向揭示系统、公共广播系统、监视系统、信息服务系统、时钟系统、投诉系统、求助系统和延伸服务系统等八个子系统。

我国旅客服务系统总体上为两级架构，设置若干个旅客服务中心系统，实现服务策略的制定和车站服务状况的监控，从运营调度系统和CTC获取运行图信息，按照客运服务的需求进行整理后，下载到所辖各车站。车站后台设置小型管理系统，实现对服务设备设施状态的设置和临时服务信息的调整。

1. 导向揭示系统

导向揭示系统在旅客进站、购票、候车、乘车、出站等各个环节上为旅客提供及时准确的动、静态信息服务。信息内容主要包括：列车时刻信息、票务信息、列车到发通告、车站空间说明、服务设施说明、市内交通、天气情况、旅客出行相关信息等。

导向揭示系统以车站为核心，有不同地点的显示屏、到发通告终端机静态显示标上显示动、静态图形、图像、文字和视频信息。

在日本，导向揭示系统主要从日本铁路调度系统提取信息并结合人工录入的方式，在车站服务器端经过加工处理后形成信息源，以音频和视频的方式发布给旅客。系统主要分为：站外信息服务、车上信息服务及网上信息服务系统。通过系统旅客可以了解到东海道新干线各次列车的发到时间、始发站/经停站/终至站、列车编组、客票发售、列车运行等信息。

在车站外，旅客可以通过互联网或移动通信设备设施获得信息。在站内，日本铁路通过LED和大型等离子显示屏等新技术和新设备，从检票口到列车上各旅客提供旅行全程的音像及文字信息服务。除了各个车站提供旅客服务信息外，采用新干线综合调度、汇总、集成发布信息的服务模式，实现了旅客服务信息发布的实时性和准确性。在列车上，除了一般的导向信息外，还可转发由新干线综合调度所信息输入装置发布的列车运行信息，包括列车运行方向、下一停车站、需要运行的时间、正点到达时间、晚点时间、晚点原因、现在到站、换乘车次和时间、列车紧急通告等。

2. 公共广播系统

高速铁路公共广播系统采用数字音频控制和传输技术，将多路信源同时传输到不同的分区，保障旅客和工作人员能够在整个站区内清晰明确地获取音频信息，在特定情况下，能够实现紧急广播。公共广播系统向旅客播报铁路通告、列车运行时刻、票务、站内设施说明、站内环境说明、旅客乘车、安全提示及与旅行相关的信息等。

在公共广播系统中，音响设备是不可或缺的重要组成部分。扬声器的选择和摆放决定了一个系统的优劣，如果安装得不好，优美的背景音乐也会像噪声一样令人不快。因此，必须在系统实施初期就要充分考虑音响设备的选购和安装问题。

3. 视频监控系统

视频监控系统，又称为 CCTV 系统，是运用多媒体技术、计算机网络技术和音、视频技术对高速铁路车站整个站区内的服务对象和服务设施进行视频监控，以提高综合管理和服务水平、保证车站工作组织和安全的重要部分。其目的在于使监控中心指挥人员及时观察到车站广场、进出站口及通信、售票厅、候车区、检票区、站台等旅客停留区域的客流动态、安全情况、现场工作情况。有利于正确有效地疏导客流、处理问题，充分保证车站、机车及旅客安全。同时，它也是调度员和车站值班员提高行车指挥透明度的重要辅助工具。当车站发生突发性危急事件时，监视系统可作为管理员指挥抢险的重要的指挥工具。

视频监视系统由前端设备、传输线路设备、终端控制设备及记录设备 4 个主要部分组成。前端部分包括多台摄像机及与之配套的镜头、云台、防护罩、解码驱动器等；传输部分包括电缆或光缆以及可能的有线/无线信号调制解调设备等；终端控制部分主要包括视频切换器、云台镜头控制器、操作键盘、控制通信接口、电源和与之配套的控制台、监视器柜等；显示记录部分主要包括监视器、录像机、多画面分割器等。机房设备主要有控制部分和显示记录设备。

4．查询系统

查询系统以客运服务系统数据平台为主要数据源，采用触摸屏、计算机、多媒体、网络和接口等技术，为旅客主动获取出行相关信息提供渠道，车站控制中心系统能够对提供旅客查询的信息进行收集、加工、分类、管理。查询系统为旅客提供可查询的信息包括：列车运行图信息、列车时刻表信息、票务信息、站内环境说明、站内服务设施说明、市内交通、天气情况、旅客出行相关信息等。

旅客主要的查询方式有：

（1）利用触摸屏作为自助查询设备，为旅客提供自助式查询服务。
（2）自助查询设备与车站控制中心系统通过局域网络相连接。
（3）站内设置人工服务台，工作人员可通过查询终端，获取旅客需要的信息。
（4）人式查询终端与车站控制中心系统通过局域网络相连接。
（5）旅客可通过电话查询铁路服务信息。
（6）旅客可通过 Internet 查询铁路服务信息。
（7）旅客可通过手机短信方式查询铁路服务信息。

5．时钟系统

时钟系统从统一的时钟源获得标准时间，实现整个站区内各个子钟及相关系统与统一时钟源的时钟同步，为旅客和车站工作人员提供准确的时间信息。

时钟系统的主要功能包括：

（1）采用子母钟系统。
（2）时钟设施应满足旅客和车站工作人员的计时需要，应在进站大厅、候车厅、站台醒目处及生产房屋内设置时钟设施。
（3）提供给旅客计时需要的时钟采用指针式时钟，工作人员可采用数字式时钟。
（4）具有自动校时、自动追时功能。
（5）具有时钟同步功能，并能与客服系统时钟实现时钟同步。
（6）母钟具有提供 NTP（TCP/IP）、RS232、RS422、RS485 接口的条件。

6．投诉系统

投诉系统是高速铁路旅客服务的投诉处理平台。旅客可通过 Internet、电话、电子邮件、信函等形式进行投诉和建议。投诉中心对投诉信息进行收集（记录）、分类、归档、存储，不能自动收集的信息（如信函，电话录音等），提供人工编辑输入工具。

系统能够按照预置的处理流程，对于能够自动应答的投诉或建议，自动进行处理；不能自动应答的投诉或建议，提示人工处理。系统能够按照业务需求设置，定期生成投诉和建议旅客回访名单。车站设置人工投诉台，工作人员通过投诉终记录投诉信息和处理结果。

7．求助系统

求助系统以计算机电话集成技术为基础，采用摘机通话的对讲分机或求助按钮，通过与监控、查询系统的有机配合，响应旅客的紧急求助需要，使旅客及时获得车站工作人员的帮助。

求助系统的主要功能是实现免拨号通话、多路呼放排队、事件记录、电话录音、交换机故障检测及自动报警、线路实时监测。

8．延伸服务

延伸服务是指利用互联网、电视、LED显示屏、广播、多媒体终端、计算机、电话等手段向客户提供与高速铁路业务本身无关的信息服务，其基本内容包括：

（1）娱乐、财经、新闻、天气预报等资讯信息。
（2）旅客在站内、车上的上网服务。
（3）市内交通指南。
（4）旅游信息。
（5）IP电话服务。

（三）呼叫中心子系统

呼叫中心子系统以电话方式、在旅客旅行的各环节中为其提供全方位的查询、咨询、订票、投诉、建议等服务，成为客户与铁路之间沟通、互动的重要渠道。公司也可以通过该呼叫中心开展宣传、信息发布、市场调查等业务。呼叫中心子系统可以为高速铁路票务系统、旅客服务系统等提供对外统一的服务途径。

我国客运专线呼叫中心系统由平台管理、客户服务、业务管理、服务支持四个子系统组成。全国设置统一的呼叫中心系统，面向旅客提供电话接入服务。旅客可通过呼叫中心系统完成订票、查询、投诉、建议等相关事务。

1．平台管理

平台管理子系统主要负责完成对呼叫中心系统资源和自身的管理，包括时钟同步、平台监控、数据备份转储和恢复、平台异常处理、身份管理、权限管理、系统监控与管理、接口管理、负载均衡等功能。

2．客户服务

客户服务子系统负责向旅客或旅行服务提供者提供综合信息服务，内容包括查询、咨询、订票、投诉、宣传、市场调查等。

3．业务管理

业务管理子系统主要包括录音管理、客户信息收集发布及反馈、客户服务流程管理、业务数据维护、排队策略管理、客户服务统计汇总和分析等功能。

4．服务支持

服务支持子系统主要为客户提供基础条件和服务支持。通过服务接口、信息导航、工作流等途径使呼叫服务能够顺利获得服务支持信息。对自动化服务进行控制，同时实现计费管理的功能。

（四）互联网服务子系统

互联网服务子系统以满足旅客的需求为出发点，在高度信息安全保障的基础上，建立客户与铁路服务者之间沟通和互动渠道。以互联网接入方式，在旅客旅行的各个环节中为其提供全方位的查询、咨询、订票、投诉等服务。铁路通过互联网开展宣传、信息发布、市场调查等业务。互联网服务子系统可以为高速铁路票务系统、旅客服务系统等提供对外统一的服务途径。

以中国铁路客户服务中心网站（www.12306.cn）为例，如图7-10所示。它是铁路服务客户的重要窗口，集成全路客货运输信息，为社会和铁路客户提供客货运输业务和公共信息查询服务。客户通过本网站，可以查询旅客列车时刻表、票价、列车正晚点、车票余票、售票代售点、货物运价、车辆技术参数以及有关客货运规章。

图 7-3-1　中国铁路客户服务中心（www.12306.cn）网站

复习思考题

1. 与普速铁路相比，高速铁路客运服务有何特点？
2. 衡量高速铁路客运服务质量的要素主要有哪些？
3. 高速铁路运行途中旅客服务主要有哪些内容？
4. 目前铁路部门基于12306网络平台可以提供哪些客运服务内容？

第八章 高速铁路新发展

第一节 概 述

高速行驶一直是人类的梦想，也是铁路工作者孜孜追求的目标之一。世界各国在发展大功率牵引机车的基础上，为适应不断变化的形势，一直在积极探索研制各种新型列车。

一、喷气式"火箭"列车

20世纪60年代中期，快速发展的公路与航空运输抢走了不少铁路客户，为了应对行业竞争，美国铁路行业开展了"高速铁路"计划，研制涡轮喷气列车是该计划的一部分。1966年，在Budd公司制造的RDC-3柴油机车基础上，美国研制出了世界第一台喷气式列车，并命名为M-497，绰号"黑甲虫"。1966年夏天，M-497在印第安纳州Butler至俄亥俄州STRYKER的笔直铁轨上试跑，创造了时速295.54 km的纪录。

处于美苏争霸的苏联自然也不甘落后。1970年，苏联制造了一列高速验列车（SVL），它是在ER22型列车的基础上加装了两个Yak-40型火箭推进器。由于装的是涡轮风扇发动机，性能比M-497装的涡轮喷气式发动机要弱，因此在测试期间SVL的最高时速只有大约288 km，如图8-1-1所示。

无论是美国的M-497，还是苏联的SVL，这种"火箭"式列车在速度上都实现了当时人们贴地飞行的梦想，但是要在复杂的普通铁路上运行始终不太现实，而且涡喷发动机的燃油消耗过高，不具有经济性，所以它们最终都被人们遗弃了。

美国的M-497　　　　　　　　　　　苏联的SVL

图8-1-1 "火箭"列车

二、气垫列车

通过增加强劲动力的"火箭"列车项目失败了,人们又开始琢磨另一种技术措施——降低运行阻力。火车和其他车辆一样,是利用车轮行驶的。不断滚动中,车轮和钢轨之间产生摩擦与磨损,且速度愈高,阻力愈大。为了解决这个矛盾,有些人就提出把妨碍列车提速的车轮甩掉,设法使列车像飞机在空中飞行一样,在钢轨上腾空行驶。于是,法国人让·贝尔坦(Jean Bertin,1917-1975)另辟蹊径,研制出了没有轮子的气垫列车。如图 8-1-2 所示。气垫列车是利用功率很强的航空发动机向轨道上喷射压缩空气,使列车车体和轨道之间形成一层几毫米厚的空气垫,从而将整个列车托起,悬浮在轨道面上,再用装在后面的螺旋桨使发动机推动机车前进。

图 8-1-2 气垫列车

法国是最早研制气垫列车的国家,并于 20 世纪 60 年代在巴黎和奥尔良郊外建成了两条气垫悬浮式铁路,一条长 18 km,另一条长 6.7 km。法国先后制造了 4 个实验型号的列车,其中最具影响力的是 4 号车型 Aérotrain I80。Aérotrain I80 设计时速 250 km,载客量 80 座,采用两台总共 1610 马力引擎,直径 2.3 m 的涵道式 7 叶螺旋桨推动;浮力部分则是由 12 台柴油涡轮引擎提供,其中 6 台提供垂直悬浮动力,另外 6 台做水平导引。1974 年 3 月 5 日,该车跑出了 430.4 km 的时速,创造了轨道交通速度新记录。

与"火箭"列车一样,气垫列车也采用以燃油为动力的航空发动机,运用中耗油量巨大,不够经济与环保,故它们大多在实验后就被废弃或走进历史博物馆。

随着社会的发展,真正让人看到希望的是另一种新型的交通运输系统——磁悬浮列车。磁悬浮交通将成为高速铁路的重要组成部分之一。

三、磁悬浮列车

从 20 世纪 60 年代初开始,一些发达国家就开始探索非黏着式或非接触式的超高速列车的技术或运行方式。它包括对气垫式悬浮和磁悬浮等技术的研究。经过深入研究和对比试验,人们认为在能源消耗、噪声等方面,磁悬浮比气悬浮有更多的优势。因此,当今除法国在奥尔良修了一条 18 km 的气垫车辆试验线路外,英、美、德、日本等国,从 20 世纪 60 年代开始,先后停止了对气垫车辆的技术研究,而集中力量深入研究磁悬浮铁路技术。

磁悬浮列车的基本原理很简单,就是利用"同性相斥、异性相吸"的电磁学原理,让磁铁对抗地心引力，使列车悬起来（一般不超过 1 cm），然后利用电磁力引导，推动列车沿轨道行驶。磁悬浮列车车厢上装有超导磁铁，轨道底部安装电磁线圈。车厢电磁体极性与轨道线圈下侧极性相同产生排斥力，与上侧相反产生吸引力，两者合力使列车悬浮起来。常规火车的动力来自机车，磁悬浮列车的动力来自轨道。轨道两侧装有电磁线圈，交流电使线圈变为电磁体，它与列车上的磁铁相互作用。列车行驶时，车头的磁铁（N 极）被轨道上靠前一点的电磁体（S 极）所吸引，同时被轨道上稍后一点的电磁体（N 极）所排斥——结果是前面"拉"，后面"推"，使列车前进。如图 8-1-3 所示。

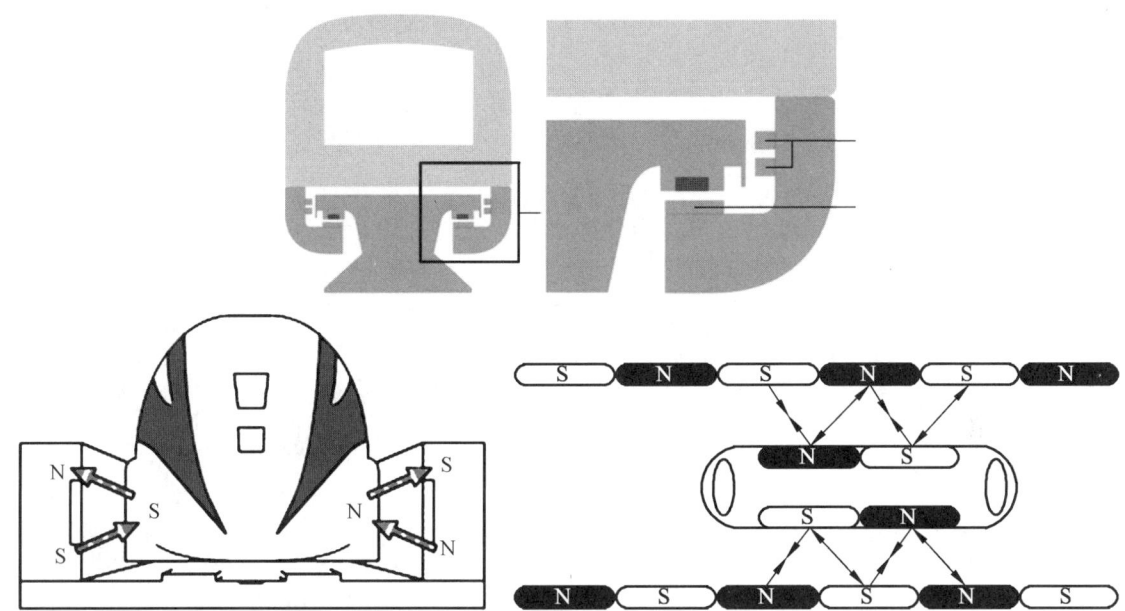

图 8-1-3　磁悬浮列车原理

由于磁悬浮列车在轨道上靠磁力使之悬浮在空中，行走时不接触地面，因此，其阻力只限于空气的阻力，对线路的垂直负荷小，适于高速运行。

磁悬浮列车具有快速、低耗、环保、安全等优点。具体体现在：它的高速度使其在 1 000 ~ 1 500 km 的旅行距离中比乘坐飞机更优越；由于没有轮子、无摩擦等特点，它比目前最先进的高速火车耗电少，也大大降低了日常维修的工作量和运用维修成本。在 500 km/h 速度下，每座位千米的能耗仅为飞机的 1/3 ~ 1/2，和汽车相比耗能也少了 30%；运行时无机械振动和噪声，无废气排放和污染，有利于环境保护；由于磁悬浮系统采用导轨结构，且与地面有一定的空隙，不会发生脱轨和颠覆事故，大大提高了列车的运行品质和安全可靠性。当然，磁悬浮铁路也存在一些不足，如造价昂贵且无法利用既有线路，对车辆和路轨的维修要求极高。

四、真空管道运输及胶囊列车

迄今，轨道交通运输工具中速度最快者当属磁悬浮列车。然而，限制磁悬浮列车速度进一步提高的障碍是空气阻力，空气阻力跟速度的平方成正比地增加。这意味着要想在磁悬浮列车的基础上实现突破，创造下一代高速运载工具，则需要考虑从根本上减少或消除空气阻力。一个合乎逻辑的可能思路是：建设真空管道，让车辆无接触、无摩擦地在其中运行，即可使速度在磁浮列车的基础上数倍地提高。与这种设想对应的就是真空管道运输（Evacuated Tube Transportation，ETT）。

世界科技史上，任何一项重大发明或发现都是人类共同智慧的结晶，是一代又一代人思想积淀的积累达到一定程度时质变的体现。真空管道运输从思想萌芽到概念提出，再到今天的工程化研发，也大致经历了类似的过程。早在1922年，德国工程师赫尔曼·肯培尔就在提出磁浮列车概念的同时提出了真空管道的设想。机械工程师达里尔·奥斯特（Daryl Oster）于20世纪90年代提出真空管道运输的概念，并于1999年获得专利。自从那时起，奥斯特一直想方设法来寻找投资人帮助建设这种运输系统。2010年，奥斯特成立了致力于开发真空运输项目的公司ET3。按照ET3公司的设想，列车在真空管道中运行，胶囊状的车厢放置于真空管道中，像炮弹一样被发射至目的地。列车处于几乎没有阻力的环境中，无间断地行驶，速度可以达到时速6 500公里。

在能源方面，真空管道运输将采用自供电设计，通过在管道上部铺设太阳能面板，产生足够的电能维持列车及其他设备运行。尽管真空管道运输能够达到超高速度，但乘客却不会感受到高强度的加速度。它将比火车和飞机更安全、更便宜、更安静。

这一构想中的关键是如何实现运行管道的真空。2013年，有着"科技狂人"之称的SpaceX总裁马斯克对"真空管道运输"这一概念进行了丰富，提出了"超级高铁"的理念。如图8-1-4所示。在马斯克的设计中，其技术原理是在地面或地下建一个密闭管道，用真空泵将管道抽成真空或部分真空。

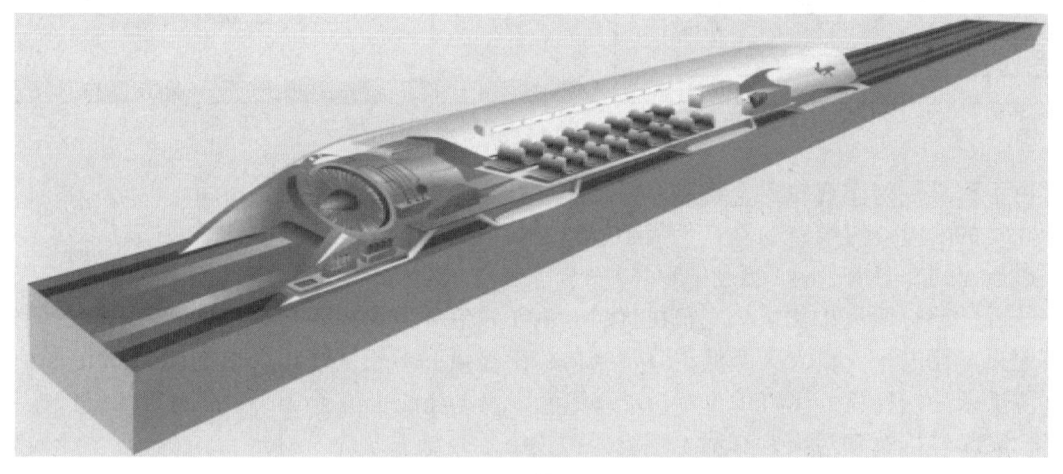

图8-1-4 SpaceX超级高铁原理图

马斯克超级高铁的另一大亮点是悬浮技术。悬浮技术要解决的正是接触摩擦的阻力，利用磁悬浮或气悬浮技术使车厢在真空管道中无接触、无摩擦地运行，达到点对点的传送运输。

在这样环境中运行的车辆，行车阻力会大大减小，从而有效地降低能耗，同时气动噪声也可以大大降低。对于真空管道运输系统的最高速度，曾有媒体报道说，其理论速度最快可以达到时速2万千米；ET3公司对外宣称他们的目标时速是6 500 km；马斯克的SpaceX公司将时速目标定在1 200 km。

真空管道运输给人类未来洲际快速旅行带来无限希望，因此自从真空管道运输的概念提出以来，有不少公司和机构都积极致力于项目的研发。其中，ET3 公司是开始得最早、最有代表性的一家。2015 年 6 月，马斯克投资的公司 SpaceX 曾宣布举行超级高铁设计竞赛，鼓励其他人提交自己的穿梭舱设计方案。2016 年 5 月，Hyperloop One 公司在美国内华达州拉斯维加斯郊区的沙漠测试场进行首次测试推进系统，并达到其预定目标，如图 8-1-5 所示。2017 年 4 月，在美国国内 Hyperloop One 提出了"美国愿景"（Vision of America）的计划（如图 8-1-6 所示），规划了 11 条潜在的高铁路线，包括从拉斯维加斯到里诺的 42 min 线路和从芝加哥到哥伦布的 29 min 线路。2017 年 7 月，Hyperloop One 完成首次超级高铁全系统真空环境实验。测试期间，超级高铁的加速度达到 2G，时速为 70 ni/h（1 ni = 1.01 km），超级高铁技术离成为现实又接近了一步。

图 8-1-5　Hyperloop One 推进系统测试

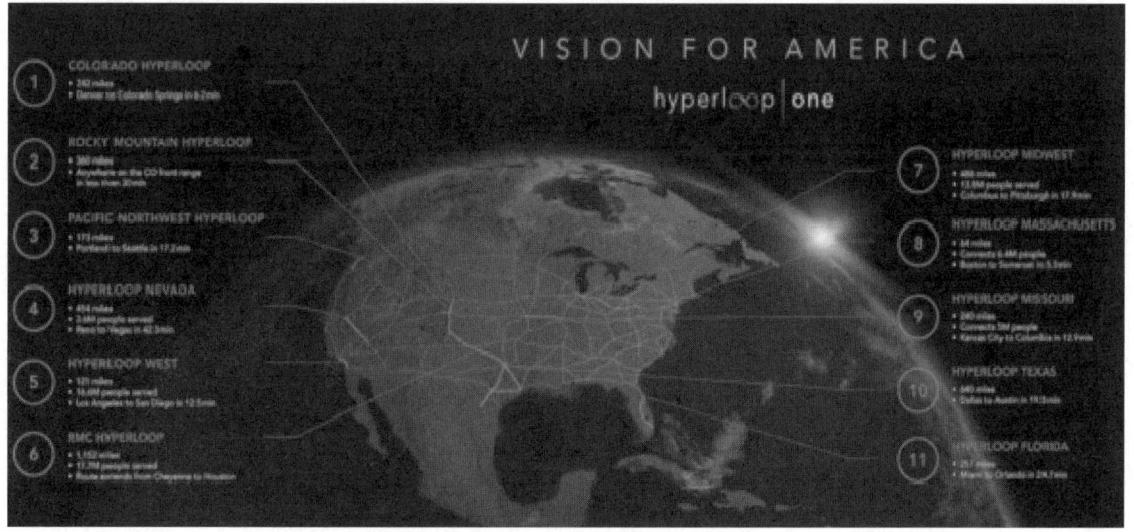

图 8-1-6　Hyperloop One 美国愿景

早在 20 世纪 70 年代，我国有些报纸就对美国科学家提出的真空管道运输系统设想做过报道，后来还有一些评论文章相继见报。1988 年，铁道工程专家郝瀛教授在他著作《中国铁路建设》一书中，把真空管道运输系统视为未来铁路发展的一种模式做了介绍与描述。

2001 年，我国研究人员跟 Daryl Oster 建立联系，将"真空管道运输"概念推介到中国。2002 年年底，Daryl Oster 应邀来到中国，先后到北方交通大学（现北京交通大学）、中科院电工所、西南交通大学、北京特运科技公司、铁道部专业设计院等单位演讲报告 ETT 及其研究工作。作为外聘专家，Daryl Oster 在西南交通大学工作三个月，就建设高温超导磁浮模式的真空管道运输试验线进行了交流探讨。2002 年，西南交通大学成立了"真空管道运输研究所"，正式启动了我国在真空管道运输领域的研究开发工作。这是世界上第一个由大学或者政府部门成立的真空管道运输研究机构，表明中国在这一领域的研究已经走在了世界前列。2014 年，我国首条载人真空管道高温超导磁悬浮环形实验线（如图 8-1-7 所示）在西南交通大学牵引动力国家重点实验室建成，并顺利地完成了首次轨道测试，为我国在真空管道运输的研究奠定了坚实的基础。

图 8-1-7　高温超导磁悬浮环形实验线

在真空管道运输研究方面，除了上述的西南交通大学，中车旗下的主机厂以及中科院下属的一些科研院所等单位也都在积极开展超级高铁方面的研究工作。2017 年 08 月，中国航天科工集团在第三届中国（国际）商业航天高峰论坛上宣布已启动超声速地面运输系统研发项目。该系统将超声速飞行技术与轨道交通技术相结合，利用超导磁悬浮技术和真空管道，致力于实现列车超音速的"近地飞行"。

胶囊列车是一种以"真空管道运输"为理论核心的交通工具，具有超高速、高安全、低能耗、噪声小、污染小等特点，备受世界各国的广泛关注。无论是磁悬浮列车，还是真空管道运输都是人类在追求更高速度旅行道路上的一个梦想。"科学是理想的，技术是渐进的"。任何一项发明或技术，从理念的提出到最终的工程应用都需要一个逐渐完善的过程，被人们所接受也需要一个过程。对于磁悬浮列车与真空管道运输而言，虽然这个过程可能有点漫长，但是我们相信胶囊列车将给今天的运输模式与运输格局带来革命性变化，也是人类摆脱上述交通困境的最有效途径。人类的追求永不停止，汽车与火车不是人类出行的永恒选择，胶囊列车也不会是交通工具的终结。

第二节　磁悬浮铁路

一、磁悬浮铁路的历史与现状

1842 年，英国数学家、物理学家 Samuel Earnshaw 就提出了磁悬浮的概念，同时指出：单靠永久磁铁是不能将一个铁磁体在所有六个自由度上都保持在自由稳定的悬浮状态。1900 年初，美国、法国等专家曾提出物体摆脱自身重力、阻力并高效运营的若干猜想，也就是磁悬浮的早期模型，并列出了无摩擦阻力的磁悬浮列车使用的可能性。1922 年，德国工程师 Hermann Kemper 就提出了电磁浮原理，并于1934年申请了磁浮列车的专利。在电磁悬浮理论诞生之后的近 40 年间，由于二战后经济的不景气、世界铁路的停滞和当时科技水平的限制，直到 20 世纪 60 年代前，磁悬浮铁路在实用化方面并没有取得什么实质性的突破。20 世纪 70 年代以后，随着世界工业化国家经济实力的不断加强，为提高交通运输能力，适应经济发展和满足人们对提高列车运行速度的需要，德国、日本、美国、加拿大、法国、英国和苏联等发达国家相继投入大量的人力、物力和财力进行磁悬浮铁路的技术研究和开发。由于多种原因，美国和苏联在 20 世纪七、八十年代先后放弃了对磁悬浮铁路的技术研究和开发。美国人给出的最后结论是，无论是气浮列车还是磁悬浮列车都还离实用化太远。因此，随后除德国、日本外，其他国家要么觉得轮轨式更有竞争力，要么是因本国经济、技术或工业制造能力等方面的原因，先后淡出了悬浮列车研发的竞争舞台。只有德国、日本和中国等少数国家仍在继续进行磁悬浮铁路的研究，并均取得了一些令世人瞩目的进展。具有代表性的有：日本低温超导超高速磁悬浮系统（Magnetic Levitation，或称 Maglev），简称 ML；德国常导超高速磁悬浮系统（Trans Rapid，或称"运捷"），简称 TR；日本中低速磁悬浮系统（High Speed Surface Tramspor），简称 HSST；中国的永磁悬浮，它利用特殊的永磁材料，不需要任何其他动力支持。

德国对磁悬浮铁路的研究始于 1968 年。在研究初期，是常导和超导并重。到 1977 年，前后研制出常导电磁铁吸引式和超导电磁铁相斥式试验车辆，最高时速达 400 km。后来经过分析比较，认为超导磁悬浮铁路所需的技术水平太高，短期内难以取得较大进展，于是决定集中力量发展常导磁悬浮铁路。1980 年，开工兴建全长 31.5 km 的埃姆斯兰德试验线。1984 年，列车最高试验时速达到 400 km。德国高速常导磁悬浮系统至今已有 8 个型号。

日本于 1962 年开始研究常导磁悬浮铁路，后由于超导技术的迅速发展，从 20 世纪 70 年代初开始转而研究超导磁悬浮铁路。1972 年首次成功地进行了超导磁悬浮列车试验。1982 年 11 月，磁悬浮列车的载人试验获得成功。为了进行东京至大阪间修建磁悬浮铁路的可行性研究，于 1990 年着手建设山梨磁悬浮铁路试验线，如图 8-2-1 所示。到 2013 年建成了全长为 42.8 km 的磁悬浮列车综合试验线。2015 年 4 月 21 日，日本东海铁路公司（JR 东海）在日本山梨县的磁悬浮试验线创造了载人行驶时速 603 km 的世界纪录，这也是迄今为止我们人类在轨道交通领域的最高速度记录。

图 8-2-1　山梨磁悬浮铁路试验线

我国在 20 世纪 80 年代开始研究磁悬浮列车技术。1986 年，西南交通大学就率先召开了磁浮技术与磁浮列车技术研究大会，成为国内较早启动该领域研究的高校科研单位。在 1988 年，交大磁浮团队完成了单自由度铁球悬浮实验，对电磁吸力悬浮原理有了本质的认识。1989 年 3 月，国防科技大学研制出中国第一台磁悬浮试验样车。

1995 年，中国第一条磁悬浮列车试验线在西南交通大学建成，并且成功进行了稳定悬浮、导向、驱动控制和载人运行等时速为 30.0 km 的试验。西南交通大学这条试验线的建成，标志中国已经掌握制造磁悬浮列车的技术。2001 年，开始动工修建长 430m 的青城山磁浮列车工程试验线。如图 8-2-2 为国内磁悬浮实验线。

图 8-2-2　国内磁悬浮实验线

在磁悬浮列车商业运用方面，截至 2017 年年底，全世界共有 6 条磁悬浮列车商业运营线，其中 3 条在中国。

2001 年 12 月，我国上海浦东龙阳路地铁站至浦东国际机场高速磁浮交通示范线开通运营，成为当时世界上唯一一条投入商业运营的磁浮线。该线全长 30 km，列车最高时速可达 430 km，由起点到终点只需要 8 min。平均时速 380 km 几乎达到了商业飞机航班巡航速度的一半，超过了飞机的起飞速度，被称为贴地飞行。

为进一步推动中低速磁浮列车工程化，西南交通大学与原中国南车株洲电力机车有限公司于 2011 年签订了战略合作协议，全面参加了株洲中低速磁浮列车的研制工作。2012 年 1 月 20 日，中低速磁浮列车在中车株洲电力机车有限公司内下线，这是一条按商业运行条件设计的磁浮列车，磁浮列车运行速度 100 km/h，能适应试验线各种曲线及坡道的要求。

2016 年 5 月 6 日，中国首条拥有完全自主知识产权的中低速磁浮铁路——长沙磁浮快线正式通车试运营。长沙磁浮快线连接长沙火车南站和长沙黄花国际机场，全程高架敷设，线路全长 18.55 km，初期设车站 3 座，预留车站 2 座，设计速度为每小时 100 km。长沙中低速磁浮工程是中国国内第一条自主设计、自主制造、自主施工、自主管理的中低速磁悬浮，标志着中国磁浮技术实现了从研发到应用的全覆盖，成为世界上少数几个掌握该项技术的国家之一，如图 8-2-3 所示。

对于磁悬浮列车的运行速度，科学家们最初认为比轮轨高速列车的 300 多千米的时速还要快些，最高可以达到每小时 500 km。但是人类的科学技术发展迅速，早已打破了科学家的预言。2015 年 4 月 21 日，日本东海铁路公司在山梨磁悬浮试验线上创造了载人行驶时速

603 km，以及一天行驶 4 064 km 的新世界记录。如图 8-2-4 所示。

图 8-2-3　长沙磁浮快线

图 8-2-4　创造新纪录的 L0 磁悬浮列车

二、磁悬浮铁路的分类

根据着眼点的不同，磁悬浮铁路可以有多种不同的分类。如：按应用范围不同可分为干线、城际和城市磁悬浮铁路；按运行速度不同可以分为低速、中速、高速、超高速磁悬浮铁路；按制冷剂及工作温度不同可以分为高温超导、低温超导磁悬浮铁路；按直线电机定子长度可以分为长定子和短定子直线电机的磁悬浮铁路；按驱动方式可以分为导轨驱动和列车驱动磁悬浮铁路；按悬浮方式可以分为电磁和电动悬浮两类；按导轨结构形式可以分为"T"形、"⊥"形、"U"形、"-"形导轨磁悬浮铁路。以下重点介绍根据直线电机线圈导体材料不同划分的常导吸引式和超导排斥式两类的磁悬浮铁路（见表 8-2-1）。

表 8-2-1　磁悬浮系统的分类

常导磁吸式 EMS 型 （电磁式）	长定子同步直线电机（高速型）	德国 TR 系列（450 km/h）
	短定子同步直线电机（中低速型）	日本 HSST 系列（110 km/h）
超导磁斥式 EDS 型 （电动式）	低温超导（高速型）	日本 MLX 系列（58 km/h）
	高温超导	处于实验阶段

（一）常导吸引式

常导吸引式（Electro Magnetic Suspension），简称 EMS 型，也称电磁悬浮型，是指采用常导磁铁（即普通磁铁），导轨为导磁体，装在车上的常导磁铁励磁后产生磁力吸向导轨，使车辆悬浮的磁悬浮列车。其车辆和轨面之间的间隙与吸引力的大小成反比。为了保证这种悬浮的可靠性、列车运行的平稳性以及直流电机有较高的功率，必须精确地控制电磁铁中的电流，才能使磁场保持稳定的强度和悬浮力，使车体与导向轨之间的间隙始终在 10～15 mm。这种列车制造及运营成本较低，其悬浮控制属于不稳定型。

根据驱动列车所用直线电机类型的不同，常导磁吸式磁悬浮列车还可分为两种：一是采用长定子同步直线电机推进，这种方式效率较高，速度也较快，主要用于高速运行，列车速度可达 400~500 km/h，这种列车典型代表是德国的 TR 系列磁悬浮列车；二是采用短定子感应直线电机推进，效率较低，速度也较低，主要适用于低速运行，列车速度一般为 50~100 km/h，典型代表是日本的 HSST 系列磁悬浮列车。

（二）超导排斥式

超导排斥式（Electro Dynamic Suspension），简称 EDS 型，也称电动悬浮型，是指利用磁极同性相斥的原理，采用超导磁铁，使车辆在轨道上浮起的磁悬浮列车（如图 8-2-5 所示）。由于磁场特别强，因此，车辆悬浮高度较高，一般可达 100 mm 左右。推进装置采用长定子同步直线电机。这种类型的磁悬浮列车运行速度较高，一般可达 500~600 km/h。因此，所需费用较高，但悬浮控制属于稳定型。如表 8-2-2 所示为常导与超导高速磁悬浮铁路主要技术经济比较。

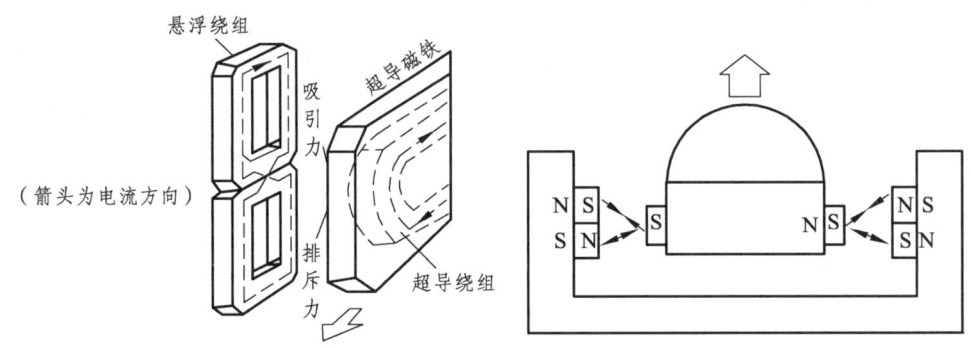

图 8-2-5　超导排斥型磁悬浮列车悬浮原理图

表 8-2-2　常导与超导高速磁悬浮铁路主要技术经济比较

项　目	常导磁悬浮系统 （德国 TR 系列）	超导磁悬浮系统 （日本 MLX 系列）
悬浮方式	常导吸引	超导排斥
悬浮磁铁	常导电磁铁	低温超导磁铁
悬浮高度	8~10 mm	约 100 mm
牵引电机	长定子直线同步电机	长定子直线同步电机
最高试验速度	450 km/h （1993 年 6 月 10 日）	581 km/h （2003 年 12 月 2 日）
最高营运速度	430 km/h（上海机场高速磁悬浮线）	还未投入营运
适用速度范围	高、中、低均可	高速
低速时车体支承	悬浮磁力	车轮
磁悬浮、导向控制	精确的闭环控制	自稳定性，不需控制
技术关键	磁悬浮、导向间隙的精确控制	低温超导
运营成本	低	高

根据所采用的超导材料不同。超导排斥式磁悬浮可分为低温超导磁悬浮和高温超导磁悬

浮两种类型，低温超导磁悬浮采用 -269 ℃ 液氢冷却。这种列车的典型代表为日本 MLX 型低温超导磁悬浮列车，其试验速度已达 581 km/h。高温超导磁悬浮采用 -192 ℃ 液氮冷却。这是一种更有广阔应用前景的超导方式，但目前尚处于实验室实验阶段。

三、磁悬浮列车的工作原理

下面我们主要以德国常导超高速磁悬浮系统（TR）的磁悬浮列车为例，介绍磁悬浮列车的工作原理。

（一）悬浮原理

常导磁吸式 EMS 型的磁悬浮列车，在 T 形梁翼底部为同步直线电机的定子，其下方为安装在车体上的悬浮电磁铁，该电磁铁同时兼作同步直线电机的转子。悬浮电磁铁通电时产生磁场，成为电磁铁，与直线电机定子的铁心产生吸引力，把磁悬浮车往上拉向定子。利用距离传感器控制悬浮电磁铁与定子的距离（即悬浮气隙），保持在 10 mm 左右。

超导磁斥式 EDS 型的磁悬浮列车，是在车辆底部安装超导磁体（放在液态氦贮存槽内），在轨道两侧铺设一系列铝环线圈。列车运行时，给车上线圈（超导磁体）通电流，产生强磁场，地上线圈（铝环）与之相切割，在铝环内产生感应电流。感应电流产生的磁场与车辆上超导磁体的磁场方向相反，两个磁场产生排斥力。当排斥力大于车辆重量时，车辆就浮起。因此，超导磁斥式就是利用置于车辆上的超导磁体与铺设在轨道上无源线圈之间的相对运动来产生悬浮力，将车体抬起的（如图 8-2-6 所示）。

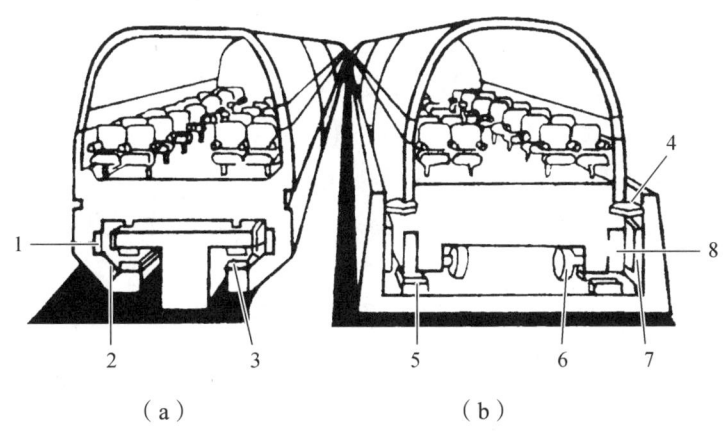

德国的磁吸式磁悬浮车（EMS 型）：1—前导磁铁；2—导向与制动轨；3—磁悬浮与推进电磁铁。
日本的磁斥式磁悬浮车（EDSG 型）：4—前导轨；5—磁悬浮磁铁；6—支撑轮；
7—推进磁铁；8—超导磁铁。

图 8-2-6 磁悬浮原理比较图

（二）导向原理

轮轨列车的导向是靠车轮缘与钢轨之间的相互作用实现的，而磁悬浮列车是利用电磁力的作用来进行导向。

1．导磁吸式导向系统

它是在车辆侧面安装一组专门用于导向的电磁铁。当车辆运行发生左右偏移时，车上的导向电磁铁与导向轨的侧面相互作用，产生一种排斥力，使车辆恢复到正常位置，并和导轨侧面之间保持一定的间隙。当车辆的运行状态发生变化时，例如：运行在曲线或坡道上时，控制系统通过控制导向磁铁中的电流来保持这一侧向间隙，从而达到控制列车运行方向的目的。德国 TR 系统采用的就是这种方式。

2．超导磁斥式导向系统

超导磁斥式导向系统一般采用以下三种方式（导向原理如图 8-2-7 所示）。

（1）通过安装在车辆上的机械导向装置实现列车的导向。该装置采用车辆上的侧向导向辅助轮，使之与导轨侧面相互作用（滚动摩擦）以产生复原力，使这种力与列车沿曲线运行时的侧向力相平衡，从而使列车始终沿着导轨中心线运行的状态。

（2）安装导向超导磁体在车辆上，使之与导轨侧向的地面线圈或金属带产生磁斥力，并使该力与列车侧向作用力相平衡，从而使列车始终保持正确的运行方向。该导向方式只要控制侧向地面导向线圈中的电流，就可以使列车保持一定的侧向间隙，避免了机械摩擦。

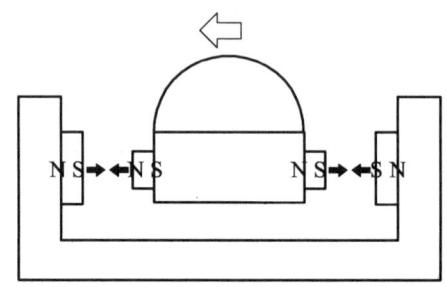

图 8-2-7　超导磁悬浮车的导向原理图

（3）"零磁通量"导向系统。即沿线路中心线均匀铺设"8"字形的封闭线圈，当列车上超导磁体位于该线圈的对称中心线上时，线圈磁场为零；而当列车发生侧向位移时，"8"字形的线圈内磁场不为零，并产生一个用以平衡列车侧向力的反作用力，使列车回到线路中心线的位置。

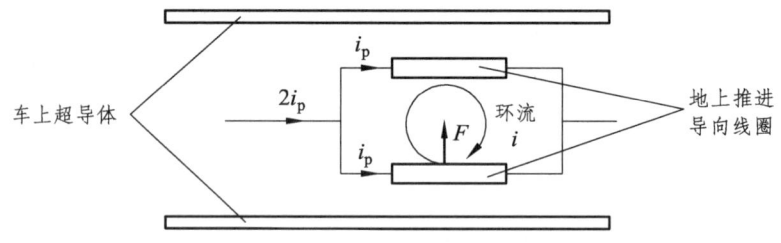

图 8-2-8　利用磁力导引的磁悬浮列车导向原理图

（三）牵引原理

由于磁悬浮列车是悬浮在一定的高度，使车轮与导轨脱离，故不再依靠它们之间的摩擦力产生的牵引力来使车辆前进，而是采用一种叫作直线电机的牵引装置作为列车的牵引动力。这种无接触的牵引工作原理类似于转动的同步电动机，只是它将旋转的电机的定子切开，并且沿着线路方向展开,这样,在定子上产生的就不再是一个旋转的行波磁场,而是一个移动的行波磁场。列车的悬浮电磁铁通电后,就成为电动机的转子(励磁磁极)。路轨上的定子中三相绕组产生的移动行波磁场,作用在车上的悬浮磁铁(转子)上,产生同步的电磁牵引力,引导磁悬浮列车前进或后退。同步直线电机驱动(如图 8-2-9 所示)。调节定子供电的频率与电压,即可改变磁悬浮列车的运行速度。

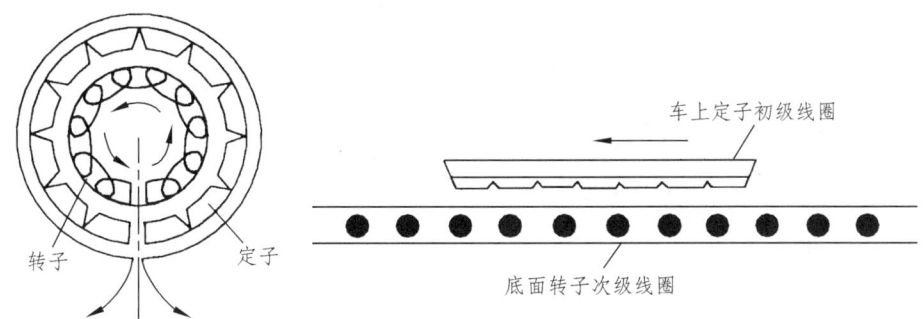

图 8-2-9　HSST 直线电机原理图

(四)供电原理

1. 非接触式的供电原理

由于 TR 系统的磁悬浮列车运行时与轨道完全无接触,其列车车载控制、照明、空调等设备的用电,以及导向电磁铁和悬浮电磁铁的供电,均来自车载电源(镍镉可充电电池组和整流设备)和直线发电机。车载电源的充电,在列车运行时是由直线发电机提供;停站时由车站的供电轨(列车到站后受流器与供电轨接触)供电。直线发电机是将三相绕组固定放在悬浮磁铁上。当列车运行时,由于速度的变化以及定子槽电压的作用,装在悬浮磁铁上的三相绕组将产生感应交流电,经整流后可供列车用电。这些高频磁场分量因列车运行时惯性较大,对列车悬浮控制的影响不大,直线度电机结构如图 8-2-10 所示。

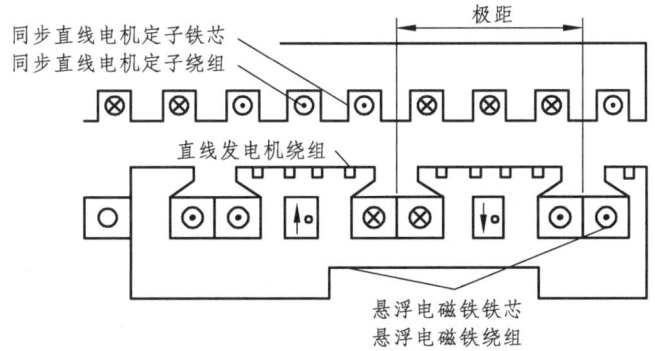

图 8-2-10　直线发电机结构示意图

2. 同步直线电机定子的供电原理

如前所述,TR 系统的磁悬浮列车的动力和其他用电全部从同步直线电机定子上获取。定子分段铺设于线路上,且每段的长度不等,视列车在该段的运行速度、加速度、爬坡、转弯等情况及车体长度而定,一般为 300～2 000 m(如图 8-2-11 所示)。定子线圈的供电来自沿线的变电站，一般变电站相隔在 25~40 km。两个变电站之间只允许有一个列车运行，而且仅对列车所在的那一段定子供电，其他线路段则无电。

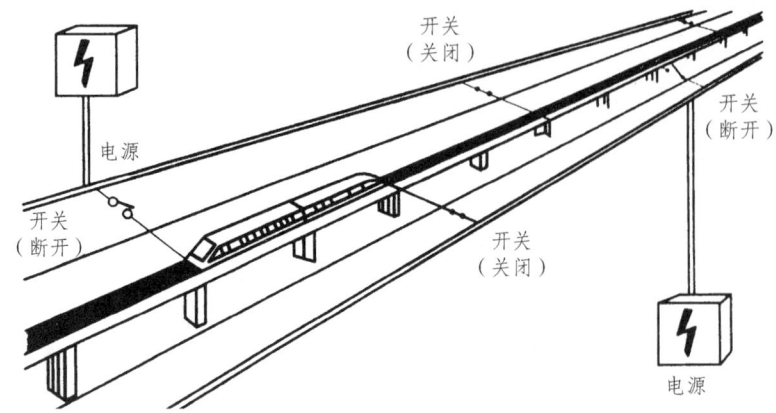

图 8-2-11　常导长定子磁悬浮列车定子供电示意图

由于定子安装在线路上，因而可以根据该段线路的具体情况（例如爬坡或加速），确定该段直线电机的功率，再确定为这段线路供电变电站的功率与距离，而无须像轮轨列车那样按整个线路可能出现的最大功率需求来确定列车上的电机功率。直线同步电机的控制，采用 VVVF 变压变频高速方式如图 8-2-12 所示。

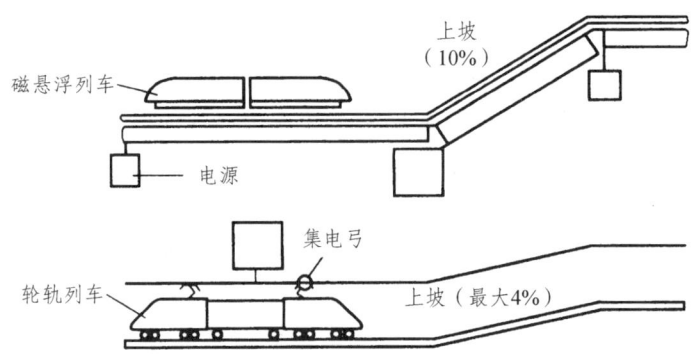

图 8-2-12　长定子直线电机容量确定示意图

（五）制动原理

常导磁悬浮列车的正常制动方式均利用同步直线电机作为发电机进行控制。当列车高速运行时，采用再生制动方式，即直线电机的工作方式由牵引改为发电，将列车的动能转化为电能回馈给电网，以降低列车速度。当列车速度较低时，再生制动改为电阻制动，即电能不再反馈给电网，而是消耗在变电站的特殊电阻上以热的形式散发。当列车的速度很低时，直线电机改为反接制动，即电机的牵引方向与列车的运行方向相反，直到列车停止。当长定子供电产生故障导致直线电机制动失灵或需要紧急制动时，采用涡流制动方式。即车上的涡流制动磁铁励磁，使侧向导轨上产生涡流，形成对列车的涡流制动力。

（六）控制原理

传统的轮轨列车依靠轮轴短路两根钢轨上传输的电信号来确定列车的位置，而磁悬浮列车无轮轨系统,不能采用这种方式。TR 系统的磁悬浮列车的定位,由两部分构成:一是在线路上的定子下方每隔大约 500 m 设置有电磁性标志板,列车经过时,即读取标志板上绝对地址;二是标志板之间的定位靠记录经过的定子齿槽数而获得,定子齿槽间距为 8.6 cm。因此,TR 系统的磁悬浮列车定位精度较高如图 8-2-13 所示。

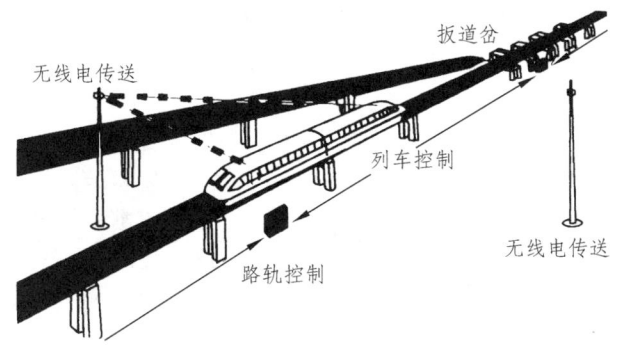

图 8-2-13　常导磁悬浮列车的通信示意图

磁悬浮列车以无线通信方式与地面进行联系。沿线路大约每隔 300 m(视线路具体情况而定)有一根无线电,采用 38 MHz 的高频专用信道以安全编码的方式与列车进行双向通信,传输所有与行车安全有关的指令及数据。与安全无关的信号则通过其他频道传输。

TR 系统的磁悬浮列车自动控制系统由三级构成:第一级为中央控制中心;第二级为分区控制中心(设在变电站);第三级为列车控制系统。每一级都由高可靠独立冗余(三取二)安全计算机系统构成,其中列车两端各有一套独立的计算机系统。正常情况下由一套计算机系统工作,另一套热机备用。一旦工作系统出现异常,备用系统立即自动投入工作,并实现列车安全停车。

复习思考题

1. 简述磁悬浮铁路的类别。
2. 与轮轨高速铁路相比,磁悬浮铁路有何独特优势?
3. 简述磁悬浮导向工作原理。
4. 简述磁悬浮牵引原理。
5. 简述磁悬浮制动原理。

参考文献

[1] 李学伟. 高速铁路概论[M]. 北京：北京交通大学出版社，2010

[2] 彭其渊，闫海峰，文超. 高速铁路运输组织基础[M]. 成都：西南交通大学出版社，2009.

[3] 李向国. 高速铁路技术[M]. 北京：中国铁道出版社，2009.

[4] 中国铁路总公司. 铁路技术管理规程（高速铁路部分）[M]. 北京：中国铁道出版社，2014.

[5] 陈应先. 高速铁路线路与车站设计[M]. 北京：中国铁道出版社，2008.

[6] 杨广庆. 高速铁路路基设计与施工[M]. 北京：中国铁道出版社，2006.

[7] 吴俊勇. 高速铁路牵引供电系统概论[M]. 北京：中国铁道出版社，2006.

[8] 刘建国. 高速铁路线路[M]. 北京：中国铁道出版社，2014.

[9] 贾利民. 高速铁路安全保障技术[M]. 北京：中国铁道出版社，2010.

[10] 莫志松，郑升. 高速铁路列车运行控制技术——CTCS-3级列车运行控制系统[M]. 北京：中国铁道出版社，2016.

[11] 李凯. 高速铁路列车运行控制技术——CTCS-2级列车运行控制系统[M]. 北京：中国铁道出版社，2016.

[12] 唐涛. 列车运行控制系统[M]. 北京：中国铁道出版社，2015.

[13] 张铁增. 列车运行控制系统[M]. 北京：中国铁道出版，2009.

[14] 徐啸明. 列控地面设备[M]. 北京：中国铁道出版社，2007.

[15] 张曙光. CTCS-3级列控系统总体技术方案[M]. 北京：中国铁道出版社，2008.

[16] 林瑜筠. 高速铁路信号技术[M]. 北京：中国铁道出版社，2012.

[17] 陈东，吴刚，李永辉，张燕. 铁路客运服务管理研究综述[J]. 交通运输工程与信息学报，2017.6.

[18] 曹国芳. 良好服务理念引领铁路运输工作[J]. 人民铁道报，2015.5.

[19] 黄乐. 基于顾客感知的高速铁路客运服务质量评价研究[J]. 北京交通大学，2014.

[20] 刘斌. 京沪高速铁路客运服务质量评价研究[J]. 2012.

[21] 兰云飞，何萍. 高速铁路客运组织[M]. 北京：北京交通大学出版社，2017.

[22] 黄辉林，黄凯. 高速铁路票价制定策略研究[J]. 铁道经济研究，2017.6.

[23] 刘建国. 高速铁路概论[M]. 北京：中国铁道出版社，2009.